# 多晶材料X射线衍射

## ——实验原理、方法与应用

（第2版）

黄继武　李　周　编著
潘清林　徐国富　主审

本书数字资源

北　京
冶 金 工 业 出 版 社
2022

## 内 容 提 要

本书重点介绍了粉末 X 射线衍射物相定性分析、定量分析、结晶度、晶胞参数精确测量、晶粒尺寸与微观应变、残余应力计算和 Rietveld 精修方法的实验原理、实验方法、数据处理操作及实验技巧。实用性、可操作性和技巧性是本书的特点。本书内容全面，入门容易，既可作为教材使用，也可作为专业人员的工具书。

再版时对第 1 版中的实验方法和实验技术进行了修订和更新。经新增补后，新版教材共包含 33 个应用实例和 43 个应用操作视频。所有应用实例提供了原始数据的下载链接和分析操作视频的观看链接。并且对应教材内容制作成了 9 个教学课件可供教学者下载使用。

**图书在版编目(CIP)数据**

多晶材料 X 射线衍射：实验原理、方法与应用／黄继武，李周编著．—2 版．—北京：冶金工业出版社，2021.5（2022.5 重印）
“十二五”普通高等教育本科国家级规划教材
ISBN 978-7-5024-8841-3

Ⅰ.①多…　Ⅱ.①黄…　②李…　Ⅲ.①多晶—X 射线衍射—高等学校—教材　Ⅳ.①O721

中国版本图书馆 CIP 数据核字（2021）第 109497 号

**多晶材料 X 射线衍射——实验原理、方法与应用（第 2 版）**

**出版发行**　冶金工业出版社　**电　话**（010）64027926
**地　址**　北京市东城区嵩祝院北巷 39 号　**邮　编**　100009
**网　址**　www.mip1953.com　**电子信箱**　service@mip1953.com

责任编辑　于昕蕾　美术编辑　彭子赫　版式设计　禹　蕊
责任校对　郑　娟　责任印制　禹　蕊
三河市双峰印刷装订有限公司印刷
2012 年 9 月第 1 版，2021 年 5 月第 2 版，2022 年 5 月第 2 次印刷
787mm×1092mm　1/16；15.5 印张；376 千字；236 页
**定价 45.00 元**

**投稿电话　（010）64027932　投稿信箱　tougao@cnmip.com.cn**
**营销中心电话　（010）64044283**
**冶金工业出版社天猫旗舰店　yjgycbs.tmall.com**
（本书如有印装质量问题，本社营销中心负责退换）

# 第2版前言

本书结合作者多年来从事X射线粉末衍射工作的实践经验积累编著而成，阐述了X射线粉末衍射的原理、实验方法和应用方法和技巧。第1章介绍了现代X射线衍射仪的原理、构造和最新技术，还介绍了实验操作和实验方法及其应用。第2~7章介绍了粉末X射线衍射的传统分析方法，包括物相定性分析与指标化、物相定量与结晶度分析、晶胞参数精密化、微结构、宏观应力的测试与分析方法，结合作者的经验列出了大量的应用实例，学习者甚至可以依照所列分析操作步骤和操作视频快捷地完成自己的实验数据处理。由于Rietveld全谱拟合法在粉末衍射中的应用越来越重要和越来越广泛，甚至有完全取代传统方法的趋势。因此，第8、9章详细地介绍了Rietveld方法的基本原理、实验方法和数据处理过程，并对应传统分析方法介绍了Rietveld方法在物相定性分析、定量分析、晶胞参数精密化、晶体结构精修以及微结构和织构分析中的应用，提出了各种实际问题的解决方案。

本书于2012年第1次印刷以来，连续印刷了5次，受到广大读者的喜爱。随着X射线衍射应用的发展，有必要对原书进行修订、增补、更新和提升。再版时主要进行了以下几个方面的修改：

（1）新技术应用：第1章中关于X射线衍射仪硬件和实验参数的设置根据近年来衍射仪和衍射技术的发展进行了更新，增补了新的附件、功能和技术的发展状况。

（2）内容整理：将原来的第2、3、5、6章进行了归类合并处理。

（3）根据软件技术的发展，书中介绍的软件由Jade 6更新为Jade 9，由Maud更新为Maud 2015。新版本软件向下兼容，操作界面改变较少，但软件功能更加强大，算法更加先进。在介绍软件操作时尽可能避开了软件版本问题，使学习者不局限于使用何版本软件。

（4）对原版中涉及的所有应用实例进行了更新，重新测量了原始数据，重写了操作步骤，删除了部分代表性不强的实例，在此基础上增加了很多新的实例。

(5) 特别重要的是，第 2 版教材中所有的应用都提供了原始数据的下载二维码链接和操作视频的观看二维码链接，学习者可以直接下载和学习。全书内容制作了教学课件，可供教学者下载。

第 2 版编著由第 1 版作者完成。由于作者水平有限，而且时间有点仓促，书中错误在所难免。希望读者及时反馈给作者，不胜感谢。

本次出版得到中南大学的大力支持，一些同行也给出了很好的修改意见，在此一并感谢！

作　者

2021 年 2 月

# 第1版前言

X射线衍射技术是研究晶体结构及其变化规律的主要手段，是材料科学工作者必须掌握的实验技术。作为一种物质晶体结构的表征手段，其应用遍及地质、矿产、冶金、材料、物理、化学、医药、农林等各个与物质晶体结构或非晶结构相关的领域。

本书共分11章，侧重于讲述衍射技术的实验方法和应用。

第1章介绍了粉末X射线衍射原理、方法、仪器及操作方法。样品的准备通常是实验成败的关键，因此，这一章中特别详细讲述了样品制备的方法以及存在的一些问题，以保证测量数据的可靠性和可信度。

第2章和第3章分别介绍了通用X射线衍射数据处理软件MDI Jade 6的基本操作和高级操作。Jade 6作为通用X射线衍射数据处理软件受到广大学者、研究生的欢迎，初学者特别希望有一本入门教材。因此，在第2章介绍其必要的基本操作以后，第3章以专题方式介绍几种常用的高级操作。

第4~第9章讲述了X射线衍射传统分析方法。这些方法包括物相鉴定(第4章)、传统定量（第5章)、结晶度测量（第6章)、晶格常数精确计算(第7章)、晶粒尺寸与微观应变计算（第8章)、宏观应力测量（第9章)。每一种应用都从实用的角度出发讲解了实验原理、数据测量方法及参数设置，特别强调数据处理的具体步骤和技巧。

在传承传统实验方法的基础上，第10章和第11章对Rietveld全谱拟合精修的原理、方法和具体操作进行了详细和具体的讲解。对于精确定量、晶胞精修、晶体微结构精修都作了详细而全面的讲解。通过这两章的学习，可以深入理解Rietveld方法的意义和操作方法。

本书从实际应用广泛性考虑，安排了普通读者希望用到的所有实验方法。每一种实验方法都进行了大量举例，实例涉及各个专业领域。为减少本书的篇幅，对于一些不常用的和特别专业的实验如单晶衍射、薄膜衍射、小角散射实验和织构未作安排。

本书以2004年在网络上发表的《衍射实验培训教材——MDI Jade操作指南》为基础编写。该教材曾受到各专业学生的广泛好评。本书秉承其书写风格，从实用出发、从实践出发，所有实例都来自作者亲自测试的数据。对每一个数据的处理都进行了详细的讲解和评价。虽然X射线衍射实验技术涉及晶体学、物理学和X射线学等多学科，难以避免很多专业术语，但是，用词浅显易懂是本书的一大特色，即使从来没有接触过X射线衍射的读者也能很容易理解所讲述的内容并能实际运用到科学研究工作中。根据现代X射线衍射技术的发展需要，特别详细地介绍了Rietveld方法的实际应用。

本书的目标读者之一是硕士研究生和博士生，可作为研究生教学和实验用书；第二类目标读者是科研工作者和X射线衍射实验工作者，可作为其参考工具书；另外，本书内容涵盖本科教学内容，也可作为本科教学的实验教材。为方便教学和读者练习，书中举例和一些作者自编的数据处理小程序可向作者免费索取。

本书由黄继武（编写第2~第10章）和李周（编写第1章和第11章）共同编写，由潘清林教授和徐国富教授审阅。在编写过程中得到尹志民教授的鼓励和指导，在此表示感谢！书中的一些具体实验方法引用于一些已经发表的专著和文献，列于参考文献，在此向原作者表示感谢！

本书从2004年开始编写，做过多次修改，但是，由于作者水平有限，书中存在的缺点和错误请广大读者批评指正。

作　者

2012年2月

# 目　　录

# 1　X 射线衍射仪的操作与数据测量

操作视频 1

## 1.1　粉末 X 射线衍射仪的基本原理与构造

X 射线衍射仪分为单晶衍射仪和多晶衍射仪两种。单晶衍射仪的被测对象为单晶体试样，主要用于确定未知晶体材料的晶体结构。多晶 X 射线衍射仪也称为粉末衍射仪，被测对象通常为粉末、多晶体金属或高聚物等块体材料。多晶衍射仪主要由以下两部分构成。

（1）X 射线光源：包括 X 射线发生器（产生 X 射线的装置）和 X 射线系统控制装置（各种电气系统、射线防护系统、过载保护系统）。

（2）测量系统：包括测角仪（测量入射试样的 X 射线与试样衍射的 X 射线的角度（$2\theta$）的装置）和 X 射线探测计数器（测量 X 射线强度的计数装置）及其控制系统。

图 1-1 为我国丹东浩元仪器公司生产的 DX-2800 型 X 射线衍射仪。

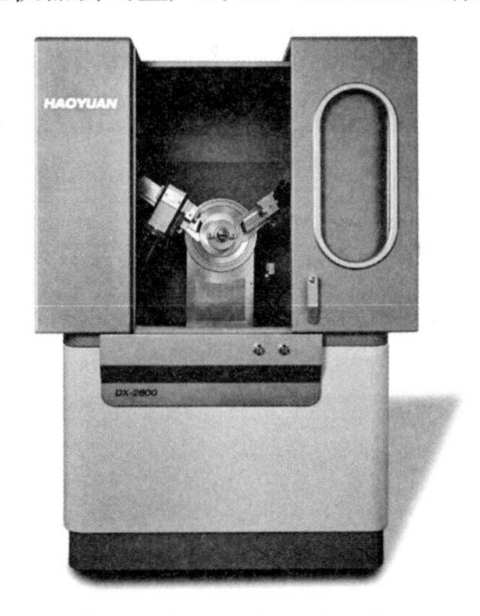


图 1-1　丹东浩元 DX-2800 型 X 射线衍射仪外观图

### 1.1.1　X 射线发生器

X 射线多晶衍射仪的 X 射线发生器由 X 射线管、高压发生器、管压和管流稳定电路以及各种保护电路等部分组成。

现代衍射用的 X 射线管都属于热电子二极管，有密封式和转靶式两种（图 1-2），前者最大功率在 2.5kW 以内，视靶材料的不同而异（图 1-2（b））；后者是为获得高强度 X 射线而设计的，一般功率在 4kW 以上，目前常用的有 9kW、12kW 和 18kW 几种。其阳极为一个高速转子（图 1-2（a））。

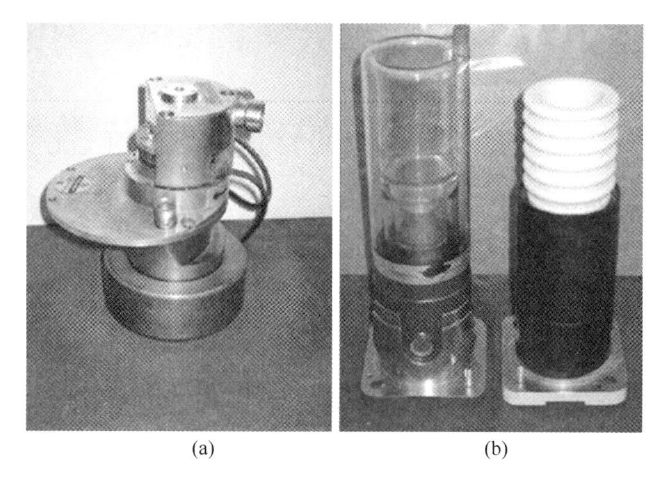
(a)　(b)

图 1-2　X射线管实物图

（a）12kW 旋转阳极靶；（b）玻璃密封管和陶瓷密封管

如图 1-3 所示，X 射线管实质上是一个真空二极管。给阴极加上一定的电流，阴极（灯丝）被加热，放出热辐射电子。在数万伏特高压电场的作用下，这些电子被加速并轰击阳极。阳极又称为靶，是使电子突然减速和发射 X 射线的地方。常用的阳极材料有 Cr、Fe、Co、Ni、Cu、Mo、Ag、W 等，现在最常用的是 Cu 靶。表 1-1 列出了常用靶材的标识 X 射线的波长和工作电压。

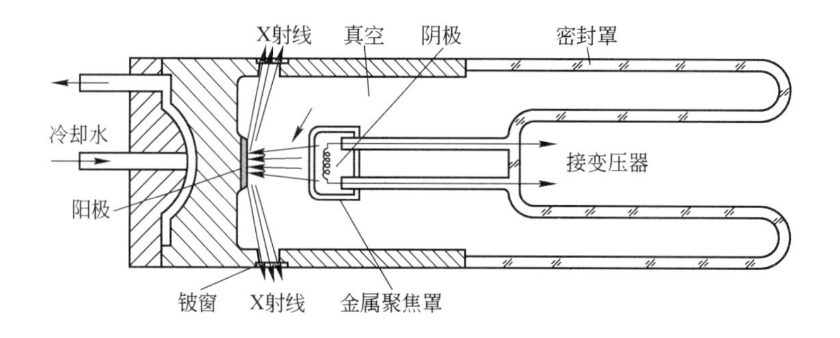


图 1-3　X 射线管原理图

**表 1-1　常用靶材的标识 X 射线的波长和工作电压**

| 靶材金属 | 原子序数 | $\lambda_{K_{\alpha1}}$/m | $\lambda_{K_{\alpha2}}$/m | $\lambda_{K_{\alpha}}$/m | $\lambda_{K_{\beta1}}$/m | $\lambda_{K_{\beta2}}$/m | $V_k$/kV | 工作电压/kV |
|---|---|---|---|---|---|---|---|---|
| Cr | 24 | $2.28962\times10^{-10}$ | $2.29351\times10^{-10}$ | $2.909\times10^{-10}$ | $2.08480\times10^{-10}$ | $2.0701\times10^{-10}$ | 5.98 | 20~25 |
| Fe | 26 | $1.93597\times10^{-10}$ | $1.93991\times10^{-10}$ | $1.9373\times10^{-10}$ | $1.75653\times10^{-10}$ | $1.7433\times10^{-10}$ | 7.10 | 25~30 |
| Co | 27 | $1.78892\times10^{-10}$ | $1.79278\times10^{-10}$ | $1.7902\times10^{-10}$ | $1.62075\times10^{-10}$ | $1.6081\times10^{-10}$ | 7.71 | 30 |
| Ni | 28 | $1.65784\times10^{-10}$ | $1.66169\times10^{-10}$ | $1.6591\times10^{-10}$ | $1.50010\times10^{-10}$ | $1.4880\times10^{-10}$ | 8.29 | 30~35 |
| Cu | 29 | $1.54051\times10^{-10}$ | $1.54433\times10^{-10}$ | $1.5418\times10^{-10}$ | $1.39217\times10^{-10}$ | $1.3804\times10^{-10}$ | 8.86 | 35~40 |
| Mo | 42 | $0.70926\times10^{-10}$ | $0.71354\times10^{-10}$ | $0.7107\times10^{-10}$ | $0.63225\times10^{-10}$ | $0.6198\times10^{-10}$ | 20.0 | 50~55 |
| Ag | 47 | $0.55941\times10^{-10}$ | $0.56381\times10^{-10}$ | $0.5609\times10^{-10}$ | $0.49701\times10^{-10}$ | $0.4855\times10^{-10}$ | 25.5 | 55~60 |

阳极靶面上受电子束轰击的焦点呈细长的矩形状（称线焦点或线焦斑），从射线出射窗中心射出的X射线与靶面的掠射角可设置为3°、6°、9°、12°。因此，从出射方向相互垂直的两个出射窗观察靶面的焦斑，看到的焦斑形状是不一样的。从出射方向垂直焦斑长边的两个出射窗口观察，焦斑呈线状称为线光源；从另外两个出射窗口观察，焦斑如点状称为点光源。单晶衍射仪、劳厄照相、残余应力和织构测量一般要求点光源，而其他应用一般要求使用线光源。因此，在衍射仪每次安装管子的时候，必须辨别所使用的X射线出射窗是否为线焦斑方向（管子上有标记）。此外，还要求测角仪相对于靶面平面要有适当的倾斜角。

X射线管的额定功率因靶材的种类及厂家而异。长时间连续运行时，建议使用功率在额定值的80%以下，有利于管子寿命的延长。

X射线管消耗的功率只有很小部分转化为X射线的功率，99%以上都转化为热量而消耗掉，因此X射线管工作时必须用水流从靶面后面冷却，以免靶面熔化毁坏。为提高靶面与水的热交换效率，冷却水流是用喷嘴喷射在电子焦点的背面上的，流量要求大于3.5L/min。X射线发生器的停水报警保护电路必须可靠。

普通X射线管的最大功率不超过3kW。有时由于X射线源的强度不够，以致使某些精细结构不能显现。因此，设法提高X射线源的强度是X射线结构分析工作中的重要问题之一，提高X射线强度的主要途径是提高X射线管的功率。然而，提高功率的主要障碍是电子束轰击阳极时所产生的热量不能及时散发出去。解决这个问题的有效办法是采用旋转阳极，让阳极以很高的转速（2000~10000r/min）转动，这样，受电子束轰击的焦点不断地改变自己的位置，使其有充分的时间散发热量。采用旋转阳极提高功率的效果是相当可观的。

### 1.1.2 测角仪

测角仪是衍射仪中最精密的机械部件，是X射线衍射仪测量中最核心部分，用来精确测量衍射角（$2\theta$）。测角仪的组成原理如图1-4所示。

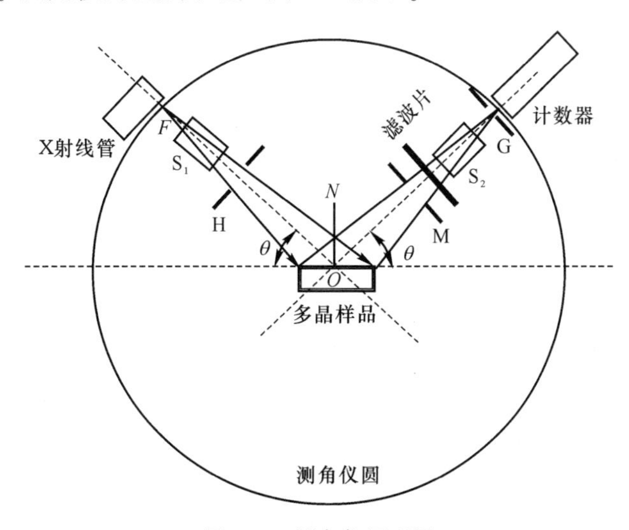


图1-4 测角仪原理图

试样台位于侧角仪中心，试样台的中心轴 $ON$ 与测角仪的中心轴（垂直图面）$O$ 垂直。在试样台上装好试样后，要求试样表面严格地与测角仪中心轴重合。入射线从X射线管焦点 $F$ 发出，经入射光阑系统 $S_1$、H 投射到试样表面产生衍射，衍射线经接收光阑系统M、$S_2$、G 进入计数器。X射线管焦点 $F$ 和接收光阑 G 位于同一圆周上，把这个圆周称为测角仪（或衍射仪）圆，把该圆所在的平面称为测角仪平面。X射线管和计数器分别固定在两个同轴的圆盘上，由两个步进马达驱动。在常规衍射测量（$\theta$-$\theta$ 扫描）时，保持试样不动，X射线管和计数器绕测角仪中心轴转动，不断地改变入射线与试样表面的夹角 $\theta$（掠射角），计数器与试样表面的夹角也为 $\theta$，接收各衍射角 $2\theta$ 所对应的衍射强度。根据需要，X射线管和计数器可以单独驱动，也可以自动匹配，使之以 1∶1 的角速度联合驱动。测角仪的扫描范围（$2\theta$）：正向可达 145°，$2\theta$ 角测量的绝对精度可至 0.01°，重复精度可达 0.001°。

测角仪的衍射几何是按着 Bragg-Brentano 聚焦原理设计的。

如图 1-5 所示，X射线管的焦点 $F$，计数器的接收狭缝 $G$ 和试样表面位于同一个聚焦圆上，因此可以使由 $F$ 点射出的发散束经试样衍射后的衍射束在 $G$ 点聚焦。除X射线管焦点 $F$ 之外，聚焦圆与测角仪圆只能有一点相交。这也就是说，无论衍射条件如何改变，在一定条件下，只能有一条衍射线在测角仪圆上聚焦。因此，沿测角仪圆移动的计数器只能逐个地对衍射线进行测量。

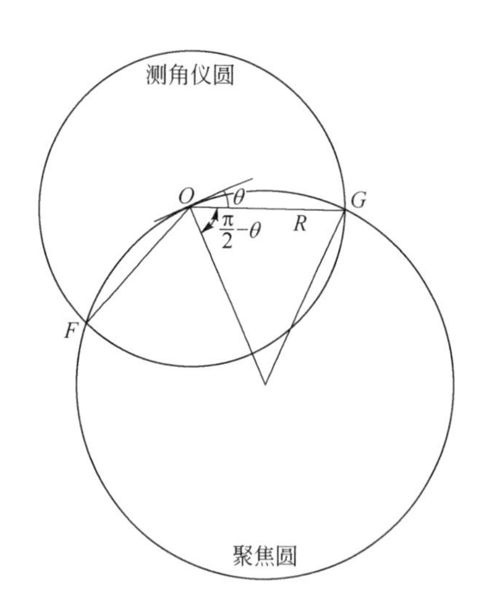


图 1-5 Bragg-Brentano 测角仪的衍射几何

按聚焦条件的要求，试样表面应永远保持与焦聚圆有相同的曲面。但由于聚焦圆曲率半径在测量过程中不断变化，而试样表面却无法实现这一点。因此，只能作近似处理，采用平板试样，使试样表面始终保持与聚焦圆相切，即聚焦圆圆心永远位于试样表面的法线上。为了使计数器永远处于试样表面（即与试样表面平行的 $hkl$ 衍射面）的衍射方向，必须让X射线管焦点 $F$ 与计数器同时绕测角仪中心轴相向转动，并保持 1∶1 的角速度关系，即当试样表面与入射线成 $\theta$ 角时，计数器也与试样表面处在 $\theta$ 角的方位。由此可见，粉末多晶体衍射仪所探测的始终是与试样表面平行的那些衍射面。

1.1.2.1　狭缝系统

测角仪光路上配有一套狭缝系统。如果只采用通常的狭缝光阑便无法控制沿狭缝长边方向的发散度，从而会造成衍射环宽度的不均匀性。为了排除这种现象，在测角仪光路中采用由狭缝光阑和梭拉（Soller）光阑组成的联合光阑系统，如图1-6所示。

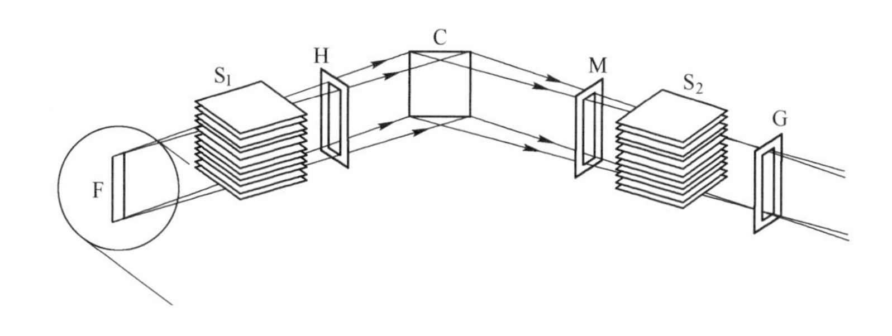


图1-6　测角仪的光阑狭缝

Soller光阑$S_1$、$S_2$是梭拉光阑，由一组互相平行、间隔很密的重金属（Ta或Mo）薄片组成，用来限制X射线在测角仪轴向方向的发散，使X射线束可以近似地看成仅在扫描圆平面上发散的发散束，分别设在射线源与样品和样品与探测器之间。安装时要使薄片与测角仪平面平行，这样可将垂直测角仪平面方向的X射线发散度控制在2°左右。衍射仪的Sollar狭缝的全发射角（2×薄片间距/薄片长度）为3.50°左右，因此，轴向发散引起的衍射角测量误差较小，峰形畸变也较小，可以获得较佳的峰形，有较佳的衍射角分辨率。

发散狭缝光阑H的作用是控制入射线的能量和发散度，因此也限定了入射线在试样上的照射面积。例如，对热焦斑尺寸为1mm×10mm（有效投射焦斑为0.1mm×10mm）的X射线管，当采用1°的发散狭缝光阑，$2\theta=18°$时，试样被照射的宽度为20mm，被照射面积为20mm×10mm。随着$2\theta$角增大，被照射的宽度（或面积）减小。如果只测量高衍射角的衍射线时，可选用较大的发散狭缝光阑，以便得到较大的入射线能量。

防散射狭缝光阑M的作用是挡住衍射线以外的寄生散射（如各狭缝光阑边缘的散射，光路上其他金属附件的散射）进入检测器，有助于减低背景。它的宽度应稍大于衍射线束的宽度。

接收狭缝光阑G是用来控制衍射线进入计数器的能量。它的大小可根据实验测量的具体要求选定。

光阑和狭缝都有多种宽度可供使用时选择，狭缝越小，接受强度越低，但越精确。有些厂家的光阑和狭缝通过插件方式来选择，有些厂家的设备则通过程序调控。

1.1.2.2　滤波系统

X射线管发射出来的光是多种波长混合的复杂光源，主要包括连续谱、$K_\alpha$和$K_\beta$特征谱。当这些波长的射线都参与衍射时，会得到非常复杂的衍射信息。

另外，当一种波长的X射线照射到样品上时，有可能激发样品本身的特征射线（X射线荧光）。为了获得单一波长的衍射信息，通常采用插入滤波片或者加装单色器的方法来去除掉$K_\beta$辐射和荧光辐射。

滤波片和单色器一般设置在样品与接收狭缝之间（图1-4）。

在X射线衍射实验中，可以利用物质对X射线吸收过程存在吸收限的特性来合理地选用滤波片材料和辐射波长，以便获得优质的衍射花样。多晶体X射线衍射实验是利用K系标识X射线作辐射源的。但在许多情况下，不希望衍射花样中出现$K_β$辐射所对应的衍射花样，因为它使衍射花样复杂化，妨碍对谱图的分析。解决这个问题的办法是在试样与计数器之间加放滤波片将$K_β$辐射吸收掉。对滤波片材料的选择就要利用K吸收限的特性。如果我们选择这样一种物质作滤波片，它的K吸收限刚好位于辐射源的$K_α$辐射和$K_β$辐射之间，并且要尽量靠近$K_α$辐射，这时滤波片对$K_β$的吸收很强烈，而对$K_α$的吸收却很小。经过滤波后的X射线几乎只剩下单一$K_α$的辐射（图1-7）。

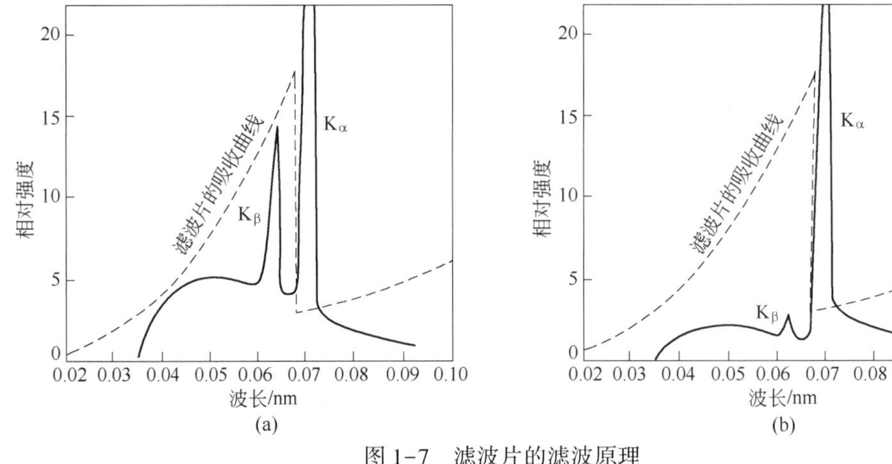


图1-7 滤波片的滤波原理

（a）滤波前的光谱；（b）滤波后的光谱

为了消除衍射花样的背底，最有效的办法是利用晶体单色器。通常的做法是在衍射线光路上安装弯曲晶体单色器（图1-8）。由试样衍射产生的衍射线（一次衍射线）经光阑系统投射到单色器中的单晶体上，调整单晶体的方位使它的某个高反射本领晶面（高原子密度晶面）与一次衍射线的夹角刚好等于该晶面对$K_α$辐射的布拉格角。这样，由单晶体衍射后发出的二次衍射线就是纯净的与试样衍射线对应的$K_α$衍射线。晶体单色器既能消除$K_β$辐射，又能消除由连续X射线和荧光X射线产生的背底。但是，通常使用的衍射束石墨弯曲晶体单色器却不能消除$K_{α2}$辐射，所以经弯曲晶体单色器聚焦的二次衍射线，由计数器检测后给出的是$K_{α1}$和$K_{α2}$双线衍射峰。

石墨晶体单色器选用0002反射面。使用石墨弯曲晶体单色器，对$K_α$辐射而言，其衍射强度与不用单色器时相比大约降低38%，这相当于使用滤波片时衍射强度降低的程度。由于加入单色器会使强度降低，这可以通过使用高功率旋转阳极X射线发生器来弥补这一不足。在$CuK_α$辐射上使用石墨单色器测试铁基试样，可使背底降到10cps（每秒计数），得到满意的结果。但是，对与X射线管靶元素相同的试样，使用单色器的效果不大。这是因为由连续X射线激发试样而产生的荧光X射线与X射线管发射的标识X射线具有同样波长（图1-9）。

从图1-9可以看到，测量含铜元素的样品时，在低角度会出现背底由低到高的反常现象。

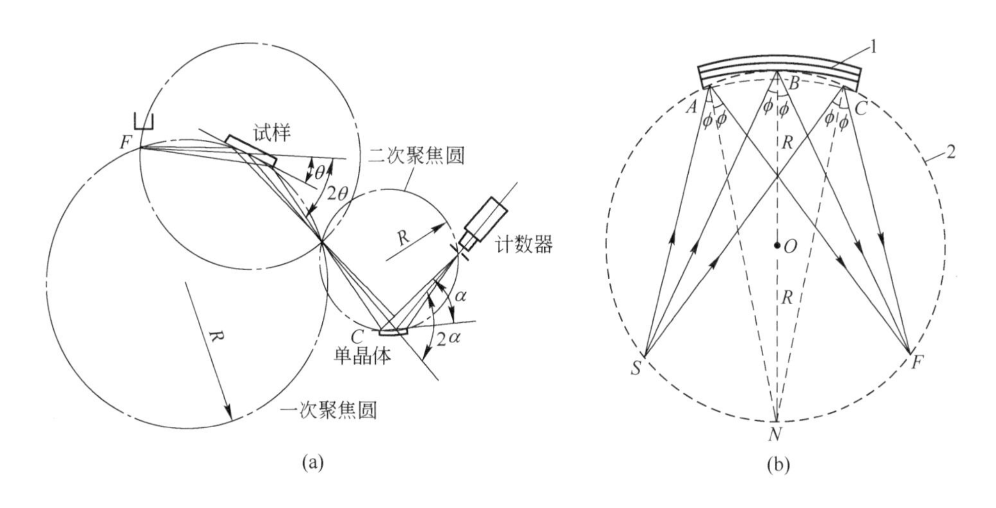


图 1-8 单色器的作用

(a) 加入晶体单色器后的光路图；(b) 弯晶单色器的反射几何

1—弯曲晶体；2—聚焦圆

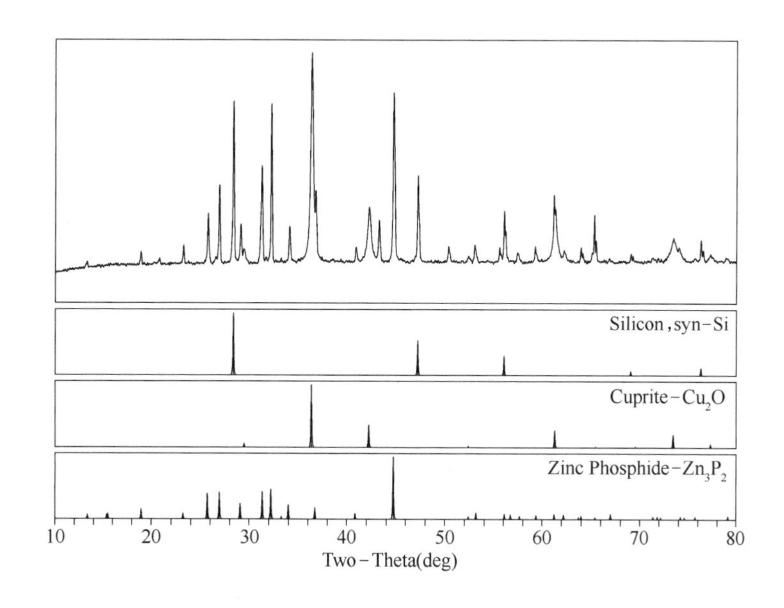


图 1-9 采用石墨单色器时扫描含铜样品的衍射谱背底变化

### 1.1.3 X射线强度测量记录系统

计数器的主要功能是将X射线光子的能量转换成电脉冲信号。通常用于X射线衍射仪的辐射探测器有正比计数器、闪烁计数器和位敏正比探测器。

闪烁计数管是各种晶体X射线衍射工作中通用性最好的检测器。它的主要优点是：对于晶体X射线衍射工作使用的各种X射线波长，均具有很高的以至100%的量子效率；稳定性好，使用寿命长；此外，它具有很短的分辨时间（$10^{-7}$s级），因而实际上不必考虑检测器本身所带来的计数损失；对晶体衍射用的“软”X 射线也有一定的能量分辨能力。因此现在的 X 射线衍射仪大多配用闪烁计数管。

通常的闪烁探测器也称为“点探测器”或 0 维探测器，其接收原理如图 1-10 所示。在任何一个时刻只能接收一个 $2\theta$ 角的强度。现代衍射仪通常配置一维或二维阵列探测器。一维阵列探测器在任何时刻可同时接收多个 $2\theta$ 角的衍射，其探测强度可相对于点探测器提高 200 倍以上。如使用理学 D/Texultra 一维阵列探测器，通常需要测量 1h 的样品只需要几分钟就可以完成，而且数据质量并不降低。

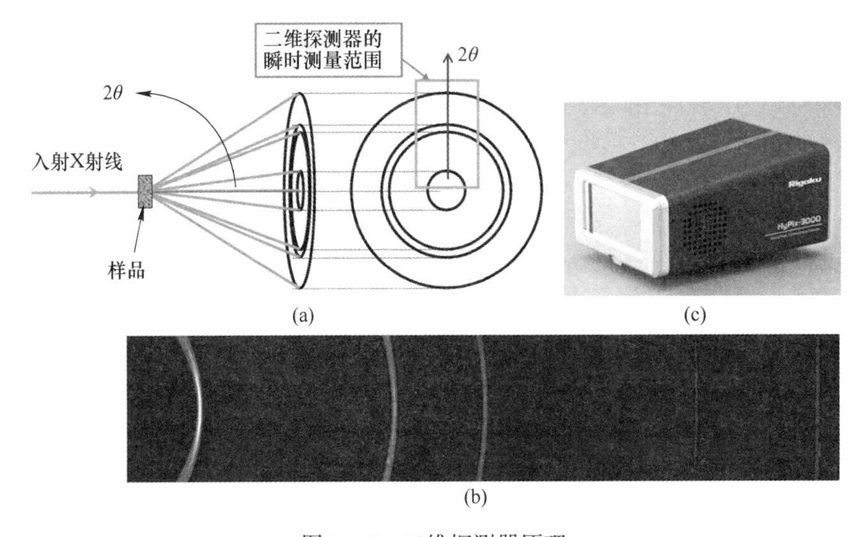


图 1-10　二维探测器原理

（a）二维探测器计数原理；（b）二维探测器的接收谱图；（c）理学（Rigaku）公司生产的 Hypix 3000 型探测器

二维探测器的接收区域为一个方形窗口（图 1-10（c））。水平安装时，如图 1-10（a）所示，垂直方向上可同时接收约 15°（$2\theta$）的数据，而水平方向上可接收衍射圆环上一段的强度。这种探测器一方面提高了衍射强度的接收效率，另一方面从所测衍射圆环段上还可以观察到衍射圆环上强度的分布和衍射圆环的形状。衍射圆环上强度分布的不均匀性反映了所测材料的织构，而衍射圆环的变形则反映了所测材料的应力状态。

## 1.2　X 射线辐射防护

X 射线对人体组织能造成伤害。人体受 X 射线辐射损伤的程度，与受辐射的量（强度和面积）和部位有关，眼睛和头部较易受伤害。衍射分析用的 X 射线（属“软”X 射线），比医用 X 射线（属“硬”X 射线）波长更长，穿透弱，吸收强，故危害更大。所以，每个实验人员都必须牢记：对 X 射线要注意防护。人体受超剂量的 X 射线照射轻则烧伤，重则造成放射病乃至死亡。因此，一定要避免受到直射 X 射线束的直接照射，对散射线也需加以防护，也就是说，在仪器工作时对其初级 X 射线（直射 X 射线束）和次级 X 射线（散射 X 射线）都要警惕。直射 X 射线束是从 X 射线焦点发出的直射 X 射线，强度高，在 X 射线分析装置中通常它只存在于限定的方向中。散射 X 射线的强度虽然比直射 X 射线的强度小几个数量级，但在直射 X 射线行程附近的空间都有散射 X 射线，所以直射 X 射线束的光路必须用重金属板完全屏蔽起来，即使小于 1mm 的小缝隙，也会有 X 射线漏出。

防护 X 射线可以用各种铅的或含铅的制品（如铅板、铅玻璃、铅橡胶板等）或含重金属元素的制品，如高铅含量的防辐射有机玻璃等。

## 1.3 X 射线衍射仪使用的注意事项

当使用新的 X 射线管或长期没有使用过的 X 射线管时，要把 X 射线管进行老化。每天使用时也要缓慢增加管电压和管电流，应当避免过急的加载，应在 X 射线管允许的负荷范围内工作。在更换 X 射线管或焦点之后，要确认一下是否漏水。

X 射线管的窗口（铍，有毒）非常脆弱，无论在任何情况下严禁触碰，否则容易使真空系统漏气；不要直接用手触摸 X 射线管的外壳，如果弄脏或粘有水气，应当用漂白布轻轻擦洗，干燥以后才可以使用。

不得将非常强的 X 射线长时间射入计数管，高强度 X 射线会使计数管受损伤，缩短使用寿命。例如，做小角度衍射实验（最低衍射角通常小于 1°）时，应将狭缝设置为最小值，防止 X 射线管发出的直射光直接进入探测器而损坏探测器。

操作视频 2

## 1.4 多晶衍射样品的制备方法

X 射线粉末衍射仪的基本特点是所用的测量试样是由粉末（许多小晶粒）聚集而成的，要求试样中所含小晶粒的数量很大。小晶粒的取向是完全混乱的，则在入射 X 射线束照射范围内找到任一取向的任一晶面（*hkl*）的概率可认为是相同的。故相对衍射强度可以反映结构因子的相对大小，这是一切粉末衍射的基础。

使用聚焦衍射几何时，能满足准聚焦几何的试样的表面应当平整紧密，应准确与测角器轴相切，以准确位于聚焦圆上，如表面不平整，试样的颗粒处于不同的平面上，那些不在聚焦圆上的试样颗粒产生的衍射线不会落在聚焦点上，就会增加衍射峰宽度，降低分辨率。位于低处颗粒产生的衍射线会被高处的颗粒所吸收，降低衍射强度；另外，试样最好有较大吸收率，若吸收率小，X 射线的透入深度大，会在试样的深度方向产生衍射，也偏离了聚焦条件。

### 1.4.1 块体样品的制备

块体样品的制备和使用应注意以下几个方面。

取样：使用块体样品时，要注意样品应当具有表征的代表性，一些边角余料是不具有代表性的。另外，也要注意取样的方向应当一致。虽然一般材料都是多晶材料，但或多或少会存在择优取向。特别是一些经过加工的金属板材、丝材，存在严重的择优取向。同方向取样才具有可比性。

样品大小：块体样品一般都用带空心样品槽的铝合金样品架固定测量，块体样品只需要一个测量面，不同衍射仪使用的样品框大小略有不同。为获得最大衍射强度，样品大小应与样品框大小一致，至少不小于 10mm×10mm。衍射强度与样品参与衍射的体积成正比。当厚度一定时，实际上与测量面的面积成正比（在高衍射角时会小于样品面积）。为了获得与大样品同样的实验结果，必须延长小样品的测量时间。

研磨：测量面必须是一个平板，在研磨过程中不得有弧面形成。研磨过程中应当采用“湿磨”。干磨会产生高温而发生相变、氧化和应力。研磨时先用粗砂纸粗磨，然后再用不低于 320 号砂纸研磨。

块体样品的固定：将铝合金空心样品架（图 1-11）的正面（光滑平整面，朝下）倒扣在玻璃板上，将块体样品放入样品框的中间位置，测量面朝下倒扣在玻璃板上。再取“真空胶泥”粘住样品架和样品。如果样品很薄而且很小时，要特别注意胶泥不能露出测量面，否则，胶泥也会参与衍射，测到的衍射谱中有附加的胶泥衍射峰。

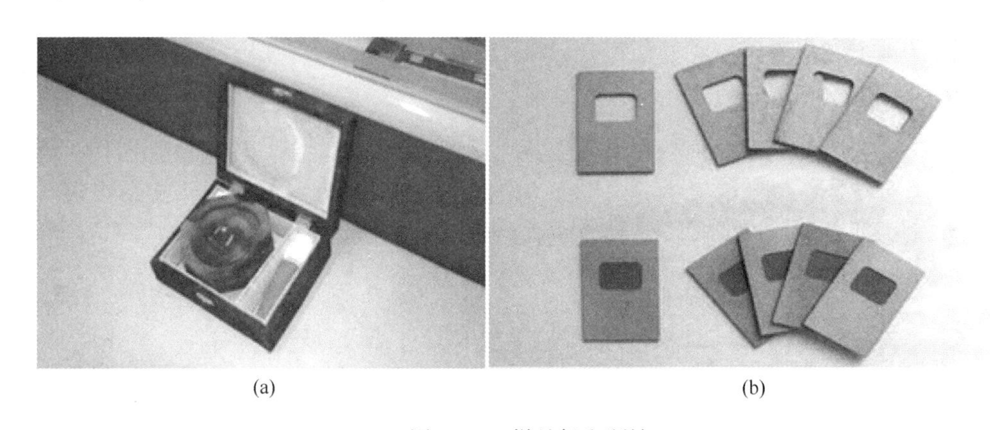

(a)　　　　(b)

图 1-11　样品架和研钵

（a）研钵；（b）铝制空心样品架，可用于填充粉末样品和块体材料制样

块体样品的应用范围：块体样品由于存在各向异性，因此一般只适用于物相的鉴定，而不适用于物相定量分析。但残余应力测量、织构测量和薄膜样品测量则必须是块体样品。

### 1.4.2　粉末样品的制备

X 射线衍射的粉末样品要求是：（1）粒度均匀；（2）粒度在 10μm 左右；（3）样品用量不少于 0.5g。下面是粉末样品具体的制备过程。

（1）制粉：为了保证样品的代表性，首先要取多一些的样品制粉。对于矿物样品和金属合金样品，可以采用矿物制粉机研磨成颗粒直径 45μm 左右的粉体，然后再用研钵进一步研细至 10μm 左右。定性分析时粒度应小于 44μm（350 目），定量分析时应将试样研细至 10μm 左右。较方便地确定 10μm 粒度的方法是：用拇指和中指捏住少量粉末并碾动，两手指间没有颗粒感。实验表明，当粒度大于 30μm 时，由于消光效应的影响，强度减弱；如果粒度小于 3μm 则微粒表面非晶相的体积分数相对增加，表现出磨碎效应，强度降低。

（2）研磨与分筛：物质的力学性能通常用“硬度”和“强度”来表示。一种物质硬，当然不易磨细，一种物质的强度高也不容易磨细。在含有多种材料的混合物样品的研磨过程中，有些材料首先达到要求的粒度，而有些则很难达到要求的粒度。比如，石墨和金刚石混到一起去研磨，肯定不可以研磨好一个样品。因此，在粉末的研磨过程中要分步研磨、分筛，不可一磨到底；否则，一些材料的粒度早已过细，而有些材料的颗粒还没有达到要求。小于 10μm 的材料会产生对 X 射线的微吸收，使衍射强度降低。如果太细，达到 100nm 以下，则会造成衍射峰宽化；相反，颗粒太粗时，参与衍射的晶粒数目不够，也会降低衍射强度。在计算混合物中各种材料的质量分数时，结果会低于实际的质量分数。

（3）粉末样品的固定：对于不同的实验目的，粉末样品的固定方法有很多种。

1）正压法：取 0.2g 粉末样品撒入玻璃样品架的样品槽，使松散样品粉末略高于样品架平面；取毛玻璃片（如载玻片在砂纸上磨成粗糙表面）轻压样品表面；将多余粉末刮掉；反复平整样品表面，使样品表面压实而且不高出玻璃样品架平面。

实验室一般都配有两种深度样品槽的玻璃样品架。当样品量较多时使用深槽（0.5mm）样品架，当粉末很少时使用浅槽（0.2mm）的，可获得更大的样品面积。如果样品量填不满样品槽时，应当将粉末撒在槽的中间位置。

正压法的优点是制样简单，缺点是所制粉末样品存在一定的择优取向，衍射强度与 PDF 卡片上的强度 $I/I_0$ 不匹配；如果样品中夹杂有粗颗粒，则不易制出平整的样品。

正压法一般只适用于物相鉴定，不适宜用于物相定量分析。

如果粉末的颗粒较粗，容易流动，可在样品槽底部抹一点石蜡油（化工店有售），或者在粉末样品中加入少量的挥发性液体也是可以的。

2）背压法：将带空心框的铝样品架倒扣在一块磨成粗糙表面的平板玻璃片上或在平板玻璃板上放一张 320 号砂纸再扣上空心样品架；将粉末从样品框的背面撒入框中，用拇指轻压样品，将粉末压实；将样品架翻转过来，取走平板玻璃片。

背压法的最大优点是样品测量面紧密平滑光洁，与样品架表面严格平齐，可获得准确的衍射峰位置。如果使用光滑的平板玻璃作垫底，将产生严重的择优取向，但采用毛玻璃或高标号砂纸作垫底时，粉末在自由落下时不会滚动，与正压法相比，可减少所制粉末样品的择优取向，与 PDF 卡片强度匹配性较好。此方法既能获得好的峰位角又可用于定量分析。另外，如果样品中夹杂有粗颗粒或者粉末流动性较好，便于制样。背压法的缺点是制样稍麻烦，而且样品用量较多。

3）侧装法（NBS 装样法）：该方法由美国国家标准局（NBS）提出。将铝样品架的一侧顶端切除掉，然后用两块玻璃片夹紧样品架，将粉末从样品架切口处轻轻倒入，压紧，移去两侧的玻璃片即可。

侧装法的最大优点是样品没有择优取向，满足定量分析的需要；缺点是样品难以压实，移去玻璃片时要注意样品撒落。

4）撒样法：撒样法要求“无反射”样品架，这种样品架既不能是像玻璃样品架一样会在低衍射角区形成散射峰的非晶体，也不能是有衍射峰的材料。一般使用非晶硅片、非晶石英片或者高指数点阵平面的单晶硅片或其他类似材料制成的一个平板。对于前者，非晶散射峰不明显可以忽略，对于后者，虽然是可产生衍射的晶体，但高指数点阵的衍射峰在很高的角度不在测量范围内（一般测量角度小于 90°）。

撒样法用于样品量很少的情况，直接将粉末撒在无反射样品板上，不加压。一般做法是：试样板面用少量水或酒精湿润（起黏结作用），然后用合适目数（300~350 目）的分样筛将试样均匀筛落在试样板上（注：分样筛的目数指 25.4cm（1 英寸）长度上筛孔的数目，数目越大，筛孔越小，325 目的分样筛孔径约为 45μm ）。

撒样法用于样品量很少的情况，样品的厚度可以控制。由于试样量很少，衍射强度很低，分辨率较差，需要降低扫描速度、延长扫描时间以获得好的实验效果。

5）喷雾干燥法：将试样以约 50%的比例与某种不会与样品发生化学作用及不会溶解试样的但较易挥发的液体与少量黏合剂（聚乙烯）和悬浮剂混合成浆状，然后将浆状物喷入一个加热室，形成雾状，浆状物中的液体在加热室中挥发，试样颗粒则自然沉降到置于加热室底部的一块无反射样品板上，得到可用的试样板。这样得到大小约为 50μm 的由许多小晶粒聚集成的球形颗粒，在球形颗粒内的小晶粒的取向是随意的。

6）气溶胶法：将空气充进一个装有粉末试样的抽空了的管子，试样被冲起形成气溶胶，然后让其自由沉降在事先置于管子底部的无反射试样板上，获得可用的试样。此方法的样品用量只要 300~1000μg。

7）沉降分离法：将样品与某种不会与样品发生化学作用及不会溶解样品的液体在容器中混合成悬浮液，在容器底部放一块试样板，样品自然沉降到试样板上，不同颗粒大小的样品的沉降速度不同，故可进行粒度分离。若试样是不同材料的混合物，要注意不同材料密度不同而造成的分离。若要做物相鉴定，可用来浓缩低含量相，有利于其检出。若做定量分析，由于不同物相的密度不同，沉降速度不同，可能得出错误的结论。

### 1.4.3 平板试样制备的其他问题

平板试样制备中还有如下问题需要注意。

（1）试样制备中带入的缺陷：X 射线衍射要求结构完美的试样，即不存在使衍射线加宽或位移的各种缺陷，如应力、位错等。若试样经过研磨处理，则需要做适当时间的退火处理，以消除或减少各种缺陷。但是，如果退火处理改变试样化学和物理性状，试样则不可做退火处理。一般物相鉴定的样品也不需要退火处理。

（2）有机样品的厚度：填样深度是为了保证在样品整个 $\theta/2\theta$ 扫描范围都能满足无穷厚度的要求，以保证在整个扫描范围的衍射体积不变。对 X 射线具有不同吸收系数的试样，对样品的厚度要求不同。

$$\tau = \frac{2.302\sin\theta}{\mu_m \rho}$$

式中，$\rho$ 为试样的密度；$\mu_m$ 为试样对 X 射线的质量吸收系数；$\tau$ 为入射角为 $\theta$ 时需要的填样深度。

对于同一实验样品的实验，所有试样对称布拉格反射的填样深度应当相同。有机物主要由 C、H、O、N 等轻元素构成，对 X 射线的吸收很小，故射线透入样品的深度较深。在高角度区，X 射线在样品中的透入深度可达到 2mm 左右。因此，不应当使用带样品槽的玻璃样品架制样，可采用背压法制样，以保证衍射谱不受样品架的影响。

另外，由于 X 射线在有机样品中的透入深度很深，衍射线信号不仅仅来自于样品表面，深层试样产生的衍射线是不聚焦在聚焦圆上的，使衍射峰加宽，降低分辨率，$2\theta$ 测量不准确。可在有机样品中加入填料（如在低角度不会产生衍射峰的重金属粉末）以降低X射线在样品中的透入深度。但是，由于样品中参与衍射的有机试样量减少，衍射强度降低，需要降低扫描速度以获得高衍射强度。

（3）易氧化潮解的样品处理：有些样品必须在手套箱中完成制样，一般方法是在样品表面用透明胶带封住。透明胶带的强衍射峰在20°左右，对于衍射范围高于此角度的样品，透明胶带不会影响实验结果。如果样品衍射范围正好包含此角度，可做一个透明胶带（空白样品）的衍射谱，两者相减可得到待测样品的实验谱。

在粉末样品中添加石蜡油也可以起到与空气隔绝的作用，但会产生一个非晶散射峰，可以通过去背景扣除掉。

另外，为防止样品与空气接触，并且没有外来的衍射信息，可以使用“气密性样品架”。这种样品架由仪器厂家提供。

（4）少量样品的处理：上面谈到一些少量样品的处理方法，但这些方法操作起来太麻烦。如果不是为了定量分析也没有必要，一般情况下只希望获得高衍射强度和较平滑的谱线。一般X射线光管的射线光斑为1mm×10mm，投射到样品表面时垂直于射线方向的长度不变，固定为10mm，而平行于入射方向的宽度则随衍射角的增大而减小。为获得高角度较高的强度，一般将粉末样品固定于样品槽的中心部分，垂直于入射方向的长度为10mm。但是，如果实验目的是为了定量分析，则不宜这样做，因为此时衍射峰的强度比与标准相对强度 $I/I_0$ 是不匹配的。做定量分析时必须做强度校正。

（5）待测相富集方法：当某些物相含量较少时，它的衍射峰强度低，衍射峰数量也较少，查索引和核对衍射卡片，不易准确地判断。利用它们不同的化学和物理性质，对物相含量较少的矿物进行富积（除去杂质成分，使某一种矿物在样品中的质量分数提高的方法），再测量衍射图，能够得到物相较完整的衍射图，是准确地进行物相分析的有效方法。

1）挑选法：不同的矿物，它的各种物理性质不同，如外观、形状、颜色，利用这些特点，用工具把少数外观、形状和颜色不同的颗粒分别挑出，使少量的矿物富积。

2）水解法：对黏土类矿物，利用它结晶尺寸小、遇水分解的特点，把黏土加水放入超声波振荡器中振荡，黏土中的高岭石变成很细的颗粒，把样品放入沉降管中，加入适量的水，让其自由沉降，定时移出细料浆，反复做若干次，可将大部分高岭石除去，而含量较少，对水不分解和不溶解的矿物可以富积。

3）破碎分离法：做刚玉的物相分析时，由于杂质矿物含量少，并且分散较均匀，杂质和刚玉相互联在一起，而刚玉和杂质矿物硬度差别大。研磨样品时，硬度低和有缺陷的部位容易裂开，故细粒度颗粒杂质矿物含量较多，把研细的样品放入沉降管中自由沉降，定时移出细料浆，反复操作若干次，把细粒分离出来，可富积杂质矿物。

4）煅烧法：做有机磨具的填料定性分析时，填料含量较少，且与树脂、磨料黏结在一起，把样品放入700℃马弗炉内煅烧1h，有机材料分解、燃烧、氧化，变成气体，仅剩下磨料和填料，而它们的粒度和密度不同，进一步分离，使填料富积。

在实际工作中，应根据样品的不同情况，采用适当的方法，使少量矿物富积，以便准确地进行物相分析。

# 1.5 测量方式和实验参数的选择

## 1.5.1 X射线波长的选择

选择适用的X射线波长（选择阳极靶）是实验成功的基础。实验采用哪种靶的X射线管，要根据被测样品的元素组成而定。选靶的原则是：避免使用能被样品强烈吸收的波长，否则将使样品激发出强烈的荧光辐射，增高衍射图的背景。根据元素吸收性质的规律，选靶规则是：X射线管靶材的原子序数要比样品中最轻元素（钙及比钙元素更轻的元素除外）的原子序数小或相等，最多不宜大于1。表1-2列出了常用靶材的特长和用途。

**表1-2 常用靶材的特长和用途**

| 靶材种类 | 主要特长 | 用　途 |
|---|---|---|
| Cu | 适用于晶面间距1～10nm的测定 | 采用单色器滤波时，几乎全部测定，如采用$K_\beta$滤波，不适用于黑色金属试样的测定 |
| Co | Fe试样的衍射线强，如用$K_\beta$滤波，背底高 | 最适宜于用单色器方法测定Fe系试样 |
| Fe | Fe试样的背底小 | 最适宜于滤波片方法测定Fe系试样，缺点是靶的允许负荷小 |
| Cr | 波长长，峰背比大，但强度低 | 包括Fe试样的应力测定，利用PSPC-MDG的微区（反射法）测定 |
| Mo | 波长短 | 奥氏体相的定量分析，金属箔的透射方法测量（小角散射等） |
| W | 连续X射线强 | 单晶的劳厄照相测定 |

## 1.5.2 X射线的单色方法选择

X射线单色化和背底的消除对于微小峰的检测是一项重要的测试技术。正确选择滤波片可以大量吸收掉$K_\beta$辐射，使$K_\beta$变成一个很小的峰，其强度大致为同一衍射面$K_\alpha$强度的1/100。但去除不掉逃逸峰和比$K_\alpha$线波段长的连续X射线，试样发出的荧光X射线也有记录。

单色器是一个表面弯曲的单晶体，调整它的安装方向，使它的表面的晶面正好与$K_\alpha$辐射产生衍射，而使$K_\alpha$可以通过。而其他波长的辐射由于不满足单晶衍射条件，而不能通过。因此，可以去除掉除$K_\alpha$特征射线以外的任何其他波长的射线，如$K_\beta$衍射线、外部光源污染引起的微小峰，还能去除荧光X射线、连续X射线、逃逸峰等。所以，得到的数据背底较低且质量良好，对于原来就受荧光X射线影响小的轻元素试样或与靶相同元素的试样来说单色器的效果就不大。

利用波长分辨率高的探测器和波高分析器的组合可以将X射线单色化。可能将康普顿散射去除，对于测定轻元素非晶的径向分布函数等工作是有效的。

如果使用高功率X射线辐射和单色器配合，则辐射波长的选择就不重要。例如，使用石墨单色器时，用Cu辐射测量Fe样品，可使其背景降低到10cps左右，强度可达到$10^5$cps左右，完全满足各种分析的需要。

特别需要说明的是，尽管可以通过更换光管来满足不同样品的测量，但是，实际上更换光管是一件很费时的工作，而且很容易损坏光管，甚至损坏高压头。如果采用石墨单色器滤光，可以不更换光管，使用 Cu 辐射加石墨单色器可以测量含 Fe 元素的样品，反而这种组合测量含 Cu 元素的样品时会使荧光背景较高。

### 1.5.3 管压管流选择

特征 X 射线的强度正比于管压和最低激发电压之差的 $n$ 次方，又正比于管流。管压小时 $n$ 值接近于 2，且随着管压的增加而变小（约为 1.67）。另外，在 $K_\beta$ 滤波方法中成为背底的连续 X 射线强度正比于管压的平方，且正比于管流。所以，为获得最大“峰/背比”（衍射峰强度与背景强度之比），工作电压的最合适选择值是激发电压（能产生特征 X 射线的最小电压）的 5~6 倍。对于各种不同的靶，有不同的最佳管压值（表 1-3）。

**表 1-3　电压电流选择**

| 靶 | 最低激发电压/kV | 最佳电压/kV | | |
|---|---|---|---|---|
| | | 强度最大 | 峰背比最大 | 常用值 |
| Mo | 20.0 | 60 | 45~55 | 55 |
| Cu | 8.86 | 40~55 | 25~35 | 40 |
| Co | 7.71 | 35~50 | 25~35 | 35 |
| Fe | 7.10 | 35~45 | 25~35 | 35 |
| Cr | 5.98 | 30~40 | 20~30 | 30 |

根据靶的种类和发生器装置的最大容量决定最大管流值。对于密封管来说，管流一般为 40mA。对于 18kW 转靶 X 射线管，管流一般为 250~300mA。实际使用的功率应以小于额定功率的 80%为宜。同时，管流过大时，灯丝温度高而使灯丝弯曲，造成衍射峰位移。

### 1.5.4 狭缝的选择

狭缝的大小对衍射强度和分辨率都有影响。大狭缝可得到较大的衍射强度，但降低分辨率，小狭缝提高分辨率但损失强度，一般如需要提高强度时宜选大些的狭缝，需要高分辨时宜选用小些的狭缝，尤其是接收狭缝对分辨率影响很大。每台衍射仪都配有各种狭缝以供选用。其中，发散狭缝的目的是为了限制光束不要照射到样品以外的地方，以免引起大量的附加散射或线条；接收狭缝是为了限制待测角度附近区域上的 X 射线进入检测器，它的宽度对衍射仪的分辨力、衍射峰强度以及峰背比（衍射峰强度与背景强度之比值）起着重要作用；防散射狭缝是光路中的辅助狭缝，它能限制由于不同原因产生的附加散射进入检测器。

（1）发散狭缝 DS：只要照射宽度不超过试样宽度（标准为 20mm），DS 宽度越宽，X 射线强度就越强。但是，当 DS 为 4°的数据表明，衍射峰也会变宽，分辨率下降明显。

通常使用 DS 为 1°的发散狭缝。在这种狭缝条件下，当入射角 $2\theta=20°$的低衍射角一侧 X 射线超出试样范围时，由于照射 X 射线量减少，衍射峰的相对强度会降低。有些物质的衍射峰在 20°（$2\theta$）以下出现很多，对这些物质的测定使用 DS 为 0.5°的发散狭缝。

（2）防散射狭缝 SS：切断外来的散射线，防止背底的增加，限制接收狭缝（RS）接收光的角度。一般使用与 DS 一致的狭缝大小。

(3) 接收狭缝 RS：决定接收宽度的狭缝。如这个宽度变成 2 倍宽，则积分强度也增加到 2 倍，衍射峰的分辨率降低，所以当多条衍射峰互相重叠时最好不要使用太宽的接收狭缝。通常使用 RS 为 0.3mm 的接收狭缝。

每台衍射仪都配有多套可选的狭缝，通过手工插入来选择。理学公司生产的衍射仪通过程序自动调整狭缝大小。另有一种程序根据衍射角的大小来调整狭缝大小以满足 X 射线的照射面积不变，这种狭缝选择称为“可变狭缝”。这种调整可以满足高衍射角的高强度，但不适用于定量分析和峰形精密测定。

### 1.5.5 扫描参数选择

在聚焦法中利用 $2\theta/\theta$ 连动的扫描使试样表面始终位于与聚焦圆相切的状态，能够获得高的 X 射线强度和分辨率。根据测角仪结构不同，有两种运动方式：$\theta/2\theta$ 扫描方式是光管固定不动，样品和探测器按 1∶2 的角速度转动；$\theta/\theta$ 扫描则是样品表面保持水平不动（图 1-12a），光管和探测器相对于样品做等速相向运动。

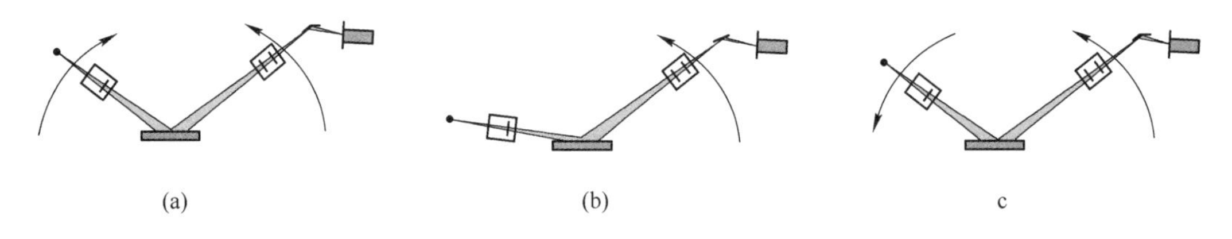


图 1-12 不同的扫描方式

(a) 常规扫描；(b) 不对称扫描；(c) $\omega$ 扫描

在薄膜分析时用平行光束光路（图 1-13）将 $\theta$ 固定在某个低角度，进行 $2\theta$ 单独扫描，以获得一定深度的样品的衍射（图 1-12b），是掠入射扫描的一种。图 1-12c 则是另一种特殊的扫描方式，称为 $\omega$ 扫描，其作用是表征样品结晶状态。

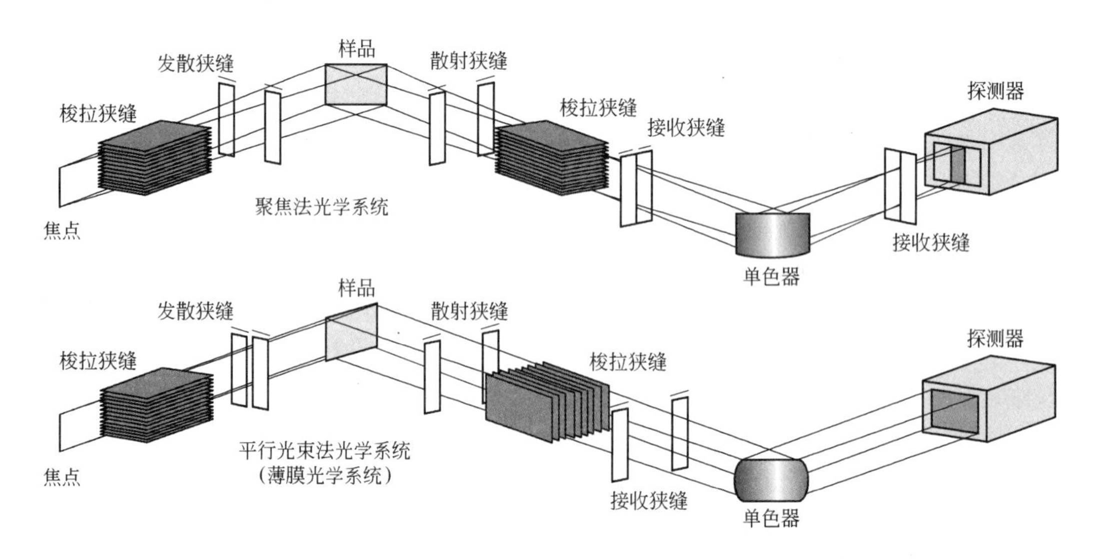


图 1-13 聚焦光路和平行光路的比较（丹东浩元公司 DX-2700 衍射仪光路设计）

衍射仪扫描方式有连续扫描和步进扫描两种方式。不论是哪一种扫描方式，快速扫描的情况下都能相当迅速地给出全部衍射花样，它适用于对物质进行鉴定或定性估计。而对衍射花样局部做非常慢的扫描，则适合于精细区分衍射花样的细节和进行定量的测量，例如混合物相的定量分析、精确的晶面间距测定、晶粒尺寸和点阵畸变的研究等。

（1）定速连续扫描：光管和探测器按 1 : 1 的角速度比以固定速度转动。在转动过程中，检测器连续地测量 X 射线的散射强度，各晶面的衍射线依次被接收。现代衍射仪均采用步进电机来驱动测角仪转动，因此实际上转动并不是严格连续的，而是一步一步地步进式转动的，这在转动速度慢时特别明显。但是检测器及测量系统是连续工作的。

连续扫描的优点是工作效率高。例如：扫描速度 4°/min（$2\theta$），扫描范围为 20°~80° 的衍射图只需 15min 即可完成，而且也有不错的分辨率、灵敏度和精确度，因而对大量的日常工作（一般是物相鉴定）是非常合适的。

（2）定时步进扫描：试样每转动一定的“步长”$\Delta\theta$ 就停止，然后测量记录系统开始工作，测量一个固定时间（计数时间）内的总计数（或计数率），并将此总计数与此时的 $2\theta$ 角记录下来，然后试样再转动一定的步径再进行测量。如此一步步进行下去，完成衍射图的扫描。步进扫描也称为阶梯式扫描。

（3）步长的选择：用计算机进行衍射数据采集时，可选定速连续扫描方式，也可以选定时步进扫描方式。这两种方式都要适当选择采集数据的“步长”。采样步长小，数据个数增加；每步强度总计数小，计数误差大；但能更好地再现衍射的剖面图。采样步长大，能减少数据的个数，减少数据处理时的数据量，每步强度总计数较大，计数误差较小。但若步长过大，将影响衍射峰形的再现。步长取衍射峰半高宽的 1/5~1/10 作基准。一般情况下，选择步长为 0.02°，精确测定衍射峰形时也可以取 0.01°~0.005°的步长。

衍射仪的工作条件对仪器 $2\theta$ 分辨能力和衍射强度产生影响。一般使用 0.1~0.2mm 宽的接收狭缝，扫描速度 1（°）/min（$2\theta$）和时间常数 1s，已能得到很好分辨能力的衍射图了，而所费时间也不算太多。若干典型的记录目的与衍射仪实验条件的选择列于表 1-4，可供参考。

**表 1-4　扫描参数参考表**

| 目的 | 扫描方式（步长） | 扫描速度或计数时间 | 发散狭缝/接收狭缝 | 扫描范围及其他条件 |
|---|---|---|---|---|
| 定性 | 连续扫描（0.02°） | 4~8（°）/min | 1°，0.3mm | 2°~90° |
| 有机定性 | 连续扫描（0.02°） | 4~8（°）/min | 1/2°，0.15mm | 2°~60° |
| 微量检测 | 连续扫描（0.02°） | 1~2（°）/min | 1°，0.3mm | 主衍射峰区域 |
| 一般定量 | 连续扫描（0.02°） | 1~2（°）/min | 1°，0.3mm | 定量衍射峰，使用旋转试样台 |
| 晶胞参数，晶粒尺寸与微应变 | 步进扫描（0.01°） | 1~8s/step | 1°，0.15mm | 保证 4~8 个峰 |
| 结晶度 | 步进扫描（0.02°） | 1~2s/step | 1/2°，0.3mm | 3°~140° |
| 径向分布函数 | 步进扫描（0.1°~0.2°） | 4~20s/step | 1/6°~2°（θLink），0.6mm | 3°~150° |
| Rietveld 精修 | 步进扫描（0.01°~0.02°） | 1~10s/step | 1/2°~1°，0.15mm | 10°~130° |

# 1.6　Rigaku D/max 2500 型 X 射线衍射仪操作实例

操作视频 3

Rigaku D/max 2500 型 X 射线衍射仪采用 18kW 转靶 X 射线光源，左右两侧均可安装立式测角仪。

图 1-14 是 Rigaku D/max 2500 型衍射仪的测角仪。测角仪的中间是转靶 X 射线管（Cu 靶），光管固定不动。光管的右侧一般安装常温样品台。测试试样时，样品台与计数器按角速度 1∶2 的速率同向转动，测量样品的衍射谱。光管的左侧安装了高温样品台，样品可以被加热到某一温度下然后开始测量，可以实现同一样品在不同温度和保温时间内的原位测量，有利于观察高温相变过程；而且使用同一样品，不同条件下的测量数据（峰高、峰面积、峰宽等）都可以直接比较。高温样品台也可以拆除成为一个标准样品台。左右两个测角仪由两个独立的测量程序控制，可以同时测量两个样品。

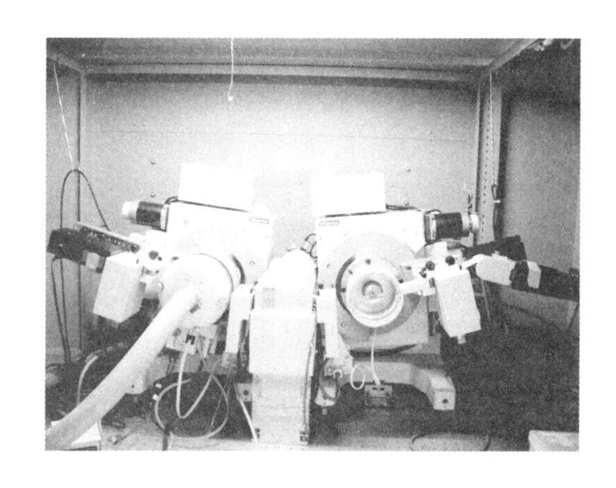

图 1-14　Rigaku D/max 2500 型 X 射线衍射仪

样品台也可以更换为多功能样品台，多功能样品台能够完成残余应力、织构、薄膜样品测量的基本要求。Rigaku D/max 2500 型衍射仪一般配置普通光路系统，采用自动狭缝。也可以配置平行光路系统以实现薄膜测量，将线光源切换成点光源实现织构和残余应力测量。

Rigaku D/max 2500 型衍射仪操作步骤如下：

（1）开机前检查实验室电源、温度和湿度等环境条件，当电压稳定，室温为（21±5)℃，湿度不小于 65%时才能开机。

（2）打开真空系统。D/max 2500 型衍射仪采用转靶的光管，因此，需要一套高真空系统确保光管内的高真空度。真空系统由前级机械泵和第二级分子泵组成。实验前要先打开真空系统，确保真空系统正常工作并在 $10^{-5}$Pa 的真空度以下，才可以开启 X 射线。

（3）打开循环水系统，注意水流正常。

（4）打开仪器控制计算机，双击桌面上的“XG Control”程序图标，在弹出窗口中按下“Power on”按钮，打开控制电源。

(5) 等待约 1min 后，指示灯变为绿色，指示可以开启 X 射线。按下“X-ray on”按钮，打开 X 射线。初始光管功率为 20kV×10mA。如果光管较长时间没有开启过，必须经过老化程序对光管进行老化才可以开始数据测量（光管老化程序一般由实验室管理员完成）。

(6) 打开 Right Measurement System 程序（或 Left Measurement System 程序，使用左测角仪测量样品）使用右测角仪测量样品。出现测量参数设置窗口，选择一个测量参数文件号（1~99），输入测量参数，主要测量参数设置见表 1-5。

**表 1-5　D/max 2500 型衍射仪测量参数设置**

| 项目 | 设置及说明 |
|---|---|
| Start Angle | 开始角。一般设置为 5°或 10°，也可以更大一些，但应保证不遗漏最低角衍射峰，即开始角应当小于物相最大面间距的衍射峰衍射角。广角扫描时，开始角不得小于 3°，否则将使直射光进入计数器，使计数器击穿损坏。实验前应当查阅 PDF 卡片库，估计样品中可能包含物相的衍射峰角度范围 |
| End Angle | 结束角。衍射仪的最大允许测量角度不同，一般在 145°左右。高角度衍射峰因为强度低，在一般测量中没有实用价值。通常设置为 80°或 90° |
| Step Width | 步长。数据采集时的角度数据间隔。一般设置为 0.02° |
| Scan Speed | 扫描速度。视样品种类不同的需要，物相鉴定时可以设置为 8(°)/min。精确扫描（如晶胞参数测量）时，应当采用步进扫描（FT）。此参数改变为计数时间（Count time），单位为 s。步进扫描的计数时间通常设置为 1s 或更大，以保证数据质量 |
| kV | 光管电压。Cu 靶设置为 40kV |
| mA | 灯丝电流。对于 18kW 转靶，通常设置为 250~300mA |

(7) 衍射仪有左右两个门。按下衍射仪前面板上黄色的“Door”按钮，看到指标灯亮，听到报警声音。测量常温样品时，向两侧拉开衍射仪的左右防护门，将准备好的试样插入衍射仪样品架，盖上顶盖，关闭好防护罩门。

(8) 回到测量程序，输入测量数据的保存路径和文件名。

(9) 单击“Executement”按钮开始测量，测量结束后测量数据文件自动保存。

(10) 如果有多个样品需要测量，则重复（7）、（8）、（9）。

(11) 测量结束后，关闭测量程序窗口。按下“XG Control”窗口中的“X-ray off”按钮，关闭 X 射线。

(12) 等待 20min 后，按下“XG Control”窗口中“Power off”按钮，切断控制电源，关闭循环水。

(13) 切断循环水源和 220V 低压电源。保持 380V 真空系统运行，以保证光管的真空度。

X 射线衍射仪的功能强大，应用广泛。现代衍射仪的附件也特别多，每一种附件都是为了实现一种特殊功能。这里只介绍了常规衍射仪的常规参数和操作。对于一些特殊的实验，比如应力测量、织构测量、薄膜衍射、散射、反射等没有介绍。在谈到相关内容时会介绍所用仪器特点及其操作方法。

# 2 Jade 的基本操作

XRD 数据处理需要软件才能完成。因此，在介绍以后各章之前，先介绍一种通用的 X 射线数据处理软件——MDI Jade。Jade 软件由美国 Material Data 公司开发出来，至今已发行了有很多版本。功能基本完善的版本是 Jade 6，在此基础上对于 Rietveld 法全谱拟合功能进行了一些改进，功能较完善的版本是 Jade 9。随着 Rietveld 法全谱拟合功能在各种基本功能中的应用（如自动物相检索和自动物相定量等），目前，（现由 ICDD-MDI 发行）共发行 Jade Standard（Jade 标准版）和 Jade Pro（Jade 专业版）两个系列。Jade Standard 在基础版本上，有两个可选功能模块，即 Search/Match（S/M，物相检索）和 Whole Pattern Fitting（WPF，全谱拟合）。Jade Pro 包含 Jade Standard 版本中所有功能，物相鉴定、全谱拟合、Rietveld 精修、晶粒尺寸和微观应力分析、粉末解析结构等功能。从解释 XRD 应用的原理出发，同时满足日常应用的需要，本书采用 Jade 9。

在这一章中，将介绍该软件的基本功能，一些与具体应用相关的操作将在以后各章中介绍。

## 2.1 Jade 的功能

Jade 是一个 Windows 程序，用于处理 X 射线衍射数据。除基本的如显示图谱、打印图谱、数据平滑、背景扣除、$K_{\alpha2}$ 扣除等功能外，主要有以下功能。

（1）物相检索（Search/Match）：通过建立 PDF 文件索引，Jade 具有优秀的物相检索界面和强大的检索功能。

（2）图谱拟合（Profile Fit）：可以按照不同的峰形函数对单峰或全谱拟合，拟合过程是结构精修、晶粒大小、微观应变、残余应力计算等功能的必要步骤。

（3）晶粒大小和微观应变（Size and Strain）：计算当晶粒尺寸小于 100nm 时的晶粒大小，如果样品中存在微观应变，同样可以计算出来。

（4）残余应力（Stress）：测量不同 $\psi$ 角下某 *hkl* 晶面的衍射峰，计算残余应力。

（5）物相定量（Easy Quantitative）：传统的物相定量，通过 K 值法（内标法）和绝热法计算物相在多相混合物中的质量分数和体积分数。

（6）晶胞精修（Cell Refinement）：对样品中单个相的晶胞参数精修，完成晶胞参数的精确计算。对于多相样品，可以一个相一个相地依次精修。

（7）全谱拟合精修（WPF Refinement）：基于 Rietveld 方法的全谱拟合结构精修，包括晶体结构、原子坐标、微结构和择优取向的精修；使用或不使用内标的无定型相定量分析。

（8）图谱模拟（XRD Simulation）：根据晶体结构计算（模拟）XRD 粉末衍射谱，可以直接访问 FIZ-ICSD 数据库。

## 2.2　Jade 的用户界面和基本功能操作

操作视频 4

图 2-1 是进入 Jade 9 后的用户界面。用户界面由菜单栏、主工具栏、编辑工具栏、全谱窗口和缩放窗口（工作窗口）以及一些边框按钮构成。图中显示的数据文件是“Data001. raw”。

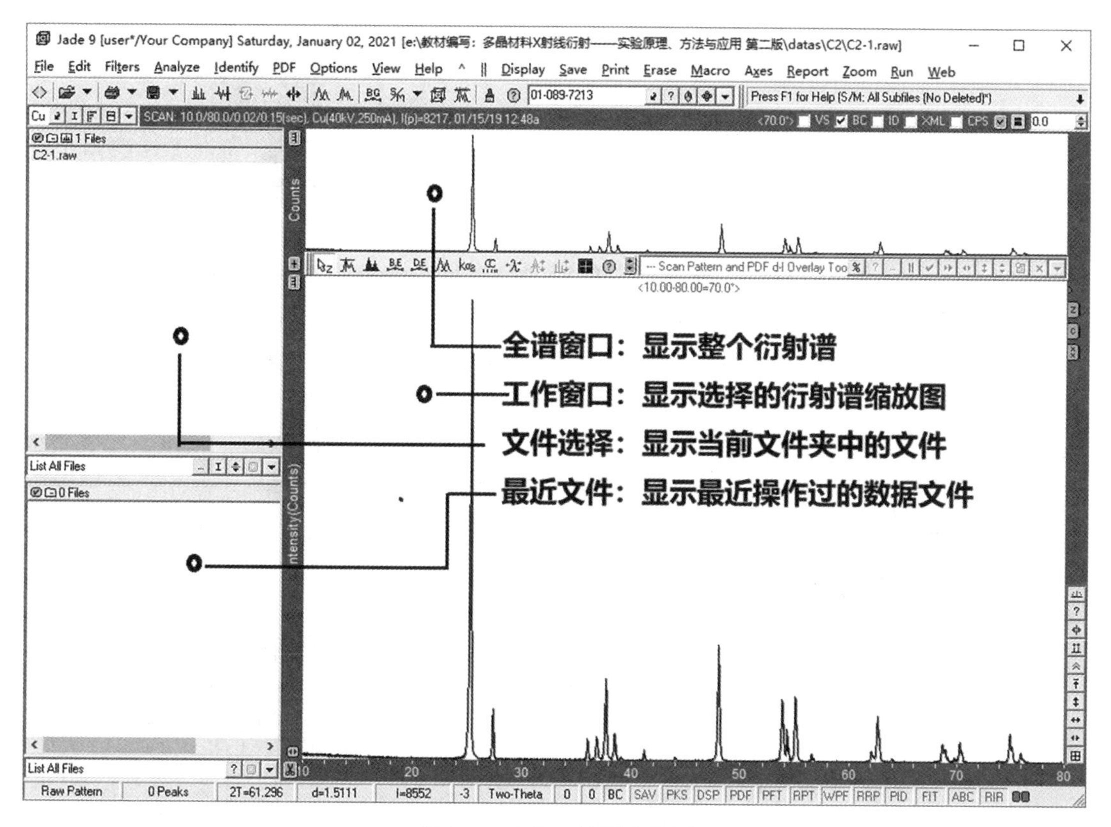


图 2-1　Jade 9 的用户界面

### 2.2.1　窗口功能

图 2-1 显示的 Jade 9 主界面中，共有两个窗口。

上面的窗口总是显示全谱，便于用户对整个衍射谱的全局观察，称为“全谱窗口”。

下面的窗口为工作窗口。人们关心的往往不是整个衍射谱，而只是关心整个衍射谱中提供关键信息或主要信息部分图谱，可以使用鼠标拖曳方法在上面的窗口中选择部分图谱显示在工作窗口中，也可以通过 View-Zoom Windows 命令选择和锁定一个角度、强度范围的图谱显示在工作窗口中。工作窗口也称为“缩放窗口”或“局部窗口”。

值得注意的是，在图谱打印、数据保存时，只保存工作窗口中的内容。

全谱窗口可以通过窗口右上角的黑方块按钮显示或隐藏起来，以使工作窗口更大。

### 2.2.2　菜单功能

一些基本操作功能的菜单有如下几种。

（1）File 菜单。

1）Patterns 和 Thumbnail：读入 XRD 数据文件。

2）Read：功能比前两个命令更强大，可以自动识别数据文件类型，可以读入多种格式的文件，包括“.SAV”文件。

3）Load：调入保存的“.SAV”文件。

4）Save：保存命令。这个命令具有下级菜单，其中主要的有几种。

①Save－Primary Pattern as ＊.TXT：将当前窗口中显示的图谱数据以文本格式（＊.TXT）保存。特别要说明它保存的是“工作窗口中显示的图谱”。如果工作窗口中显示的仅是图谱的一小部分，或者图谱经过了平滑（Smooth），或者经过了修改（Data Editing），则保存的仅仅是这些修改后的数据，而非原始数据。

②Save-Setup Ascii Export：这个命令的作用是设置 Jade 保存数据的格式（Export）和读入数据的格式（Import），这个命令打开一个设置对话框。

③Save Current Work as ＊.SAV：这个功能非常重要，它的作用是将“当前工作”保存为一个文件。什么是当前工作呢？就是对数据文件所做过的分析，或者说是一个“现场保存”。Jade 可以重新打开这个 SAV 文件，并且进入保存前的分析状态。比如，分析完一个样品的物相后，可以保存下来；如果需要重新分析，但又不想一切从头开始，希望以上次的分析为基础，需要调用以前做过的分析，这时候就可以通过“File-Read”来读入这个工作文件（.SAV）。

（2）Edit 菜单。

1）Preferences：Preferences 是程序参数设置命令。打开一个对话框，这个对话框共有 4 页，分别为 Display，Instrument，Report，Misc。在这里可以设置显示、仪器、报告和个性化的参数。

2）Trim Range to Zoom：当窗口中显示的是图谱的一部分时，该命令将窗口之外的数据截除掉（只是针对于读入计算机内存的数据，并不破坏原始数据）。这个命令在做全谱拟合精修时用到。

3）Merge Overlays：图谱合并命令。当窗口中显示几个图谱时，可以将这几个图谱合并成一个图谱，合并的方式有 Average，Maximum，Summation。举例来说，在扫描时仅扫描了一段，发现需要加扫描一段时，可以将两段数据合并成一个图谱。还有，如果样品存在择优取向，可以扫描样品的不同面（如轧制板材的轧面，横面和侧面），然后将三个图合并成一个图，择优取向就可以基本消除。

（3）Filter 菜单。

1）Remove Data Spikes：去除图谱中的毛刺峰。在扫描过程中，有可能出现一种很窄的“异常峰”，这是由于仪器不稳定造成的，应当去除。

2）Sample Displacement：样品位移。样品表面高于或低于测量平面时，都会造成衍射峰的位移。用该命令来校准峰位。

在 Filter 菜单中，主要是校准、校正角度位置、强度。但很多功能都不会用到。

（4）View 菜单。这个菜单中主要有 Zoom Window-Full Range 和 Zoom Windows-Display Range 命令，前者设置 Zoom 窗口显示全谱，后者设置该窗口中的显示范围。另外，还有窗口颜色设置，工具栏设置。

（5）Report 菜单。这个菜单的作用是显示/打印/保存各种处理后的报告，如寻峰（Find Peaks）报告、物相检索报告、峰形拟合报告、晶粒尺寸和微观应变计算报告等。这些报告既可以打印出来，也可以保存为文件，有些报告保存格式为纯文本文件，但有的报告以其他格式保存。报告统一以样品名作为文件名，但不同报告文件的扩展名不同。

### 2.2.3 主工具栏和编辑工具栏

把菜单下面显示在窗口中的工具栏称为“主工具栏”，而一个悬挂式的工具栏，作为主工具栏的辅助工具栏称为“编辑工具栏”。

需要特别说明的是，Jade 中的所有按钮都有两种功能。对于命令按钮，用鼠标左键点击时，一般为直接执行一个命令；用鼠标右键点击时，会弹出一个菜单或对话框，用于参数设置、预览。对于动作按钮，按下鼠标左键和按下右键操作功能刚好相反。下面以直接用“左键”和“右键”来说明它们的功能。

主工具栏和编辑工具栏中的按钮（图 2-2）及其作用有如下几种。

图 2-2　主工具栏（上）和编辑工具栏（下）

（1）：读入图谱工具。打开文件读入对话框，左键：相当于菜单命令 File | Pattern；右键：相当于 File | Read 命令。

（2）：打印预览与打印。右键：打开“打印预览”对话框。左键：直接打印当前窗口的视图。

（3）：保存按钮。左键：当前工作保存成 .SAV 文件。右键：弹出一个保存菜单。例如，可以保存 TXT 文档。

（4）：寻峰按钮。左键：直接自动寻峰。右键：打开寻峰对话框。

（5）：图谱平滑。左键：用已经设置好的参数直接对图谱平滑。右键：打开平滑参数设置窗口（图 2-3）。

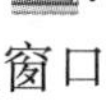

平滑（图 2-3）的一般操作方法是：取 $N$ 个数据点作平均值，用这个平均值替换这 $N$ 个数据点中第一个数据的原始值。最后将丢弃 $N$ 个数据点。$N$ 值越大，平滑后图谱光滑性越好，失真性越大，可能会丢失一些峰。

Jade 使用改进的 Savitzky-Golay 最小二乘法滤波器，$N$ 可选 5~99。一般选择 $N=9$。

两种平滑函数中，在保留衍射峰尖角方面，Quartic Filter（四次滤波器）比 Parabolic Filter（抛物线形滤波器）效果更好。

平滑也可以选择平滑整个图谱（Whole Pattern），平滑但保护峰顶（Smooth and Preserve Peaks）或只平滑背景（Background Only）。

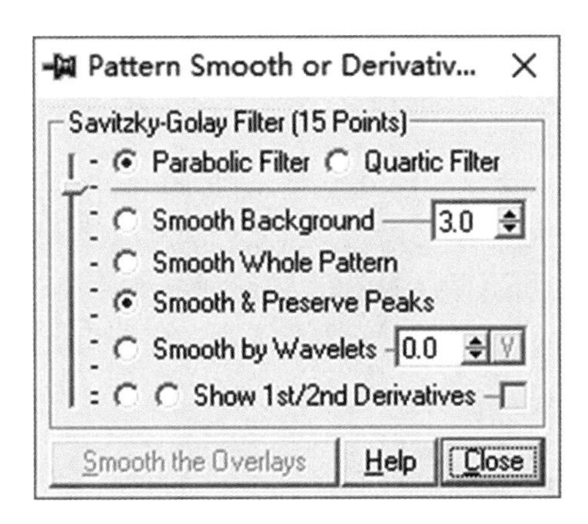


图 2-3　图谱平滑参数设置对话框

基于以上的原因，作者建议尽可能不做平滑。对于一些含有非晶、有机物、高聚物的样品衍射谱，实在需要做平滑，也只能做一次平滑，或者在做完分析之后在输出结果前再做平滑处理。

（6）BG：扣除背景。背景是由样品荧光等多种因素引起的，在有些处理前需要做背景扣除。左键：显示一条背景线，再次左击会删除掉背景线以下的面积。右键：显示背景设置对话框。

图 2-4 中，背景曲线的种类有 Linear、Parabolic、Cubic 三种选择。每一种选择还有点数选择，按下按钮将删除掉背景。

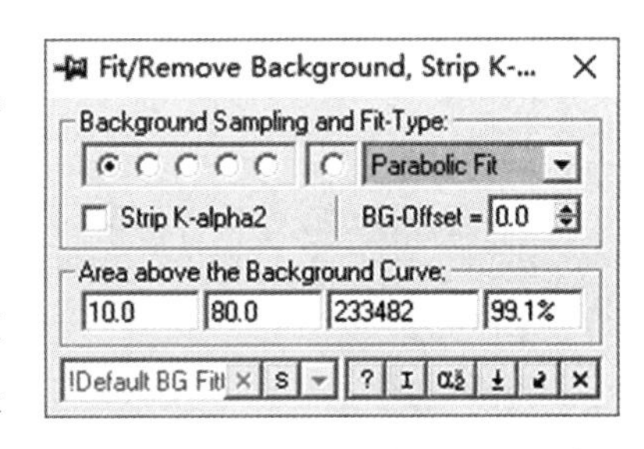


图 2-4　图谱背景函数选择对话框

一般情况下，自动选择的背景线都需要手动调整。用编辑工具栏中的B.E按钮来调整背景线的位置。通过调整背景线关键点（软件中红色圆点）的位置，删除关键点和增加关键点来调整背景线。

背景主要由三部分产生。第一部分是在很低角度区（$2\theta<10°$），由于光管出光口和探测器接收口基本上是成直线关系，光管产生的光会有部分直接进入探测器。此时，背景主要是直射光的影响。第二部分是非相干散射的影响，与 $2\theta$ 的关系是随 $\sin\theta/\lambda$ 的增大而增大。第三部分是样品荧光。当 X 光子的能量大于（其临界值等于）击出样品中某种原子的一个 K 层电子所做的功时，会产生样品的荧光。当样品中存在多种原子时，可能会产生多种荧光。但是，无论背景如何变化，一般总会符合一个变化缓慢的函数，不会出现随 $2\theta$ 急剧变化的情况。因此，通过手动调整是完全可以依据实际背景情况和函数规律来调整好的。

Strip K-alpha2：一般 X 射线衍射都是使用 K 系辐射，K 系辐射中包括了两个小系，即 $K_\alpha$ 和 $K_\beta$ 辐射，由于两者的波长相差较大，$K_\beta$ 辐射一般通过“石墨晶体单色器”或“滤波片”被仪器滤掉了，接收到的只有 $K_\alpha$ 辐射。但是，$K_\alpha$ 辐射中又包括两种波长差很小的 $K_{\alpha1}$ 和 $K_{\alpha2}$ 辐射，它们的强度比一般情况下刚好是 2/1，可以通过扣除背景的功能同时扣除掉 $K_{\alpha2}$。

由于扣除背景的工作经常会加入许多人为因素，也许会导致数据的失真，建议不要预先扣除背景和 $K_{\alpha2}$。让 Jade 自动识别背景可能更好一些。在物相检索、图谱拟合、精修等每一项操作过程中，都含有自动扣除背景的功能，不需要操作者手动扣除。

如果自动扣除不是很理想，有两种办法可以解决：一种办法是排除掉部分低角区和高角区数据，即选择部分衍射角范围的图谱显示在局部窗口中，再用“Filter-Trim to Zoom Window”命令来排除窗口以外的部分；另一种办法是显示背景线而不扣除背景。当选择了背景线后，尽管没有真正扣除掉，但在各种操作（如拟合）中会以显示的背景线为背景（固定背景），而不是 Jade 自动选择背景。如果发现拟合不好时，还可以手动调整背景线。

（7）：计算峰面积（涂峰，Paint Peak）。单击计算峰面积的按钮，这个按钮被按下，然后在峰的下面选择适当背景位置画一横线，所画横线和峰曲线所组成的部分的面积被显示出来。

这一功能同时显示了峰位、峰高、半高宽和晶粒尺寸（需要在 Edit- Preferences 命令中设置：Report-Estimate Crystallite Size from FWHM Values）等数据。涂峰时，注意要适当选择好背景位置，一般以两边与背景线能平滑相接为宜。

这个功能的结果直接显示在屏幕上，也可以通过 Report-Peak Paint Report 菜单命令保存下来。结果显示比较直观，但是，人为因素很大，当峰有重叠时，无法分峰处理（图2-5中左边的涂峰），建议在需要计算峰面积等数据时，可以选择寻峰和峰形拟合命令。

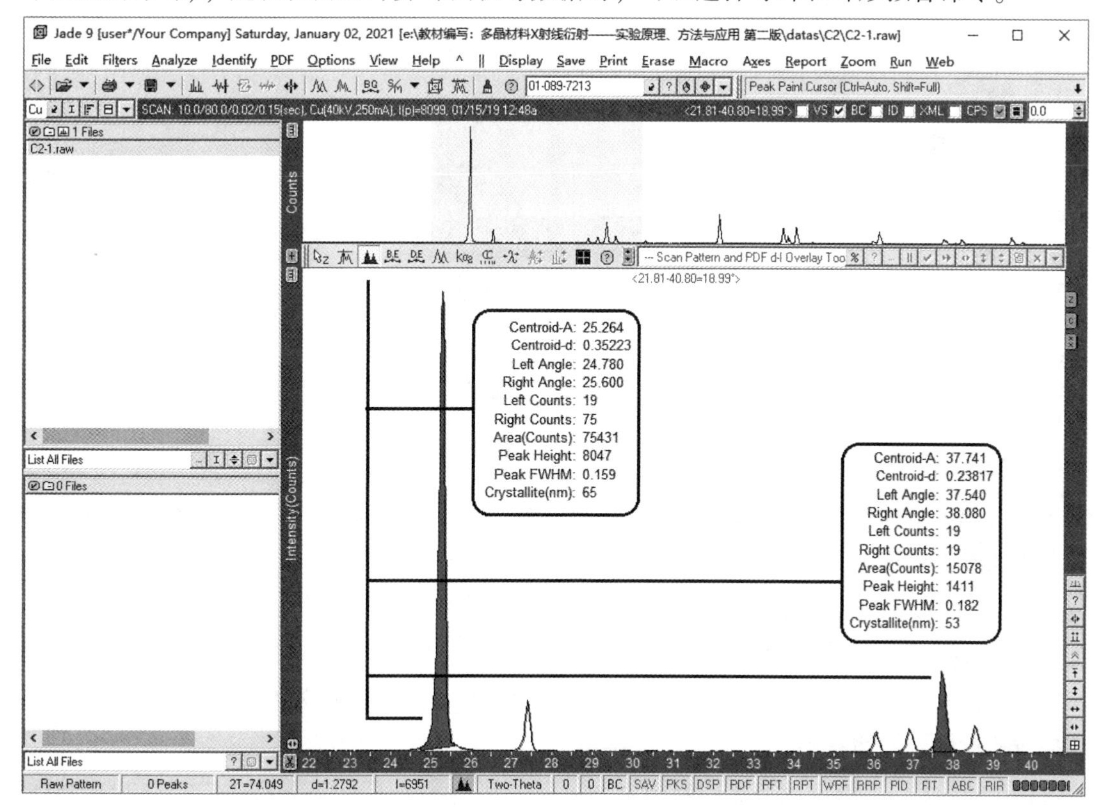


图 2-5 衍射峰的涂峰界面

鼠标右键点击显示的涂峰数据框，涂峰操作被取消。

自动涂峰：手动涂峰具有极大的随意性。如果有一系列的样品，要做同一峰的比较，则应当使这些样品的涂峰具有一致性和可比较性。

鼠标右击窗口右下角的按钮，会弹出一个显示范围设置对话框，可以精确地设置局部窗口的显示范围（包括纵坐标和横坐标，见图 2-6）。

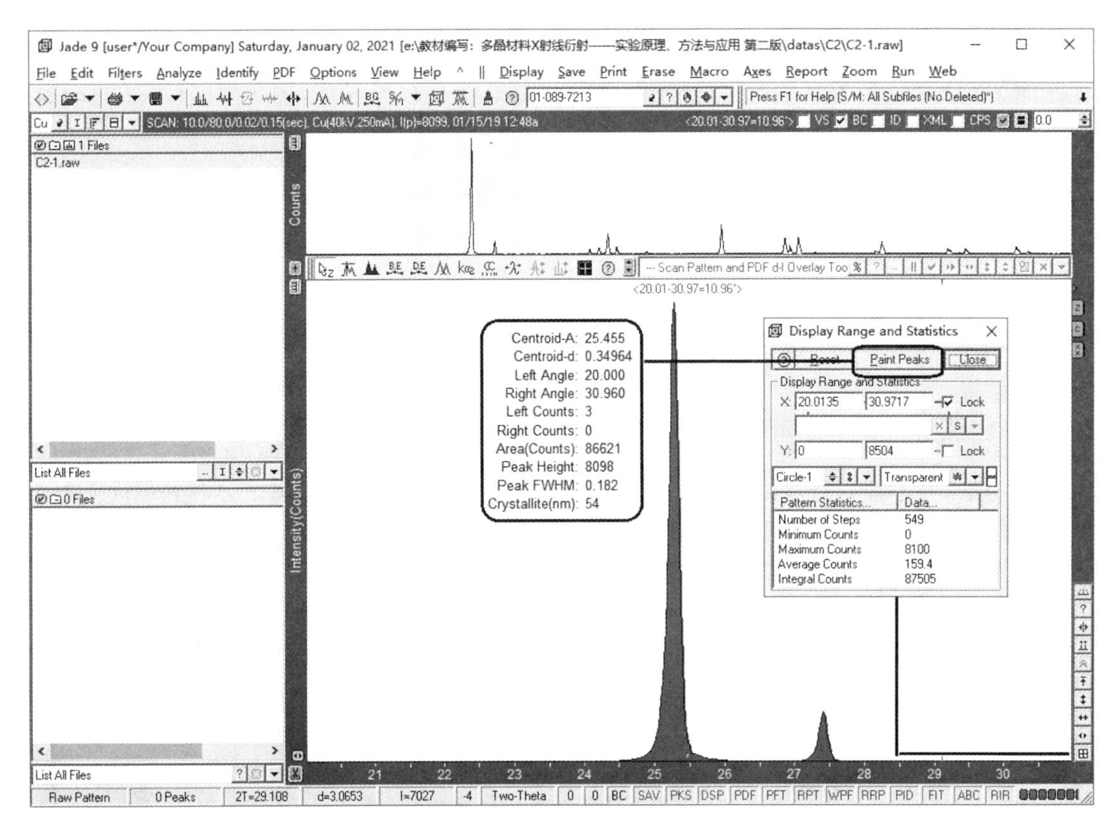


图 2-6 自动涂峰操作界面

设置好以后，单击对话框中的“Paint Peaks”就会自动涂峰。也可以在设置好以后，按住“Ctrl”键，单击编辑工具栏中的涂峰按钮完成自动涂峰。

（8）：删除峰：在 X 射线管用久了以后，或者因为偶然的电压跳动等原因，在图谱中会出现异常的、很窄的峰，从图谱的峰形对比可知它们并不是样品的衍射峰，需要删除掉。此时可以用删除峰的功能，选择该按钮后，在峰下的背景线位置画线，峰被删除。对于图谱中的毛刺峰也可以用 Filter-Remove Data Spikes 菜单命令来自动删除。

（9）：原始图和导出图之间交换。所谓导出图就是经过了某些操作（如平滑，扣背景等）之后得到的图，当前操作总是用于后续操作的。如果希望撤销这些做过的操作，用此按钮返回到原始状态。

（10）：显示/隐藏原始图和导出图之间的误差线。误差大小用 $R$ 因子显示在窗口右上角的状态栏中。

$$R = 100\% \times \frac{\sqrt{\dfrac{\sum [I(r) - I(d)]^2}{I(r)}}}{\sum I(r)}$$

求和遍及所有数据点。式中，$I\ (r)$ 和 $I\ (d)$ 分别为测量点（$2\theta$）角度的强度测量值与计算值。

（11）：可能执行三种任务：1）如果预先建立了校正曲线，则使用它对当前图谱进行外标角度校正；2）如果存在 PDF 卡片，则把它作为参考标准，或者通过校正对话框指定标准，建立校正曲线。3）如果右键单击，则激活校正对话框。

### 2.2.4 弹出菜单

Jade 9 将工作窗口分为若干个区域（图 2-7）。当用鼠标右键在工作窗口的不同区域点击时，会弹出各种不同的菜单。

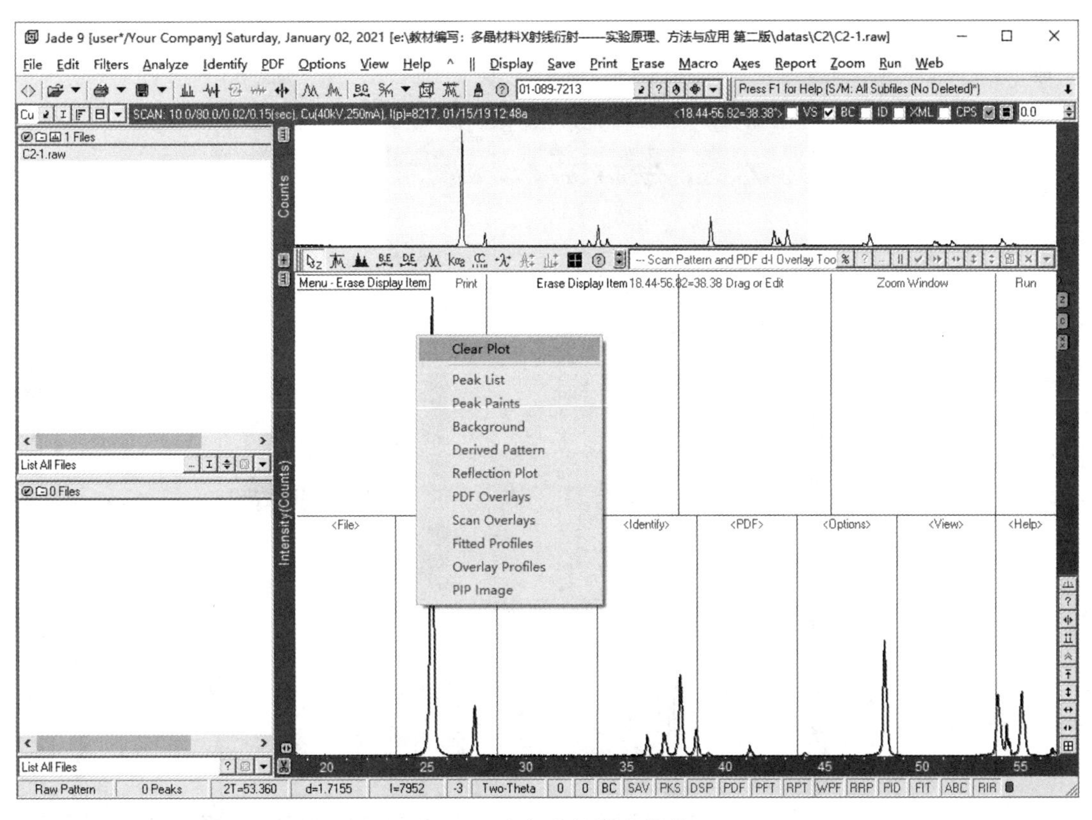


图 2-7 鼠标右键弹出菜单

这些弹出菜单可用于打印报告、删除不同的图层、进行窗口的设置等。熟悉这些菜单，有助于快速操作软件。

### 2.2.5 基本显示操作按钮

图谱显示操作按钮一般在工作窗口的左侧或右侧，这些按钮包括以下几种功能。

（1）图谱缩放与移动按钮。在工作窗口右下角有一组竖列的按钮，功能如下：

田：左键：返回到前一显示窗口；右键：弹出显示范围设置窗口。

◂▸：当工作窗口中显示的是图谱的局部时，向左或向右移动图谱（按下鼠标左键时向左移动，按下鼠标右键时向右移动）。

↔：左右缩放工作窗口中的图谱。

↕：垂直缩放工作窗口中的图谱。

⤒：垂直缩放到工作窗口满格。

Shift+⤒：上下移动图谱的基线位置。

⩓：当工作窗口中显示了几个图谱时，缩放图谱的垂直间隔。

这些按钮都有两个功能，当用鼠标左键单击时执行一种操作，用鼠标右键单击时执行相反的操作。

（2）图谱标记按钮。如图 2-8 所示，在工作窗口的右侧有一排按钮，用于对图谱的标记操作。

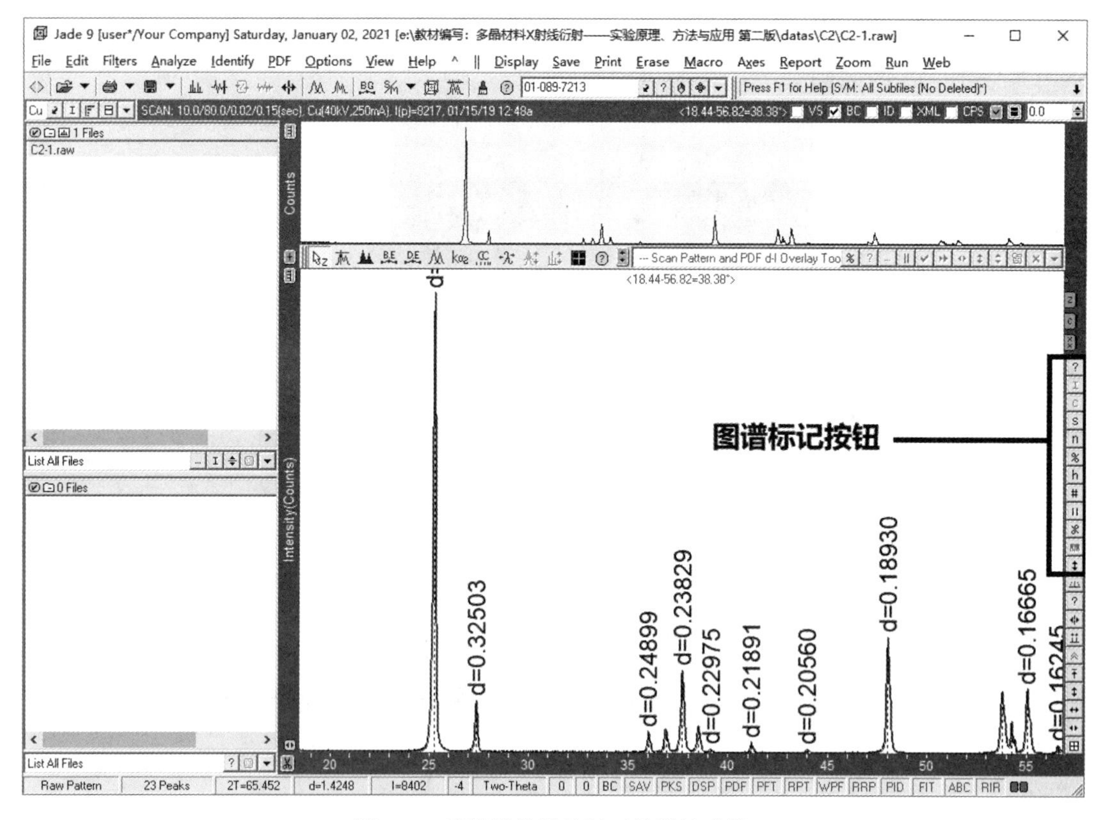


图 2-8 寻峰操作后显示工具栏的功能

当做过寻峰、拟合或者物相检索操作以后，会显示这组按钮，它们的功能为：n：显示衍射峰的面间距 $d$；%：显示衍射峰的相对强度；#：显示衍射峰的序号；||：用长虚线或者短竖线标记衍射峰位置；※：标记横向显示或竖向显示；S：改变显示的

字体大小。

当完成了物相检索后，这一组按钮的功能会发生变化。如图 2-9 所示，单击 n 按钮将在衍射峰上显示物相名称，而按下 h 按钮，则会显示衍射峰的晶面指数。

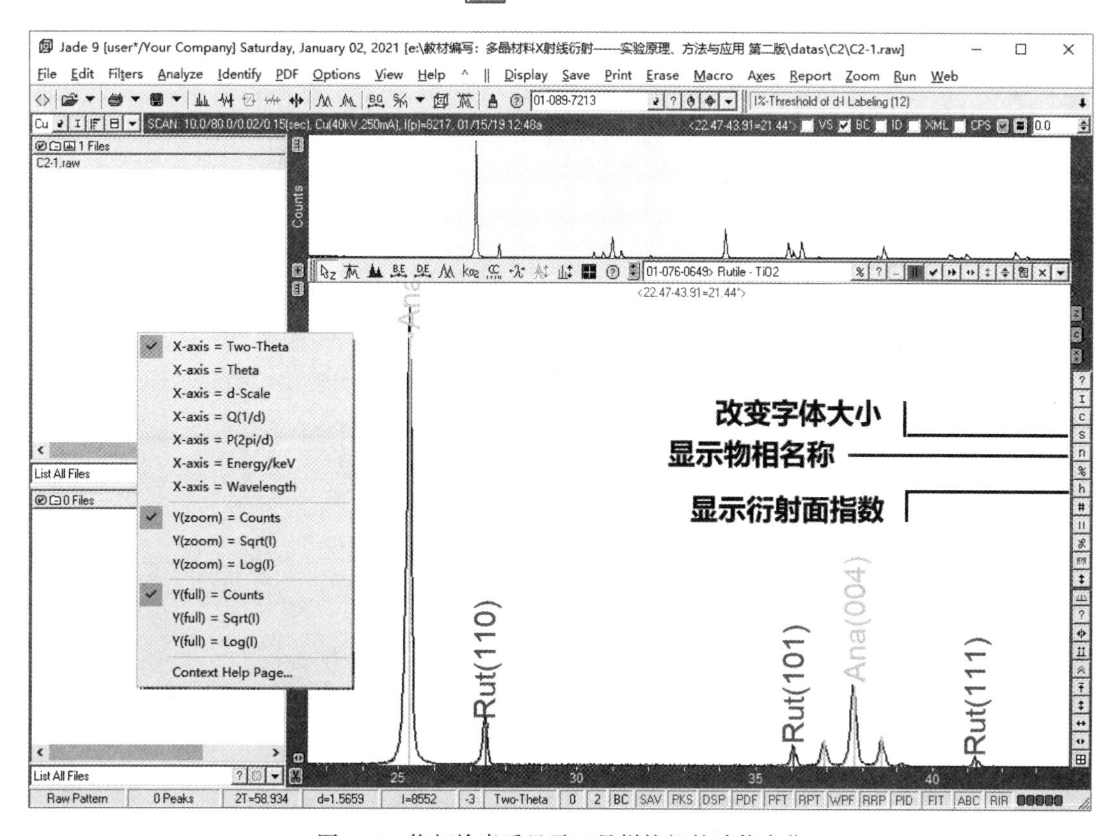


图 2-9 物相检索后显示工具栏按钮的功能变化

### 2.2.6 状态栏

窗口的底端为状态栏，用于显示当前操作的一些信息。无论是按钮，还是状态栏，当鼠标在某位置上停留一会儿，就会显示出这个按钮的详细信息，以了解这些按钮的作用。

在图 2-9 中，单击底部的“Two-Theta”按钮，弹出图中左侧显示的弹出菜单，用于改变横坐标和纵坐标的名称、刻度。从弹出菜单可以了解到，横坐标除可以用“Two-Theta”（即衍射角 $2\theta$）显示外，还可以用 $d$、$Q$、Wavelength（波长）、Energy（能量，单位为 keV）等显示。而纵坐标除可以线性地显示衍射强度 $I$（单位为 Counts，或 CPS）外，还可以用 Sqrt（I），Log（I）来显示，后两者可以更突出地显示弱峰。

## 2.3 程序设置

操作视频 5

命令：Edit | Preferences。Preferences 命令打开一个对话框，这个对话框共有 4 页，分

别为 Display、Instrument、Report、Misc。在这里可以设置显示、仪器、报告和个性化的参数。

### 2.3.1 显示设置（Display）

这个窗口的左侧是一个下拉列表窗口（图 2-10），列出了各种显示参数。

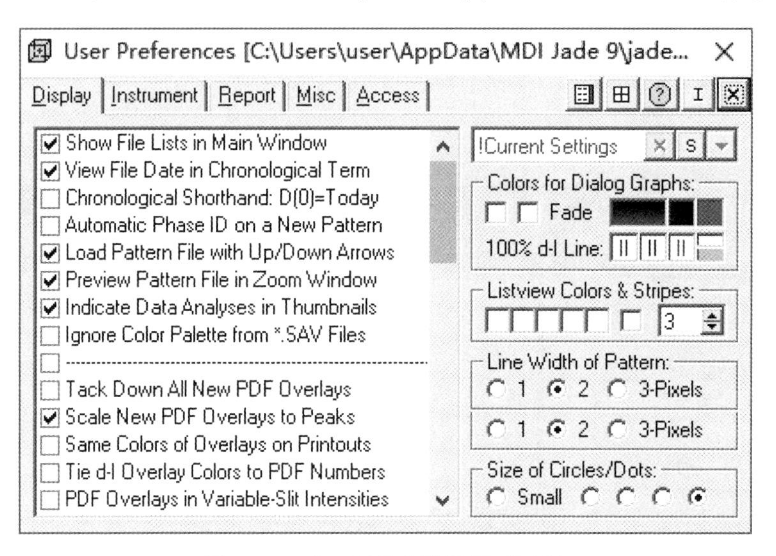


图 2-10 窗口显示参数设置对话框

（1）Scale New PDF Overlays to Peaks：自动标度新添加 PDF 的 $d-I$ 线，使其 100%线高度与最近的衍射峰匹配。

（2）Display-Keep PDF Overlays for New Pattern File：保存前一图谱的物相检索结果到下一个打开的文件窗口，可减少同批样品物相检索的工作量。窗口的右边则是关于绘图的线宽、光标大小的设置。

### 2.3.2 仪器参数（Instrument）

如图 2-11 所标，窗口中包括波长、半高宽曲线、仪器名称等。

在计算晶粒尺寸和微观应变时都要用到仪器固有的半高宽数据。Jade 的做法是：测量一个无应变和无晶粒细化的标准样品，绘出它的“半高宽-衍射角”曲线，保存下来，以后在计算晶粒尺寸时，软件自动扣除仪器宽度。Jade 默认的仪器半高宽为一个常数（Constant FWHM），与通常的衍射仪不符。因此，在开始使用 Jade 时就应当测量所用衍射仪的半高宽曲线。

图 2-12 是用测量标准 Si 粉的衍射谱做出的“仪器半高宽曲线”，从图中可以看出，衍射角不同，仪器的半高宽是有很大差别的。图中数据文件是“Data002. raw”。

X 射线衍射仪的衍射峰半高宽随衍射角的增大的变化规律符合抛物线形函数，即：

$$FWHM(x) = f_0 + f_1 x + f_2 x^2$$

图 2-12 中显示了当前衍射仪的半高宽函数（抛物线函数）的三个参数 $f_0$，$f_1$，$f_2$ 的值。

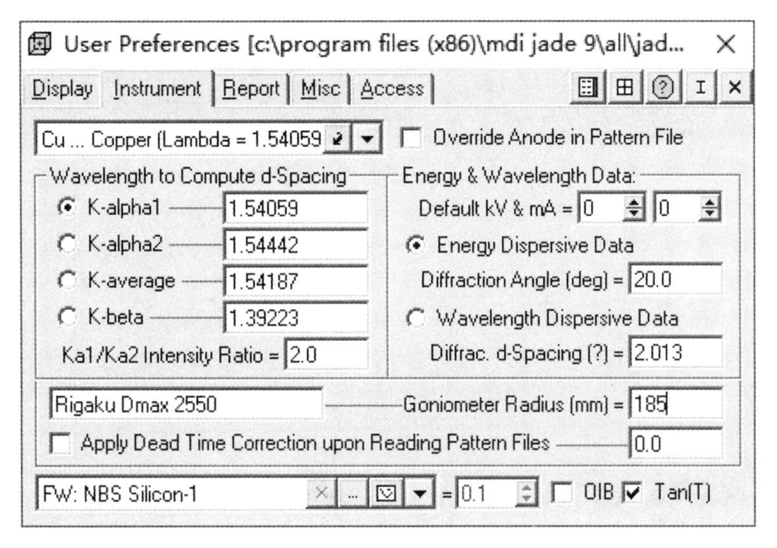


图 2-11　仪器参数设置对话框

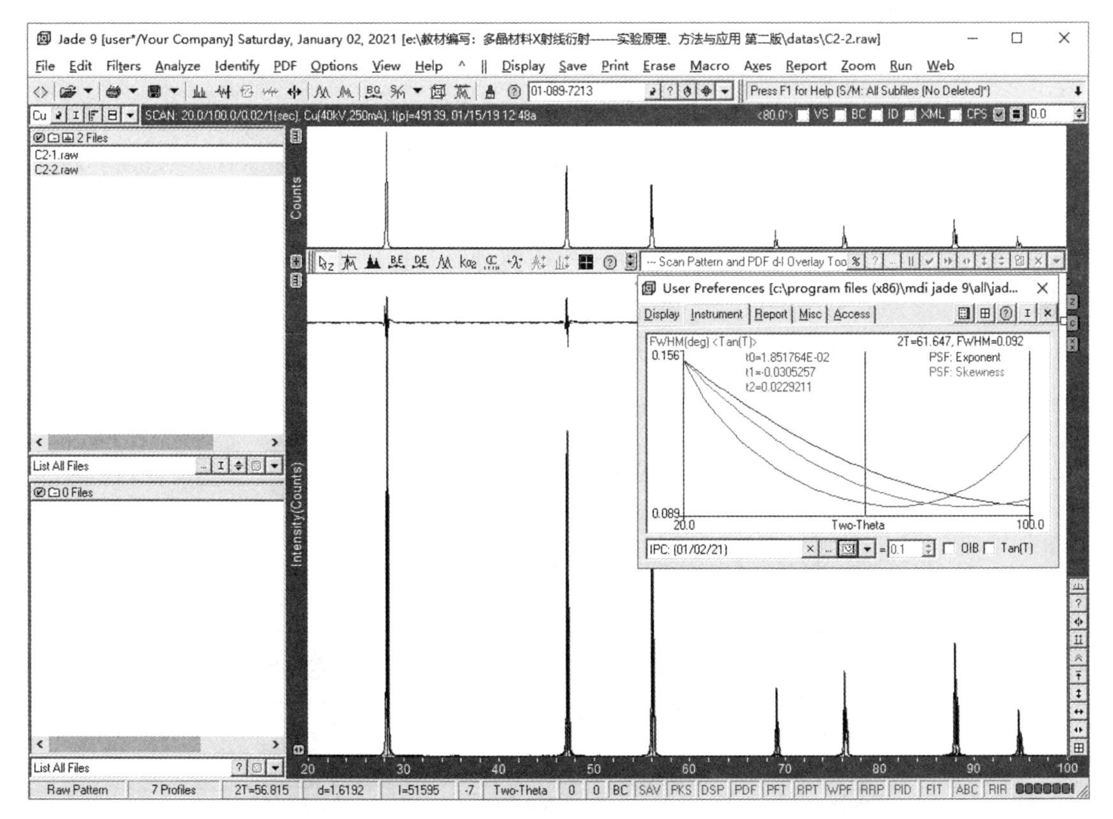


图 2-12　仪器半高宽曲线显示窗口

如果没有自己测量衍射半高宽曲线，建议选择“NBS Silicon-1”作为仪器半高宽曲线(图 2-13)。曲线变化规律与一般衍射仪的相同，但半高宽值比实测值略小。

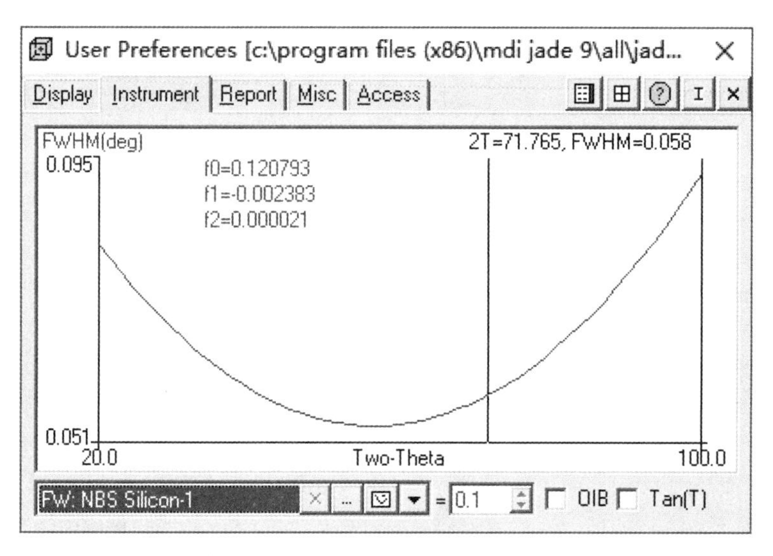


图 2-13　程序自带的与衍射仪半高宽曲线相当的半高宽函数

### 2.3.3　报告内容设置（Report）

图 2-14 为报告内容设置的窗口，这里可以设置输出报告的格式与内容。其中，“Estimate FWHM in Peak Search or Paint” 和 “Estimate Crystallite Size from FWHM Values” 两个选项的作用是计算并输出晶粒尺寸，前者是在寻峰、计算峰面积（手动涂峰）、拟合衍射峰时计算衍射峰半高宽，后者是根据衍射峰半高宽计算晶粒尺寸。Jade 使用 “FWHM = SF ＊ Area/Height” 来估计峰宽。这里 SF 为峰形参数，默认为 0.85。Area 和 Height 分别是衍射峰面积和衍射峰高度。如果没有选择 “Estimate Crystallite Size from FWHM Values” 选项，在各种输出报告中不会列出晶粒尺寸数据。

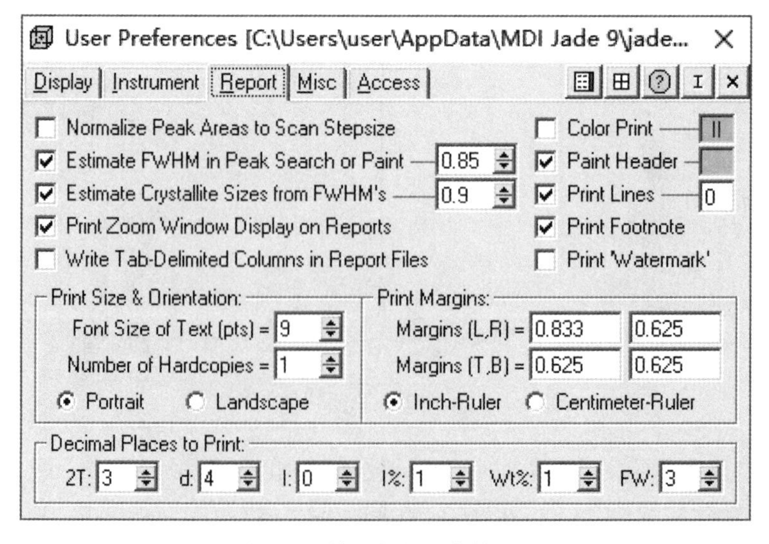


图 2-14　输出报告的参数设置

### 2.3.4 个性化设置（Misc）

如图 2-15 所示，在这里可以设置一些个性化的参数。

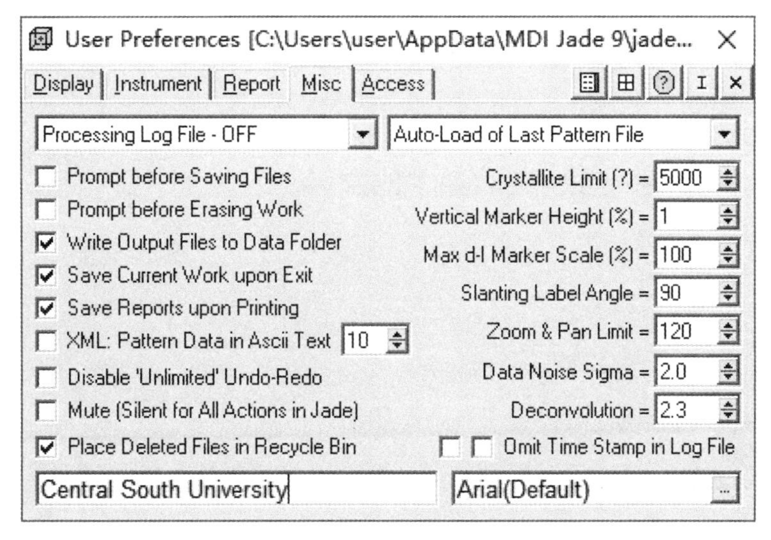


图 2-15 软件的个性化设置对话框

Write Output Files to Data Folder：保存各种输出结果在数据文件夹下。如果不选择，则保存在 Jade 默认的文件夹下。

Save Current Work upon Exist：关闭 Jade 时，不提示用户自动保存当前工作（.SAV）。这个很重要，在需要重新对一个数据进行分析时，可读入（File-Read）该工作文件。

Short Line-ID labeling=：在显示物相名称时的字符个数。0 表示全称，1 表示首字母，2 则表示用前两个字符。

Crystallite Limit = 5000：这里设置谢乐公式计算晶粒尺寸的最大极限为 5000Å（500nm）。默认值为 1000。

除了以上的设置外，还可以设置程序界面的各部件的颜色等。

## 2.4 数据文件格式与读入文件

操作视频 6

### 2.4.1 读入衍射数据文件

命令：File | Patterns…，打开一个读入文件的对话框，如图 2-16 所示。

工具具有同样的功能，具体功能如下：

（1）文件类型的选择。窗口右上角的文件下拉列表中列出了 Jade 可自动识别的数据类型。例如：

1）MDI ASCII Pattern Files（ *.mdi）：Jade 的默认数据格式，这是一种通用的纯文本格式，被很多其他软件所使用。第一次进入 Jade 所见到的就是这种文件。Jade 也附带了很多这种类型的文件作为学习的实例，这些文件保存在“Jade \ demofiles”文件夹下。初学

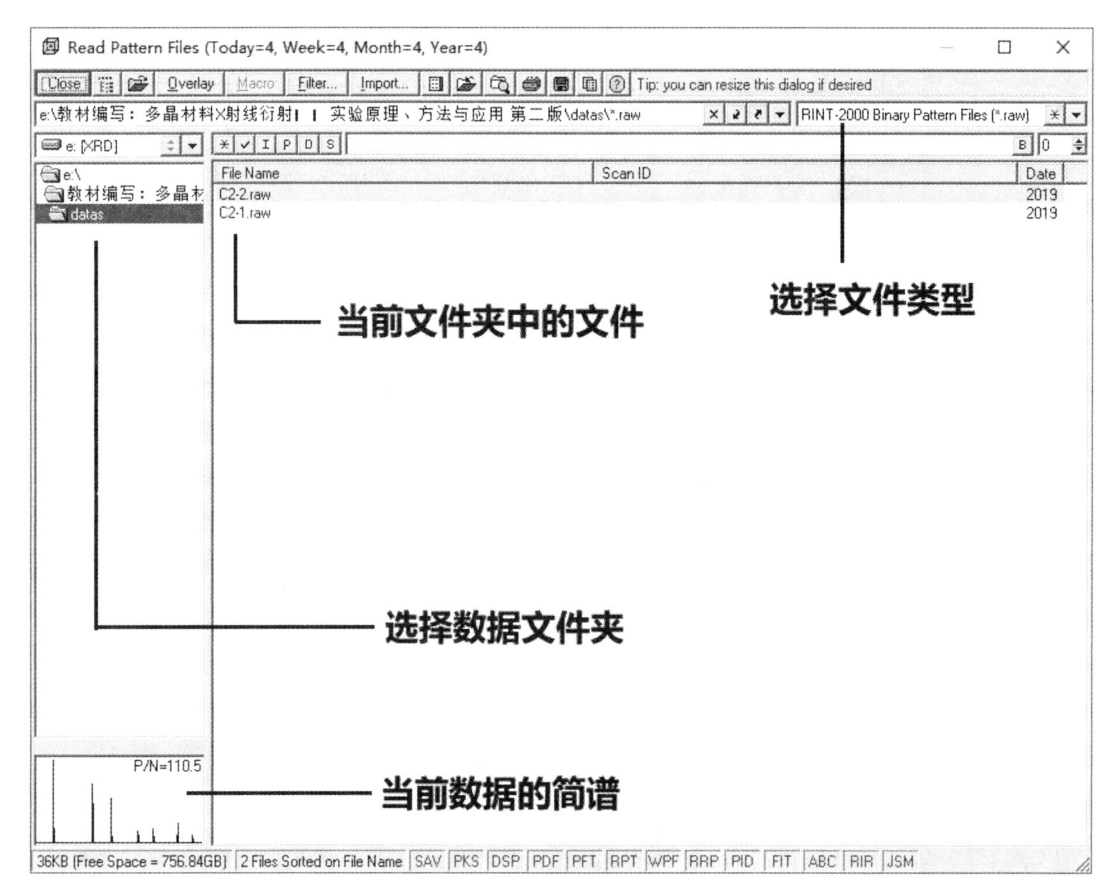


图 2-16　数据文件读入窗口

者最好试试这些文件的物相分析，它们的数据非常标准，很容易检索出物相来。

2）RINT-2000 Binary Pattern Files（*，raw）：日本理学仪器数据二进制格式。衍射数据文件一般都以“.raw”作为类型名，这是一种二进制格式的数据文件。但是，不同型号的衍射仪测量的 raw 文件格式有些不同，应当正确选择文件类型。如果选择不正确，Jade 会提示是否要修改仪器类型。

3）Jade Import Ascii Pattern Files（*.TXT）：通用文本格式，这种格式的文件可由 Jade 产生，也可读入 Jade 中。

如果不知道文件类型，或者不愿意选择文件类型，可选文件类型为“*.*”。

（2）文件的读入方式的选择。文件的读入方式有两种，一种是读入（Read），另一种是添加（Overlay）。

1）[图标]：读入单个文件或同时读入多个选中的文件。读入时，原来显示在工作窗口中的图谱被清除。

2）Overlay：添加文件显示。如果工作窗口中已显示了一个或多个图谱，为了不被新添加的文件清除，使用添加的方式读入文件。在做多谱线对比时，用这种方式。

如果需要有序地排列多个图谱，建议一个一个地添加衍射谱，这在后面的图谱排列中一直有序；否则，Jade 按默认的方式排列图谱。

### 2.4.2 读入文件的参数设置

读入文件的参数设置按照以下方法。

（1）读入参数选择：在图 2-16 的窗口中，按钮组 * ☑ I P D S 用于文件列表的显示内容，如文件名、样品 ID、测试日期和时间等。若按下其中的 ☑ 按钮，弹出如图 2-17 所示的菜单。

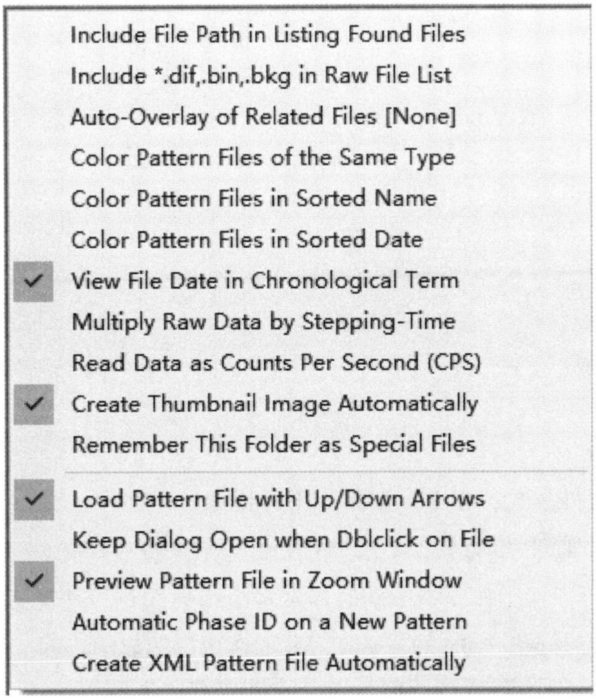

Include File Path in Listing Found Files
Include *.dif,.bin,.bkg in Raw File List
Auto-Overlay of Related Files [None]
Color Pattern Files of the Same Type
Color Pattern Files in Sorted Name
Color Pattern Files in Sorted Date
✓ View File Date in Chronological Term
Multiply Raw Data by Stepping-Time
Read Data as Counts Per Second (CPS)
✓ Create Thumbnail Image Automatically
Remember This Folder as Special Files
✓ Load Pattern File with Up/Down Arrows
Keep Dialog Open when Dblclick on File
✓ Preview Pattern File in Zoom Window
Automatic Phase ID on a New Pattern
Create XML Pattern File Automatically

图 2-17　文件读入窗口中的参数设置菜单

图 2-17 中的这些命令用于改变目录的显示方式。

Read Data as Counts Per Second（CPS）：选择读入强度的单位。Jade 默认的强度单位是 Counts，即 Counts per step（每一扫描步长内的计数）。如果选中了该选项，则单位为 CPS（Counts per second，计数/秒）。这两个单位没有本质的区别，只是数字的倍数关系。例如：按 8(°)/min 扫描，步长 0.02°，相当于 0.15s/step。若 Intensity（CPS）= 10000，则 Intensity（Counts）= 1500。相反地，用步进扫描，步长 0.02°，计数时间 2s，则相当于 0.6(°)/min 扫描。如果 Intensity（Counts）= 1500，则 Intensity（CPS）= 750。这就说明，当扫描速度快时，用 CPS 作单位，强度的数值较大，扫描速度慢时，用 Counts 作单位时强度数值大。实际上，强度数值的大小一方面与样品性质有关，另一方面是对衍射仪计数能力的表征。选用哪种单位并无本质区别，一般文献的作者对多图谱对比时用 a. u（Arbitrary Unit）作强度的单位，即“无单位”，或者“相对强度”值。

（2）文件显示方式选择：命令：File | Thumbnail…，则以另一种方式显示这个对话框（图 2-18）。

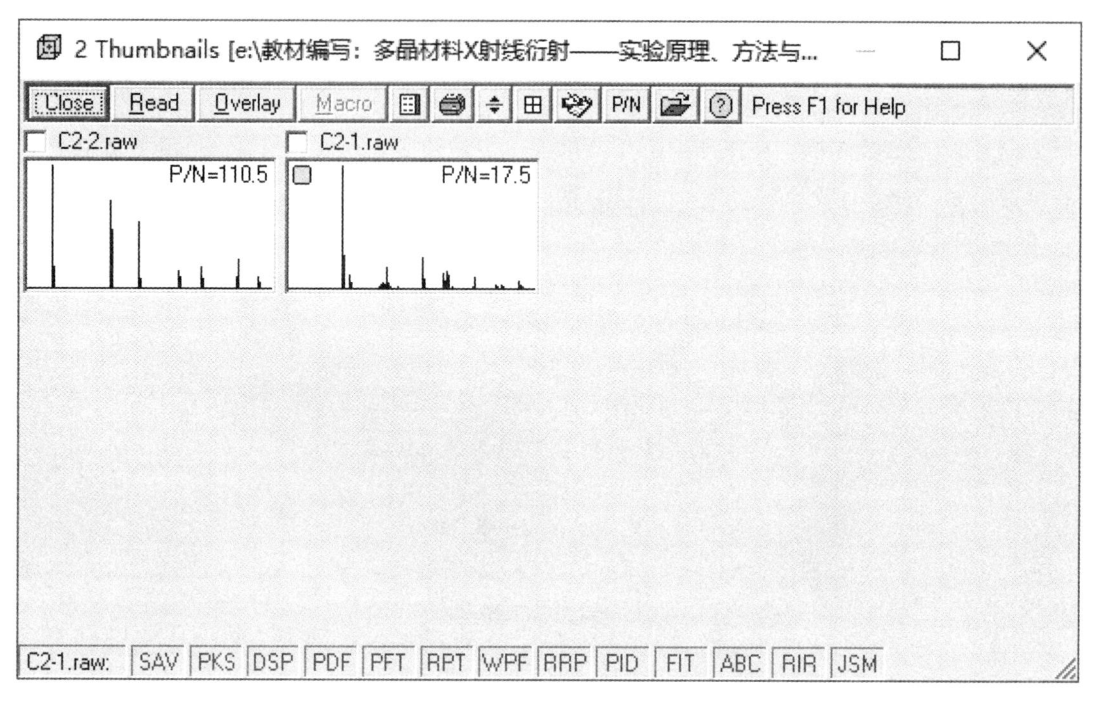


图 2-18　以图谱缩略图显示的文件读入窗口

还有其他读入文件方式，在 File 菜单或工具栏中。

（3）多谱读入：通过同时选择几个文件并读入（![]）（图谱），或者逐个选择再添加（Overlay）文件，可以在工作窗口中同时显示多个衍射图谱以作比较。图 2-19 是同时读入数据文件“Data003. raw”“Data004. raw”后工作窗口的显示内容。

在图 2-19 中，当工作窗口中同时显示几个图谱时，窗口显示出“多谱操作命令”组 ![]。通过这一组按钮，可以选择当前操作文件，或者对窗口中单个图谱进行横向、纵向的移动、放大缩小等操作。

（4）设置文本文件格式：虽然 Jade 能自动识别多种型号衍射仪数据，但有些衍射仪数据类型并不包含在其中。幸运的是，Jade 能读取按一定规范书写的纯文本数据格式的文件（＊. TXT，＊. DAT）。因此，可以先将不能识别的二进制格式数据用这些仪器附带的数据转换程序转换成纯文本格式的文件，再通过 Jade 读入。

一般来说，纯文本格式的数据文件有以下两种保存格式。

1）双列式（X－Y），即每行一个衍射强度（包括衍射角和衍射强度），例如“Data005. TXT”文件的内容如下：

?
20. 0　　8
20. 02　　9
20. 04　　9
20. 06　　10
20. 08　　8

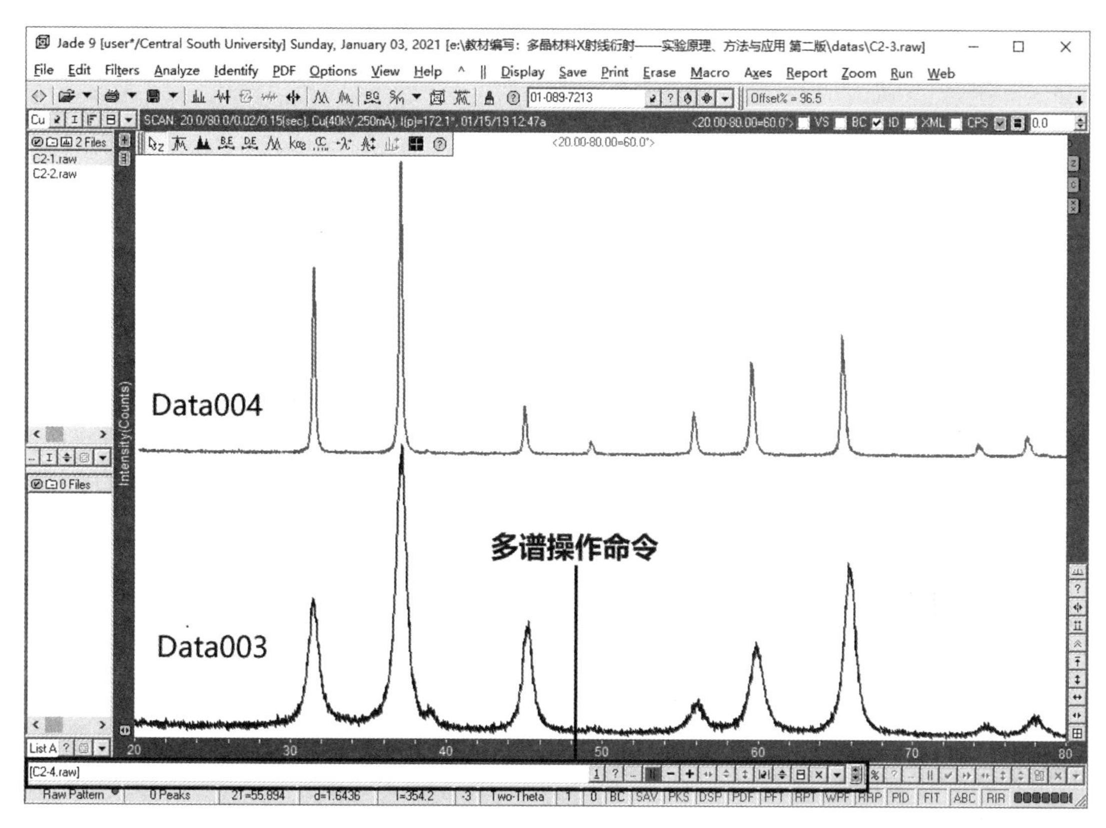


图 2-19 通过“Add”添加方式读入文件时窗口中显示新加入的图谱

20.1 7
20.12 10
20.14 8
20.16 7
20.18 10
20.2 9
……

这种格式的文件由两部分构成，最前面一行或几行（也可以没有）是样品信息，可以包括样品名称、测量日期、辐射类型等，这一部分不是必需的。第二部分就是衍射数据，衍射数据由两个字段构成，即衍射角和衍射强度，由这些数据可以计算出步长、数据点数等。

文件中没有其他的信息。缺少的数据，如辐射，可不设置而采用 Jade 的默认值。

2）多列式，如“Data006.TXT”文件前几行的数据如下：

02/06/98 @ 13：45 DIF Demo03：24-1035 36-1451

15 0.025 2 CU 1.540562 70 2201

402 370 352 409 412 363 376 428

349 370 426 382 338 450 380 345

370 404 390 377 393 418 371 353

| 340 | 305 | 381 | 389 | 371 | 388 | 379 | 323 |
|---|---|---|---|---|---|---|---|
| 386 | 364 | 410 | 409 | 459 | 483 | 428 | 440 |
| 431 | 352 | 376 | 359 | 346 | 362 | 295 | 377 |
| 335 | 290 | 383 | 261 | 354 | 329 | 324 | 356 |
| 311 | 355 | 387 | 342 | 346 | 313 | 296 | 264 |
| 359 | 339 | 346 | 322 | 310 | 301 | 348 | 360 |

……

这种格式也由两部分构成，文件头部分是样品信息和测量条件。这一部分中有些信息是必需的，但有些数据并不需要。

必要的数据包括（以上面的数据为例）：开始角——5.000，步长——0.0500，结束角——70；数据个数——1301。其中结束角和数据个数只需要一个。

第二部分数据是每个数据点的强度值，由开始角和步长可以计算出每一个强度所对应的衍射角。

Jade 将文本文件看成是一个表格，从左向右是“列数”或字符数，每个英文字符、空格或数字为一列，起始编号为 1。从上到下为“行数”，起始编号为 1。

在这个表中设置的内容如下：

File Extension = *.TXT：文件扩展名，一般为 TXT 或 DAT。

Scan ID：样品信息，写在文件的第一行（From Line #），从第一列（Char-#）开始，长度为 80 个字符（Width）。

衍射数据从第二行开始（Intensity Data Start at L# =2）。

每行一个衍射数据（Int. Data Points per Line=1）。

一个衍射数据包含两个数值，即衍射角和衍射强度。其中，强度值位于每一行的第 10 列开始的 8 个字符（Char-# & width），而角度值位于每行的第 1 个字符之后的 8 个字符（Angle Column）。角度数据与强度数据之间无特别分隔符（Column Delimiter=None，所谓特别分隔符是指除空格外的其他分隔符，如制表符、逗号、分号、引号等）。

1）将数据转换成 Jade 默认的文本文件格式，Jade 要求（默认）的书写格式如图 2-20 所示。

图 2-20 中主要的项目如下：

File Extension = *.TXT：文件扩展名是 TXT。

Scan ID，1，1，80：样品 ID，是在测量数据时给样品的命名，该数据书写在文件的第 1 行，从第 1 列开始，长度为 80 个字符。

Data Starts at Line # or KeyWord =2：测量数据从第 2 行开始书写。

Int. Data Points Per Line=1：每行书写一个测量数据（包括衍射角和衍射强度）。

Char -# & Width=10，8：衍射强度书写在每行的第 10 列开始的位置，长度为 8 位数字。

Angle Column=1，8：衍射角数据书写在每行第 1 列开始的位置，长度为 8 个字符（包括小数点）。

若能将数据文件按以上规则保存，则 Jade 可直接读入。

软件“T2J.exe”可实现将其他任何格式的 TXT 文件转换成 Jade 所需要的格式。

2）修改 Jade 输入/输出文本文件格式。若已有批量某种书写格式的纯文本数据文件，

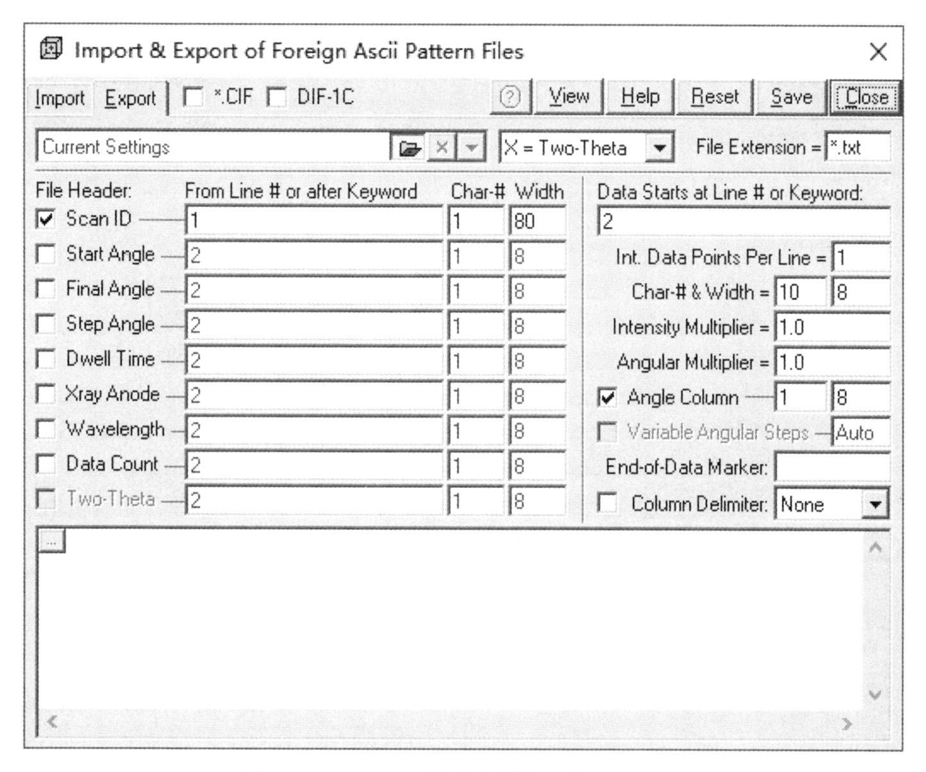


图 2-20　ASCII 码格式的数据文件格式设置

而且不希望对每个文件都进行转换，也可以重新设置 Jade 读写文本文件的格式。

命令：File | Save | Setup Ascii Export…

这个对话框有两页（Import）和（Export），前者表示外来数据读入 Jade 时用的格式，后者则是在 Jade 中使用“File-Save-Save pattern as TXT”这个命令来保存数据文件时使用的格式。两页都要设置，而且两页设置应当完全相同；否则，Jade 保存的数据下次用 Jade 会打不开。

设置完成，按下“Save”，保存设置。

下面以“Data006. TXT”文件为例说明文件格式说明方法。

选择菜单命令 File | Save | Setup Ascii Export…，就打开了图 2-20 的窗口。

单击窗口顶部的“View”按钮，会弹出一个打开文件的对话框，选择“Data006. TXT”文本文件，图 2-20 窗口中显示出该文件的内容，如图 2-21 所示。

先要了解每个数据所表达的意义。由图 2-21 可以看出，第一行是样品信息，包括测量日期等；第二行从左到右依次是开始角（15）、步长（0. 025）、计数时间（2）、辐射（Cu）、波长（1. 540562）、结束角（70）、衍射数据个数（2201）；从第三行开始，每行 8 个强度数据。然后要了解，最少需要从这些数据中选择哪些有用的数据。这里，实际上需要的只有开始角，步长和衍射强度。其他信息，如样品信息、波长系统都会使用默认值，衍射强度个数等可以计算出来。

选择数据的方法：按住鼠标左键，在需要的数据上拖过，这个数据在文件中的位置就被记录下来。

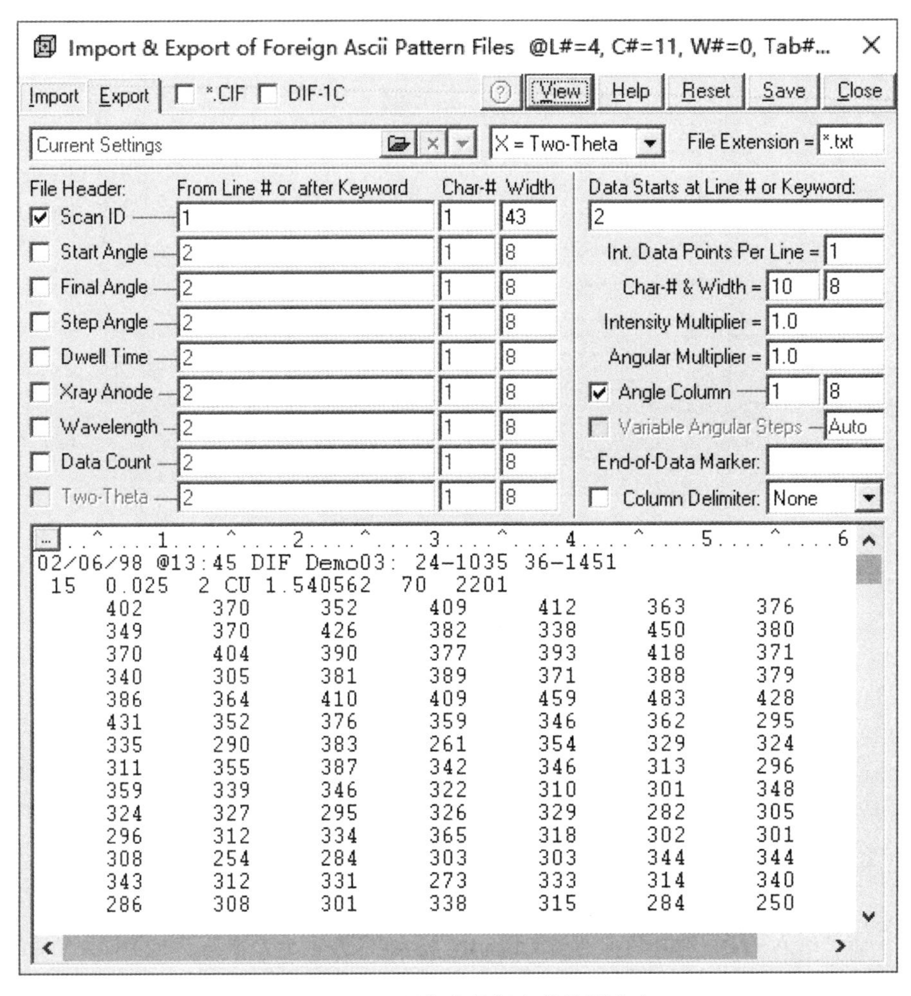


图 2-21 ASCII 码格式数据文件的浏览窗口

设置数据格式：选择一个数据，然后用鼠标右键单击，则弹出一个选项菜单，如图 2-22 所示。

图 2-22 中选择了第 1 行数据，在弹出菜单中单击“Set Scan ID”，样品 ID 就设置好了。如此选择其他的数据，设置相应的项目。

由于文本文件中数据的书写是左对齐的，因此，在选择一个数据时（按住鼠标左键划过一个数据），要从数据的第一个字符开始，并且包含其后面的空格（决定了这个数据的最大长度）。

(5) 文本文件的读写：命令：Save | Primary Pattern as . TXT——将当前窗口中的图谱数据保存为 TXT 格式文本。

在 Jade 中，可以将数据文件保存成一个文本文件，便于其他软件读取。使用这个命令保存测试数据时要注意，它保存的并非原始数据，而是工作窗口中显示的图谱数据。例如，工作窗口显示的仅仅是衍射谱的一部分衍射角范围的数据，则保存的也只有这一部分数据，如果数据经过了处理（如平滑、拟合等），则保存的数据就是经过了平滑或拟合后的数据。

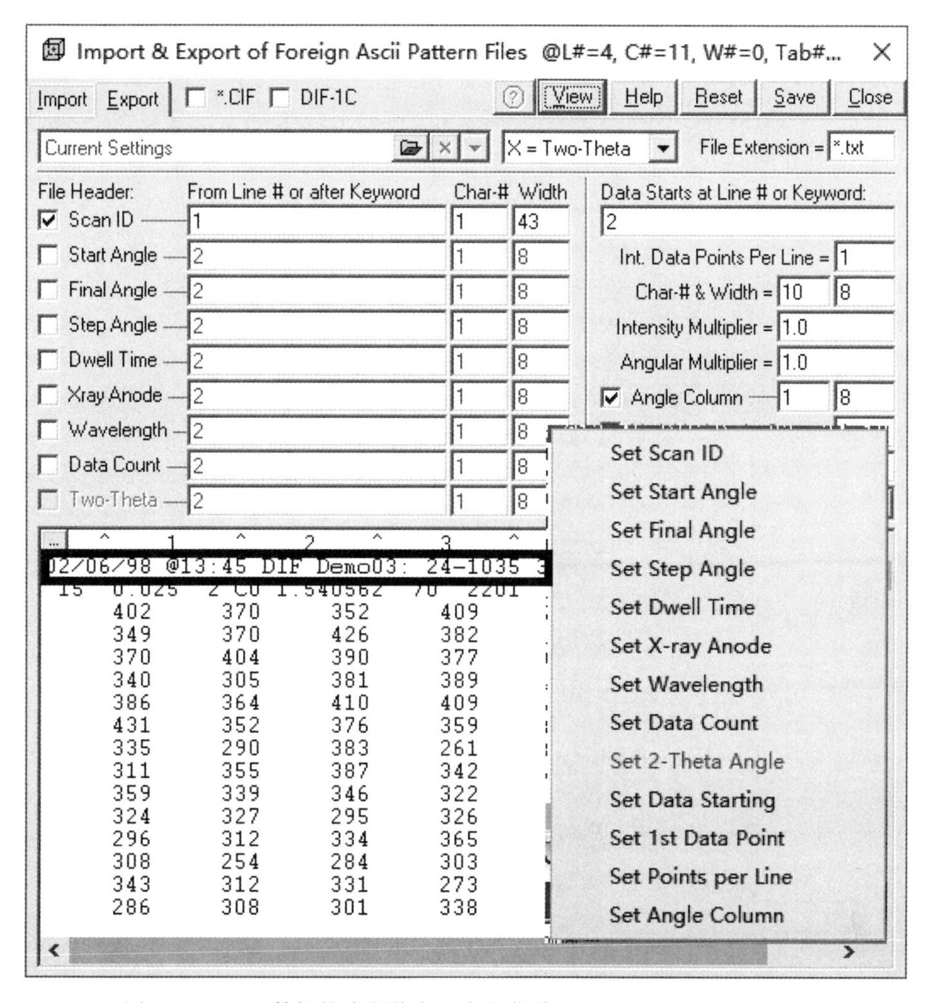


图 2-22 通过数据格式浏览窗口中的菜单设置文本数据文件的格式

## 2.5 建立 PDF 数据库检索文件

在使用 Jade 开始物相检索等工作之前，需要有一张 PDF 卡片光盘。

PDF（Powder Diffraction File），由国际衍射数据中心（The International Centre for Diffraction Data，ICDD）出版发行。ICDD 是由成立于 1941 年的粉末衍射化学分析联合委员会演变而来，为全球非盈利性科学组织，致力于收集、编辑、出版和分发标准粉末衍射数据（PDF 卡片或 PDF 数据库），其主要用于结晶材料的物相鉴定，ICDD 是全球 X 射线衍射领域最为权威的机构。

常用的 PDF 数据库有 PDF2 和 PDF4 两个版本，数据库每年都有更新。PDF2 数据库中只包含物相的衍射数据，而 PDF4 中还包含其他一些重要的晶体结构信息。

Jade 并不直接访问 ICDD-PDF 数据库，而是要利用 Jade 的命令建立 Jade 读取卡片的一个索引文件。

### 2.5.1 建立 PDF 卡片索引的方法

建立 PDF 卡片索引的方法如下：

（1）将 PDF 光盘内容复制到一个容量较大的硬盘分区上。

（2）选择菜单 PDF | Setup 命令，见到如图 2-23 所示的索引建立窗口。

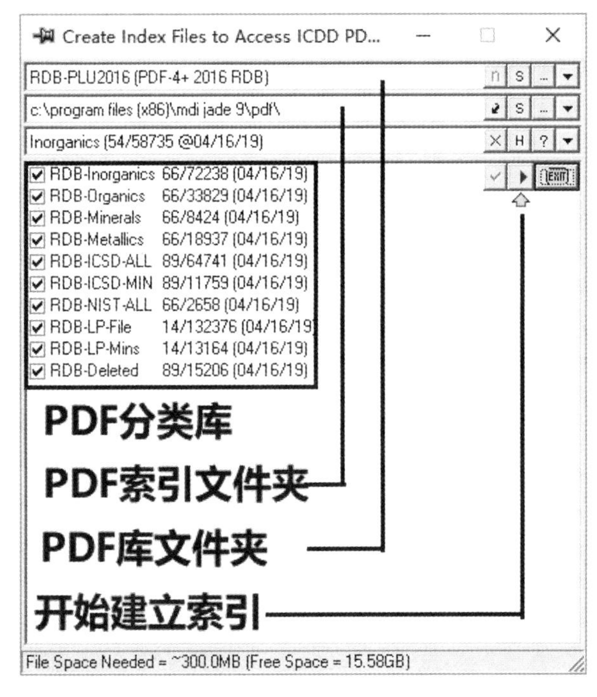


图 2-23 PDF 卡片索引的建立

（3）软件将自动搜索 PDF 库文件所在文件夹，并将索引文件保存在 Jade 9 的安装文件夹中，按下▶按钮就开始建立索引文件。

### 2.5.2 建立 ICSD 数据库索引

如果有 FindIt 一类的国际晶体学数据库 FIZ ICSD（ICSD：The Inorganic Crystal Structure Database）数据库，Jade 可以根据晶体结构模拟（计算）出 XRD 粉末衍射谱并将其 $d$-$I$ 列表保存在两个可搜索的 PDF 子文件中（ICSD-all，ICSD-min）。这些子文件可以像 PDF 卡片一样建立索引，并可用于物相检索。

下面列出建立 ICSD 数据库索引的过程。

（1）打开结构数据库窗口：选择“Options | Structure Database”，弹出一个对话框（图 2-24（a））。

应当注意到对话框的右上角有两行，第一行是 Jade 在计算机磁盘上自动找到的 ICSD 数据库（icsd. mde），第二行显示的是 ICSD-ALL. csd 结构库索引，这两行都没有必要去改动它。

（2）在该对话框上选择“🔍”按钮，弹出如图 2-24（b）所示的对话框。提示是否

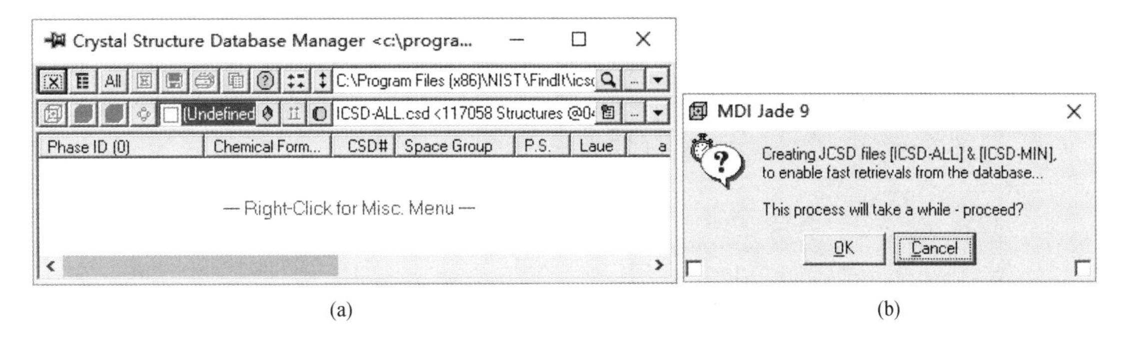


(a)　　　　　　　　(b)

图 2-24　将 ICSD 数据库中的卡片转换成 PDF 卡片
（a）晶体结构转换成 PDF 卡片的对话框；（b）转换过程提示

要建立 ICSD 数据库的索引，以供 Jade 访问。

（3）单击“OK”后，会连续出现几个对话框，一直单击“OK”，就会开始建立 ICSD 的索引。

建立索引需要一定的时间，大约 1h。建立完成后，在“S/M”对话框中，可以看到多了一个子数据库“ICSD-All”。

图 2-25 是建立了 PDF 索引后的物相检索（Search/Match）窗口。窗口左边显示了所建立的索引文件，其中①是早期版本的 PDF 库，将 PDF 库分为若干类子库。其中两个 ICSD 子库包含由晶体结构模拟出来的 PDF 卡片（称为计算卡片），其他的都是通过实验测量出来的衍射数据（称为实验卡片）。②是通过晶体结构库模拟出来的 PDF 卡片（计算卡片），③是通过新版本 PDF-4 建立起来的 PDF 卡片索引。其分类方法与早期的分类方法有些不同。

操作视频 7

## 2.6 寻　峰

寻峰（Find Peaks）就是把图谱中的衍射峰位置标定出来，鉴别出图谱的某个起伏是否一个真正的峰。寻峰并不是一开始就要做的。有些操作，如物相鉴定过程中会自动标定峰位。每一个衍射峰都有许多数据来说明，如峰高、峰面积、半高宽、对应的物相、衍射面指数、由半高宽计算出来的晶粒大小等，这些数据在一些计算中有用。

### 2.6.1 寻峰操作

所谓寻峰，就是对衍射峰进行标注。软件寻峰是一种纯粹的数学运算过程。通常的做法是：对 $N$ 个数据点进行拟合，通过拟合函数的二阶导数来判断 $N$ 个数据点的最大值是“峰顶”还是“拐点”。因此，自动寻峰有“漏寻”和“误寻”。自动寻峰后一般都要用编辑工具栏中的手动寻峰 进行检查、删除，增加一些峰。

菜单命令：Analyze | Find Peaks...：打开寻峰参数设置窗口，如图 2-26 所示。

主工具栏命令 ：单击，自动寻峰。鼠标右击：打开寻峰如图 2-26 所示的操作

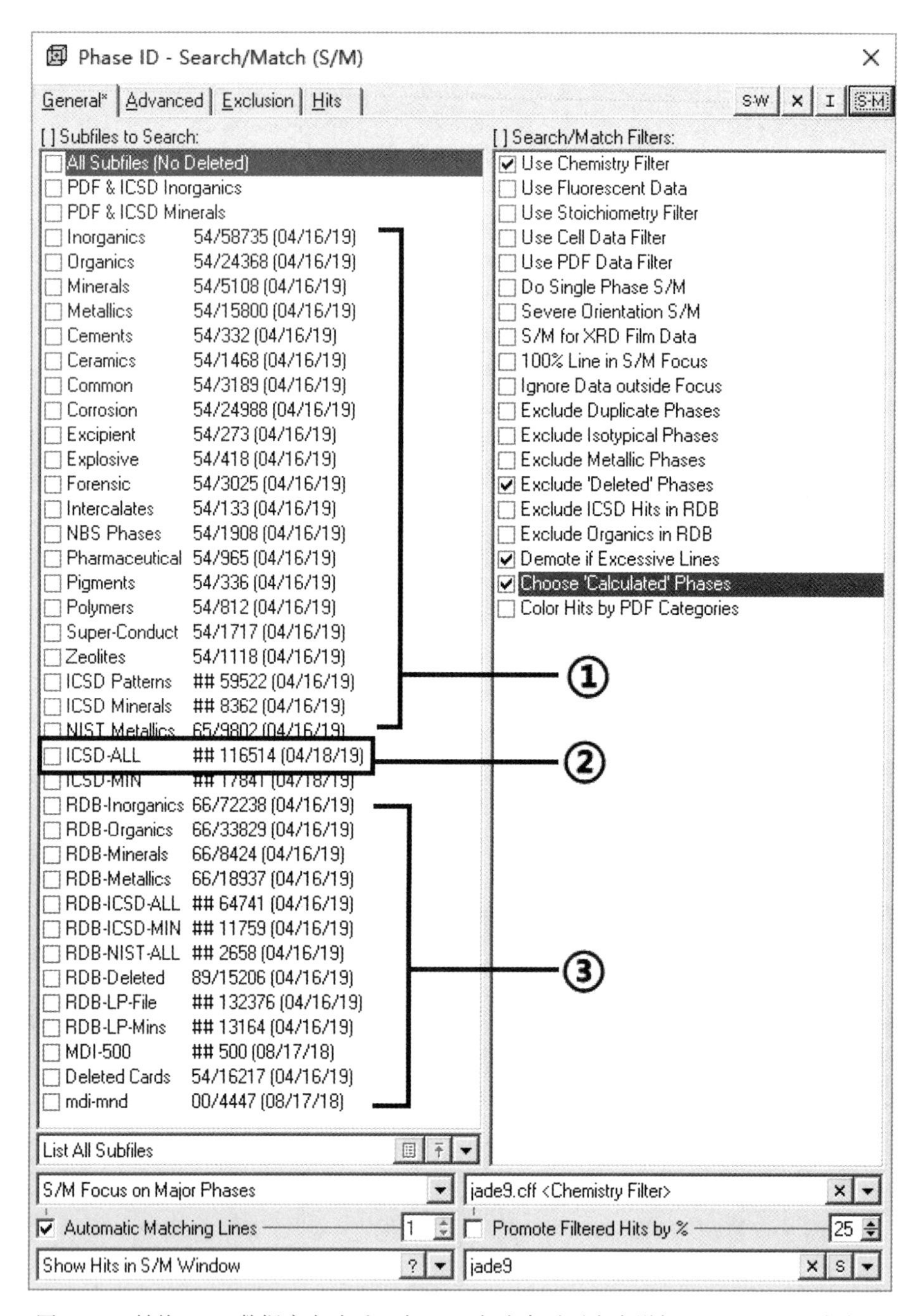


图 2-25 转换 ICSD 数据库卡片后，在 PDF 卡片索引列表中增加了 ICSD-ALL 类卡片

窗口。

编辑工具栏命令[按钮]：单击一次，进入手动寻峰状态；然后在某个峰下面单击时，增加一个峰标记，鼠标在某个峰下面右击，则删除一个寻峰标记。再单击这个按钮，退出手动寻峰状态。

打开数据文件“Data004. raw”，单击工具栏中的[按钮]按钮，显示如图 2-26 所示的窗口。单击窗口中的▶，得到图 2-26 中的寻峰结果列表。

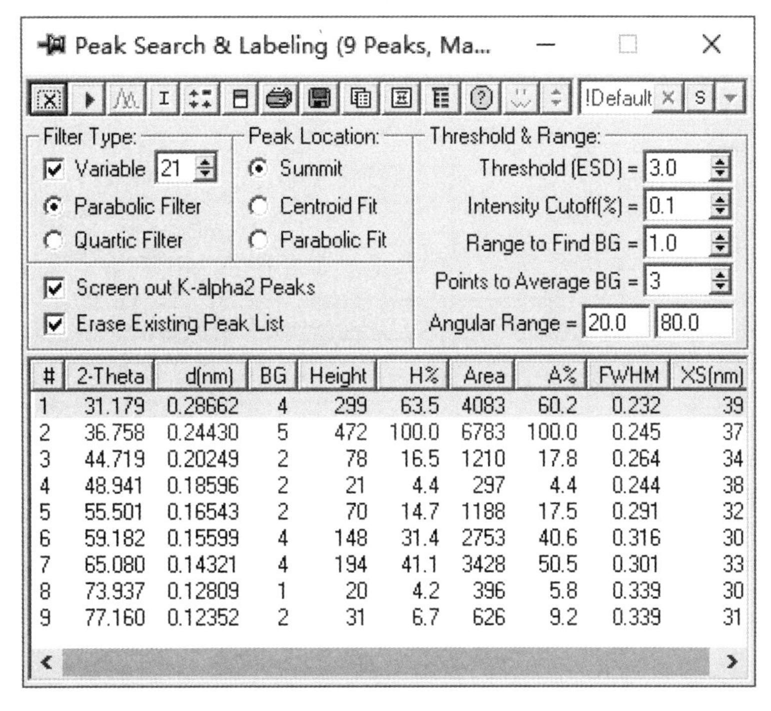


| # | 2-Theta | d(nm) | BG | Height | H% | Area | A% | FWHM | XS(nm) |
|---|---|---|---|---|---|---|---|---|---|
| 1 | 31.179 | 0.28662 | 4 | 299 | 63.5 | 4083 | 60.2 | 0.232 | 39 |
| 2 | 36.758 | 0.24430 | 5 | 472 | 100.0 | 6783 | 100.0 | 0.245 | 37 |
| 3 | 44.719 | 0.20249 | 2 | 78 | 16.5 | 1210 | 17.8 | 0.264 | 34 |
| 4 | 48.941 | 0.18596 | 2 | 21 | 4.4 | 297 | 4.4 | 0.244 | 38 |
| 5 | 55.501 | 0.16543 | 2 | 70 | 14.7 | 1188 | 17.5 | 0.291 | 32 |
| 6 | 59.182 | 0.15599 | 4 | 148 | 31.4 | 2753 | 40.6 | 0.316 | 30 |
| 7 | 65.080 | 0.14321 | 4 | 194 | 41.1 | 3428 | 50.5 | 0.301 | 33 |
| 8 | 73.937 | 0.12809 | 1 | 20 | 4.2 | 396 | 5.8 | 0.339 | 30 |
| 9 | 77.160 | 0.12352 | 2 | 31 | 6.7 | 626 | 9.2 | 0.339 | 31 |

图 2-26　寻峰的作用与结果

在寻峰操作对话框中可以选择过滤器的函数类型（Parabolic/Quartic），峰位标记位置设置（Summit/Centroid Fit/Parabolic Fit），误差窗口和范围设置。图谱的信噪比较低时，希望排除一些弱峰标记，通过改变这些设置会有不同的寻峰结果。

在图 2-26 中单击，变成如图 2-27 所示的窗口。

在这个窗口中可以设置在工作窗口的图谱上以什么作衍射峰的标记（星号、$d$ 值、$2\theta$、强度、计数等），这些内容可以组合标记。另外，还可以设置面间距 $d$ 的单位为埃（Å）或纳米（nm）。

当然，如图 2-8 中所显示的那样，在工作窗口中也可以直接选择衍射峰位的标记内容。

对于一些强度不高的衍射峰，或者一些峰顶比较宽的衍射峰，自动寻峰并不能完全达到满意的结果，如图 2-28 所示。

此时，需要用到编辑工具栏中的衍射峰编辑按钮。操作方法是：单击此按钮，处于寻峰编辑状态。在此状态下，鼠标左键单击衍射峰峰顶，标记一个衍射峰，鼠标右键单击某衍射峰则把已有的标记取消。

### 2.6.2　寻峰报告

图 2-29 窗口中显示了寻峰报告。

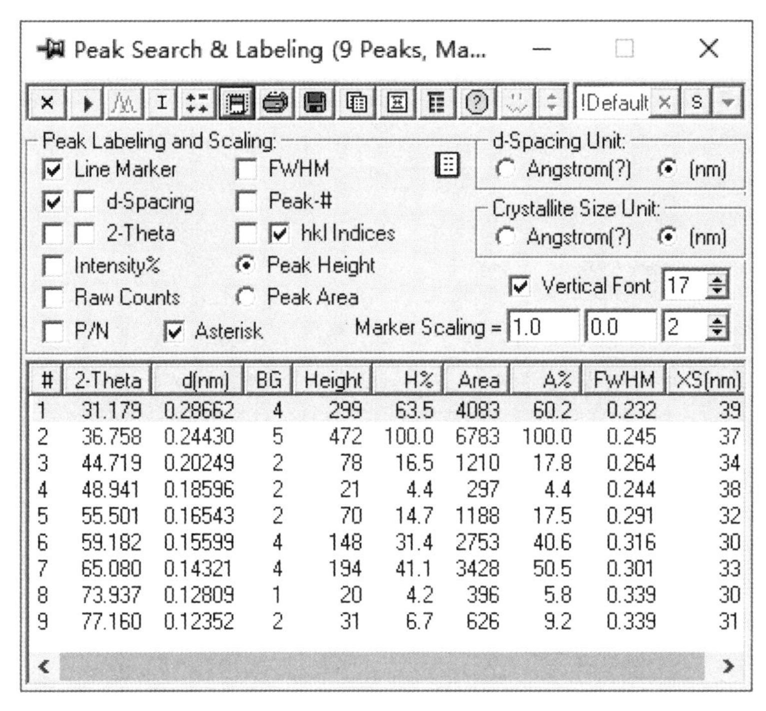


| # | 2-Theta | d(nm) | BG | Height | H% | Area | A% | FWHM | XS(nm) |
|---|---|---|---|---|---|---|---|---|---|
| 1 | 31.179 | 0.28662 | 4 | 299 | 63.5 | 4083 | 60.2 | 0.232 | 39 |
| 2 | 36.758 | 0.24430 | 5 | 472 | 100.0 | 6783 | 100.0 | 0.245 | 37 |
| 3 | 44.719 | 0.20249 | 2 | 78 | 16.5 | 1210 | 17.8 | 0.264 | 34 |
| 4 | 48.941 | 0.18596 | 2 | 21 | 4.4 | 297 | 4.4 | 0.244 | 38 |
| 5 | 55.501 | 0.16543 | 2 | 70 | 14.7 | 1188 | 17.5 | 0.291 | 32 |
| 6 | 59.182 | 0.15599 | 4 | 148 | 31.4 | 2753 | 40.6 | 0.316 | 30 |
| 7 | 65.080 | 0.14321 | 4 | 194 | 41.1 | 3428 | 50.5 | 0.301 | 33 |
| 8 | 73.937 | 0.12809 | 1 | 20 | 4.2 | 396 | 5.8 | 0.339 | 30 |
| 9 | 77.160 | 0.12352 | 2 | 31 | 6.7 | 626 | 9.2 | 0.339 | 31 |

图 2-27 衍射峰标记参数的设置

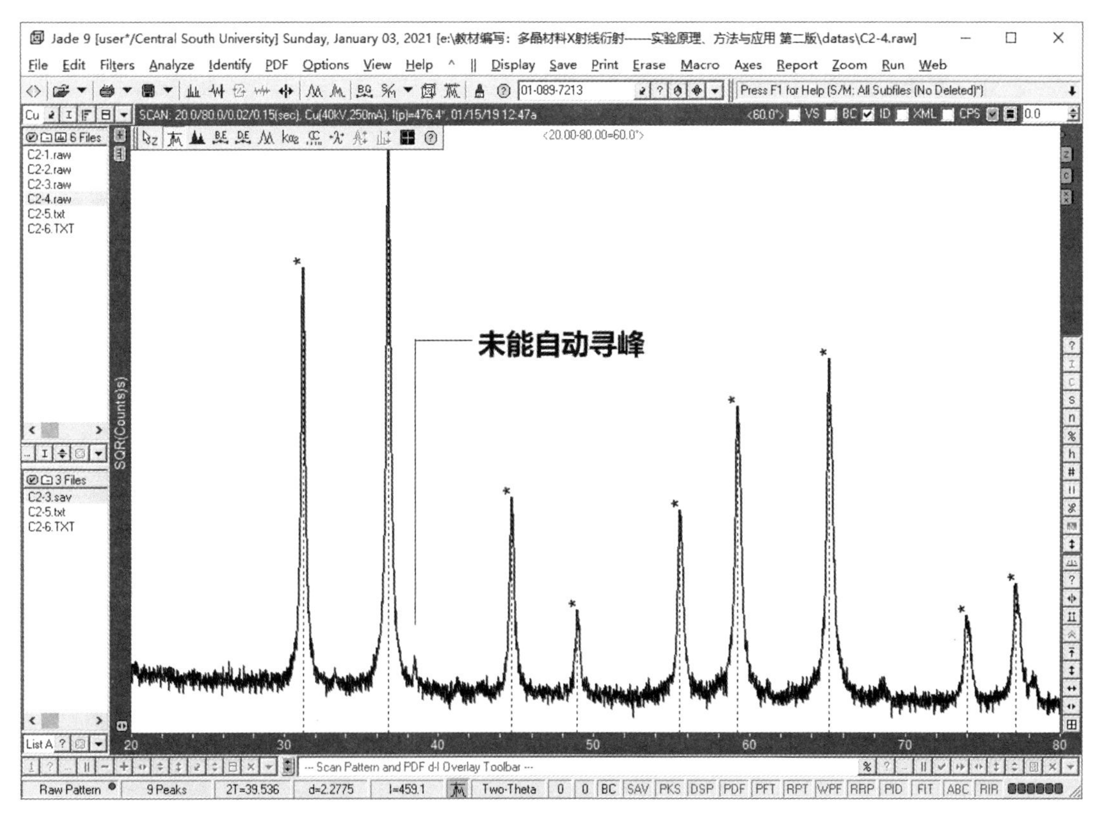


图 2-28 工作窗口中的衍射峰标记

| [C2-4.raw] | | | | | | | | | Peak Search Report |
|---|---|---|---|---|---|---|---|---|---|
| SCAN: 20.0/80.0/0.02/0.15(sec), Cu(40kV,250mA), I(p)=476.4*, 01/15/19 12:47a | | | | | | | | | |
| PEAK: 21(pts)/Parabolic Filter, Threshold=3.0, Cutoff=0.1%, BG=1/1.0, Peak-Top=Centroid Fit | | | | | | | | | |
| NOTE: Intensity = Counts, 2T(0)=0.0(deg), Wavelength to Compute d-Spacing = 1.54059? (Cu/K-alpha1) | | | | | | | | | |
| # | 2-Theta | d(nm) | BG | Height | H% | Area | A% | FWHM | XS(nm) |
| 1 | 31.180 | 0.28662 | 4 | 299 | 63.5 | 4083 | 60.2 | 0.232 | 39 |
| 2 | 36.757 | 0.24431 | 5 | 472 | 100.0 | 6783 | 100.0 | 0.245 | 37 |
| 3 | 38.468 | 0.23383 | 3 | 5 | 1.0 | 57 | 0.8 | 0.188 | 51 |
| 4 | 44.722 | 0.20247 | 2 | 78 | 16.5 | 1210 | 17.8 | 0.264 | 34 |
| 5 | 48.962 | 0.18589 | 2 | 21 | 4.4 | 297 | 4.4 | 0.244 | 38 |
| 6 | 55.526 | 0.16536 | 2 | 70 | 14.7 | 1188 | 17.5 | 0.291 | 32 |
| 7 | 59.212 | 0.15592 | 4 | 148 | 31.4 | 2753 | 40.6 | 0.316 | 30 |
| 8 | 65.103 | 0.14316 | 4 | 194 | 41.1 | 3428 | 50.5 | 0.301 | 33 |
| 9 | 73.956 | 0.12806 | 1 | 20 | 4.2 | 396 | 5.8 | 0.339 | 30 |
| 10 | 77.172 | 0.12351 | 2 | 31 | 6.7 | 626 | 9.2 | 0.339 | 31 |

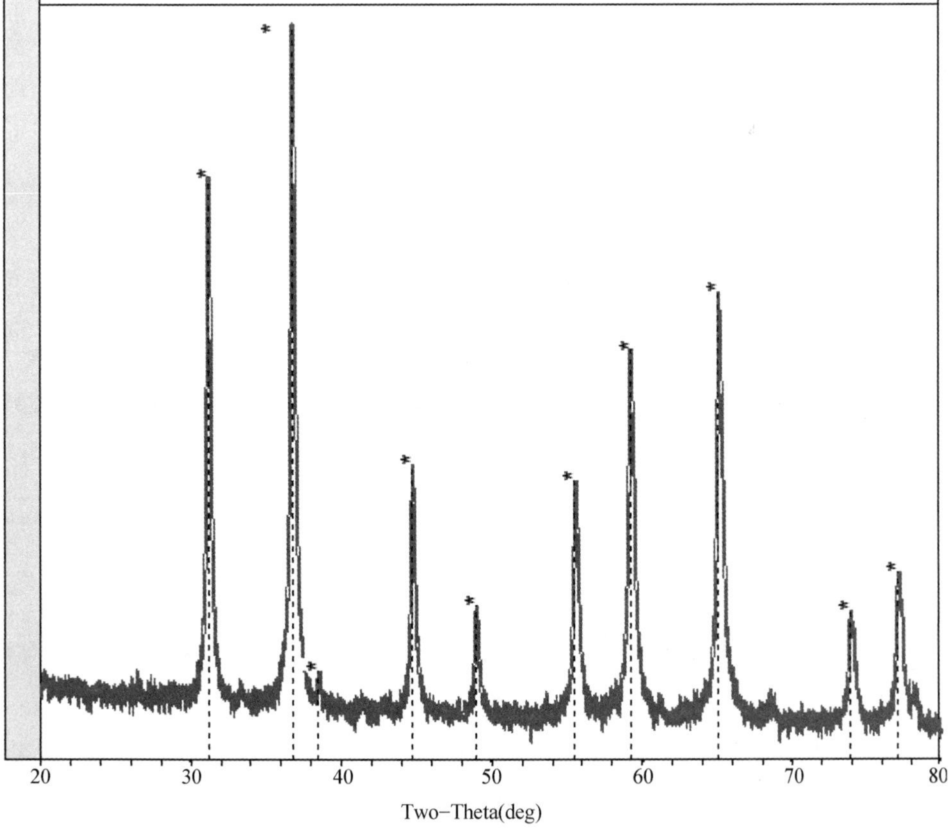

图 2-29　寻峰报告（Peak Search Report）

（1）寻峰报告。在这个报告中，从左到右依次是衍射峰编号（#），衍射角 2$\theta$（2-Theta），面间距（d，nm），背景高度（BG），峰高（Height），相对高度（H%），衍射峰面积（Area），面积相对值（A%），衍射峰半高宽（FWHM）和利用谢乐公式按半高宽计算出来的晶粒尺寸（XS，nm）。如果设置的晶粒尺寸和面间距的单位为埃（Å），则以问号（?）显示。

报告内容可以直接打印（Print）如图 2-29 所示的报告，或者保存（Save）成一个纯文本格式的文件。保存文件时，文件名与 raw 文件同名，而扩展名为“. Pid”。

（2）物相鉴定后的峰报告。寻峰之后，并且已经完成了物相鉴定，选择菜单命令“Report-Peak ID（Extended）”，打开峰检索报告（图 2-30）。

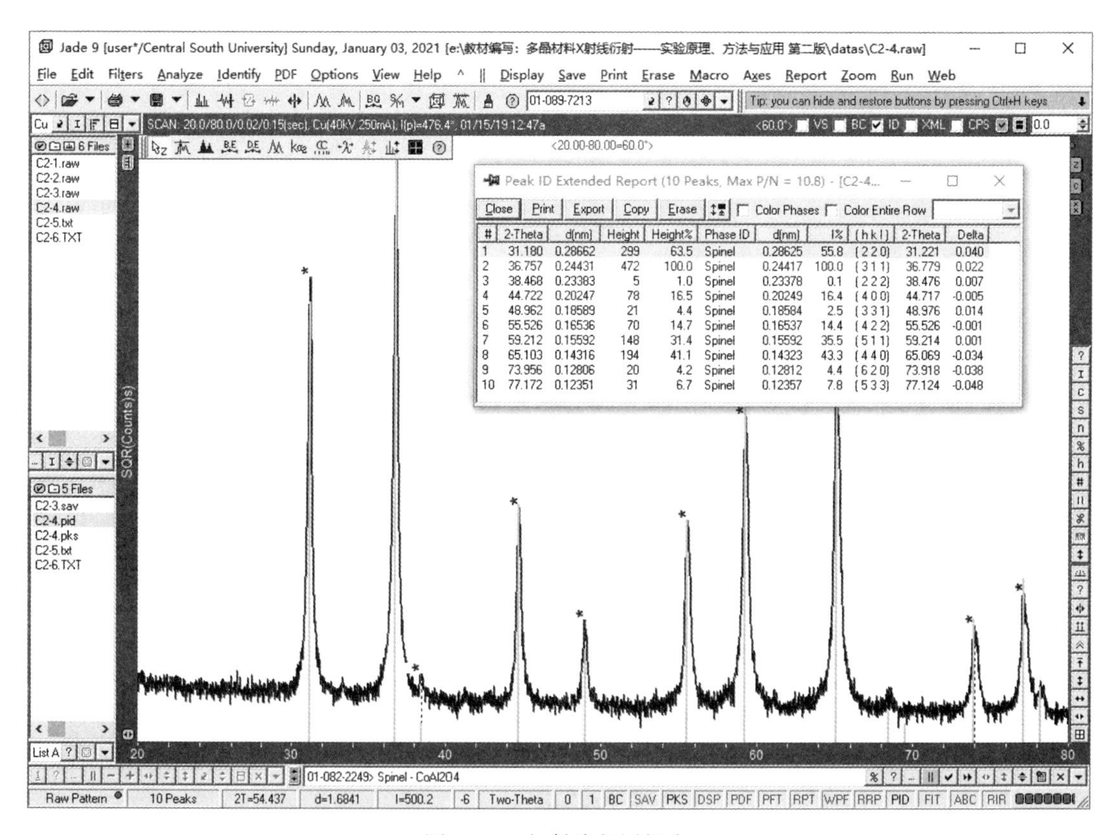


| # | 2-Theta | d(nm) | Height | Height% | Phase ID | d(nm) | I% | (h k l) | 2-Theta | Delta |
|---|---|---|---|---|---|---|---|---|---|---|
| 1 | 31.180 | 0.28662 | 299 | 63.5 | Spinel | 0.28625 | 55.8 | (2 2 0) | 31.221 | 0.040 |
| 2 | 36.757 | 0.24431 | 472 | 100.0 | Spinel | 0.24417 | 100.0 | (3 1 1) | 36.779 | 0.022 |
| 3 | 38.468 | 0.23383 | 5 | 1.0 | Spinel | 0.23378 | 0.1 | (2 2 2) | 38.476 | 0.007 |
| 4 | 44.722 | 0.20247 | 78 | 16.5 | Spinel | 0.20249 | 16.4 | (4 0 0) | 44.717 | -0.005 |
| 5 | 48.962 | 0.18589 | 21 | 4.4 | Spinel | 0.18584 | 2.5 | (3 3 1) | 48.976 | 0.014 |
| 6 | 55.526 | 0.16536 | 70 | 14.7 | Spinel | 0.16537 | 14.4 | (4 2 2) | 55.526 | -0.001 |
| 7 | 59.212 | 0.15592 | 148 | 31.4 | Spinel | 0.15592 | 35.5 | (5 1 1) | 59.214 | 0.001 |
| 8 | 65.103 | 0.14316 | 194 | 41.1 | Spinel | 0.14323 | 43.3 | (4 4 0) | 65.069 | -0.034 |
| 9 | 73.956 | 0.12806 | 20 | 4.2 | Spinel | 0.12812 | 4.4 | (6 2 0) | 73.918 | -0.038 |
| 10 | 77.172 | 0.12351 | 31 | 6.7 | Spinel | 0.12357 | 7.8 | (5 3 3) | 77.124 | -0.048 |

图 2-30 衍射峰归属报告

在这个报告里列出的数据有部分与寻峰报告是相同的，但多了与物相鉴定相关的数据。这些数据包括：物相名称（Phase ID），面间距（d，nm），相对强度（I%），2$\theta$。这几个数据是从 PDF 卡片上读入的，与表中左侧的测量数据作比较。最后一列是比较结果（$\Delta 2\theta$）。

这个报告同样可以直接打印出来（Print）或单击“Export”将报告内容被保存为“. ide”文件，这也是一种纯文本类型的文件，可以用记事本软件打开。

不同的物相可以使用不同的颜色来显示。

操作视频 8

# 2.7 图谱拟合

## 2.7.1 拟合参数设置

衍射峰一般都可以用一种“钟罩函数”来表示，拟合的意义就是把测量的衍射曲线表示为一种函数形式。在做“晶胞参数精确测量”“晶粒尺寸和微观应变测量”和“残余应力测量”等工作前都要经过“图形拟合”的步骤。寻峰、涂峰和拟合都可以得到衍射峰的数据，但前两者都不具有“重叠衍射峰分离”的功能，从而数据不精确。在此意义上，拟合有时也称为“分峰操作”。

菜单命令：Analyze | Fit Peak Profile…：打开峰形拟合参数设置窗口。

主工具栏命令中，：单击，自动拟合窗口中的所有衍射峰；鼠标右击：打开拟合参数设置窗口。

编辑工具栏命令中，：单击一次，进入手动拟合状态；然后在某个峰下面单击时，对该峰拟合，鼠标在某个峰下面右击，则删除一个峰的拟合。再单击这个按钮，退出手动拟合状态。

（1）拟合参数设置对话框：打开数据文件“Data003. raw”，鼠标右键单击主工具栏中的按钮，弹出图 2-31 所示的窗口。

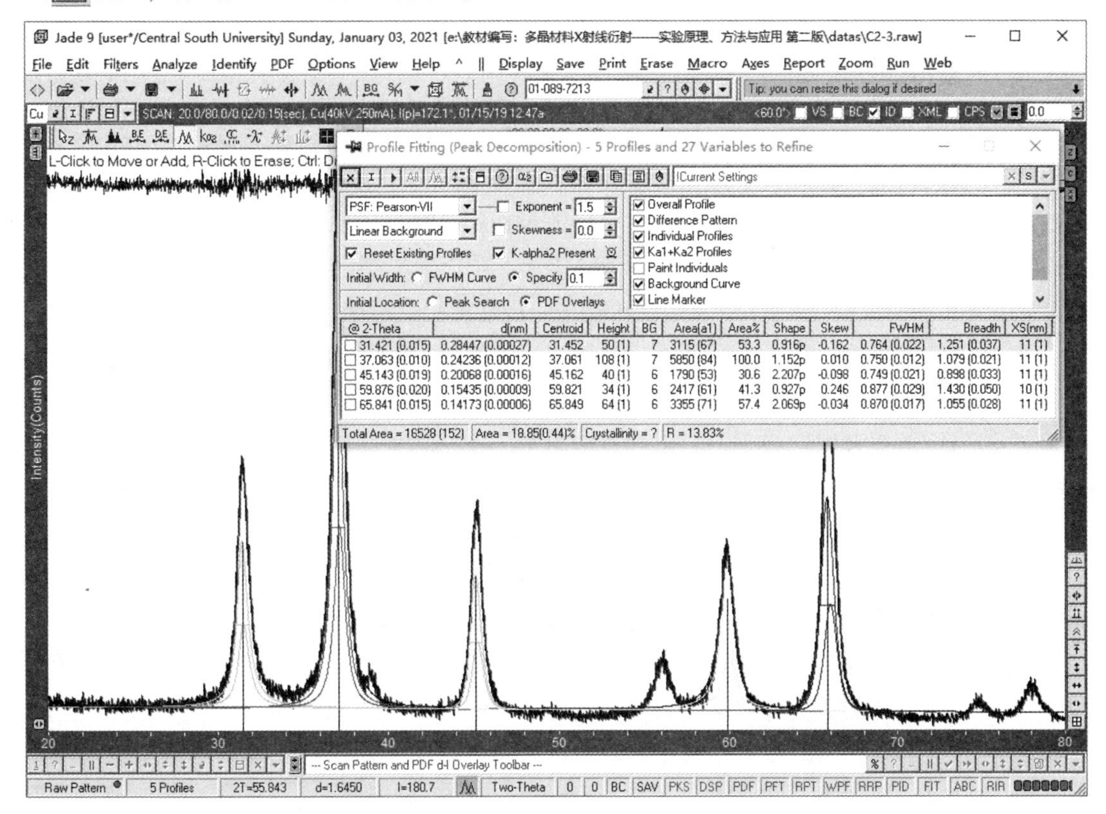


图 2-31 峰形拟合参数设置对话框

拟合函数的选择：Jade 9有四种峰形函数，即Pearson Ⅶ、Pseudo-Voigt、Gaussian和Lorentzian函数。这四种函数都是对称型钟罩形函数，其中Gaussian函数和Lorentzian函数与X射线衍射峰形吻合度低，一般不选择。而Pearson Ⅶ和Pseudo-Voigt函数都是Gaussian函数和Lorentzian函数的组合函数，非常接近X射线衍射仪数据峰形。但是，不同的衍射仪的数据可能更接近于其中一种，需要仔细地观察和正确地选择峰形函数，以使拟合误差（$R$）值最小。

（2）背景线选择：背景线有如下几种。

Fixed：固定背景，如果已经绘出了背景线而且没有删除背景线，则自动以此背景线为背景。

Level：水平背景线。

Linear：线性背景线。与Level不同的是，它可以是一条倾斜的直线。

Parabolic、3rd-ord和4th-ord Polynomial：它们分别为2次、3次和4次抛物线函数曲线背景。

默认的是Linear。对于一般衍射谱的背景曲线是不适应的。因此，正确选择背景曲线也是很重要的。

（3）初始位置选择（Initial Location）：如果是按寻峰结果进行拟合，则选择Peak Search；如果是按物相检索结果初始化，则选择PDF Overlays。

对话框的右边为显示参数，分别是误差线、涂峰方式、线标记等。选择不同的选项，可以试着看看显示内容的不同。

### 2.7.2 手动拟合方式

如图2-31所示，使用主工具栏中的拟合按钮很难自动达到拟合的目的，有相当多的衍射峰没有被拟合，或者测量数据与拟合数据吻合性很差。实际上，很少用到左键直接点击主工具栏中的拟合命令做全谱拟合。一般的操作是选择好拟合参数，然后再用编辑工具栏的拟合按钮来选择峰和拟合峰。操作方法如下：

在全谱窗口中选择一个衍射角范围的数据（图2-32），按下编辑工具栏中的按钮，进入拟合编辑状态。然后在需要拟合的衍射峰下面单击，作出拟合峰选定，依次选定所有需要拟合的峰后，再次单击此按钮，开始拟合。

在衍射峰形拟合编辑状态下，鼠标左键单击一个衍射峰，表示选定这个衍射峰需要拟合，鼠标右键单击，则表示取消这个衍射峰的拟合。随时可以添加或取消，也可以反复地按下编辑工具栏中的拟合按钮进行拟合，通过多次拟合，可以使拟合误差降低。

当一段衍射峰拟合好以后，可以选择另一段衍射峰进行拟合。

最后，通过单击工作窗口右下角的按钮，选择整个衍射谱进行拟合整合。

在实际图谱处理中，往往并不关心全部衍射数据，而只是关心衍射角的一个区段中的数据。这个区段中的数据有较平的背景、有较好的峰形、有较少的重叠和有较高的强度。而那些与这些参数相反的数据往往是带入严重误差的来源，往往不去理会它们。

拟合峰时，同样地，只选择关心的衍射角区段中的数据进行拟合，除非必要，建议不要做“全谱拟合”。因为“全谱拟合”时，背景往往拟合不好，重叠峰分离时有很大的任意性。

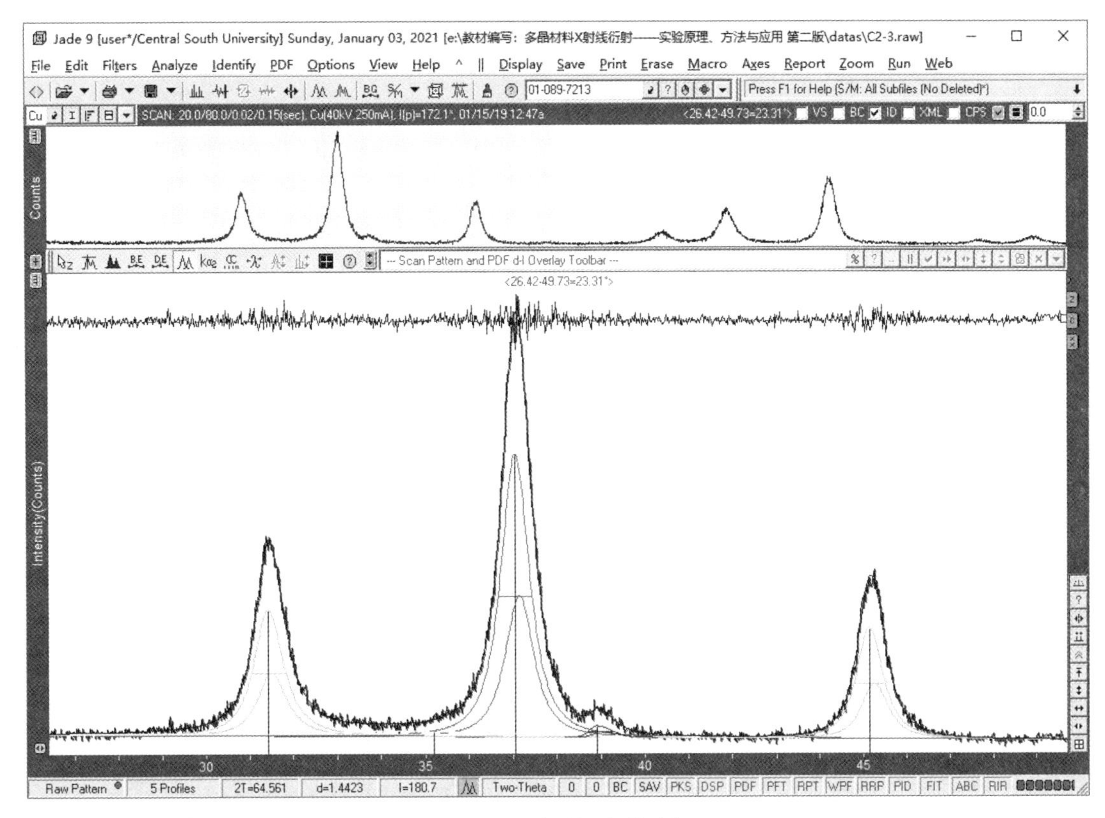


图 2-32　峰形拟合的编辑

基于这一原因，实际要拟合的峰数可能很少，因此，可以先对关心的峰进行单峰拟合，然后，再选择这一衍射角区段的数据再做一次拟合，以进行背景整合。如果谱图的背景线不平直，则不应当做背景整合。

### 2.7.3　拟合函数和误差

2.7.3.1　峰形函数

在 Jade 中，XRD 峰形拟合函数通常选择 Pearson Ⅶ和 Pseudo Voigt 函数。

Pearson Ⅶ函数：

$$I(i)=\frac{I(p)}{[1+k\times\Delta 2\theta(i)^{2}]^{n}}$$

Pseudo Voigt 函数：

$$I(i)=I(p)\left[\frac{r}{1+k\times\Delta 2\theta(i)^{2}}+(1-r)\mathrm{e}^{-0.6931\times k\times\Delta 2\theta(i)^{2}}\right]$$

式中，$I(i)$ 为在 $\Delta 2\theta=2\theta(i)-2\theta(p)$ 数据点计算的峰形强度；$I(p)$ 为峰高；$2\theta(p)$ 为峰位置；$n$ 为 Pearson Ⅶ中的指数参数；$r$ 为 Pseudo Voigt 中的 Lorentzian 成分（混合因子）。

Pearson Ⅶ函数中：

$$k=\frac{4\times(1\pm S)\times(2^{\frac{1}{n}}-1)}{FWHM^{2}}$$

Pseudo Voigt 函数中：

$$k = \frac{4 \times (1 \pm S)}{FWHM^2}$$

式中，$S$ 为歪斜因子，它表征峰形的对称性，它在 $\Delta 2\theta > 0$ 时为正，反之为负。

2.7.3.2 拟合误差因子 $R$

拟合时，窗口中出现一条误差线（Difference Pattern），误差线的波动表示误差的大小和出现误差的位置，误差的数值用 $R$ 表示。一般情况下，拟合误差需要小于9%。但是，$R$ 值的大小和所选的拟合范围、背景线的平整状态相关，有时即使 $R$ 值很大，但从谱图上看实际拟合较好，也是可取的。

$R$ 的定义为：

$$R = \sqrt{\frac{\sum \frac{(I_o - I_c)^2}{I_o}}{\sum I_o}} \times 100\%$$

式中，$I_o$ 为测量强度；$I_c$ 为计算强度。

### 2.7.4 拟合整个衍射谱

即使要拟合整个衍射谱，有时也并不需要对整个衍射谱所有衍射角范围的峰进行拟合，而是有目的性地选择一个谱图的一段衍射数据进行拟合，不应当包含那些背景很特殊、峰强度很低、严重重叠的峰区域。

一般操作步骤如下：

（1）有目的地选择一段衍射强度高、峰形较分散的衍射区域。

（2）对该区域内的峰进行寻峰处理或者检索物相，以指定峰位的初始位置。

（3）右键单击拟合按钮，弹出拟合参数设置对话框。

（4）选择拟合参数：峰形函数，背景曲线，初始位置等。然后单击▶按钮，开始拟合，并且观察窗口右上角状态栏中的 $R$ 值变化。

（5）反复调整这些参数，并按下▶进行拟合，注意观察哪种参数能使 $R$ 值最小。

在此过程中，有可能要设置和调整背景线。如果手动设置了背景线，则选择拟合背景线为 Fixed Background。

如果拟合不能达到目的，需要按下 I 按钮进行初始化设置，并重新进行拟合。

有时自动寻峰拟合达不到目的，会遗漏掉某个峰，这时要用手动拟合按钮来添加一个峰，并使其参与拟合。

拟合是一个复杂的数学计算过程，需要较长的时间。在拟合过程中，放大窗口上部出现一条误差线，误差线的光滑度表示了拟合的好坏，如果误差线出现很大的起伏，说明拟合得不好，需要进一步拟合，可以重新点击▶按钮重新拟合一次。在菜单栏的下面显示了拟合的进程，其中“R=…”，表示了拟合的误差，$R$ 值越小，表示拟合得越好。一般情况下，全谱拟合的 $R$ 值可以达到5%。

拟合过程中，有时因为窗口中的峰数太多，拟合进行不下去，会出现“Too Many Profiles in Zoom Window!”的提示，此时，需要缩小角度范围，选择段拟合，或者进行手动拟合编辑。

Jade 尽管设置了 $R$ 值的大小来评判拟合的好坏，但是，Jade 认为凭观察更能反映实际情况，并且 $R$ 值的计算是根据整个衍射谱拟合的好坏，如果实际拟合的只是一小段数据，就更不能仅凭 $R$ 值的大小来判断拟合的好坏。

### 2.7.5 单峰拟合

如图 2-33 所示，有些峰并没有参与拟合，或者某几个峰重叠部分较多，拟合不能达到要求。有意思的是，Jade 的拟合操作仅针对工作窗口显示的部分图谱进行。因此，可以在工作窗口中放大该衍射峰（衍射角区域），针对该衍射峰进行处理。

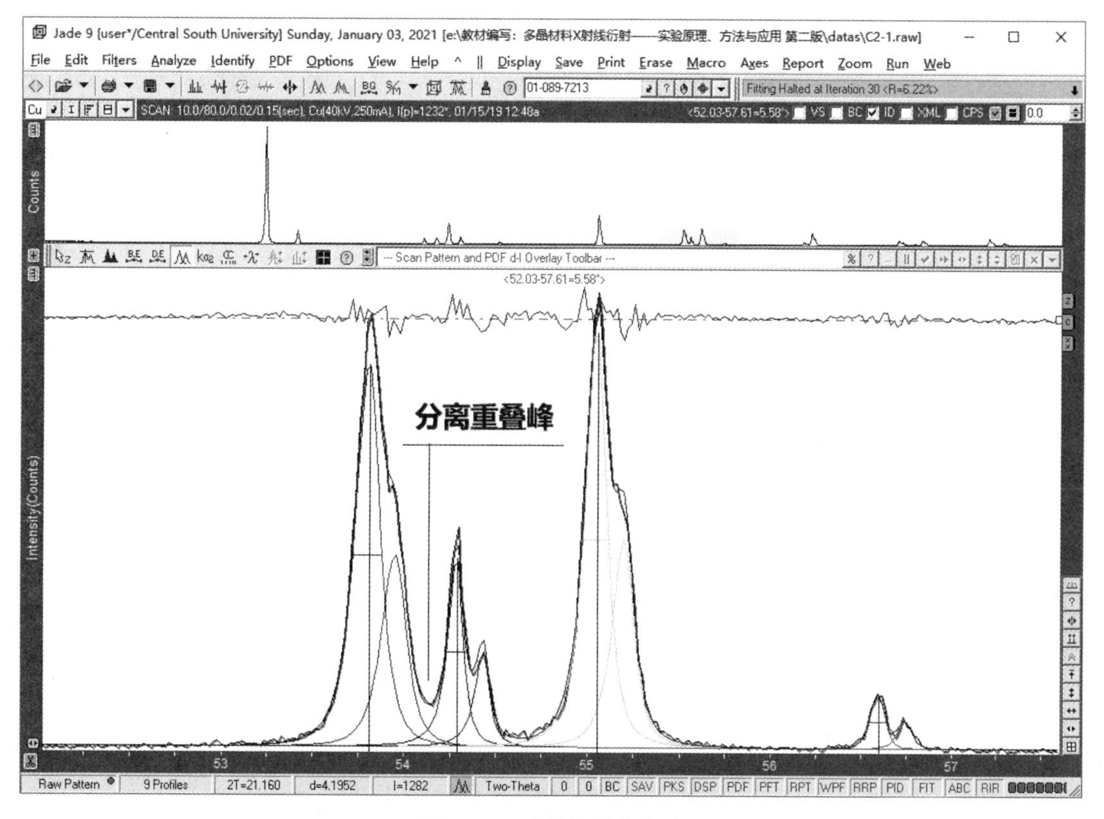


图 2-33 重叠峰分离方法

具体操作如下：

(1) 在工作窗口中放大需要拟合的衍射峰。

(2) 鼠标右击主工具栏中的拟合按钮，弹出拟合对话框。

(3) 单击编辑工具栏中的拟合按钮，该按钮被按下。

(4) 在需要拟合的峰下面单击，该峰被选中。

(5) 再次单击手动拟合按钮，所选的峰被拟合。

同样地，调整拟合参数，以使 $R$ 值最小。

### 2.7.6 分段拟合

如果图谱的背景比较复杂，峰形重叠严重，在做“全谱拟合”时，应当使用“分段拟合”的方法。

分段拟合就是对各个峰按“单峰拟合”的方法进行拟合，这样得到的实际拟合结果比不加处理的“全谱自动拟合”要好得多（图 2-34）。

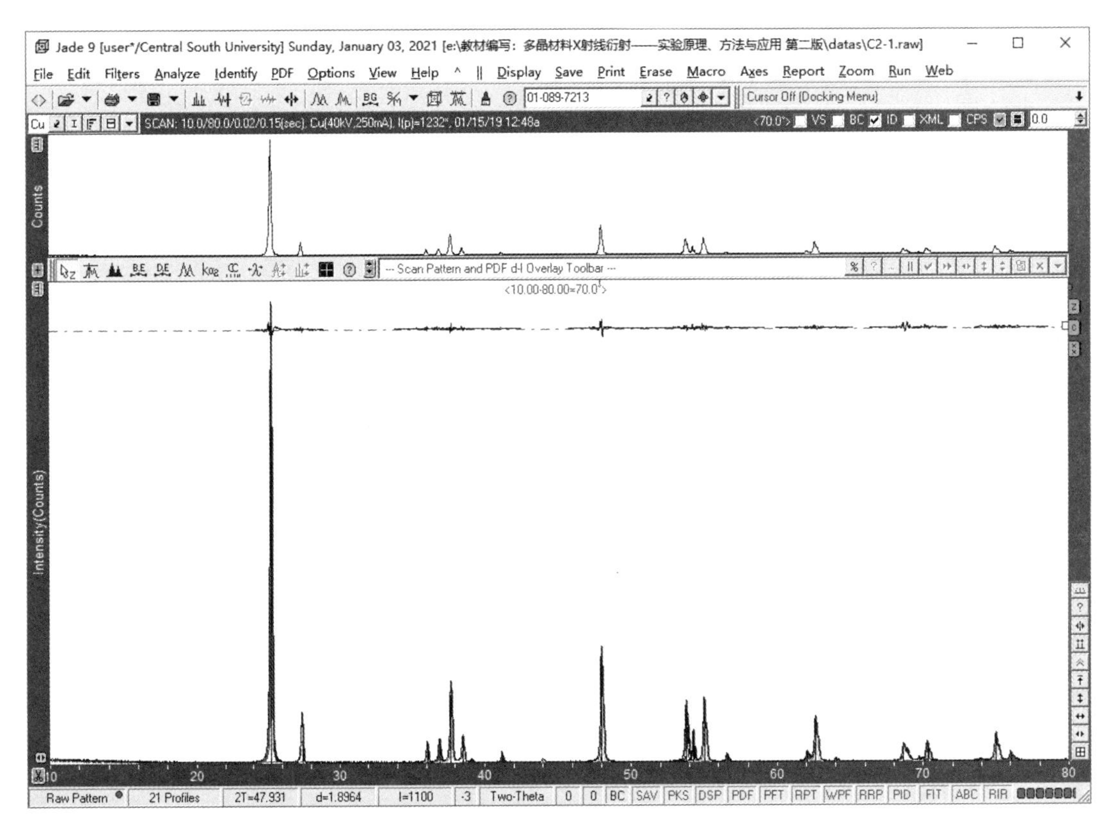


图 2-34 图谱的分段拟合

图 2-34 中由于背景线不平，而且有些角度上有严重的重叠峰出现，选择一个角度段拟合一个角度段地分段拟合（拟合仅针对于工作窗口中的图谱局部，当拟合一段时不会影响到其他已拟合好或者未拟合的段），虽然拟合背景线不平（有些段没有峰而没有拟合），但针对峰的拟合效果更好一些。

分段拟合后，还可以在工作窗口中显示整个衍射谱时，继续按下拟合按钮，再进行拟合的背景整合。

以上介绍了 Jade 的衍射峰拟合操作的各种方法，实际应用中要结合具体情况将这些方向综合地运用。

### 2.7.7 拟合报告

拟合结果在衍射峰拟合窗口的下端显示出来，如图 2-35 所示。

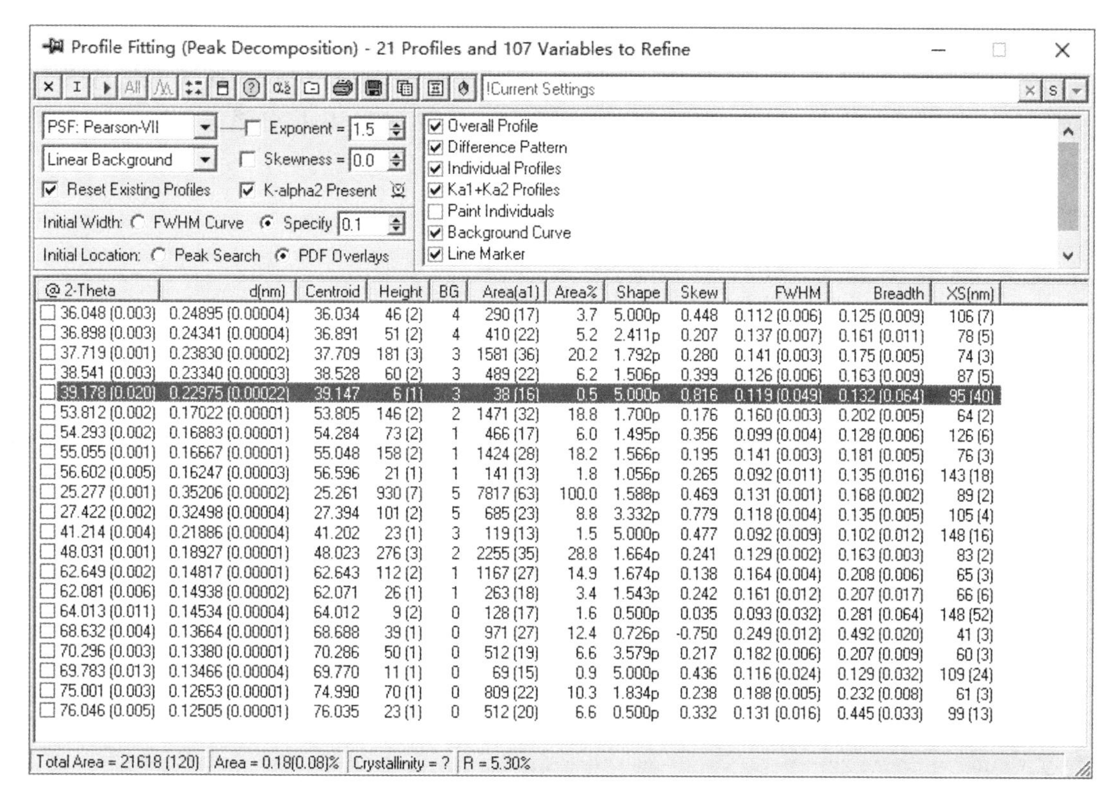


| @ 2-Theta | d(nm) | Centroid | Height | BG | Area(a1) | Area% | Shape | Skew | FWHM | Breadth | XS(nm) |
|---|---|---|---|---|---|---|---|---|---|---|---|
| 36.048 (0.003) | 0.24895 (0.00004) | 36.034 | 46 (2) | 4 | 290 (17) | 3.7 | 5.000p | 0.448 | 0.112 (0.006) | 0.125 (0.009) | 106 (7) |
| 36.898 (0.003) | 0.24341 (0.00004) | 36.891 | 51 (2) | 4 | 410 (22) | 5.2 | 2.411p | 0.207 | 0.137 (0.007) | 0.161 (0.011) | 78 (5) |
| 37.719 (0.001) | 0.23830 (0.00002) | 37.709 | 181 (3) | 3 | 1581 (36) | 20.2 | 1.792p | 0.280 | 0.141 (0.003) | 0.175 (0.005) | 74 (3) |
| 38.541 (0.003) | 0.23340 (0.00003) | 38.528 | 60 (2) | 3 | 489 (22) | 6.2 | 1.506p | 0.399 | 0.126 (0.006) | 0.163 (0.009) | 87 (5) |
| 39.178 (0.020) | 0.22975 (0.00022) | 39.147 | 6 (1) | 3 | 38 (16) | 0.5 | 5.000p | 0.816 | 0.119 (0.049) | 0.132 (0.064) | 95 (40) |
| 53.812 (0.002) | 0.17022 (0.00001) | 53.805 | 146 (2) | 2 | 1471 (32) | 18.8 | 1.700p | 0.176 | 0.160 (0.003) | 0.202 (0.005) | 64 (2) |
| 54.293 (0.002) | 0.16883 (0.00001) | 54.284 | 73 (2) | 1 | 466 (17) | 6.0 | 1.495p | 0.356 | 0.099 (0.004) | 0.128 (0.006) | 126 (6) |
| 55.055 (0.001) | 0.16667 (0.00001) | 55.048 | 158 (2) | 1 | 1424 (28) | 18.2 | 1.566p | 0.195 | 0.141 (0.003) | 0.181 (0.005) | 76 (3) |
| 56.602 (0.005) | 0.16247 (0.00003) | 56.596 | 21 (1) | 1 | 141 (13) | 1.8 | 1.056p | 0.265 | 0.092 (0.011) | 0.135 (0.016) | 143 (18) |
| 25.277 (0.001) | 0.35206 (0.00002) | 25.261 | 930 (7) | 5 | 7817 (63) | 100.0 | 1.588p | 0.469 | 0.131 (0.001) | 0.168 (0.002) | 89 (2) |
| 27.422 (0.002) | 0.32498 (0.00004) | 27.394 | 101 (2) | 5 | 685 (23) | 8.8 | 3.332p | 0.779 | 0.118 (0.004) | 0.135 (0.005) | 105 (4) |
| 41.214 (0.004) | 0.21886 (0.00004) | 41.202 | 23 (1) | 3 | 119 (13) | 1.5 | 5.000p | 0.477 | 0.092 (0.009) | 0.102 (0.012) | 148 (16) |
| 48.031 (0.001) | 0.18927 (0.00001) | 48.023 | 276 (3) | 2 | 2255 (35) | 28.8 | 1.664p | 0.241 | 0.129 (0.002) | 0.163 (0.003) | 83 (2) |
| 62.649 (0.002) | 0.14817 (0.00001) | 62.643 | 112 (2) | 1 | 1167 (27) | 14.9 | 1.674p | 0.138 | 0.164 (0.004) | 0.208 (0.006) | 65 (3) |
| 62.081 (0.006) | 0.14938 (0.00002) | 62.071 | 26 (1) | 1 | 263 (18) | 3.4 | 1.543p | 0.242 | 0.161 (0.012) | 0.207 (0.017) | 66 (6) |
| 64.013 (0.011) | 0.14534 (0.00004) | 64.012 | 9 (2) | 0 | 128 (17) | 1.6 | 0.500p | 0.035 | 0.093 (0.032) | 0.281 (0.064) | 148 (52) |
| 68.632 (0.004) | 0.13664 (0.00001) | 68.688 | 39 (1) | 0 | 971 (27) | 12.4 | 0.726p | -0.750 | 0.249 (0.012) | 0.492 (0.020) | 41 (3) |
| 70.296 (0.003) | 0.13380 (0.00001) | 70.286 | 50 (1) | 0 | 512 (19) | 6.6 | 3.579p | 0.217 | 0.182 (0.006) | 0.207 (0.009) | 60 (3) |
| 69.783 (0.013) | 0.13466 (0.00004) | 69.770 | 11 (1) | 0 | 69 (15) | 0.9 | 5.000p | 0.436 | 0.116 (0.024) | 0.129 (0.032) | 109 (24) |
| 75.001 (0.003) | 0.12653 (0.00001) | 74.990 | 70 (1) | 0 | 809 (22) | 10.3 | 1.834p | 0.238 | 0.188 (0.005) | 0.232 (0.008) | 61 (3) |
| 76.046 (0.005) | 0.12505 (0.00001) | 76.035 | 23 (1) | 0 | 512 (20) | 6.6 | 0.500p | 0.332 | 0.131 (0.016) | 0.445 (0.033) | 99 (13) |

图 2-35 衍射峰拟合报告显示

拟合报告对话框包括以下内容。

（1）命令按钮：

，，：这组命令按钮用于打印、保存和复制拟合报告。

，：这两个按钮用于从图谱中剔除 $K_{\alpha2}$ 和保存拟合数据，拟合数据文件的扩展名为 DIF。该数据文件中包含原始数据、背景强度、拟合误差和每一个衍射峰的计算数据。

I，▶：初始化和重新拟合命令。

All：拟合所有衍射峰。该命令自动寻峰并拟合工作窗口中所有的衍射峰。但是，经常会将背景强度当作衍射峰来拟合。

：拟合所有衍射谱。已经对当前衍射谱完成了拟合以后，这个按钮用于对工作窗口中显示的所有衍射谱进行拟合。它只用于多谱拟合。

：删除拟合报告中指定的行。

：弹出“晶粒尺寸-微观应变”窗口。

：显示拟合参数。

（2）衍射峰数据列表：

衍射峰数据以表格形式显示出来，从左到右包括每一个拟合峰的衍射角（2-Theta）、$d$值（nm）、重心（Centroid）、高度、积分强度（Area），归一化积分强度（Area%）、峰形参数（Shape）、对称性参数（Skew，称为歪斜因子）、半高宽度（FWHM单位为度）、劳埃积分宽度（Breadth）、垂直于衍射面方向的晶块厚度（XS，nm）。

（3）精修变量：按下图2-35中的[按钮图标]按钮，窗口显示如图2-36所示。

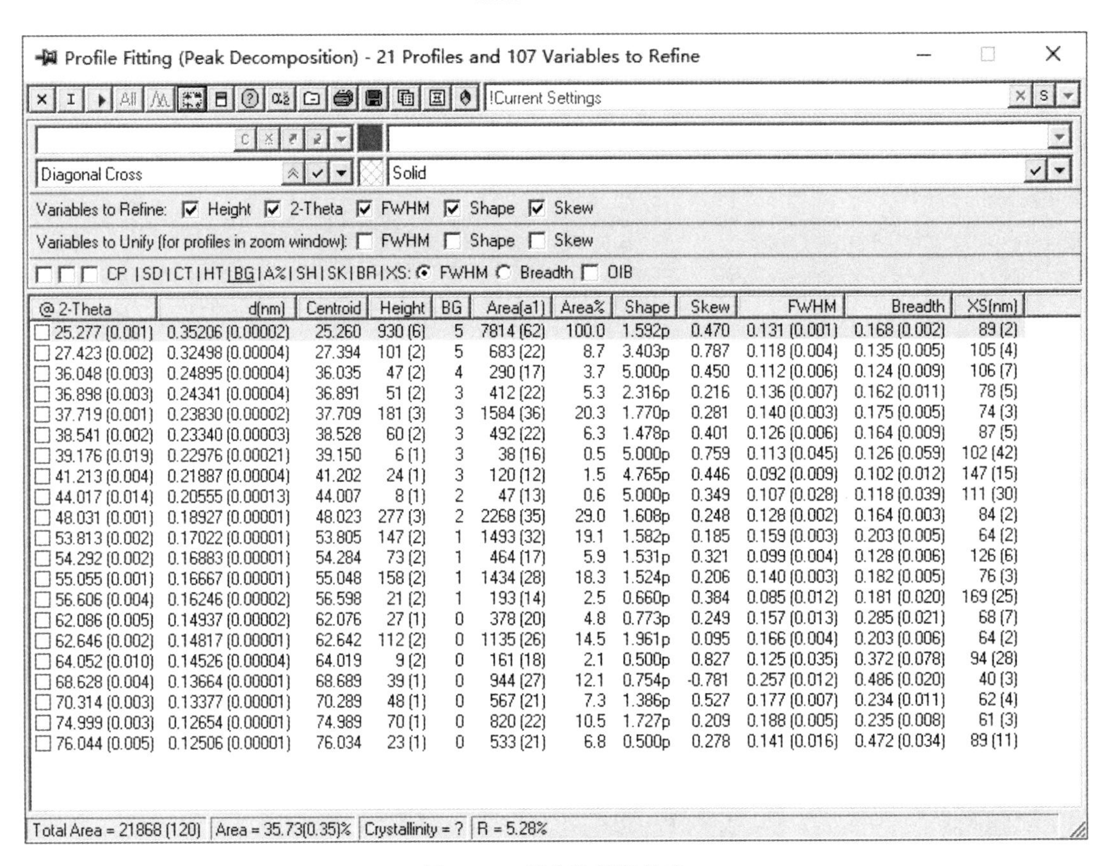


| @ 2-Theta | d(nm) | Centroid | Height | BG | Area(a1) | Area% | Shape | Skew | FWHM | Breadth | XS(nm) |
|---|---|---|---|---|---|---|---|---|---|---|---|
| 25.277 (0.001) | 0.35206 (0.00002) | 25.260 | 930 (6) | 5 | 7814 (62) | 100.0 | 1.592p | 0.470 | 0.131 (0.001) | 0.168 (0.002) | 89 (2) |
| 27.423 (0.002) | 0.32498 (0.00004) | 27.394 | 101 (2) | 5 | 683 (22) | 8.7 | 3.403p | 0.787 | 0.118 (0.004) | 0.135 (0.005) | 105 (4) |
| 36.048 (0.003) | 0.24895 (0.00004) | 36.035 | 47 (2) | 4 | 290 (17) | 3.7 | 5.000p | 0.450 | 0.112 (0.006) | 0.124 (0.009) | 106 (7) |
| 36.898 (0.003) | 0.24341 (0.00004) | 36.891 | 51 (2) | 3 | 412 (22) | 5.3 | 2.316p | 0.216 | 0.136 (0.007) | 0.162 (0.011) | 78 (5) |
| 37.719 (0.001) | 0.23830 (0.00002) | 37.709 | 181 (3) | 3 | 1584 (36) | 20.3 | 1.770p | 0.281 | 0.140 (0.003) | 0.175 (0.005) | 74 (3) |
| 38.541 (0.002) | 0.23340 (0.00003) | 38.528 | 60 (2) | 3 | 492 (22) | 6.3 | 1.478p | 0.401 | 0.126 (0.006) | 0.164 (0.009) | 87 (5) |
| 39.176 (0.019) | 0.22976 (0.00021) | 39.150 | 6 (1) | 3 | 38 (16) | 0.5 | 5.000p | 0.759 | 0.113 (0.045) | 0.126 (0.059) | 102 (42) |
| 41.213 (0.004) | 0.21887 (0.00004) | 41.202 | 24 (1) | 3 | 120 (12) | 1.5 | 4.765p | 0.446 | 0.092 (0.009) | 0.102 (0.012) | 147 (15) |
| 44.017 (0.014) | 0.20555 (0.00013) | 44.007 | 8 (1) | 2 | 47 (13) | 0.6 | 5.000p | 0.349 | 0.107 (0.028) | 0.118 (0.039) | 111 (30) |
| 48.031 (0.001) | 0.18927 (0.00001) | 48.023 | 277 (3) | 2 | 2268 (35) | 29.0 | 1.608p | 0.248 | 0.128 (0.002) | 0.164 (0.003) | 84 (2) |
| 53.813 (0.002) | 0.17022 (0.00001) | 53.805 | 147 (2) | 1 | 1493 (32) | 19.1 | 1.582p | 0.185 | 0.159 (0.003) | 0.203 (0.005) | 64 (2) |
| 54.292 (0.002) | 0.16883 (0.00001) | 54.284 | 73 (2) | 1 | 464 (17) | 5.9 | 1.531p | 0.321 | 0.099 (0.004) | 0.128 (0.006) | 126 (6) |
| 55.055 (0.001) | 0.16667 (0.00001) | 55.048 | 158 (2) | 1 | 1434 (28) | 18.3 | 1.524p | 0.206 | 0.140 (0.003) | 0.182 (0.005) | 76 (3) |
| 56.606 (0.004) | 0.16246 (0.00002) | 56.598 | 21 (2) | 1 | 193 (14) | 2.5 | 0.660p | 0.384 | 0.085 (0.012) | 0.181 (0.020) | 169 (25) |
| 62.086 (0.005) | 0.14937 (0.00002) | 62.076 | 27 (1) | 0 | 378 (20) | 4.8 | 0.773p | 0.249 | 0.157 (0.013) | 0.285 (0.021) | 68 (7) |
| 62.646 (0.002) | 0.14817 (0.00001) | 62.642 | 112 (2) | 0 | 1135 (26) | 14.5 | 1.961p | 0.095 | 0.166 (0.004) | 0.203 (0.006) | 64 (2) |
| 64.052 (0.010) | 0.14526 (0.00004) | 64.019 | 9 (2) | 0 | 161 (18) | 2.1 | 0.500p | 0.827 | 0.125 (0.035) | 0.372 (0.078) | 94 (28) |
| 68.628 (0.004) | 0.13664 (0.00001) | 68.689 | 39 (1) | 0 | 944 (27) | 12.1 | 0.754p | -0.781 | 0.257 (0.012) | 0.486 (0.020) | 40 (3) |
| 70.314 (0.003) | 0.13377 (0.00001) | 70.289 | 48 (1) | 0 | 567 (21) | 7.3 | 1.386p | 0.527 | 0.177 (0.007) | 0.234 (0.011) | 62 (4) |
| 74.999 (0.003) | 0.12654 (0.00001) | 74.989 | 70 (1) | 0 | 820 (22) | 10.5 | 1.727p | 0.209 | 0.188 (0.005) | 0.235 (0.008) | 61 (3) |
| 76.044 (0.005) | 0.12506 (0.00001) | 76.034 | 23 (1) | 0 | 533 (21) | 6.8 | 0.500p | 0.278 | 0.141 (0.016) | 0.472 (0.034) | 89 (11) |

图2-36 拟合数据的输出

从图2-36可以看出，拟合实际上就是通过修正五个变量来使计算衍射峰与实测衍射峰逐步吻合。这五个变量分别是Height（衍射峰高度），2-Theta（衍射角），FWHM（半高宽），Shape（峰形因子，即拟合函数中Gaussian和Lorentzian函数的比例），Skew（歪斜因子，即衍射峰左右侧强度变化的快慢或衍射峰左右两侧的陡峭程度）。

若需要将某个衍射峰的某个变量固定不修正，可以在拟合数据列表中指定对应的行，然后单击该变量，取消其修正。

（4）强制约束参数Unify Variables：如果在Unify Variables下的FWHM、Shape、Skew前加对号，表示该参数强制约束，即限制所有被拟合的峰的某个值（FWHM、Shape、Skew）相同。

操作视频 9

# 2.8 打印预览

## 2.8.1 安装打印机

如果电脑没有安装打印机驱动程序，那么，主窗口中的打印机图标是灰色的，不可打印或打印预览。安装方法是：退出 Jade，打开“我的电脑→控制面板”，然后在电脑上安装一个打印机驱动程序，并且将其设为默认打印机。

Jade 使用 Windows 默认打印机输出结果。如果电脑上没有安装打印机，只需要选择一个合适的带图形打印功能的打印机驱动程序安装就可以。这种驱动程序 Windows 系统自带了很多，选择其中任意一款都是可以的。作者建议安装一个 PDF 打印机。这是因为在输出结果时，可以将结果输出成一个 PDF 文档。在以后的工作中可能会用到。

## 2.8.2 打印预览窗口

打印预览窗口的相关操作如下。

（1）进入打印预览窗口：

主工具栏工具：左键：直接打印窗口中的视图；右键：出现如图 2-37 所示的打印预览窗口（data001. raw 文件经物相检索完成后的结果）。

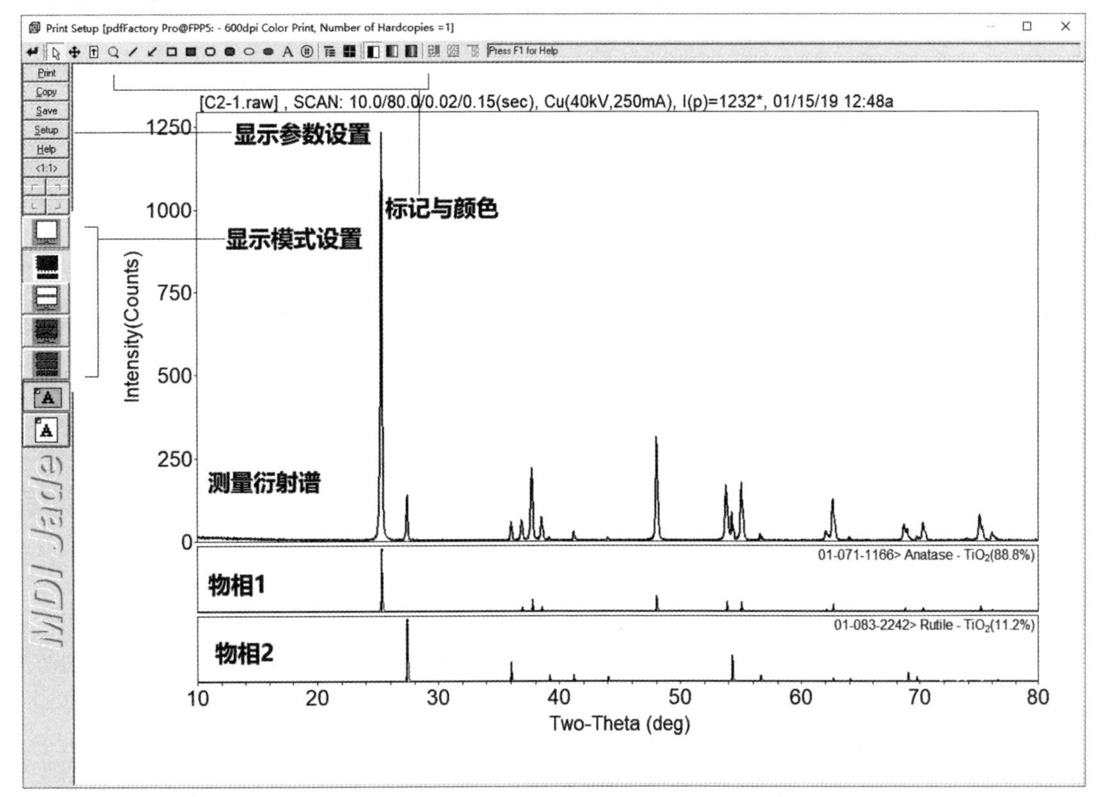


图 2-37 打印预览窗口

（2）图片输出按钮：左边竖列的一排按钮有以下功能。

Print：打印图谱到 Windows 默认打印机上。

Copy：以矢量图（Wmf）或位图（bmp）格式复制到剪贴板，这是直接将图片复制到 Word 的方式。其中矢量图比 bmp 图更清晰一些。

Save：以 bmp、jpg、Wmf 方式保存当前窗口的视图。其中，Wmf 格式的图片文件为矢量图，在将图片插入 Word 文档时，建议使用该格式。

Setup：设置打印和显示方式以及内容。

（3）显示布局按钮：接下来的 4 个方块图标功能是改变显示布局。

：测量图谱和 PDF 卡片线列表在同一框图中显示。

：测量图谱和 PDF 卡片线列表在上下两个框图中显示。

，：测量谱图分段显示。

图 2-37 中选择了第二种显示布局，即图的上部为测量图谱，下面为检索出的物相图谱。

（4）图谱编辑按钮：在窗口的顶部有一排按钮，用于在图片上添加、删除和编辑符号、文字，以及放大/缩小图片和图片颜色调整。

：通过鼠标拖动可将当前的图框拖动位置或改变大小。

，：垂直放大和局部放大。

垂直放大：选择窗口左上角左起第二个按钮，然后，在需要垂直放大的局部向上拉伸，局部被垂直放大，放大后显示放大倍数。

局部放大：选择放大镜按钮，然后按 Ctrl 键，选择要放大的局部，再在适当的空白位置画出放大框，局部被放大填充到此放大框，如图 2-38 所示。

文字添加：选择“A”按钮，可在图片上任意位置书写文字。注意：Jade 不支持汉字（包括中文单位符号，如℃）显示，只能显示英文字符。

数字序号添加：选择“#”按钮，可在任意位置点击，序号从 1 开始排列。

显示颜色，，：有三种不同的显示颜色选择，作为一般图片保存时，可选择多色显示。如果是需要插入论文中，最好选择黑白显示更加清晰。

### 2.8.3 布局设置

进入打印预览窗口后，按下 Setup 按钮，可设置图谱显示的各种参数。参数设置较多，包括图片大小、字体等。这个对话框共有以下 4 个页面。

（1）General：General 页面的显示如图 2-39 所示。

1）一般设置：“Hide Sizing Ruler”，隐藏标尺；否则在窗口顶端显示一个标尺。

2）矢量图大小设置：当设置“Vector Image Export（WMF）Image Width×Height = 20×15”时，矢量图的尺寸如图 2-40 所示。

（2）Layout：Layout 的设置如图 2-41 所示。

1）Generate Profile on d-I Lines：将 PDF 图谱（$d$-$I$ Lines）显示成峰形，否则显示成竖线。

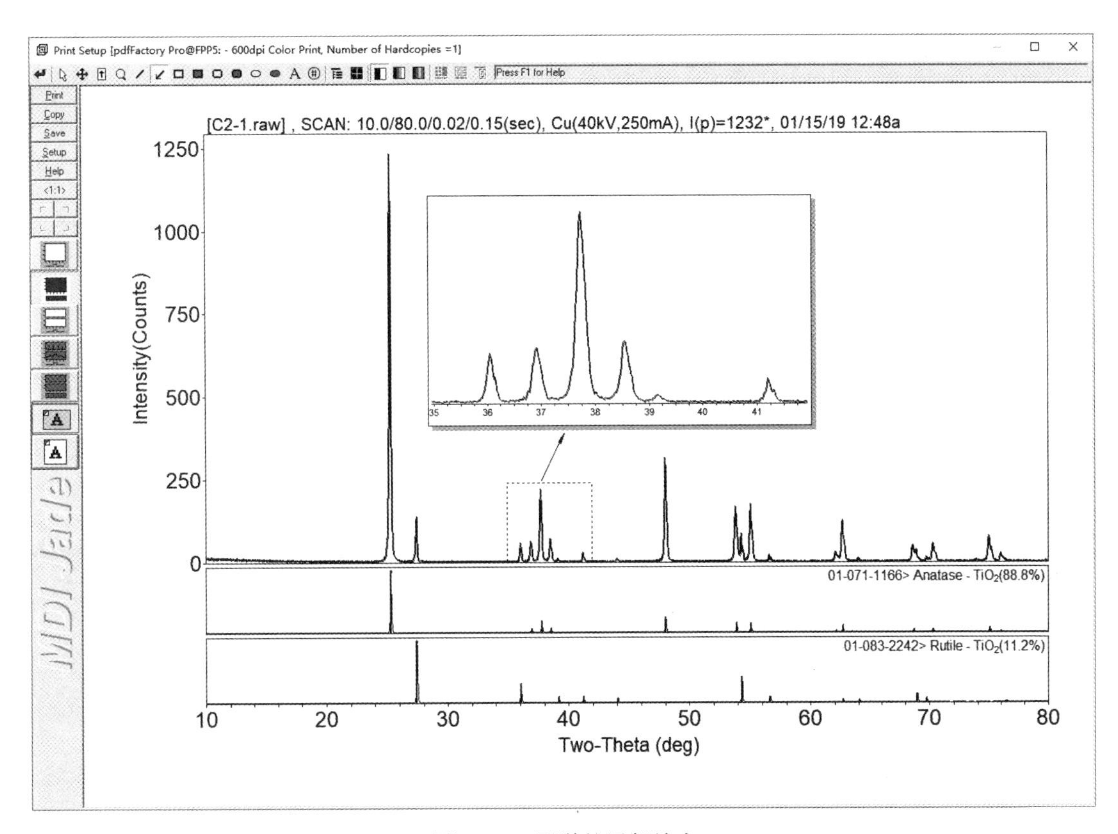


图 2-38 图谱的局部放大

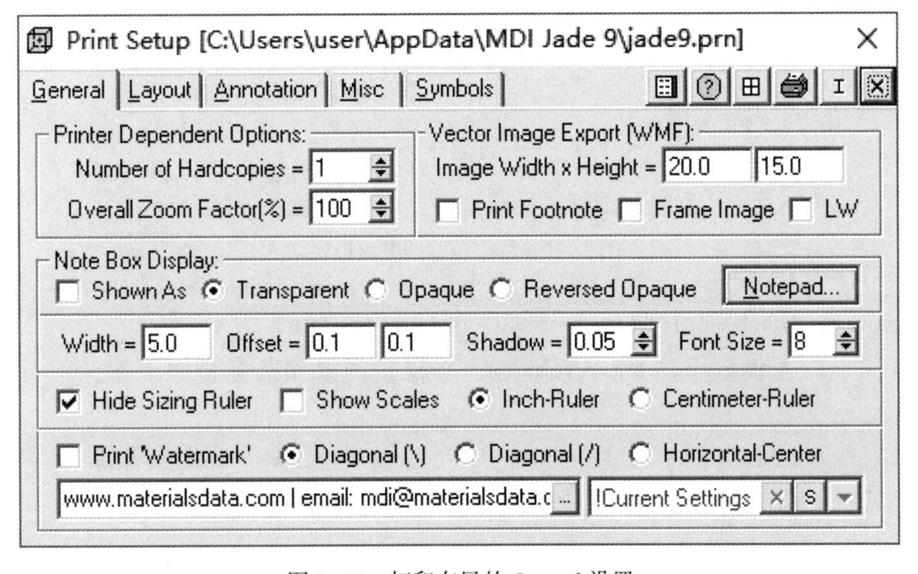


图 2-39 打印布局的 General 设置

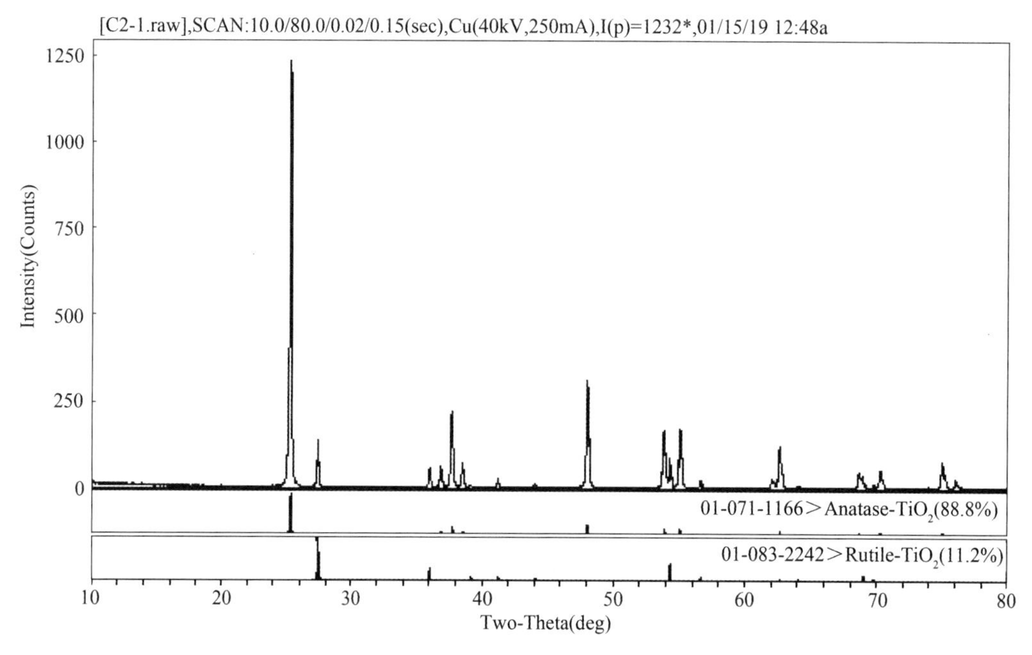


图 2-40　矢量图尺寸设置

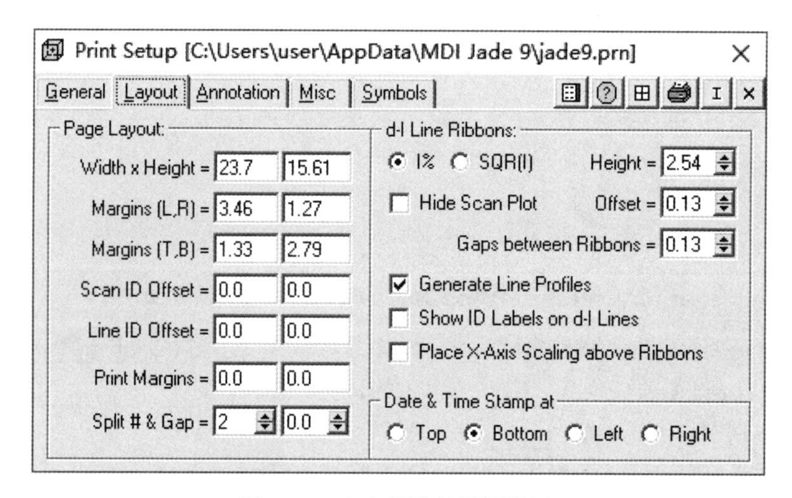


图 2-41　打印预览的图层设置

2）Show ID Labels on d-I Lines：显示“d-I Lines”标记。

3）Place X-Axis Scaling above Ribbons：将横坐标放到测量谱图下面，否则放在最下面。

4）Height=2.54，Offset=0.13：这是“d-I Lines”框的显示高度和间隔。

如果只想显示 PDF 标准图谱，可以选中“Hide Scan Plot”，则测量谱图不被显示出来。

（3）Annotation：Annotation 的设置窗口如图 2-42 所示，这里设置可显示的项目。一般设置显示项目包括：File & Scan ID（样品名称，这是在测量数据时输入的），File Name

（文件名），Scan Range（扫描范围），PDF Number（样品包含物相的 PDF#），Phase Content（物相的质量分数），X-Axis，Y-Axis，X-Axis Caption，Y-Axis Caption（X，Y 轴及轴标题）。而有些项目，如仪器 ID，文件夹名称没有必要显示。

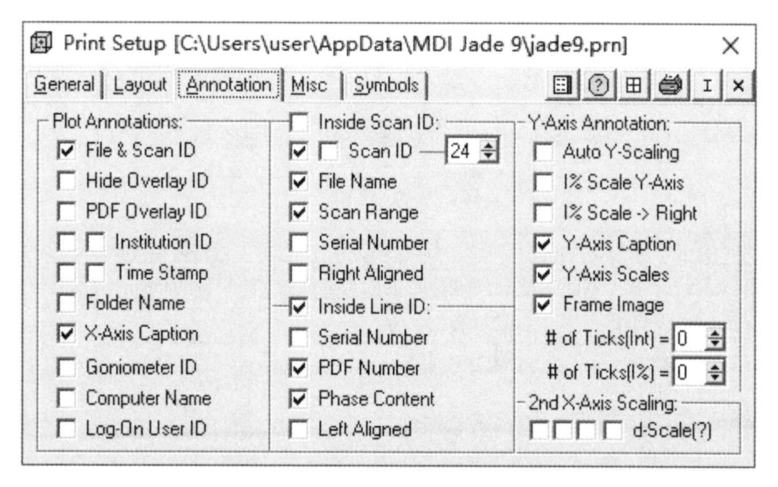


图 2-42　打印预览的显示项目设置

（4）Misc：Misc 页的显示如图 2-43 所示。在这里主要设置字体大小、各种标记的显示位置以及绘图线的宽度等。

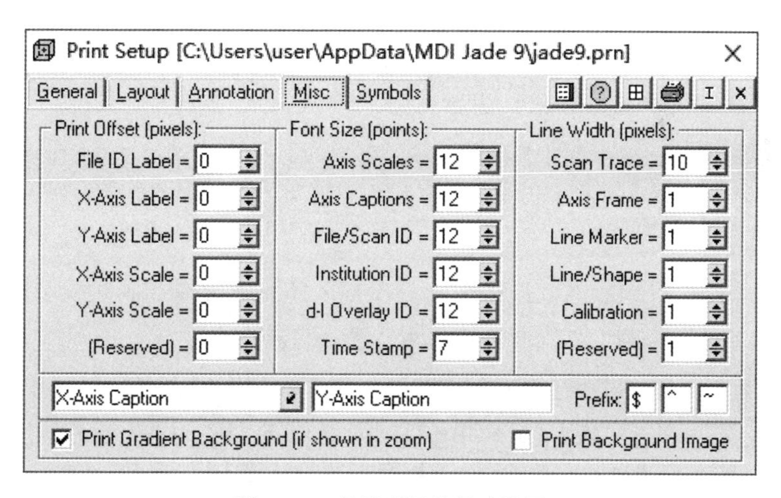


图 2-43　显示项目的尺寸设置

一般来说，需要加大字体，以便将图片放入 Word 文档并被缩小时不至于看不清坐标和标记。

“Print Offset”：File ID Label（文件 ID）建议用负偏值，表示离开边框多一点，到 Word 中便于剪裁。

（5）其他设置：除以上 4 项设置外，可以设置要在打印预览中显示的符号，以及完成打印预览的颜色管理等。

# 2.9 多谱操作

操作视频 10

## 2.9.1 多谱读入

Jade 允许在窗口中同时显示多个图谱，这样便于同系列样品的结果比较。

打开文件：鼠标左键点击，打开如图 2-44 所示的文件读入对话框。

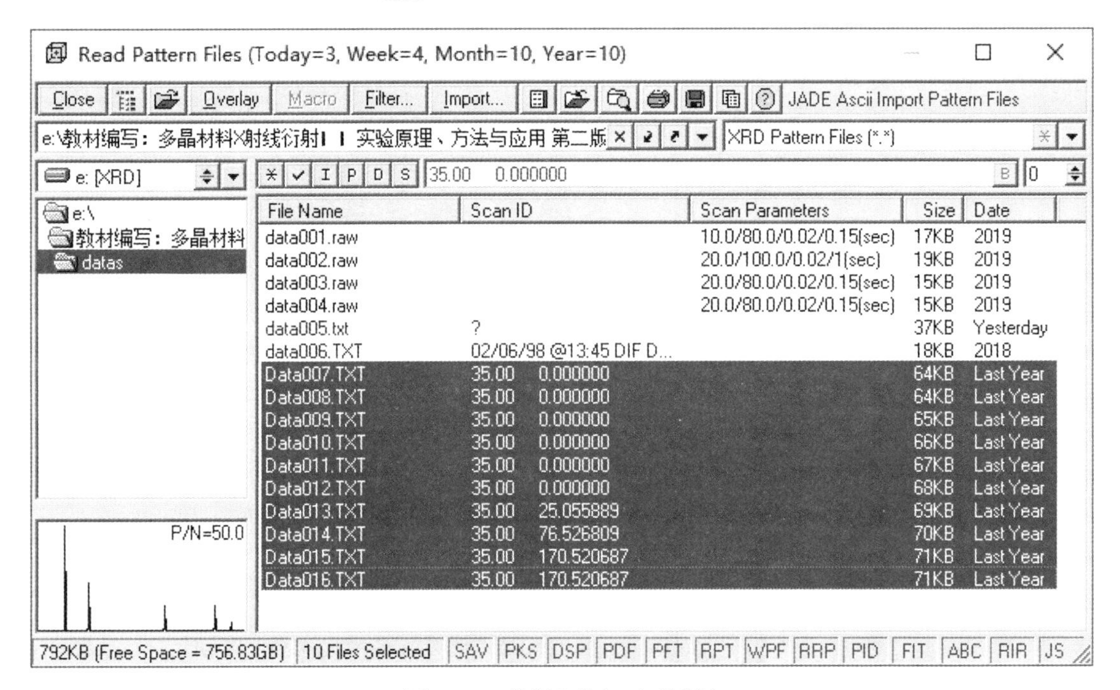

图 2-44 数据文件打开对话框

（1）一次读入多个文件：按住 Shift 或 Ctrl 有选择性地选择要同时显示的文件，然后再单击按钮，被选中的文件同时在窗口中重叠地显示出来。

（2）文件添加：若窗口中已经有图谱显示，需要添加图谱到窗口中，可以选择一个或几个要添加的文件，然后，单击 Overlay 按钮，有选择性、有顺序地添加图谱。

## 2.9.2 多谱操作

图 2-45 中所示的“Data007.TXT ~ Data016.TXT”文件是一组铜样品衍射谱，它们由于具有不同晶粒尺寸而使衍射峰具有不同的宽度。当选择它们并一起读入后，窗口显示如图 2-45 所示。

此处一共读入了 10 个图谱。此时，可以使用多谱操作命令对多个图谱进行整体操作或独立处理某个图谱。

（1）：等间距分隔按钮，这个按钮位于窗口右下角。左键：增加间隔，右键：减小间隔。每点击一次，分离度改变。

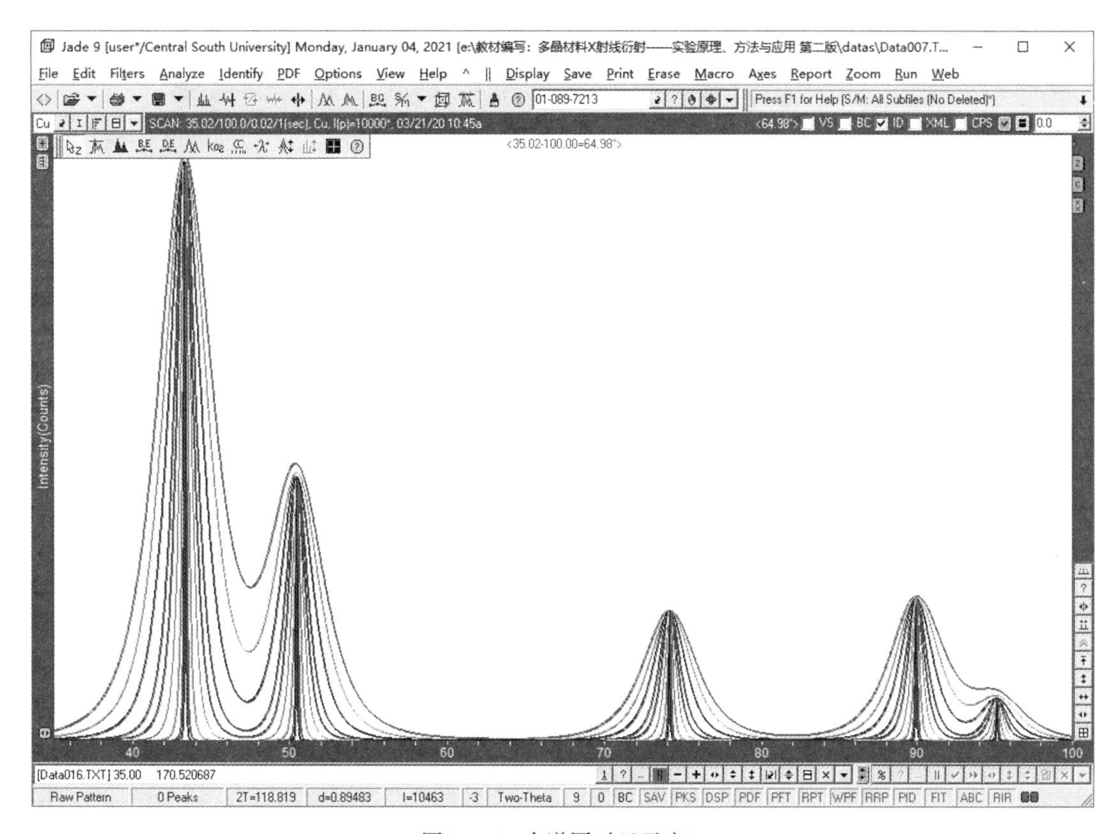


图 2-45 多谱同时显示窗口

（2）：手动间隔调整。当工作窗口中有两个以上图谱同时被显示时，悬挂式编辑工具栏中的变成可操作。单击该按钮，该按钮被按下。可以使用鼠标对其中一个图谱在纵向上任意拖拽；如果同时按下“Shift”，则可以横向拖动图谱。

（3）：多谱操作工具栏。当多个图谱显示在窗口中时，在窗口中出现一组新的按钮。利用它们可以完成调整图谱的相对位置、高度、左右位置、颜色设置等一应功能。其中：

1）：从当前窗口中移除掉当前激活图谱。

2）：将指定图谱激活。有些操作只针对多个图谱中的“激活图谱”进行，如物相定性分析、扣背景等操作只针对于激活图谱。利用这个按钮将鼠标所指定的图谱进行激活。

3），，：针对于当前激活图谱进行水平移动、高度调整和纵向移动。

4）：选择激活图谱。

单击工具栏中的数字（若同时显示的图谱较少时，用数字显示图谱数量），打开图谱列表框（图 2-46），若选定一个文件，然后点击“Offset%”，输入数值，图谱之间都以纵向 10%的间隔错开显示。

在图 2-46 中点击“2T（0）”，对不同的 ID 选择不同的 2$\theta$ 偏移量，图谱按设置的偏移量在水平方向上错开显示。其显示结果如图 2-47 所示。

Scan Overlay List (drag to shuffle, click on its column header to edit a number)

| Scan ID (9 Overl... | | File ID | Scan Parameters | Offset% | 2T(0) | Scaling |
|---|---|---|---|---|---|---|
| 35.00 | 0.000000 | Data008.TXT | 35.02/100.0/0.02/1(sec), Cu, I(p)=10000*, 03/21/20 10:45a | 10.0 | 0.0 | 1.0 |
| 35.00 | 0.000000 | Data009.TXT | 35.02/100.0/0.02/1(sec), Cu, I(p)=10000*, 03/21/20 10:45a | 20.0 | 0.0 | 1.0 |
| 35.00 | 0.000000 | Data010.TXT | 35.02/100.0/0.02/1(sec), Cu, I(p)=10000*, 03/21/20 10:46a | 30.0 | 0.0 | 1.0 |
| 35.00 | 0.000000 | Data011.TXT | 35.02/100.0/0.02/1(sec), Cu, I(p)=10000*, 03/21/20 10:46a | 40.0 | 0.0 | 1.0 |
| 35.00 | 0.000000 | Data012.TXT | 35.02/100.0/0.02/1(sec), Cu, I(p)=10004*, 03/21/20 10:46a | 50.0 | 0.0 | 1.0 |
| 35.00 | 25.055889 | Data013.TXT | 35.02/100.0/0.02/1(sec), Cu, I(p)=10020*, 03/21/20 10:46a | 60.0 | 0.0 | 1.0 |
| 35.00 | 76.526809 | Data014.TXT | 35.02/100.0/0.02/1(sec), Cu, I(p)=10057*, 03/21/20 10:46a | 70.0 | 0.0 | 1.0 |
| 35.00 | 170.520... | Data016.TXT | 35.02/100.0/0.02/1(sec), Cu, I(p)=10125*, 03/21/20 10:47a | 80.0 | 0.0 | 1.0 |
| 2 | | Data015.TXT | 35.02/100.0/0.02/1(sec), Cu, I(p)=10125*, 03/21/20 10:47a | 90.0 | 0.0 | 1.0 |

图 2-46 图谱间的 Offset 设置

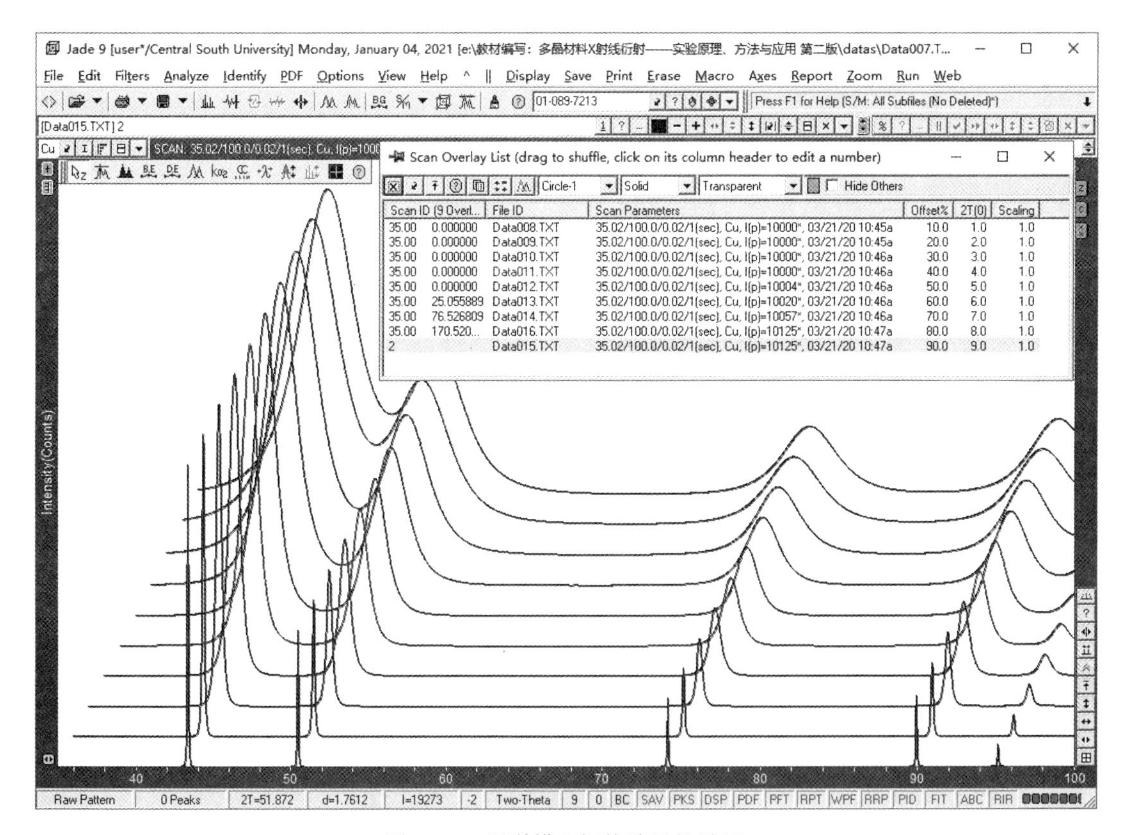


图 2-47 图谱横坐标偏移量的设置

### 2.9.3 多谱比较

多谱比较包括相似度定量和峰位对比。

（1）相似度定量：

[−]，[+]：多谱工具栏中的两个相似度定量按钮，隐藏或显示被激活图谱（鼠标所选的图谱）与激活图谱的和或差图谱（图 2-48）。

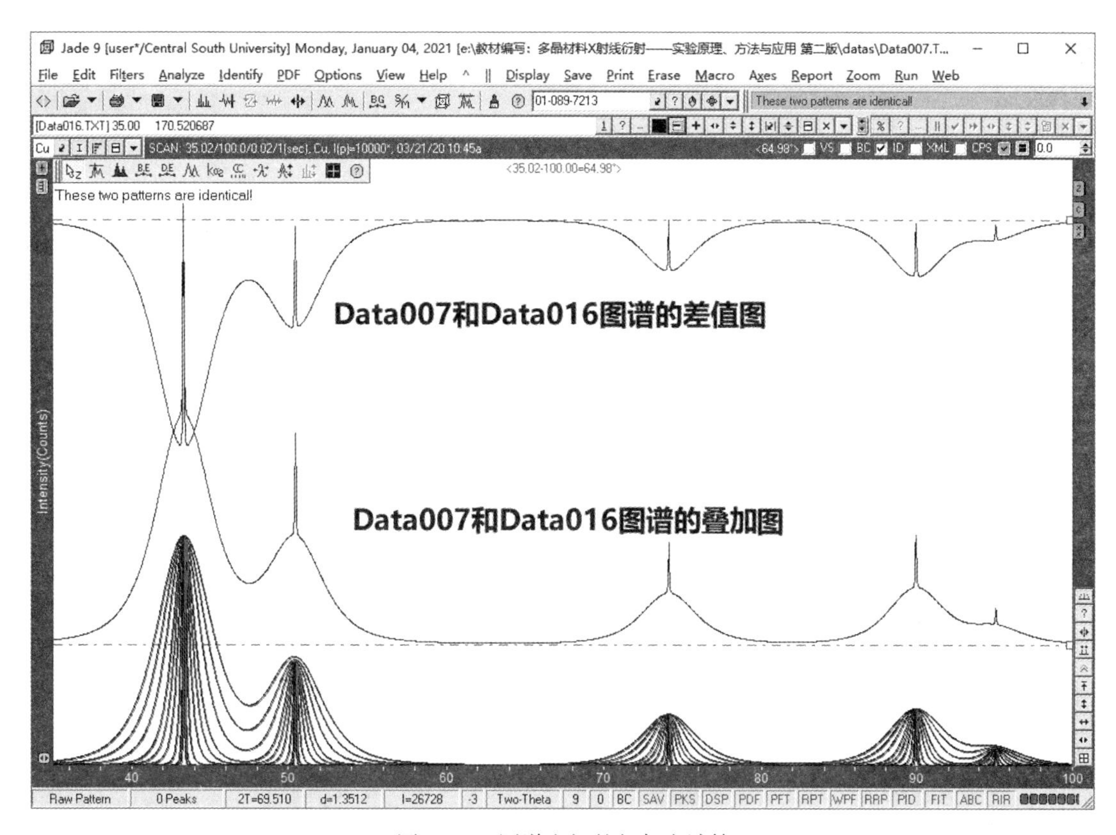


图 2-48 图谱之间的相似度计算

设计吻合因子 $R=100\%\times\sqrt{\sum[I(p)-I(o)]^2/I(p)}/\sum I(p)$，并显示在主窗口右上角状态栏中。而括号中的值为期望值 $E=100\%\times\sqrt{N/\sum I(p)}$。式中，$I(p)$ 和 $I(o)$ 为两个图谱中 $2\theta$ 位置处的衍射强度，$N$ 为数据点数，求和遍及整个衍射谱。可以在质量评价中使用 $R$ 值作为两个图谱的相似程度的定量表示。

当鼠标右键单击多谱操作按钮组时，屏幕上显示出 Similarity-index（相似度指数），用于比较两个图谱的相似度。

（2）峰位对比：当工作窗口中显示多个图谱（Data007. TXT 和 Data016. TXT）时，寻峰操作仅对活动图谱进行。当在主窗口中打开寻峰窗口时，显示图 2-49 中（a）对活动图谱寻峰窗口。此时，对话框中的按钮可用，单击该按钮，则对工作窗口中所有图谱进行寻峰操作。显示图 2-49 中（b）所示的对全部图谱寻峰的结果。

在对全部图谱寻峰的报告中多出一列“#”，表示该峰来自于第几个样品。

## 2.9.4 多谱显示与打印

多谱图可采用普通的显示或打印方式。如果同时显示的谱线数大于 2，还可以采用 3D 显示方式。

选择菜单命令“View-Overlays in 3D”，出现 3D 显示窗口，可以按需要设置各种显示

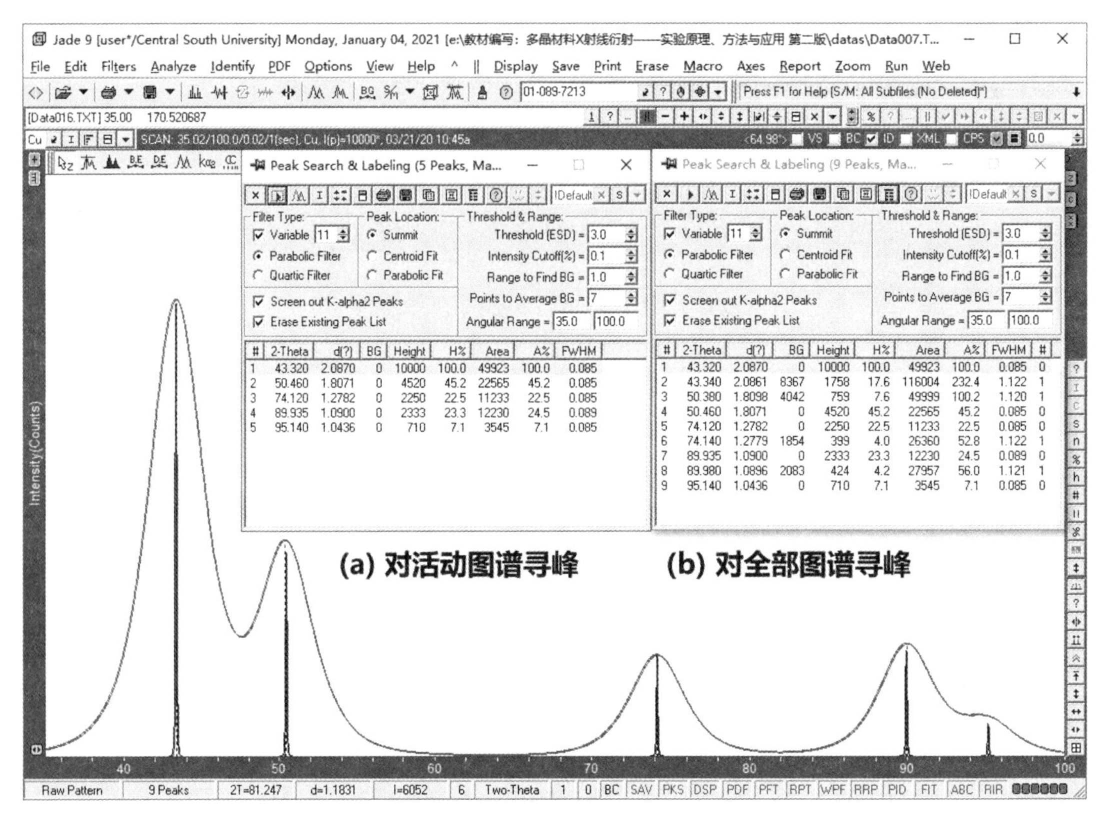


图 2-49 多谱操作的寻峰报表

参数，如前景色、背景色、墙体色等。

3D 图谱可以保存、复制或打印，如图 2-50 所示。

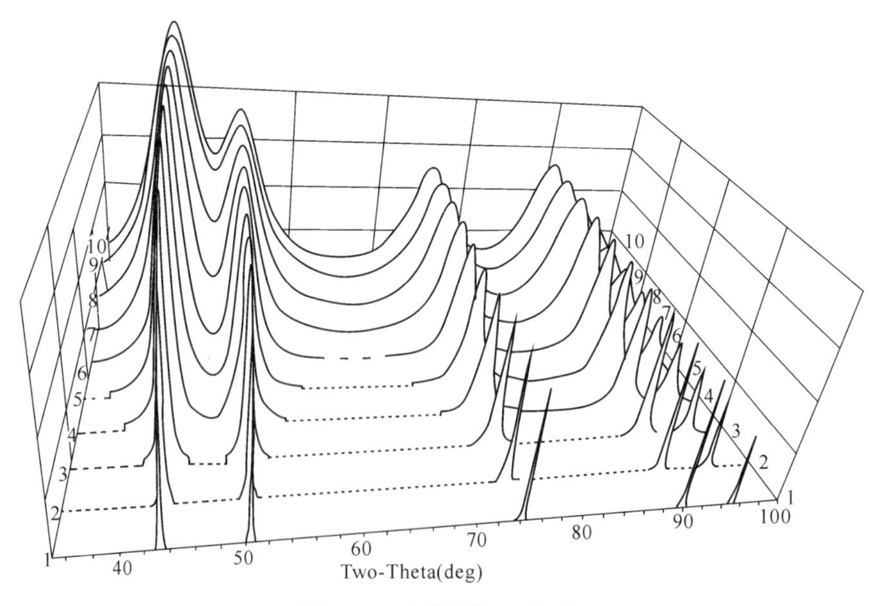


图 2-50 多谱图的 3D 显示

3D 显示虽然更具有立体感，但往往会出现显示重叠，有些细节可能看不到。通过调整图谱之间的间距，显示多谱图如图 2-51 所示。用常规显示则更容易调整图谱的大小和间隔，有利于观察和分析细节。

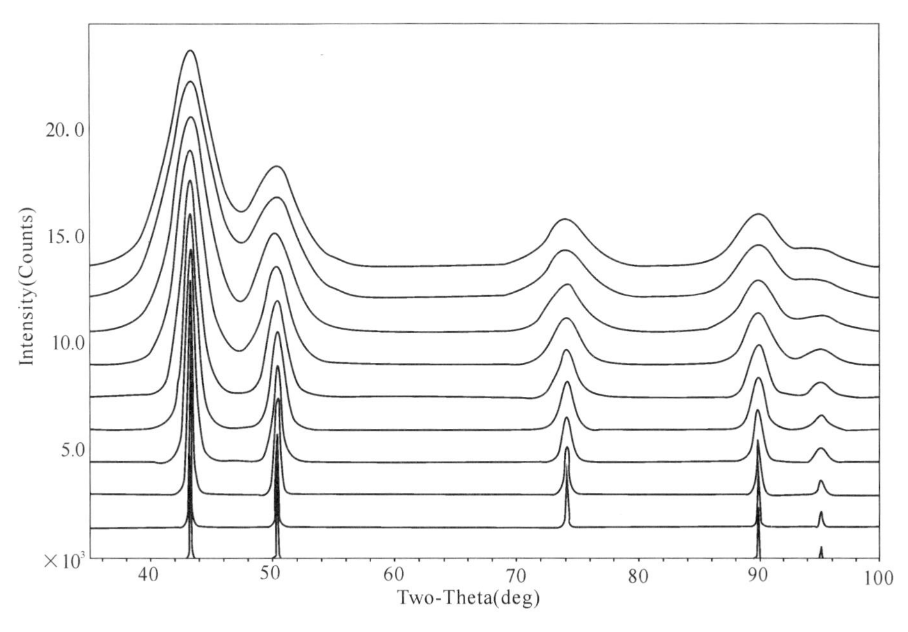


图 2-51　多谱图的常规显示

### 2.9.5　多谱合并

如果对于同一样品采用分段扫描，可以同时读入这几个图谱，然后将它们合并成一个图谱。命令：Edit-Merge Segments，Edit-Merge Overlays，前者适用于各分图谱间没有重叠扫描的情况，后者适用于分图谱有重叠扫描的情况。

合并图谱有时候很有用。例如：如果在某些衍射角范围内没有衍射峰存在，可以在扫描时跳过这些区域，采用分段扫描而节省扫描时间，然后通过软件来将各个分段扫描合并成一个完整的图谱。有时则因为扫描范围过窄，需要增加扫描范围，也可以采用分段扫描然后将各个分段合并。

图 2-52 显示的是同时读入的两个数据文件（Data017. TXT 和 Data018. TXT），通过 Edit-Merge Segments 命令可以将两个图谱合并成一个图谱进行处理。

### 2.9.6　多谱拟合

在测量残余应力、计算多个样品结晶度等问题时，需要对多个图谱进行拟合。拟合步骤如下：

（1）读入 Data004. raw 文件，对其衍射峰进行拟合。

（2）添加 Data003. raw 文件。此时，工作窗口中显示两个图谱。

注意：此时寻峰窗口中的按钮由灰色变成可执行色，如图 2-53 所示。

（3）按下，如图 2-54 所示，将对工作窗口中所显示的所有图谱进行拟合。

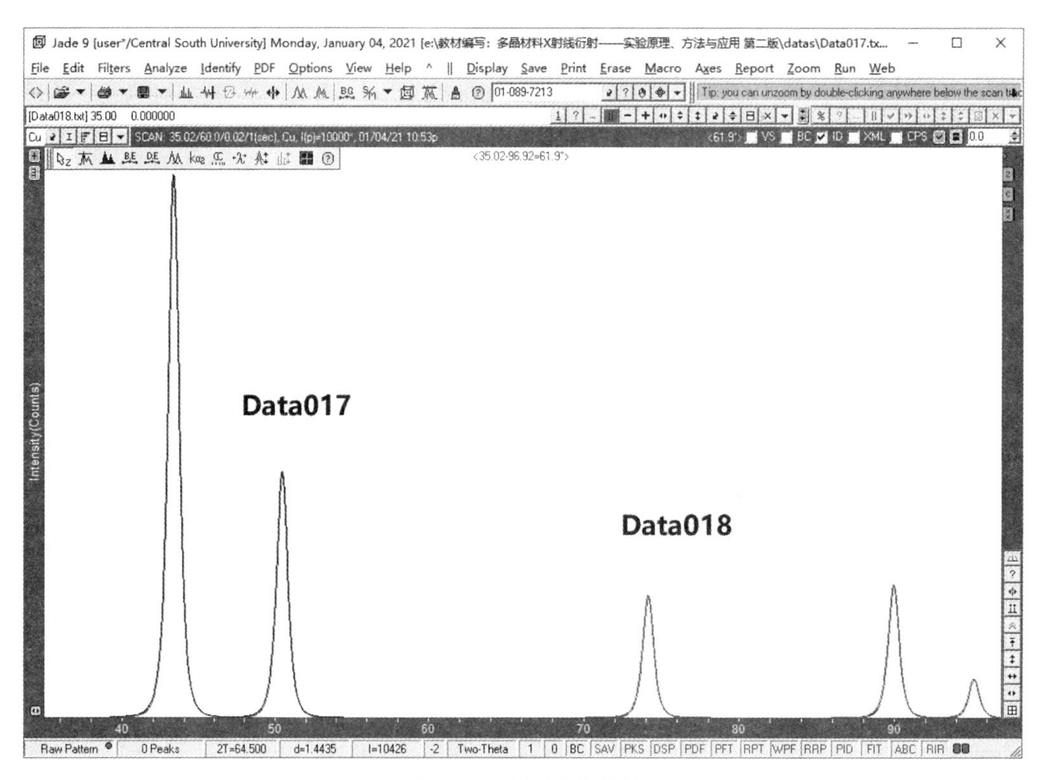


图 2-52 多谱图的合并

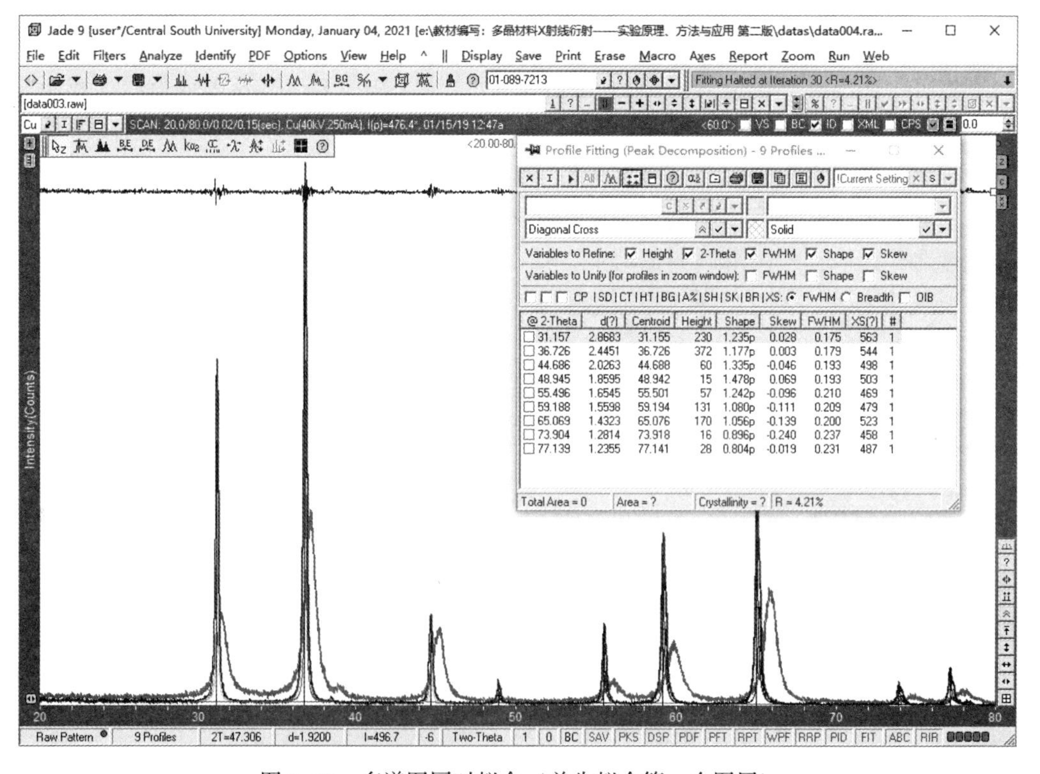


图 2-53 多谱图同时拟合（首先拟合第一个图层）

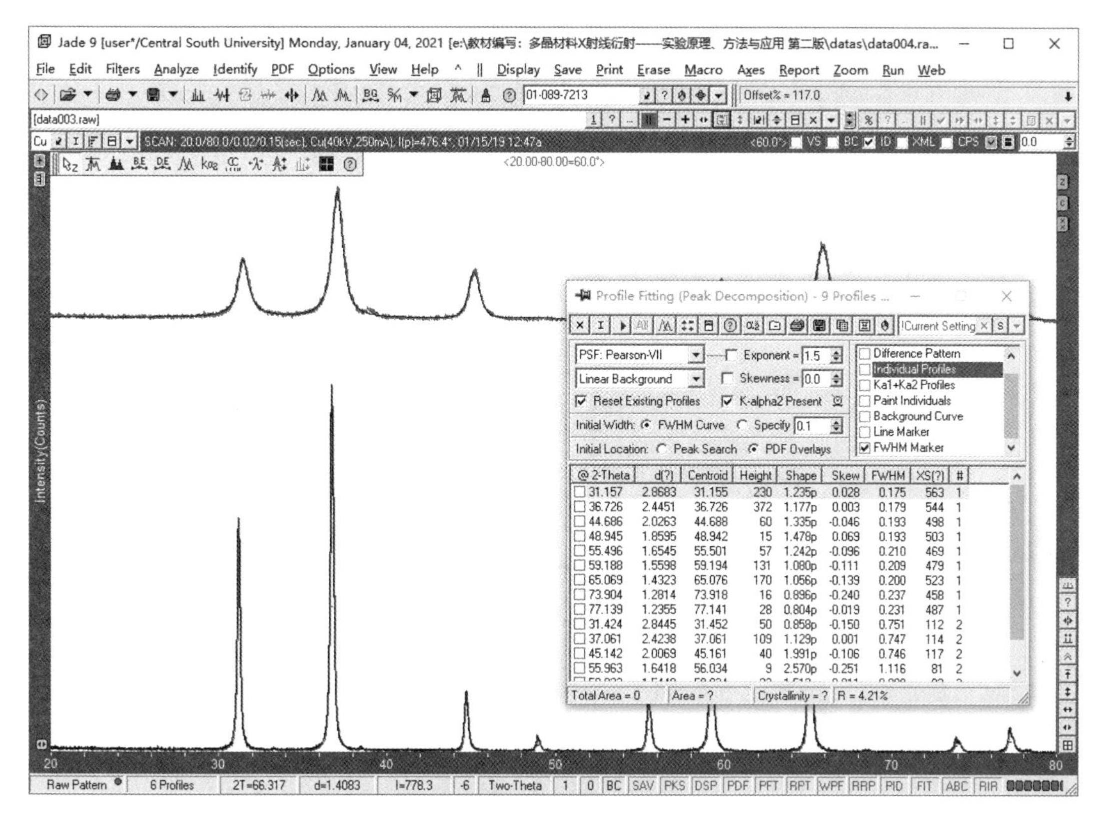


图 2-54　多谱图同时拟合

此时，拟合报告中多了一列“#”，指示了每个峰属于哪一个图谱。

采用多谱拟合的好处是：以“基准图谱”为参考对象，其他图谱的拟合参数与之相同，这样拟合的结果具有很好的对比性。这种方法在计算“结晶度”时很有好处。如果有一系列的样品，它们的物相组成相同，只是晶体相的含量不同，采用相同的拟合参数，计算出来的结晶度更具有可比性。

## 2.10　根据 $d$ 值计算衍射面指数

如果某种物相的点阵结构已知，可以通过 Jade 计算出衍射线来。这些已知条件必须包括：点阵类型、空间群、晶胞参数、化学式。

菜单“Options | D-Spacing & hkl…”打开计算已知点阵结构的衍射谱对话框，如图 2-55 所示。

如果窗口中有 PDF 图层，则会将当前激活的 PDF 卡片作为默认值引入计算窗口。

单击“Calc”，计算出选定衍射角范围内所有可能的衍射线。

“Merge Reflections”检查盒，把相同 $d$ 值的反射合并到一条谱线，否则以不同的谱线列出来。注意窗口中的(511)和(333)面的面间距是相同的，因而在衍射谱中会合并成一个衍射峰。其多重因子“p”分别为 24 和 8，单击这个按钮后，合并成一个衍射面(333)，其多重因子变成 32。

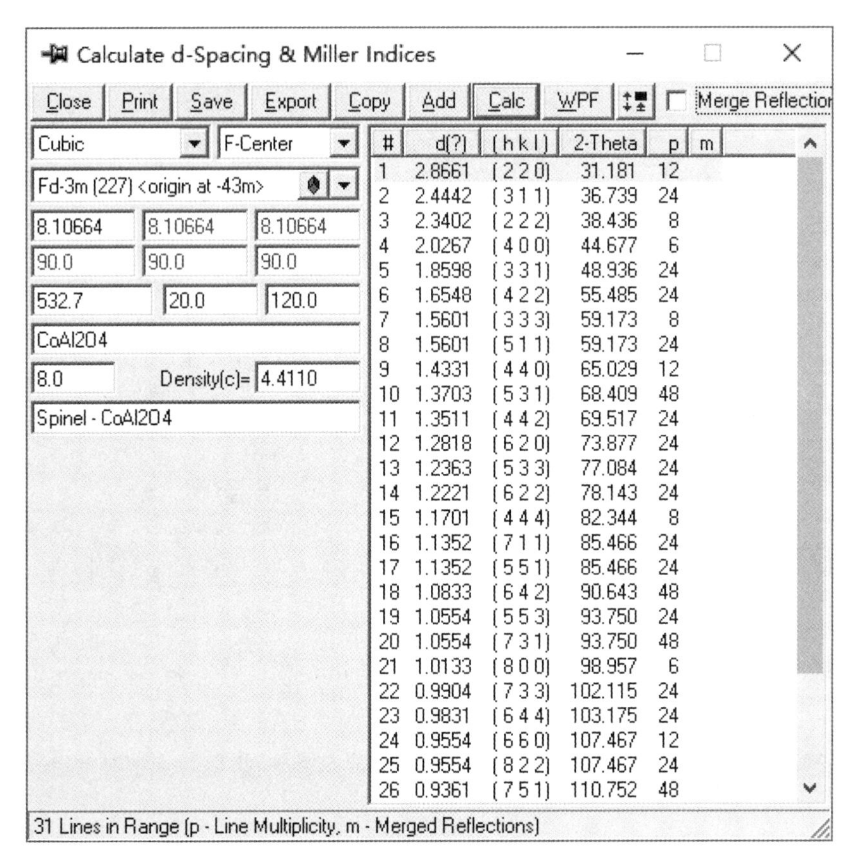


| # | d(?) | (h k l) | 2-Theta | p | m |
|---|---|---|---|---|---|
| 1 | 2.8661 | (2 2 0) | 31.181 | 12 | |
| 2 | 2.4442 | (3 1 1) | 36.739 | 24 | |
| 3 | 2.3402 | (2 2 2) | 38.436 | 8 | |
| 4 | 2.0267 | (4 0 0) | 44.677 | 6 | |
| 5 | 1.8598 | (3 3 1) | 48.936 | 24 | |
| 6 | 1.6548 | (4 2 2) | 55.485 | 24 | |
| 7 | 1.5601 | (3 3 3) | 59.173 | 8 | |
| 8 | 1.5601 | (5 1 1) | 59.173 | 24 | |
| 9 | 1.4331 | (4 4 0) | 65.029 | 12 | |
| 10 | 1.3703 | (5 3 1) | 68.409 | 48 | |
| 11 | 1.3511 | (4 4 2) | 69.517 | 24 | |
| 12 | 1.2818 | (6 2 0) | 73.877 | 24 | |
| 13 | 1.2363 | (5 3 3) | 77.084 | 24 | |
| 14 | 1.2221 | (6 2 2) | 78.143 | 24 | |
| 15 | 1.1701 | (4 4 4) | 82.344 | 8 | |
| 16 | 1.1352 | (7 1 1) | 85.466 | 24 | |
| 17 | 1.1352 | (5 5 1) | 85.466 | 24 | |
| 18 | 1.0833 | (6 4 2) | 90.643 | 48 | |
| 19 | 1.0554 | (5 5 3) | 93.750 | 24 | |
| 20 | 1.0554 | (7 3 1) | 93.750 | 48 | |
| 21 | 1.0133 | (8 0 0) | 98.957 | 6 | |
| 22 | 0.9904 | (7 3 3) | 102.115 | 24 | |
| 23 | 0.9831 | (6 4 4) | 103.175 | 24 | |
| 24 | 0.9554 | (6 6 0) | 107.467 | 12 | |
| 25 | 0.9554 | (8 2 2) | 107.467 | 24 | |
| 26 | 0.9361 | (7 5 1) | 110.752 | 48 | |

图 2-55 Miller 指数计算窗口

单击“Export”，则将计算结果保存成一个文本文件（文件扩展名为 . hkl）。

修改点阵类型、空间群、晶胞参数、化学式和 $Z$ 值（一个单胞中的结构单元数），可以计算出新的衍射系列。

密度是自动计算的，计算公式为：D（g/cm^3）= W ＊ Z/(V ＊ 0. 6022169)（$W$ 为相对分子质量，$V$ 为单胞体积）。需要在对话框中输入化学式，并输入 $Z$ 值（一个晶胞中包含了 $Z$ 个化学公式中表示的成分）。

单击“Add”，将计算出来的衍射像 PDF 卡片一样加入窗口中来，并可显示相应的 (*hkl*)。

单击窗口右下角的 ，可以升高或降低指标线的高度。如果没有做过物相检索，但有寻峰或拟合处理，则会读入寻峰或拟合好的 $d$ 值。该命令至少有两个作用：

（1）只要输入正确的点阵类型、空间群、晶胞参数、化学式和 $Z$ 值，就可以计算出一套新的衍射谱来。

（2）任何一张 PDF 卡片显示的衍射面数目都是有限的，有些卡片只列出了很低角度范围内的衍射线，对于高角度的反射没有对应的显示。通过输入合适的角度范围，可以计算出指定衍射角范围内全部衍射线。例如，图 2-56 所示的衍射谱（Data004. raw）的测量范围为 20°~80°(2$\theta$)。通过选择，计算出了（2$\theta$）120°范围内的衍射峰。

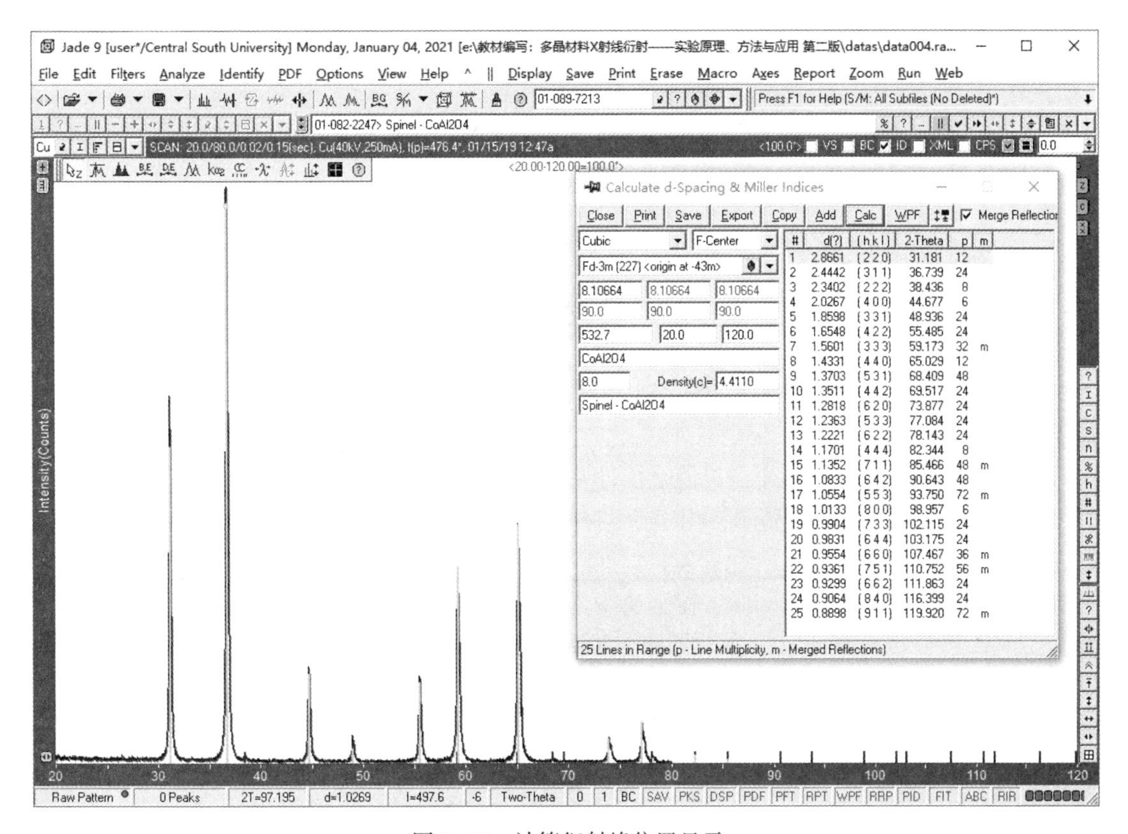


图 2-56 计算衍射峰位置显示

# 3 物相定性分析

## 3.1 物相的含义

所谓物相，是指具有某种晶体结构的物质。具体来说，物相包括物质形成的四种情形。

（1）单质：如 Fe、Cu 等，它们是由同一种原子构成的晶体。

（2）化合物：如 NaCl 晶体，由至少两种异类原子构成。化合物包括具有稳定化学计量比元素组成和非化学计量的化合物。

（3）固溶体：如（Fe，Ni）。在金属中常见两种固溶形式：间隙式固溶体和置换式固溶体。前者是一些小半径原子进入某种金属的原子间隙中，如 C 原子进入 Fe 的原子间隙；后者则是一种金属原子取代另一种金属原子的位置。无论哪一种固溶体，一般都会保持溶剂物质的晶体结构，但会使晶格畸变而导致晶胞参数的变大或变小。

另一种常见的固溶形式是自然界形成的各种矿物，特别是黏土矿物中最为常见。如矿物 $(Ca, Na)(Al, Si)_2Si_2O_8$，其中，Ca，Na 原子可以互换，而部分 Si 原子位置也可以被 Al 原子所置换。但是，这种置换不会改变晶体结构。

（4）金属间化合物：例如铝合金中的 $Al_3Zr$ 相。若在铝中添加微量的 Zr，部分的 Zr 可以溶入 Al 基体中而形成固溶体，多余的 Zr 则会形成一种稳定化学计量的金属间化合物 $Al_3Zr$。这种金属间化合物与普通的化合物不同，不是通过离子键或共价键结合的，而是通过金属键结合。

物相的另一个定义是：以化学组成和结构相区别的物质被称为不同的物相。这就说明，化学成分不同的物质固然是不同的物相，化学成分相同而晶体结构不同的也是不同的物相。如 $\alpha$-$Al_2O_3$ 和 $\gamma$-$Al_2O_3$ 是化学组成相同而晶体结构与性能差异明显的两种物相；同质异构体的立方 Co 和六方 Co 也是两种不同的物相；再比如 $SiO_2$，看起来是由两个 O 原子和一个 Si 组成。但是，在不同的温度下 $SiO_2$ 可以转变成不同晶体结构的石英、方石英、菱石英，或者玻璃（非晶体），它们是不同的物相。

值得注意的是，任何非晶体，包括非晶固体、液体和气体，没有特定的晶体结构，它们都不会对 X 射线产生衍射，因而，X 射线衍射方法无法区别它们究竟是哪一种物相。也就是说，X 射线衍射物相鉴定的对象一般是指晶体材料，而对非晶体材料是无能为力的。尽管有时候可以根据它们的散射峰位置的微小差异因而判断它们是不同的物质。

## 3.2 物相检索原理

X 射线入射到结晶物质上，产生衍射的充分必要条件是：

$$\begin{cases}2d_{hkl}\sin\theta_{hkl} = n\lambda \\ F_{hkl} \neq 0\end{cases}$$

第一个公式即布拉格定律，它确定了衍射的方向。在一定的实验条件下（波长 $\lambda$ 一定）衍射方向取决于晶面间距 $d$，而 $d$ 是晶胞参数的函数。反过来说，具有一定晶胞参数的物质产生的衍射峰位置（$2\theta$）具有一定的规律。这个公式说明两个问题：（1）并非任何晶面都可以产生衍射，因为 $\sin\theta_{hkl} \leq 1$，所以能产生衍射的晶面间距 $d$ 有一定的范围，太小晶面间距的晶面不能产生衍射；（2）如果两个晶面的面间距相同，则它们的衍射角是相同的。例如立方结构中的（333）和（511）是两个不同的晶面，但是，它们的面间距是相同的，所以，它们产生的衍射处于同一个衍射角，实际测量到的是这两个晶面衍射的叠加。更多的例子是那些等价晶面，如立方结构中的（110）、（011）、（101）、（-1，-1，0）、…，这样的晶面共有 12 个，它们的衍射角位置是相同的。

第二个公式表示衍射强度与结构因子 $F_{hkl}$ 的关系，衍射强度正比于 $F_{hkl}$ 模的平方。$F_{hkl}$ 的数值取决于物质的结构，即晶胞中原子的种类、数目和排列方式。

$$F_{hkl} = \sum_{j=1}^{n} f_j[\cos 2\pi(hx_j + ky_j + lz_j) + i\sin 2\pi(hx_j + ky_j + lz_j)]$$

反过来说，具有特定原子种类、数目的排列方式的晶体物质，每个衍射峰的强度具有一定的规律。这一个公式也说明了两个问题：（1）它决定了在满足布拉格公式的条件下，哪些衍射会出现或者被消光（不能出现）。例如，简单点阵中满足布拉格公式的全部晶面都会产生衍射，而体心点阵要求 $h+k+l$ 为偶数，面心点阵要求 $h$、$k$ 和 $l$ 全部为奇数或偶数，底心点阵则要求 $h$ 和 $k$ 全为奇数或全为偶数，否则就不会出现衍射而被消光；（2）结构因子是影响衍射强度大小的因素之一，结构因子大则衍射强度高，否则可能会很低。

Hull 指出，决定 X 射线衍射谱中衍射方向（衍射峰位置）和衍射强度的一套 $d$ 和 $I$ 的数值是与一个确定的晶体结构相对应的。这就是说，任何一种物相都有一套 $d$-$I$ 特征值，两种不同物相的结构稍有差异，其衍射谱中的 $d$-$I$ 分布有区别，这就是应用 X 射线衍射分析和鉴定物相的依据。

若被测样品中包含有多种物相时，每种物相产生的衍射将独立存在，该样品衍射谱是各个单相衍射图谱的简单叠加。因此应用 X 射线衍射可以对多种物相共存的体系进行全分析。

一种物相衍射谱中的 $d$-$I/I_0$（$I_0$ 是衍射图谱中最强峰的强度值，$I/I_0$ 是经过最强峰强度归一化处理后的相对强度）的数值取决于该物质的组成与结构，其中 $I/I_0$ 称为相对强度。当两个样品 $d$-$I/I_0$ 的数值都对应相等时，这两个样品就是组成与结构相同的同一种物相。因此，当一未知样品的衍射谱 $d$-$I/I_0$ 的数值与某一已知物相（假定为 M 相）的 $d$-$I/I_0$ 数据相合时，即可认为未知物相即是 M 相。由此看来，物相分析就是将未知物的衍射谱，考虑各种偶然因素的影响，经过去伪存真获得一套可靠的 $d$-$I/I_0$ 数据后与已知物相的 $d$-$I/I_0$ 相对照，再依照晶体和衍射的理论对所属物相进行肯定与否定。物相分析的过程也称为“物相检索”。

## 3.3 ICDD PDF 卡片

为完成物相检索，首先要建立一整套已知物相的衍射数据文件，然后将被测样品的 $d$-

$I/I_0$数据与衍射数据文件中的全部物相的 $d-I/I_0$数据一一比较，从中检索出与被测样品谱图相同的物相。保存已知物相的 $d-I/I_0$ 数据的数据库称为粉末衍射文件（PDF，Powder Diffraction File）。

PDF 最先由 J. D. Hanawalt 等人于 1938 年首先发起，以 $d-I/I_0$ 数据组代替衍射花样，制备衍射数据卡片工作。1942 年“美国材料试验协会（ASTM）”出版了大约 1300 张衍射数据卡片，称为 ASTM 卡片。这种卡片数量逐年增加。1969 年成立了“粉末衍射标准联合委员会（JCPDS）”，它是一个国际性组织，由它负责编辑和出版粉末衍射卡片，制作的卡片称为 JCPDS 卡片。现在由美国的一个非营利性公司 ICDD（The International Centre for Diffraction Data）负责这项工作，制作的卡片称为 ICDD-PDF 卡片。现在虽然也印制纸质卡片，但使用最多的是以光盘形式发行的 PDF$x$，其中 $x$ 表示数据库包含内容的多少。最常使用的是 PDF2 和 PDF4，PDF4 相对于 PDF2 有更多的物相结构信息，包括电子衍射图片、晶体结构图等。

图 3-1 是一张 $ZnO_2$ 的 PDF2 卡片，图中包括 6 栏数据：

①：卡片号和品质因数。早期的卡片编号由 2 组数字构成，格式如 BB-CCCC。组号（BB）的编号为 01~99；组内编号 CCCC 由 4 位数字组成，编号为 0001~9999。由于发展的需要，已经标定的物相越来越多，所以新版本的 PDF 卡片编号由 3 组数据构成，格式为 AA-BBB-CCCC。除将原来的组号扩大了 1 位数字外，还在前面再加上一个两位数。这样，数据库可容纳更多的卡片。图 3-1 中所示的 $ZnO_2$ 的 PDF 卡片编号是 01-077-2414。QM 值称为品质因子，表示一张 PDF 卡片中数据的可靠性。其中“S”表示最高可靠性；“i”表示重新检查了衍射线强度，但数据的精确度比 S 级低；“C”表示晶体结构模拟卡片，

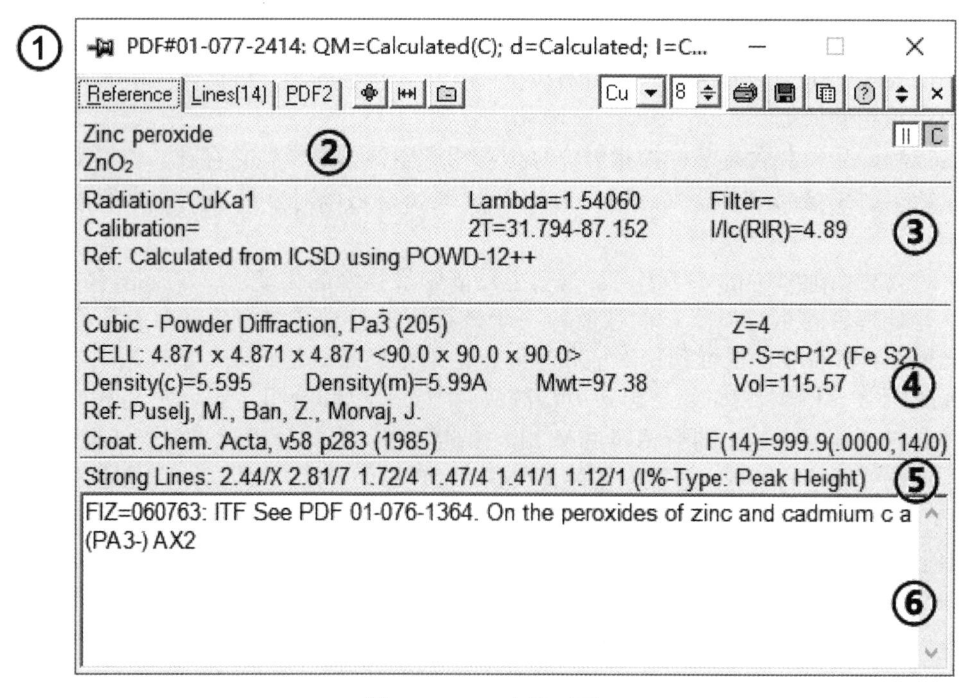


图 3-1　PDF 卡片正面

称为计算卡片；“O”表示可靠性低的数据；“?”表示可能存在疑问；没有标记的说明没有作评价；“D”则表示该卡片已被删除，被删除的原因可能是该卡片的数据不正确或者不精确而由新的卡片代替。图 3-1 中的 QM 为“C”，表示这张卡片的数据是由晶体结构模拟出来的。

②：物相的化学组成、化学名称和矿物名称。图 3-1 中，化学名称为 Zinc peroxide，分子式为 $ZnO_2$。有些物相名称后面还会带上附加说明，如 Syn 表示是人工晶体。有些矿物名后还有晶型说明，如 3R、6H 等的符号。

③：测量条件和 *RIR* 值以及数据引源（数据的原始出处或参考文献 Ref=...）。1~59 组卡片的数据都是实测出来的，这些数据测量时使用的衍射条件被一一列出。除此以外，还有 $I/I_c$，称为“参考比强度，Reference Intensity Ratio”，这个数据是传统定量分析中需要的一个参数。最后是参考文献，即该卡片的数据引自于什么文献报道。

④：晶体点阵结构和晶体学数据，包括晶型、晶胞参数、*Z* 值（一个单胞内含有的结构单元数）。如图中 *Z*=4，表示一个 $ZnO_2$ 单胞中包含 4 个 $ZnO_2$ 结构基元，即含有 4 个 Zn 原子和 8 个 O 原子。

⑤：八强线数据，即该物相衍射谱中最强的 8 条线位置和相对强度。

⑥：衍射谱图或者对物相的进一步说明。

图 3-1 的右上角有几个按钮：PDF 卡片可以保存成一个文件名以“PDF”开头的文本文件，可以被打印出来或复制到剪贴板。

如果按一下“C”左边的双线按钮，则会显示如图 3-2 所示的谱线图。

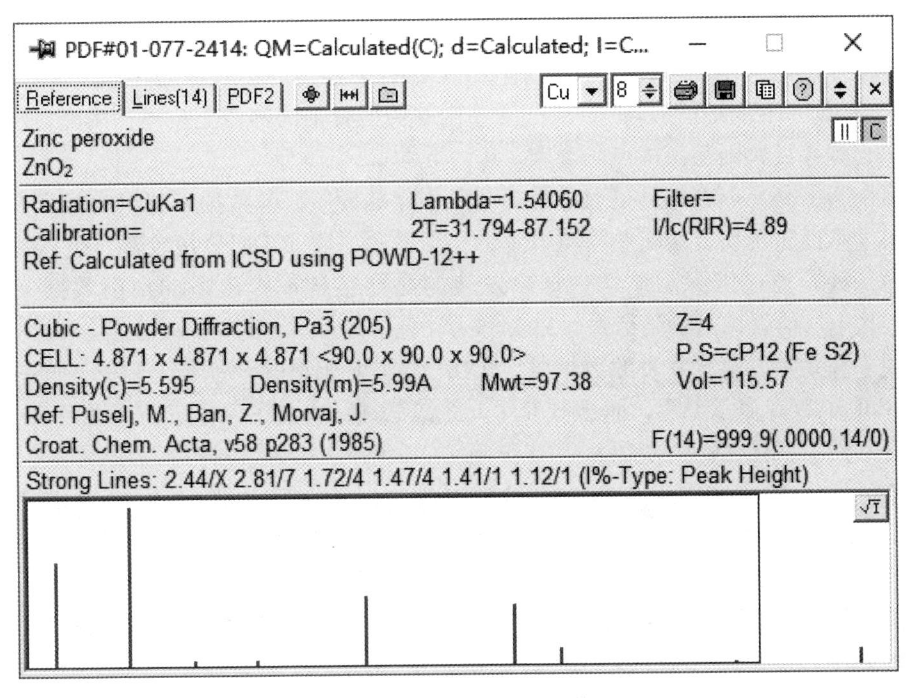


图 3-2 显示 PDF 卡片的谱图

图 3-3 显示的是 PDF 卡片的第二页。

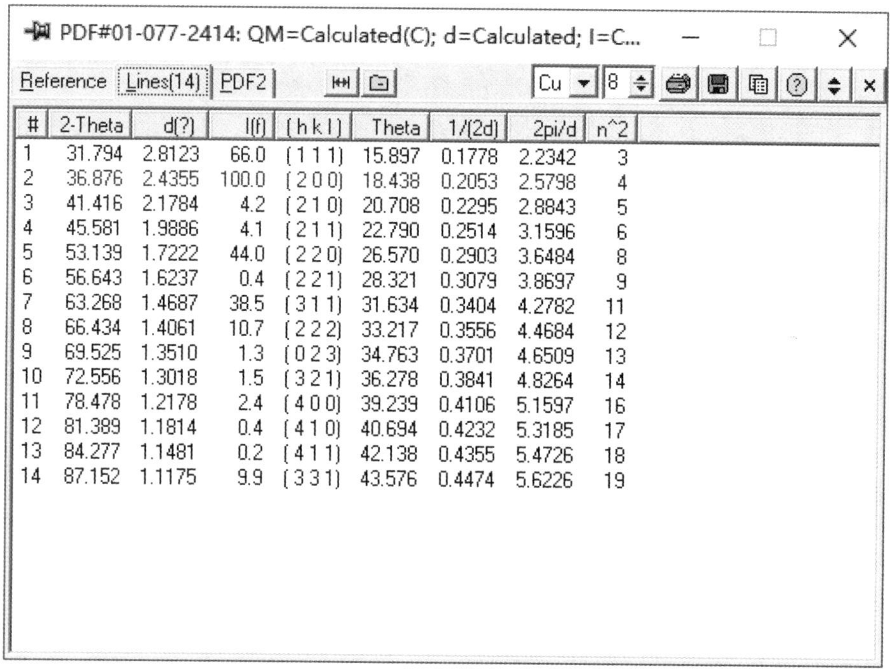

PDF#01-077-2414: QM=Calculated(C); d=Calculated; I=C...

Reference Lines(14) PDF2 Cu 8

| # | 2-Theta | d(?) | I(f) | ( h k l ) | Theta | 1/(2d) | 2pi/d | n^2 |
|---|---|---|---|---|---|---|---|---|
| 1 | 31.794 | 2.8123 | 66.0 | ( 1 1 1) | 15.897 | 0.1778 | 2.2342 | 3 |
| 2 | 36.876 | 2.4355 | 100.0 | ( 2 0 0) | 18.438 | 0.2053 | 2.5798 | 4 |
| 3 | 41.416 | 2.1784 | 4.2 | ( 2 1 0) | 20.708 | 0.2295 | 2.8843 | 5 |
| 4 | 45.581 | 1.9886 | 4.1 | ( 2 1 1) | 22.790 | 0.2514 | 3.1596 | 6 |
| 5 | 53.139 | 1.7222 | 44.0 | ( 2 2 0) | 26.570 | 0.2903 | 3.6484 | 8 |
| 6 | 56.643 | 1.6237 | 0.4 | ( 2 2 1) | 28.321 | 0.3079 | 3.8697 | 9 |
| 7 | 63.268 | 1.4687 | 38.5 | ( 3 1 1) | 31.634 | 0.3404 | 4.2782 | 11 |
| 8 | 66.434 | 1.4061 | 10.7 | ( 2 2 2) | 33.217 | 0.3556 | 4.4684 | 12 |
| 9 | 69.525 | 1.3510 | 1.3 | ( 0 2 3) | 34.763 | 0.3701 | 4.6509 | 13 |
| 10 | 72.556 | 1.3018 | 1.5 | ( 3 2 1) | 36.278 | 0.3841 | 4.8264 | 14 |
| 11 | 78.478 | 1.2178 | 2.4 | ( 4 0 0) | 39.239 | 0.4106 | 5.1597 | 16 |
| 12 | 81.389 | 1.1814 | 0.4 | ( 4 1 0) | 40.694 | 0.4232 | 5.3185 | 17 |
| 13 | 84.277 | 1.1481 | 0.2 | ( 4 1 1) | 42.138 | 0.4355 | 5.4726 | 18 |
| 14 | 87.152 | 1.1175 | 9.9 | ( 3 3 1) | 43.576 | 0.4474 | 5.6226 | 19 |

图 3-3 PDF 的反面（反射面指数数据）

这一个页面就是物相的 $d-I/I_0$ 列表。物相一定时，面间距 $d$ 值、$I/I_0$ 值 $I(f)$ （$f$ 表示衍射实验时使用固定宽度的狭缝而不是可变尺寸狭缝）以及衍射面指数（$hkl$）就一定。选定一种靶材（如 Cu 靶）后，衍射角 $2\theta$ 也就是确定的。卡片中面间距 $d$ 的单位是埃（Å），1Å=0.1nm。（$hkl$）表示产生衍射的衍射面指数。有些卡片上还标出了 $n^2$ 的值，它是 $h^2+k^2+l^2$。对于简单、体心、面心等不同的类型有不同的消光规律，由此可以观察该物相的消光规律而判断是何种点阵类型。

需要说明的是，PDF 卡片的收集经历了几十年的发展，其数据来源出自两个方面：一种是由科学家通过衍射方法实验检测得到的衍射数据并被 ICDD 公司校验、确认为正确的数据；另一种是通过国际晶体学数据库发表的晶体结构模拟出来的衍射数据（级别为“C”）。其中，前者称为实验卡片，后者称为计算卡片。

当同一种物相有多次发表的数据时，ICDD 公司可能都收录进来。因此，同一物相可能在 PDF 库中有许多张卡片，而这些卡片上的数据并无本质的区别，只是由于测量条件、计算精度不同而存在微小的差别。

图 3-4 显示的仅仅是从 PDF2 数据库中的“ICSD-Pattern”子库中检索到的石英（Quartz）的卡片，从这些卡片的基本数据来看，它们的化学组成和空间群（晶型）是相同的，不同的是它们的晶胞参数稍有不同，这可能是由于测量误差导致的。另外，*RIR* 值也有不同。但是，除极个别的相差较大外，基本上都趋于一个“中间值”。之所以这些数据都被收录到 PDF 库中，是因为这些数据都是由不同的科学家测量（或模拟）出来的，不能肯定哪组数据是“完全精确”的。

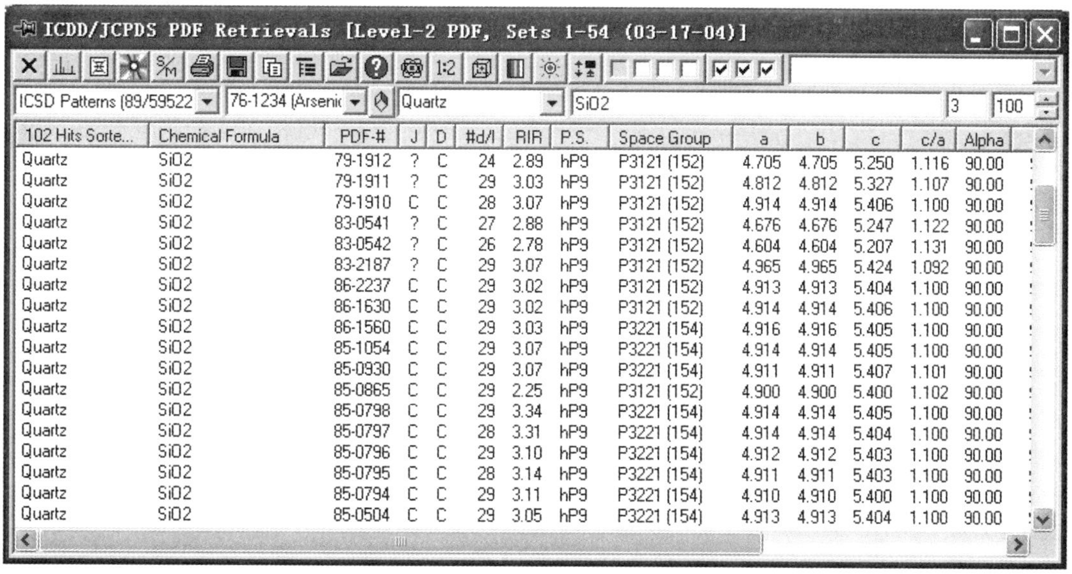

ICDD/JCPDS PDF Retrievals [Level-2 PDF, Sets 1-54 (03-17-04)]

ICSD Patterns (89/59522　76-1234 (Arsenic　Quartz　SiO2　3　100

| 102 Hits Sorte... | Chemical Formula | PDF-# | J | D | #d/I | RIR | P.S. | Space Group | a | b | c | c/a | Alpha |
|---|---|---|---|---|---|---|---|---|---|---|---|---|---|
| Quartz | SiO2 | 79-1912 | ? | C | 24 | 2.89 | hP9 | P3121 (152) | 4.705 | 4.705 | 5.250 | 1.116 | 90.00 |
| Quartz | SiO2 | 79-1911 | ? | C | 29 | 3.03 | hP9 | P3121 (152) | 4.812 | 4.812 | 5.327 | 1.107 | 90.00 |
| Quartz | SiO2 | 79-1910 | C | C | 28 | 3.07 | hP9 | P3121 (152) | 4.914 | 4.914 | 5.406 | 1.100 | 90.00 |
| Quartz | SiO2 | 83-0541 | ? | C | 27 | 2.88 | hP9 | P3121 (152) | 4.676 | 4.676 | 5.247 | 1.122 | 90.00 |
| Quartz | SiO2 | 83-0542 | ? | C | 26 | 2.78 | hP9 | P3121 (152) | 4.604 | 4.604 | 5.207 | 1.131 | 90.00 |
| Quartz | SiO2 | 83-2187 | ? | C | 29 | 3.07 | hP9 | P3121 (152) | 4.965 | 4.965 | 5.424 | 1.092 | 90.00 |
| Quartz | SiO2 | 86-2237 | C | C | 29 | 3.02 | hP9 | P3121 (152) | 4.913 | 4.913 | 5.404 | 1.100 | 90.00 |
| Quartz | SiO2 | 86-1630 | C | C | 29 | 3.02 | hP9 | P3121 (152) | 4.914 | 4.914 | 5.406 | 1.100 | 90.00 |
| Quartz | SiO2 | 86-1560 | C | C | 29 | 3.03 | hP9 | P3221 (154) | 4.916 | 4.916 | 5.405 | 1.100 | 90.00 |
| Quartz | SiO2 | 85-1054 | C | C | 29 | 3.07 | hP9 | P3221 (154) | 4.914 | 4.914 | 5.405 | 1.100 | 90.00 |
| Quartz | SiO2 | 85-0930 | C | C | 29 | 3.07 | hP9 | P3221 (154) | 4.911 | 4.911 | 5.407 | 1.101 | 90.00 |
| Quartz | SiO2 | 85-0865 | C | C | 29 | 2.25 | hP9 | P3121 (152) | 4.900 | 4.900 | 5.400 | 1.102 | 90.00 |
| Quartz | SiO2 | 85-0798 | C | C | 29 | 3.34 | hP9 | P3221 (154) | 4.914 | 4.914 | 5.405 | 1.100 | 90.00 |
| Quartz | SiO2 | 85-0797 | C | C | 28 | 3.31 | hP9 | P3221 (154) | 4.914 | 4.914 | 5.404 | 1.100 | 90.00 |
| Quartz | SiO2 | 85-0796 | C | C | 29 | 3.10 | hP9 | P3221 (154) | 4.912 | 4.912 | 5.403 | 1.100 | 90.00 |
| Quartz | SiO2 | 85-0795 | C | C | 28 | 3.14 | hP9 | P3221 (154) | 4.911 | 4.911 | 5.403 | 1.100 | 90.00 |
| Quartz | SiO2 | 85-0794 | C | C | 29 | 3.11 | hP9 | P3221 (154) | 4.910 | 4.910 | 5.400 | 1.100 | 90.00 |
| Quartz | SiO2 | 85-0504 | C | C | 29 | 3.05 | hP9 | P3221 (154) | 4.913 | 4.913 | 5.404 | 1.100 | 90.00 |

图 3-4　PDF 卡片数据库中关于石英（Quartz）的卡片

## 3.4　PDF 卡片的检索与匹配

PDF 卡片检索的发展已经历了三代，第一代是通过检索工具书来检索纸质卡片。随着计算机的应用普及，第二代是通过一定的检索程序，按给定的检索误差窗口条件对光盘卡片库进行检索，如 PCPDFWin 程序。现代 X 射线衍射系统都配备有自动检索匹配软件，通过图形对比方式检索多物相样品中的物相。从 PDF 库中检索出与被测图谱 $d\text{-}I/I_0$ 数据匹配的物相的过程称为“检索与匹配（Search and Match）”。

具体的检索匹配过程可以概括为：根据样品情况，给出样品的已知信息或检索条件，从 PDF 数据库中找出满足这些条件的 PDF 卡片并显示出来，然后，由检索者根据匹配的好坏确定样品中含有何种卡片对应的物相。

### 3.4.1　物相检索的步骤

（1）给出检索条件：检索条件主要包括检索子库、样品中可能存在的元素等。

检索子库：为方便检索，PDF 卡片按物相的种类分为无机物、矿物、合金、陶瓷、水泥、有机物等多个子数据库。检索时，可以按样品的种类，选择在一个或几个子库内检索，以缩小检索范围，提高检索的命中率。

样品的元素组成：在做 X 射线衍射实验前应当先检查样品中可能存在的元素种类。在 PDF 卡片检索时，选择可能存在的元素，以缩小元素检索范围。可以这样说，X 射线衍射物相检索就是根据已知样品的元素信息来确定这些元素的赋存状态（存在形式）。这也说明，那种通过 XRD 来检测样品元素组成的做法是不科学的或错误的。

其他检索条件：包括 PDF 卡片号、样品颜色、文献出处等几十种辅助检索条件。检索时应当尽可能利用这些检索条件，以缩小检索范围，提高检索的命中率。

（2）计算机按照给定的检索条件对衍射线位置（面间距 $d$）和强度比（$I/I_0$）进行匹配，计算匹配品质因数（*FOM*），并根据 *FOM* 值的大小将若干个匹配较好的卡片列出一个表格。

匹配品质因数（*FOM*）的定义为：完全匹配时，$FOM=0$；完全不匹配时，$FOM=100$。

（3）操作者观察列表中各种物相（PDF 卡片）与实测 X 射线谱的匹配情况作出判断，检定出一定存在的物相。

（4）观察是否还有衍射峰没有被检出，如果有，重新设定检索条件，重复上面的步骤，直到全部物相被检出。

### 3.4.2 判断一种物相是否存在的三个条件

判断一种物相是否存在，需要具备以下三个条件。

（1）PDF 卡片中的峰位与测量谱的峰位是否匹配。一般情况下 PDF 卡片中出现衍射峰（线）的位置，样品谱中必定有相应的衍射峰与之对应。即使三条强线对应得非常好，但有另一条较强线位置明显没有出现衍射峰，也不能确定存在该相。所以说，三条强线匹配是物相检索的必要条件而非充分条件。除非能确定样品存在明显的择优取向，此时需要另外考虑择优取向问题。

（2）PDF 卡片的峰强比（$I/I_0$）与样品峰的峰强比（$I/I_0$）要大致相同。由于样品本身的原因和制样方法的原因，被测样品或多或少总存在择优取向，从而导致峰强比不会完全一致。因此，物相检索时峰强比仅可作参考。例如加工态的金属样品、黏土矿物样品、一些薄膜样品、定向生长的样品，某些衍射峰是不会出现的，应当考虑这些因素的影响。

（3）检索出来的物相包含的元素在样品中必须存在。如果在检索时没有限定样品的元素，则检索出来的物相是“结构相似”的物相，会检索出来很多与实测样品元素风马牛不相及的物相。例如：如果检索出一个 FeO 相，但样品中根本不可能存在 Fe 元素，则即使其他条件完全吻合，也不能确定样品中存在该物相。此时可考虑样品中存在与 FeO 晶体结构大体相同的某相。换句话说，X 射线衍射物相检索是一种“结构检索”而不是“元素分析”。

对于无机材料和黏土矿物，一般参考“特征峰”来确定物相，而不要求全部峰的对应，因为同一种黏土矿物中可能包含的元素不同。例如，长石的分子式为 $(Na, Ca)Al(Si, Al)_3O_8$，表示 Na、Ca 是可以互换的，长石还有另一种分子式 $NaAlSi_3O_8$，表示结构中不含有 Ca，而称为钠长石。是否存在有钙元素，对结构的影响并不明显。如果没有事先做元素分析，确定样品中并不存在 Ca 元素，则选择哪一种物相都是可以的。实际上，对于一般的物相分析来说，选择哪一种“长石”并不那么重要。这也说明，虽然任何两种不同的物相（如钠长石和钙长石）的衍射谱不可能完全相同，但它们极有可能是“相似的”。对于这种结构极为相似的物相，它们的衍射谱似乎没有多少区别（区别当然是有，但并不一定能观察出来），这就给物相分析的“准确性”带来困难。解决的方法只能是元素分析，并且做进一步的“结构精修”。

## 3.5 物相定性分析的实验方法

### 3.5.1 图谱扫描

物相定性分析的依据主要是衍射峰位的准确性，要求测量范围较大，即需要测量样品的全谱。所谓“全谱”，并不是真正意义上的全部谱线，是指包含样品全部特征信息的谱图。任何物相的特征信息都是在低衍射角度区，因此，不一定要扫描很高角度的图谱。物相鉴定的扫描除 Cu、Fe（金属的晶胞较小，衍射峰出现在较高角度）一类的金属外，一般不需要扫描 90°以上的图谱。

由于不同的材料其衍射峰位区域不同，应当根据材料选择测量范围（$2\theta$）。一般来说，有机材料、水泥等无机材料和黏土矿物的晶面间距大，应选择较低的衍射区域，使用 Cu 辐射时，选择从 3°开始扫描（一般粉末衍射仪广角扫描的最低角为 3°，更低的衍射角会使直射光进入计数器而可能引起计数器的损坏）；而金属材料的晶面间距小，应当选择较高和较宽的衍射角范围，从 10°开始扫描就可以了，特别是采用 Cu 靶时，到 40°（$2\theta$）才出现 Fe 的第 1 个衍射峰，低衍射角的扫描就不重要了。但是，如果需要考察其中的碳化物，则需要从 20°开始扫描。总的来说，为了既节省实验时间又能保证实验数据的正确性，实验前应当查找 PDF 卡片，考察样品中可能物相的衍射角范围。总的选择原则是不能漏掉低角度的特征衍射峰。

扫描方式采用 $\theta:\theta$ 连续扫描，采样步长可取 0.02°~0.03°，扫描速度以 8（°）/min 为宜（使用闪烁探测器的值，如果使用阵列探测器则可以更快）。但对于黏土矿物等衍射峰位较集中于低角度区的样品，宜采用 1（°）/min 的速度扫描。狭缝可放宽，发散狭缝和防散射狭缝一般均取 1°，接收狭缝 0.3mm，以获得较大的衍射强度。而有机物的衍射峰主要集中在低角度区，为了获得良好的角度分辨，应当使用小一些的狭缝。

数据测量完成后，系统自动保存到设置好的文件夹下，数据以二进制格式的 .raw 文件格式保存。

不同的衍射仪由于光管功率、探测器的类型不同，应当相应地调整测量参数。

### 3.5.2 Jade 物相检索的条件设置

操作视频 11

下面以氧化钛的衍射图谱 Data001.raw 为例，说明物相检索的操作过程。

打开图谱后，不需要作任何处理（一般不需要平滑和扣除背底，以保持数据的真实性），工作窗口中显示如图 3-5 所示的衍射谱。

鼠标右键点击“S/M”按钮，弹出如图 3-6 所示的“检索条件设置对话框”。

下面来解释物相检索窗口的使用方法。

（1）检索子库：在图 3-6 的对话框中，左上角为 PDF 子数据库选择框，应当根据样品的情况选择不同的子库。一般选择原则是尽可能少选子数据库，以提高检索命中率。

对于矿物样品，一般只选择“Minerals”和“ICSD Minerals”。这是因为矿物数据库是非常全的，不需要加上其他子数据库。

对于有机物样品，则应当只选择“Organics”。

对于一般样品，则在选择“Minerals”和“ICSD Minerals”的同时，还应当加上“Inorganics”和“ICSD Patterns”。

对于合金样品，还需要加上“Metallics”子库。

对于其他样品，也应当选择相应的数据。

（2）元素限定：对话框的右边框中列出了多个“过滤器（Filters）”。其中最重要的是“Use Chemistry Filter”选项。选中该项，将进入如图 3-7 所示的“元素周期表”对话框。

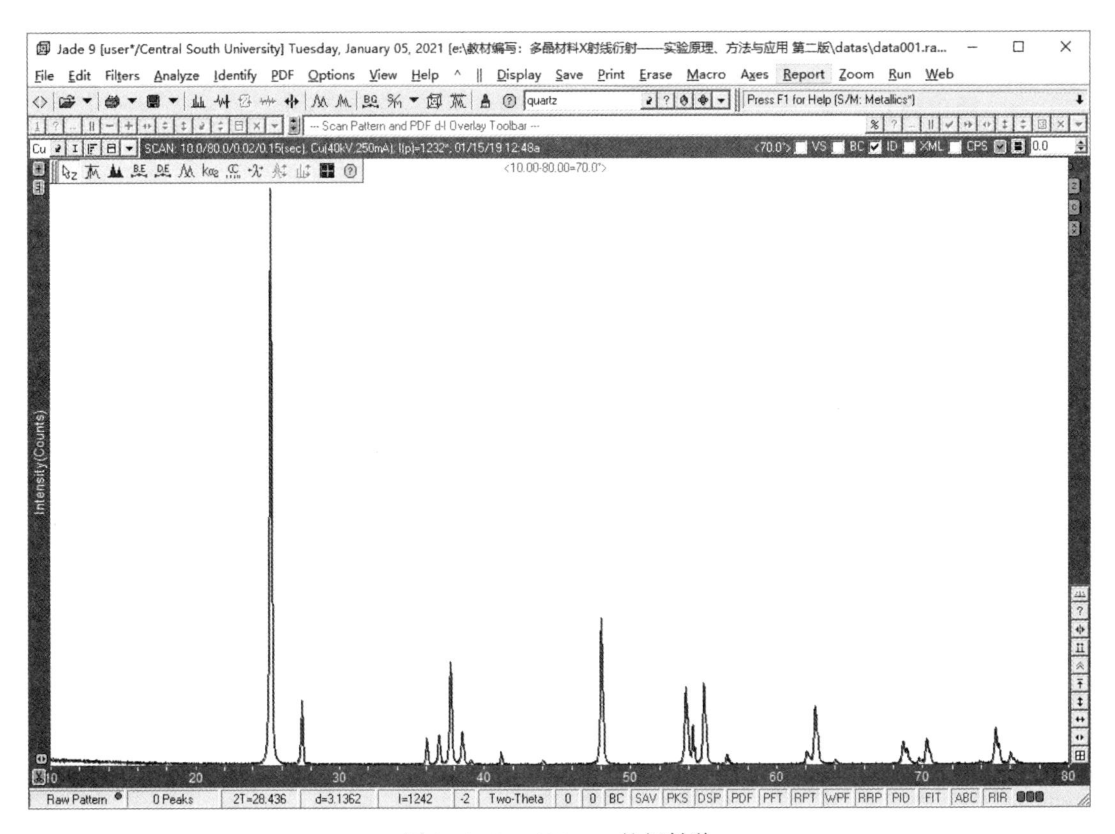


图 3-5 Data001. raw 的衍射谱

在这里应当选择“待查物相中含有的元素”。具体来说，在化学元素选定时，有以下三种选择。

不存在的元素：未被选中的元素，就表示样品中不存在该元素。

可能存在的元素：单击元素名称按钮一次，元素名称按钮被按下，字符颜色变成蓝色（如 Ti ）。表示被检索的物相中可能存在该元素，也可能不存在该元素。

一定存在的元素：单击元素名称按钮两次，字符颜色变成白色，而按钮背底变成绿色，如“Ti”表示被检索的物相中一定存在 Ti 元素。

例如：在 O 元素上单击一次，而在 Ti 元素上单击两次，显示为 Ti O ，则表示查找“一定含有 Ti，可能含有 O 的物相”，即在 Ti（单质）和氧化钛中查找物相。

如果分别在 O 和 Ti 元素上各单击两次，显示为 Ti O，则表示查找“同时含有 Ti 和 O 的物相”，其含义就是查找氧化钛。图 3-7 所示就是表示只检索氧化钛物相。

对于元素选择的一般理解为“选择样品中含有的元素”，这其实是一种不完全恰当的理解。

一般情况下，可以一个一个去选择元素。如果要进行批量元素的选择，也可以采用下面的方法。

P：排除所有元素，即不选择任何元素。

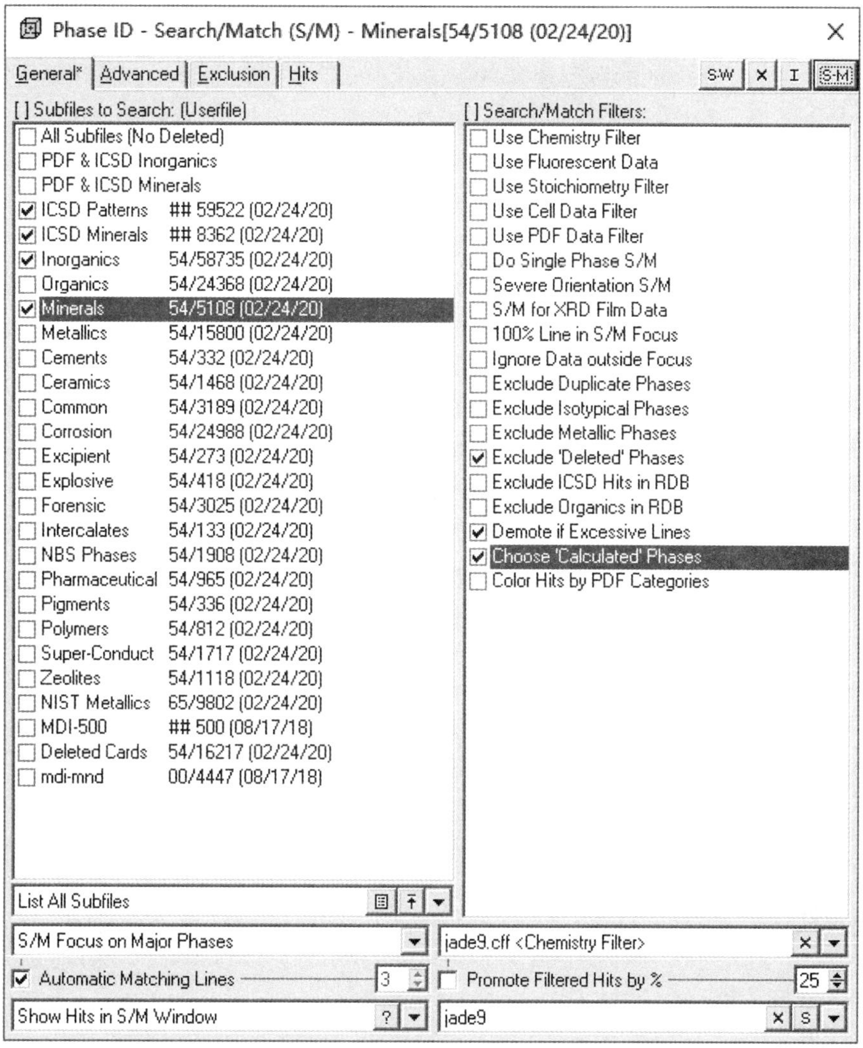

图 3-6 物相检索条件设置对话框

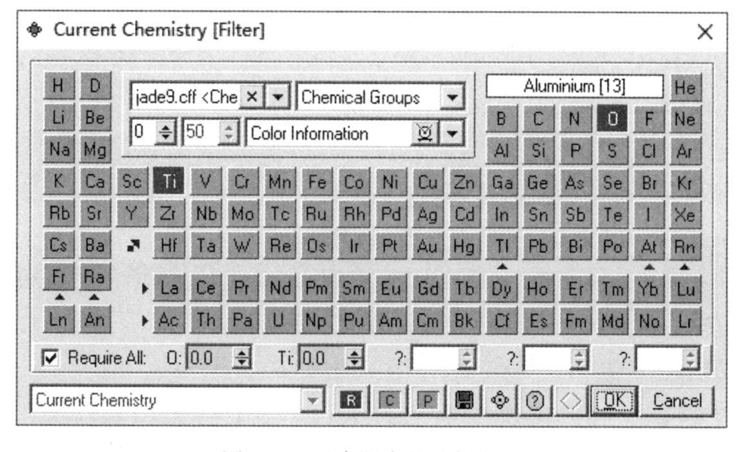


图 3-7 元素限定的选择方法

C：选择所有轻元素/常见元素（通过单击转换）。

▸La：在一类元素（如镧系元素）的旁边有一个箭头按钮，单击该按钮则可对该类元素全部选定。

除了可以选择元素种类外，还可以指定元素的化学计量。例如，如果在图 3-7 所示的元素周期表中选定了 Ti O 后，再在元素后面输入其化学计量值，如 O: 2 Ti: 1，则表示仅检索 $TiO_2$ 物相（$TiO_2$ 有很多种晶型，为不同的物相；而且氧化钛还有很多种亚稳态的 $TiO_x$，$x<2$）。

值得注意的是：在有些情况下，虽然材料中原本不含非金属元素 O、N、C、Cl 等，但由于样品制备过程中可能被氧化或氯化，在多种尝试后尚不能确定物相的情况下，应当考虑加入这些元素，尝试金属盐、酸、碱的存在。

将元素选定完成后，点击“OK”，返回到前一对话框界面。

（3）限定检索的焦点：对话框的左下有一个下拉列表，如图 3-6 所显示的 S/M Focus on Major Phases，包含“S/M Foucs on Major/Minor/Trace/Zoom window/Painted”。这里共有 5 种选择，它们分别表示检索时主要着眼于“主要相/次要相/微量相/全谱检索/选定的某个峰”。只有在多物相样品检索的后期，在检索微量相时才可能被使用。

（4）其他过滤器：在图 3-6 中，元素限定下面还有很多其他过滤器。

1）Exclude Duplicate Phases：排除重复的相。在 PDF 库中，同一物相可能有很多张 PDF 卡片，如果找到了一张，其他卡片不被显示出来。一般情况下都不用勾选，除非重复相太多，在 S/M 窗口中显示不了其他相。

2）Exclude Isotypical Phases：排除同类型的相，$MnFe_2O_4$ 和 $Fe_3O_4$ 是同类型的（即组成元素不同但结构相同的物相，简单称为“异质同构相”），如果找到其中一个，其他卡片不被显示，一般不勾选。

3）Exclude“Deleted”Phases：排除被删除的相，否则那些被删除的卡片被显示出来。

这些勾选项要根据情况来选择，不同的选择会导致不同的检索结果。

（5）扩展选择条件：在图 3-6 中，单击“Advanced”按钮，显示如图 3-8 所示的对话框。左上部是一个过滤器，一般选择“Exclude None”，左下部是“S/M”过程中的分析方法。一般地选择“不做分析”（No Analysis after S/M），因为分析可能会让一些物相被过滤掉而不显示出来。窗口右边则是“参数窗口”设置，选择默认的方式是可以的。但是，对于一些特殊的样品，可能会要做些调整。例如：

1）Two-Theta Error Window：允许角度误差窗口。

2）Solid Solution Range（%）：表示固溶范围，该选项允许谱线的左右移动范围。在一些固溶度大的样品检索时，可能会需要设置为“5”。

3）Max# of Hits per S/M：每次显示最多的卡片数。

当检索条件设置好时，点击对话框右下角的“OK”按钮，进入“Search/Match Display”窗口。

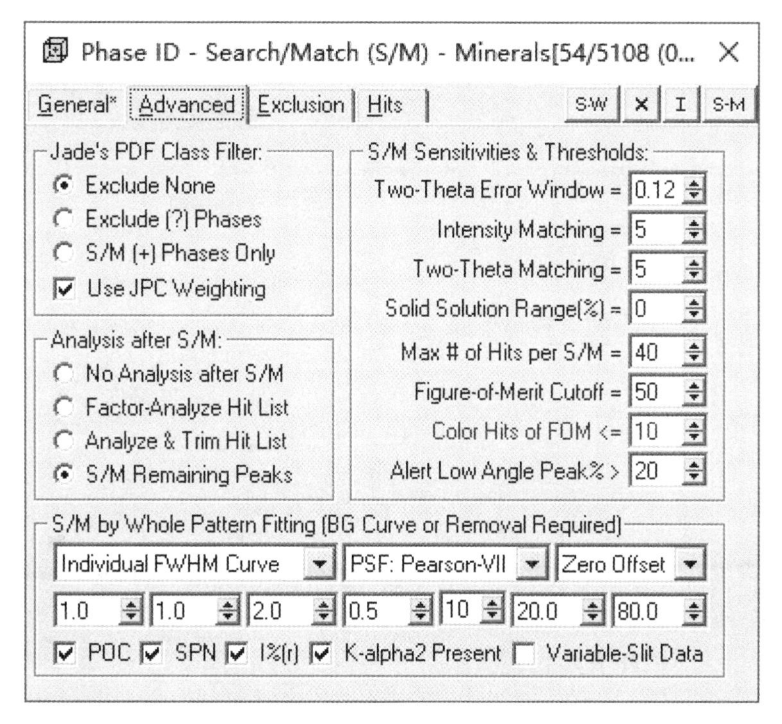


图 3-8　检索条件的扩展设置

### 3.5.3　Search/Match Display 窗口

当检索条件设置好并单击窗口顶端的 S-M 按钮后，软件按给定的检索条件进行 PDF 卡片检索。“Search/Match Display” 窗口显示出来，如图 3-9 所示。

图 3-9 窗口的最上面是工具栏，这些工具包括检索工具和显示方式设置工具。关于这些工具的使用，可以试着单击或右击，观察它们的作用。然后是全谱显示窗口，可以观察全部 PDF 卡片的衍射线与测量谱的匹配情况。中间最大的窗口是 S/M 匹配窗口，可观察局部匹配的细节，通过窗口右边的按钮可调整窗口中图谱的显示范围和放大比例，以便观察得更加清楚。窗口下面显示检索出来的 PDF 卡片列表，从上至下列出最可能的 100 种物相（或按 Max# of Hits per S/M 设定）。在这个表中主要的显示项包括：物相名称、化学式、*FOM* 值、*J* 值、PDF#和 *RIR* 值。

检索出来的 PDF 卡片一般按 “*FOM*” 由小到大的顺序排列，*FOM* 是匹配率的倒数。数值越小，表示匹配性越高。*J* 值是 PDF 卡片的品质因子。*RIR* 值是 “参比强度”，是计算物相含量时需要用到的系数。

在这个窗口中，鼠标所指的 PDF 卡片行（当前卡片）显示的标准谱线是蓝色，已选定卡片的谱线显示为其他颜色，软件会自动更换颜色，以保证当前所指卡片的谱线颜色一定为蓝色（也可以通过软件进行调整）。

在 PDF 卡片列表的右边有一排按钮，作用如下：

↕：用来调整峰位线的高度，使之强度匹配。

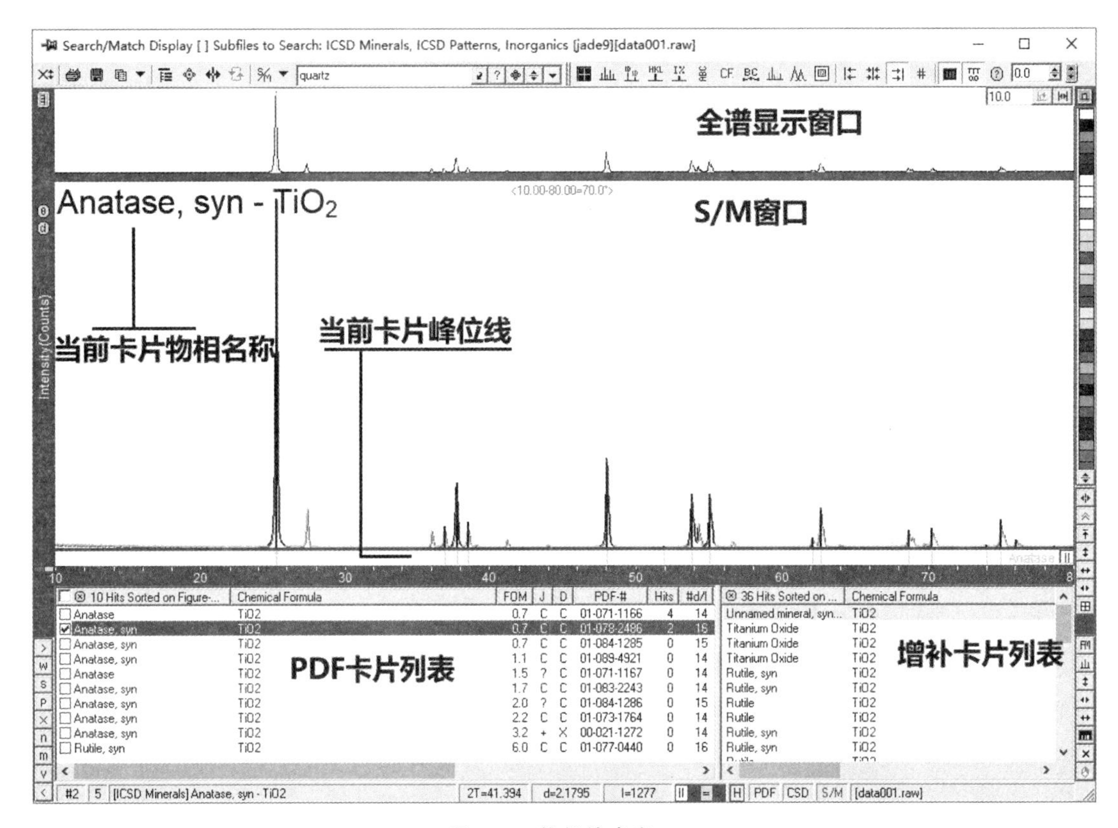


图 3-9　物相检索窗口

和：都用于调整峰位线的左右位置，前者调整零点，后者调整谱线位置的缩放。这个功能在固溶体的物相分析中很有用，因为固溶体的晶胞参数与 PDF 卡片的谱线对比总有偏移（因为溶剂原子的半径与溶质原子半径不同，造成晶格畸变，晶胞参数变化）。

在 S/M 列表中，每个物相的最左边有一个勾选框，如果认为某个物相存在于样品中，就在这个勾选框中加上勾号。

在窗口左下角有一竖排按钮，利用它们可以进行两次筛选：选择不同的方式重排列表（m）、寻找相似相（n）、删除一行（x）、重新搜索匹配（s）等，而窗口的右下角的小窗口中则显示相似相的 PDF 卡片。有时，还可以从这个小窗口中显示的 PDF 卡片中选择物相。

### 3.5.4　确定物相

物相检索软件只能将 PDF 库中符合检索条件的 PDF 卡片列出来，但不能准确地确定样品中存在的物相。确定物相是需要检索者自己确定的。

如果 S/M 列表中的某个 PDF 卡片的所有谱线都能对上实验谱的衍射峰，而且强度也基本匹配，同时，物相化学成分也相符，则可以考虑这种物相在样品中是存在的。此时，在该 PDF 卡片左边的勾选框（方框）中加上对号，表示选择这一 PDF 卡片的物相。

如果样品中含有多种物相，而且有多个 PDF 卡片符合确定物相的条件，则可以同时选择它们（同一物相只需要选择一张卡片，如图 3-9 中，前面 9 行是同一个物相 Anatase，只需要选择其中一张卡片，第 10 行为另一个物相 Rutile，也是样品中存在的物相，可以一并勾选上）。检索完成后，关闭这个窗口返回到主窗口中。

当样品中存在多种物相时，很有可能一次检索不能全部检索出来。这时，需要改变检索条件再检索。例如，缩小 PDF 子库的范围，缩小元素的选择范围或者使用不同的元素组合，设定检索对象为微量相等。

需要说明的是，计算机仅仅是根据检索者给出的检索条件来检索物相。给定不同的检索条件时，可能得到不同的检索结果。如何有技巧地设置和运用这些检索条件是正确和完全检索出物相来的关键。

限定检索条件的目的是缩小程序的搜索范围，从而增大检索结果的可靠性。不同的限定条件，程序可能会检出不同的物相列表。因此，当某些衍射峰或某个衍射峰的物相检索不出来时，不妨试试这些条件的改变。其他限定条件还有“错误窗口大小”，也是值得熟练的检索者注意的。

限定条件越严格，程序的搜索范围越小，检索出来的物相可能越正确，但也可能出现某些物相检索不出来的结果。

限定元素时，原则上一次限定的元素不超过 4 个。当然，对于矿物样品例外。

在图 3-9 中，在第 2 张 PDF 卡片上进行了勾选，表示选定了这种物相。

假定没有再勾选其他的物相卡片，返回主窗口后显示结果如图 3-10 所示。

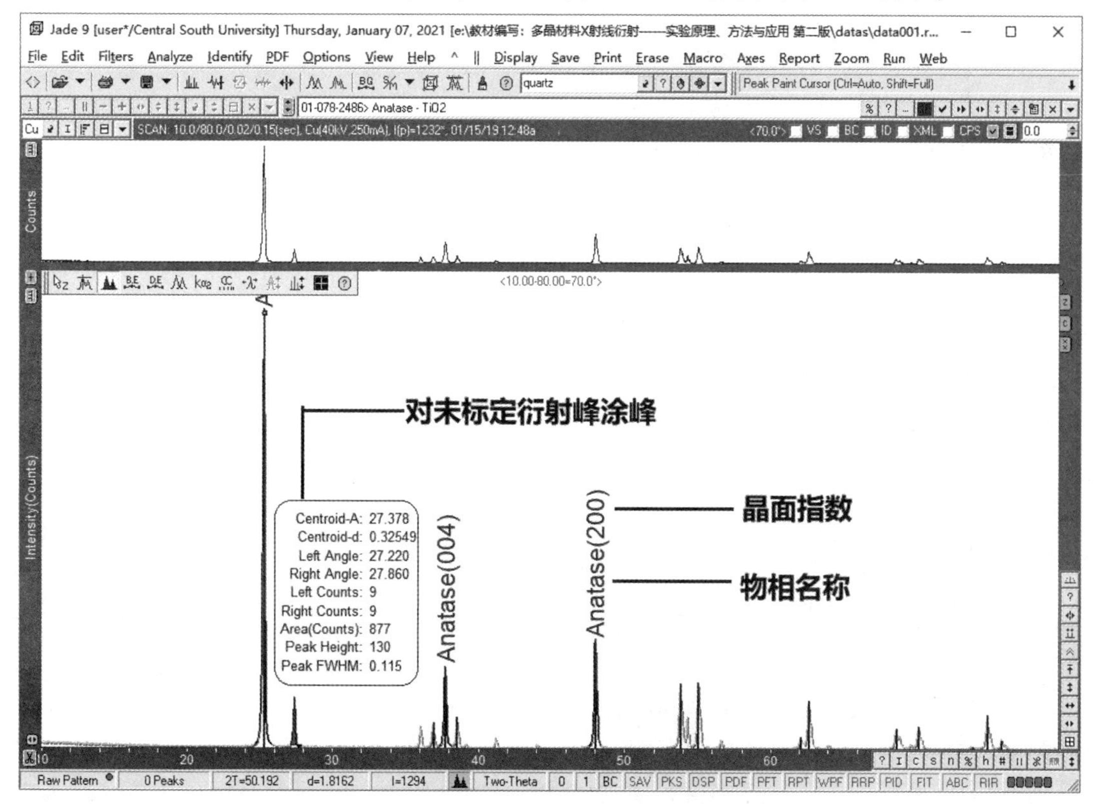


图 3-10　物相初选结果

图 3-10 中的“Anatase”是待定的物相名称，通过按下窗口底部的显示按钮组中的“n”显示。而“（004），（200）”是衍射峰所对应的衍射面指数，通过“h”按钮显示。这个按钮组中还有其他一些按钮，都是用于显示指定物相的对应衍射峰的各种参数。

### 3.5.5　根据强峰检索物相

传统的物相检索方法是“三强线”检索法。根据（剩余的）三条强线的 $d$ 值来检索物相，在满足三强线的基础上再比对“八强线”（这就是为什么每张 PDF 卡片上都有三强线和八强线的原因），在八强线都匹配的情况下再比对所有线是否都存在。

Jade 可以使用单峰搜索或多峰搜索来检索物相。单峰搜索即指定一个未被检索出的衍射峰的范围，在 PDF 卡片库中搜索在此处（范围内）出现衍射峰的物相列表，然后从列表中检出物相。

单峰搜索的方法如下：

在主窗口中选择“涂峰”按钮（Peak Paint），在一个强度较高的剩余衍射峰下画出一条底线（并不需要平，可以是斜线），该衍射峰（即涂峰的衍射角范围）被指定。

鼠标右键点击“S/M”。此时，检索对象变为灰色不可调，可以限定元素或不限定元素，软件会列出在此峰位置出现衍射峰的 PDF 卡片列表。

这种方法的特点是：（1）强峰搜索法也是一种限定条件的检索方法，它限定了只搜索出在某衍射角范围内出现衍射峰的物相；（2）如果可以肯定某两个或三个峰应当是同一物相的衍射峰，则可同时选择几个衍射峰进行检索。

图 3-10 中，对衍射谱左侧第二个衍射峰进行了涂峰。该衍射峰目前尚未有物相标定，说明样品中还有其他物相没有检索出来。

对某衍射峰涂峰后，重复检索步骤，则可以检索出指定衍射峰位置对应的物相。

图 3-11 的列表中只显示了一种物相的 PDF 卡片。这些卡片都是在 27.220°～27.860°（$2\theta$，见图 3-10 的涂峰范围）有衍射峰（还符合其他检索条件）的 PDF 卡片。当选定了第 4 张卡片后，返回主窗口（图 3-12），显示物相检索结果。如果按下窗口右下角的“h”和“n”按钮，则会在各个峰上标出各物相的名称和晶面指数。

### 3.5.6　物相检索结果的输出

物相检索结果可以通过打印预览输出，或者以报告的形式输出。

（1）保存结果为图片文件（bmp/JPG）：检索完成后，鼠标右键点击常用工具栏中的“打印机”按钮，转到“打印预览”窗口，如图 3-13 所示。

图 3-13 中，上面是样品的测量图谱，下面两行为样品的物相检索结果，列出了两种晶型 $TiO_2$ 的 PDF 卡片号、物相名称和分子式。在这个窗口中，可以保存/复制/打印/编辑检索结果。

如果发现程序中的打印机图标是灰色的，说明计算机上没有安装打印机。应当退出 Jade，在 Windows 的控制面板里安装一个合适的打印机驱动程序（并不需要打印机存在）。建议安装一个 Adobe Acrobat Professional 软件，会产生一个 PDF 打印机，可以将结果输出成一个 PDF 文件。

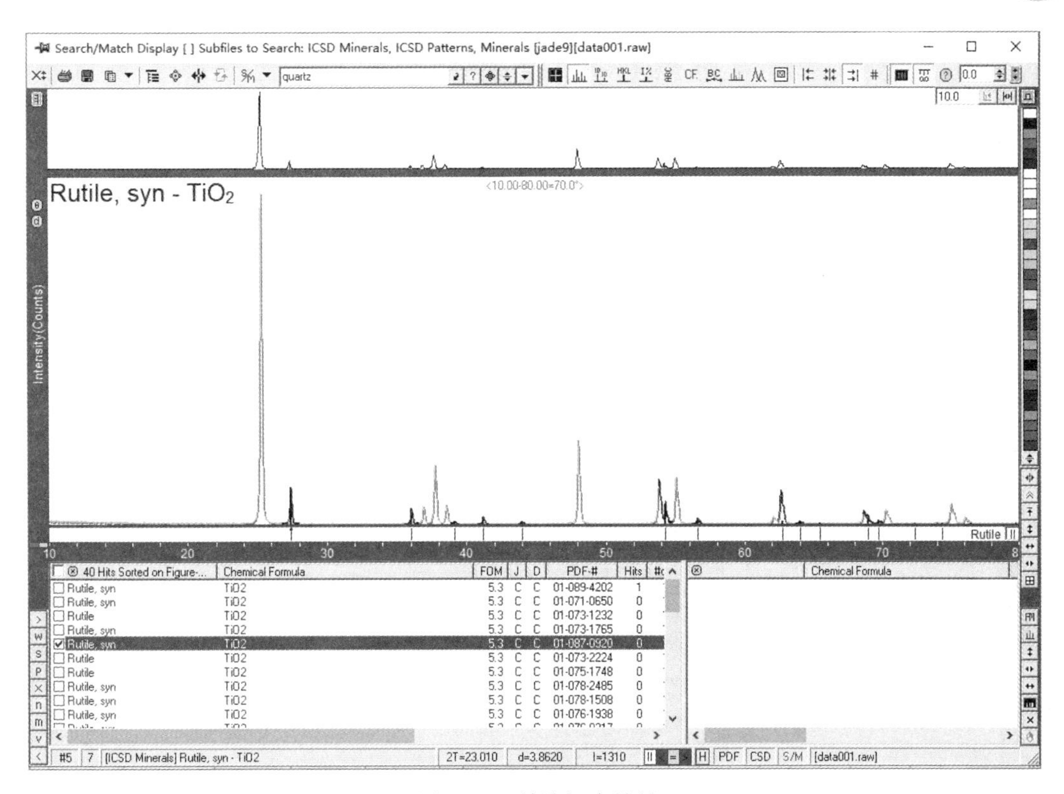


图 3-11　单峰探索结果

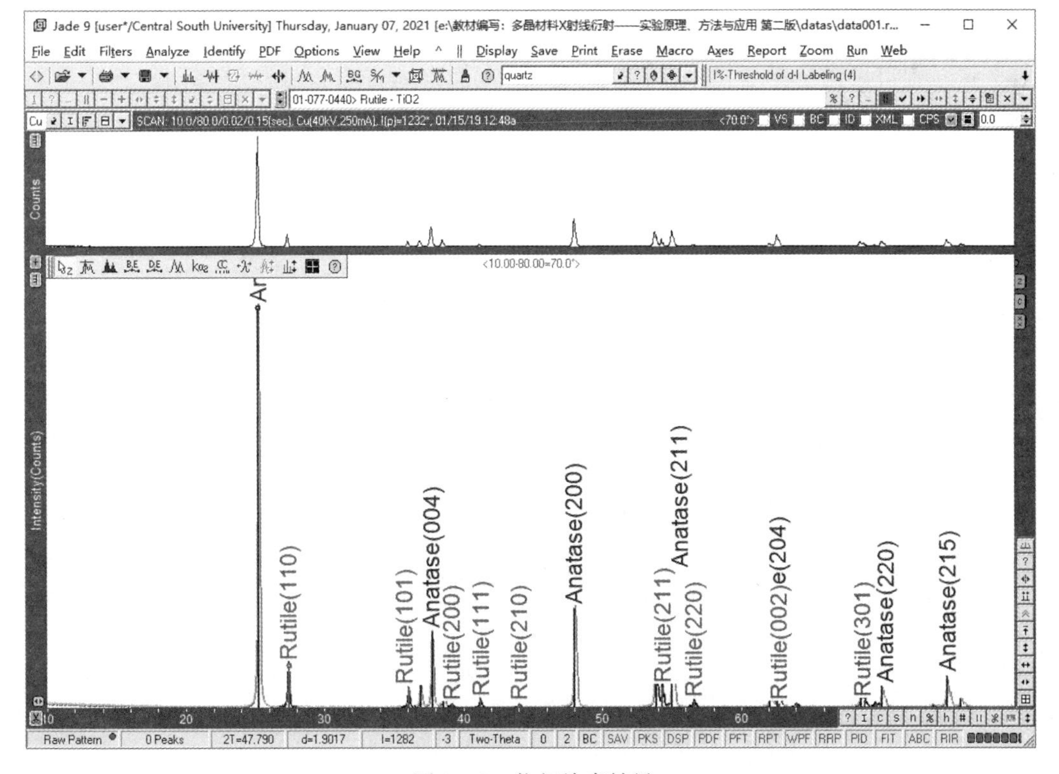


图 3-12　物相检索结果

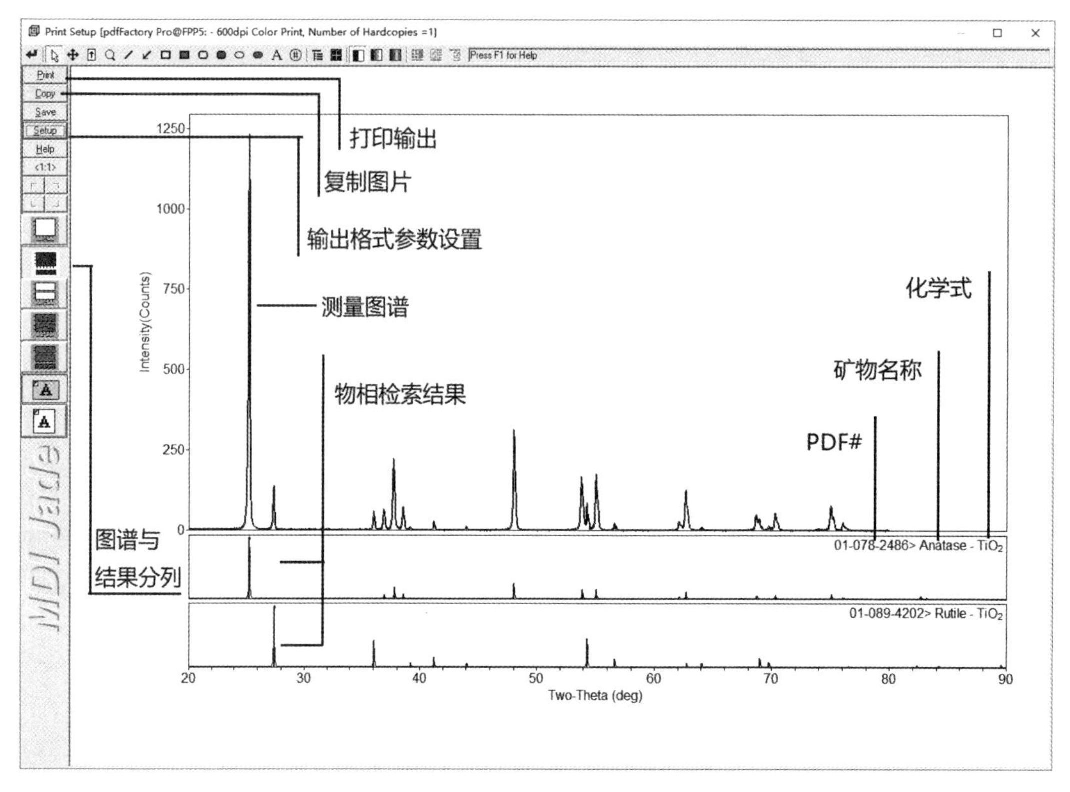


图 3-13 物相检索结果

(2) 保存衍射峰-物相列表：如果需要每个衍射峰的角度、强度、半高宽、对应的物相等数据，则可以通过菜单“Report | Peak ID ”命令来查看、保存和打印。其结果如图 3-14 所示。

Peak ID Extended Report (19 Peaks, Max P/N = 17.5) - [dat...

Close | Print | Export | Copy | Erase | Color Phases | Color Entire Row

| # | 2-Theta | d(nm) | Height | Height% | Phase ID | d(nm) | I% | (h k l) | 2-Theta | Delta |
|---|---|---|---|---|---|---|---|---|---|---|
| 1 | 25.280 | 0.35201 | 1228 | 100.0 | Anatase | 0.35165 | 100.0 | (1 0 1) | 25.307 | 0.026 |
| 2 | 27.418 | 0.32503 | 135 | 11.0 | Rutile | 0.32477 | 100.0 | (1 1 0) | 27.441 | 0.022 |
| 3 | 36.043 | 0.24899 | 55 | 4.5 | Rutile | 0.24875 | 43.3 | (1 0 1) | 36.078 | 0.035 |
| 4 | 36.918 | 0.24328 | 59 | 4.8 | Anatase | 0.24308 | 5.9 | (1 0 3) | 36.950 | 0.032 |
| 5 | 37.721 | 0.23829 | 214 | 17.5 | Anatase | 0.23786 | 18.5 | (0 0 4) | 37.791 | 0.070 |
| 6 | 38.540 | 0.23341 | 66 | 5.4 | Anatase | 0.23323 | 7.0 | (1 1 2) | 38.570 | 0.030 |
| 7 | 41.204 | 0.21891 | 27 | 2.2 | Rutile | 0.21873 | 16.2 | (1 1 1) | 41.239 | 0.036 |
| 8 | 48.023 | 0.18930 | 311 | 25.3 | Anatase | 0.18923 | 24.3 | (2 0 0) | 48.043 | 0.020 |
| 9 | 53.820 | 0.17020 | 162 | 13.2 | Anatase | 0.17001 | 14.9 | (1 0 5) | 53.885 | 0.066 |
| 10 | 54.295 | 0.16882 | 79 | 6.4 | Rutile | 0.16874 | 46.6 | (2 1 1) | 54.324 | 0.029 |
| 11 | 55.060 | 0.16665 | 169 | 13.8 | Anatase | 0.16663 | 15.2 | (2 1 1) | 55.068 | 0.008 |
| 12 | 56.600 | 0.16248 | 20 | 1.7 | Rutile | 0.16238 | 13.5 | (2 2 0) | 56.636 | 0.036 |
| 13 | 62.099 | 0.14935 | 26 | 2.1 | Anatase | 0.14932 | 2.6 | (2 1 3) | 62.113 | 0.014 |
| 14 | 62.659 | 0.14815 | 122 | 10.0 | Anatase | 0.14808 | 11.0 | (2 0 4) | 62.689 | 0.030 |
| 15 | 68.681 | 0.13655 | 47 | 3.8 | Anatase | 0.13642 | 4.6 | (1 1 6) | 68.756 | 0.075 |
| 16 | 68.959 | 0.13607 | 33 | 2.7 | Rutile | 0.13598 | 14.9 | (3 0 1) | 69.012 | 0.053 |
| 17 | 70.300 | 0.13380 | 53 | 4.3 | Anatase | 0.13380 | 5.2 | (2 2 0) | 70.297 | -0.003 |
| 18 | 75.018 | 0.12651 | 75 | 6.1 | Anatase | 0.12646 | 7.7 | (2 1 5) | 75.050 | 0.032 |
| 19 | 76.040 | 0.12506 | 24 | 1.9 | Anatase | 0.12506 | 2.0 | (3 0 1) | 76.043 | 0.004 |

图 3-14 物相检索结果

图 3-14 中这样的报告保存的是纯文本内容。这个报告左边的“2-Theta、d（nm）、Height、Height%”分别是测量图谱中各个衍射峰的衍射角、*d* 值、衍射峰高和相对高度，然后是衍射峰对应的物相名称（Phase ID）、该物相对应 PDF 卡片上的 *d* 值（d（nm））、相对强度（I%）、衍射面指数（hkl）和衍射角（2-Theta），最后一列是衍射角的测量值与 PDF 卡片数据之间的差值（Delta）。按下“Export”可以保存这个列表为一个文件，文件扩展名为“. ide”。

如果表中有些行中右边是空的，说明这些衍射峰没有检索出对应的物相，即样品中可能还存在其他物相，但没有检索出来。也可能是这个衍射峰已经被检索出物相，但物相的衍射峰位有移动。

出现这种情况的原因可能是：1）样品中确实有没有检索出来的物相，需要进一步检索；2）样品中虽然还有一些很小的峰没有检索出物相，但已经没有办法检索出来，因为这些峰实在太弱了，这种情况是很常见的；3）样品中可能有新物相存在，是没有办法检索出来的。所谓新物相是指在 PDF 库中没有记录的物相；4）有可能检索错误，需要重新检索。到底是哪一种情况，要具体情况具体分析。

这个报告通常与“寻峰报告”（图 2-26）联合起来使用，寻峰报告中列出了每个衍射峰的 2-Theta、*d* 值、背景 BG 高度、峰的高度（Height）、面积（Area）、半峰宽（FWHM）和晶粒尺寸（XS）数据。

半峰宽是指峰的一半高度处的峰宽，是常用的表示峰宽度的一种方法。通过半峰宽和仪器宽度以及波长数据，根据谢乐公式可以计算出晶粒尺寸。

晶粒尺寸的单位是 nm。要显示晶粒尺寸数据，需要预先在“Edit | Preferences | Report”菜单中选中“Estimate Crystallite Size from FWHM's-0. 9”，其中的 0. 9 表示仪器宽度为 0. 9°。

（3）输出物相检索报告：选择菜单命令“Report | Phase ID Report”，显示在图 3-15 中。

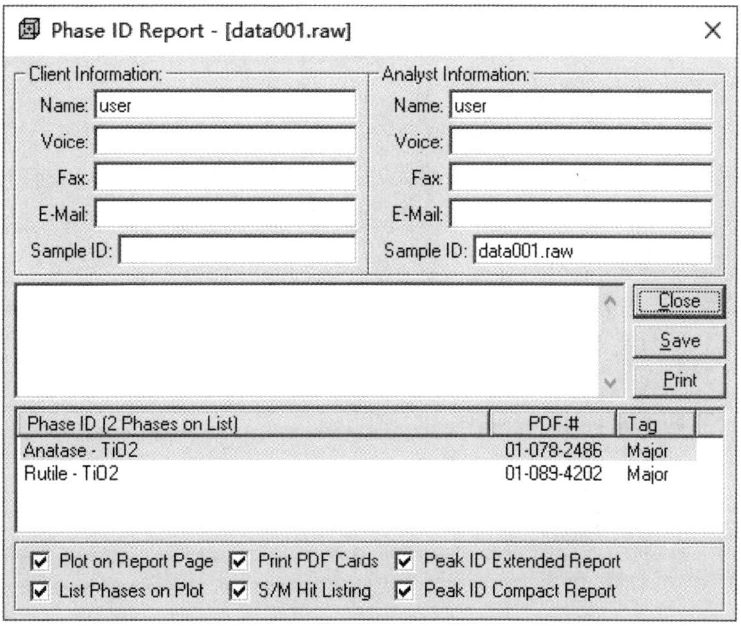

图 3-15　物相鉴定报告

在此报告中可以包含（1）和（2）的结果，还可以打印输出物相卡片。

（4）保存分析工作：在 Jade 中，任何时候都可以选择菜单命令“File | Save | Save Current Work as *.SAV”，该命令保存的内容包括两个方面：1）检索出来的物相列表，文件扩展名为“.PDF”。这实际上是一个文本文件，保存下来供以后了解样品中存在哪些物相。2）主窗口的“图像”。这里，加上引号的“图像”，不是一张简单的图片，而是当前窗口的所有信息，保存下来供以后复原当前的检索状态。举个简单的例子，有一个样品已经分析出来存在 3 种物相，但还有其他衍射峰没有检索出物相来，可以把“当前的工作”保存下来，待以后有机会再继续分析，而不需要重新从头开始分析。

上面通过一个测量样品解释了物相分析的步骤和软件的操作过程。应当指出，正确地全面地检索出物相不但需要熟练地掌握 Jade 物相检索的方法和技巧，而且更重要的是需要掌握研究课题方面的专业知识。除此以外，还要不厌其烦地反复尝试各种可能。在物相检索不能完成时，很可能是检索条件设置不正确，应当先去查阅相关的文献。另外，虽然 PDF 卡片每年都有更新，但并不是每种物相都一定能从卡片库中找到。这时应当考虑是否有新的物相产生，或者是检索中存在错误的确认。

下面通过一些分析实例进一步说明物相分析的应用方法。

## 3.6 物相定性分析方法的应用

操作视频 12

### 3.6.1 合金相分析

**例 1** Al-Zn-Mg 合金的物相分析

样品是一种 Al - 7Zn - 3Mg 合金，需要检索出样品的主要物相（数据文件：Data019.raw）。具体操作步骤如下：

（1）先不限定任何检索条件，按 Major 相检索。检索列表中显示了很多与样品元素不相干的物相（图 3-16）。这是由于没有做元素检索限定，而这些物相的点阵结构（晶型为面心立方，晶胞参数 4.04Å 左右），与 Al 的晶体结构非常相近，实验谱是可以对得上的（所谓峰位匹配就是指 PDF 卡片的谱线位置有相应的衍射峰出现，否则就是不匹配）。根据样品的化学成分可知，样品的主相应当是 Al。在 Al 所在行的左边方框中加上对号，表示选中了这个物相，关闭这个窗口，返回到主窗口。

这里，应当注意以下两点：

1）与实验谱对得上的物相可能不止一个，应当选择最可能的物相。

2）PDF 卡片上 Al 的相对强度（蓝色竖线高度）与实验谱强度并不匹配。所以，一般情况下，强度只作为参考。在不匹配的情况出现时，必须有理由解释。本例中的样品为铝合金轧制板材，当然存在严重的择优取向（织构）。而有些样品粉末颗粒呈片状，很容易在制样时产生择优取向，也会导致强度不匹配。

（2）按下按钮，然后在 41°（$2\theta$）位置上的峰下划过，选择这个峰，如图 3-17 所示。然后，选定元素为“Mg+Zn”，重复检索步骤，再次进行检索，得到图 3-18 所示的检索列表。

虽然如图 3-17 所示，限定了元素，但在列表中还是出现了其他元素形成的物相。这

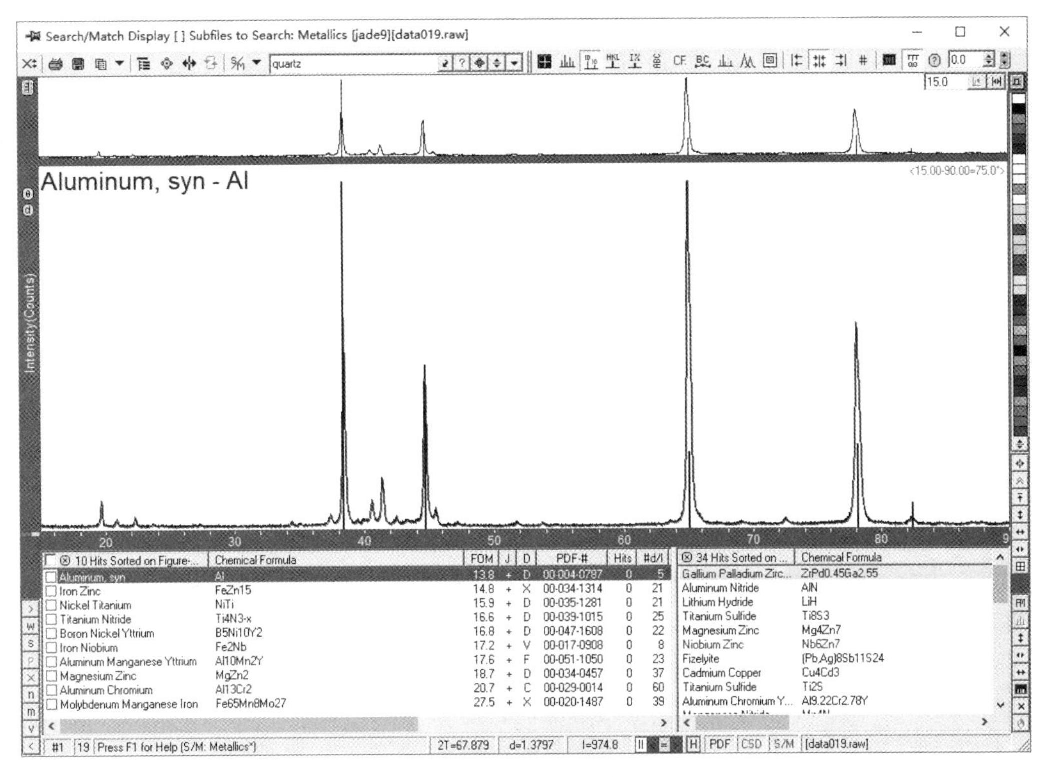


图 3-16 物相选择窗口

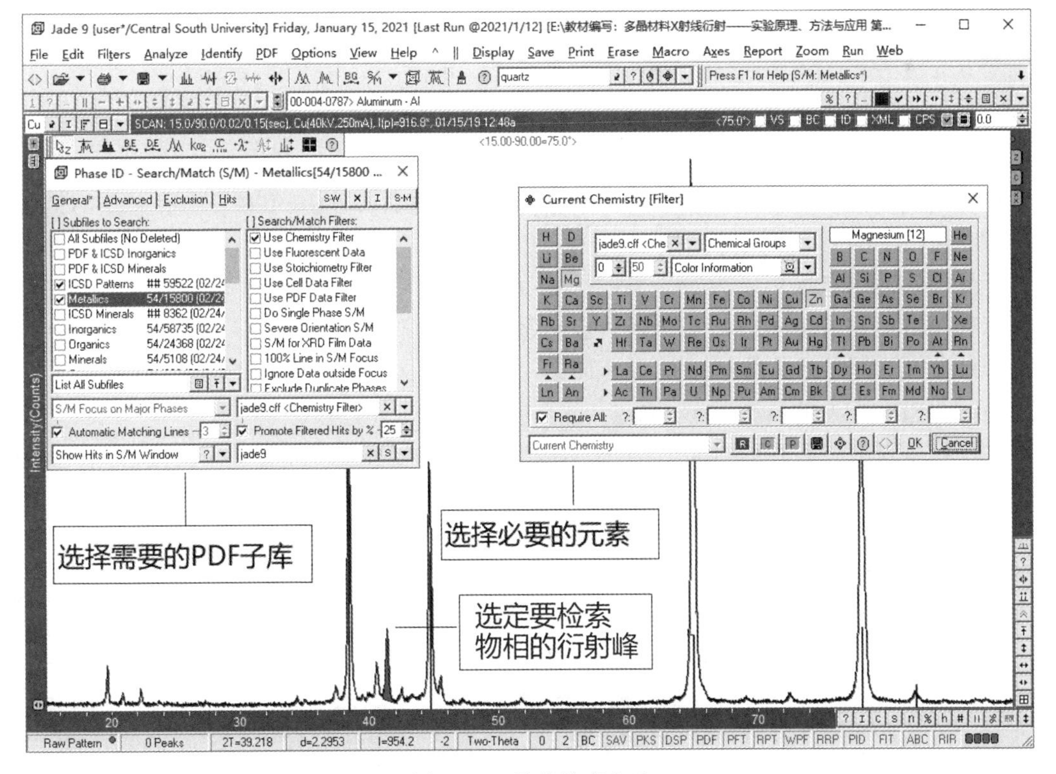


图 3-17 单峰检索方法

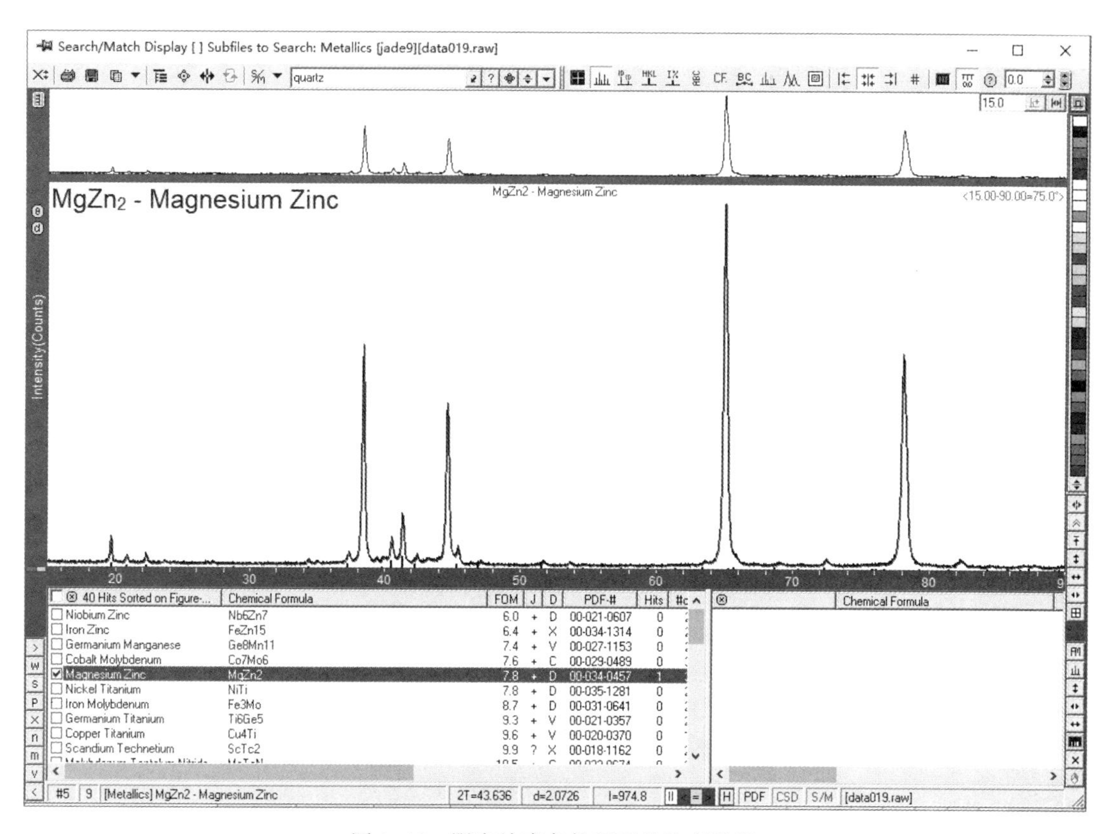


图 3-18 限定检索条件得到的检索结果

是因为 PDF 库中由 Mg+Zn 形成的物相卡片太少了。此时，也会把一些不相干的卡片列出来。

根据合金中含有元素种类的已知条件以及热处理工艺条件，结合合金相图，选择了 $MgZn_2$ 卡片。有几点需要说明：

1）*FOM*：称为匹配因子。*FOM*＝0，表示完全匹配，*FOM*＝100，表示完全不匹配。*FOM* 值越小，PDF 卡片与实验谱匹配越好，应当尽可能选 *FOM* 小的物相。但是，*FOM* 匹配因子仅仅作为确定物相的参考，不能因为某种物相的 *FOM* 值大而确定它是不存在的。在选定物相时还要考虑实际的实验条件、样品状态、固溶状况等很多因素，*FOM* 值仅仅是一个按公式计算出来的数据。

2）*J*：PDF 卡片的品质因子，“+”表示可信度最高（即星级质量），“C”表示 PDF 卡片为计算出来的而非实测的，“D”表示该卡片已被删除，已有新卡片替代，“?”表示怀疑的。在其他条件相当的情况下，应尽可能选择品质因子高的卡片。

虽然粉末衍射文件中登录了很多物相，但往往最新的或者正在研究的物相还没有来得及登录，那么这些很新的物相无法检索出来。

一种物相在 PDF 库中可能有多张对应的卡片，PDF 卡片是从不同的研究结果中收集起来的。由于研究结果发表的年代、所使用的仪器精度不同，同一物相的各张 PDF 卡片的数据存在很小的差别。这些数据之所以都被收入进来，是因为不能确定哪一个研究结果是最精确或最标准的。有时候将 PDF 卡片称为“标准”卡片，其实是不正确的说法。任何一种物相的晶体学数据都没有标准。那么，在选择物相时，应当选择与实验谱对应最好的卡片。

PDF 卡片上的峰位是可以移动的。按住 PDF 列表右边的左右双向箭头，可以将物相左右移动来匹配实验谱。这是因为实验谱是实际样品的谱图，制样时样品表面可能高于或低于样品架平面，或者物相是一种固溶体，这些都会造成实验谱的左移或右移。因此，如果通过左移或右移某一 PDF 卡片的谱线能对得上实验谱，可以认为是存在该物相的。

对于金属合金样品来说，具有以下一些特点：

1）合金相一般由主相（基体相）和若干微量相（强化相）所组成。合金块体样品往往经过加工，择优取向严重，严重影响峰强匹配，在分析物相时必须考虑择优取向的存在。

2）合金中的物相一般都是多组元固溶体相。例如本例中的 Al 相就不能理解为一种铝单质，而是一种（Al，Zn，Mg）固溶体。固溶程度对峰位造成偏移，可以在图 3-8 中设置“Sold Solution Range%”为 0~5 之间的值，即允许最大固溶度为 5%。

3）温度应力、加工应力使峰形变异掩盖微量物相。一般来说，经过加工后的合金样品的衍射峰会出现一些变形和宽化。

4）异质同构在合金相中普遍存在。往往出现元素不相同的物相，其衍射峰有部分重合甚至完全重叠的现象，此时，特别需要元素信息的支持。

5）金属晶体结构对称性高，谱峰较少，可以考虑扩大扫描范围。例如，对于铜辐射条件下测量钢铁、铜合金样品时，由于这些合金的晶胞参数本身较小，其衍射峰出现在较高的衍射角位置。

6）分析者对样品的相图、析出或固溶行为了解的多少直接影响分析结果的正确性，对局部区域进行慢速扫描有时是必要的。

7）时效析出相与基体共格，也存在择优取向，时效析出相的晶粒很小，峰宽很大，不会表现为明显的衍射峰。例如在本例的合金中，如果 $MgZn_2$ 的衍射峰已经很明锐，说明晶粒已经长大为平衡相。

8）对于合金中的析出相，因为其含量非常低，即使使用了单峰搜索、限定元素分析的方法，很有可能并不能直接检索出物相。最有效的办法是找到可能物相的 PDF 卡片，根据卡片物衍射谱的对应情况来确定是否存在某种物相。特别要注意的是，X 射线衍射方法不能完全检测出样品中所有的物相。当物相含量极其低（一般质量分数小于 1%）时，可能不能纯粹根据衍射谱来确定是否存在。

**例 2**　钢铁材料中的物相分析

数据文件 Data020. raw 是一个碳素钢样品的衍射谱。当选定元素为 Fe 和 C 时，其检索结果如图 3-19 所示。

操作视频 13

碳素钢中，主体元素只有两种，即 Fe 和 C。由于 C 的原子非常小，可以进入 Fe 晶格的间隙中而形成两种不同点阵的钢，即马氏体钢（BCC）和奥氏体钢（FCC），即形成两种不同的物相。

需要注意的是，有可能检索出来的 PDF 卡片并未标明是马氏体或奥氏体。如图 3-19 所示，两种物相都标注为 Fe。但是，不能将它们简单地理解为单质铁，它们都是 Fe-C 固溶体。而由于 C 原子进入 Fe 晶格的间隙位置不同而形成不同的点阵，它们的强度、刚度以及耐蚀性都不同。

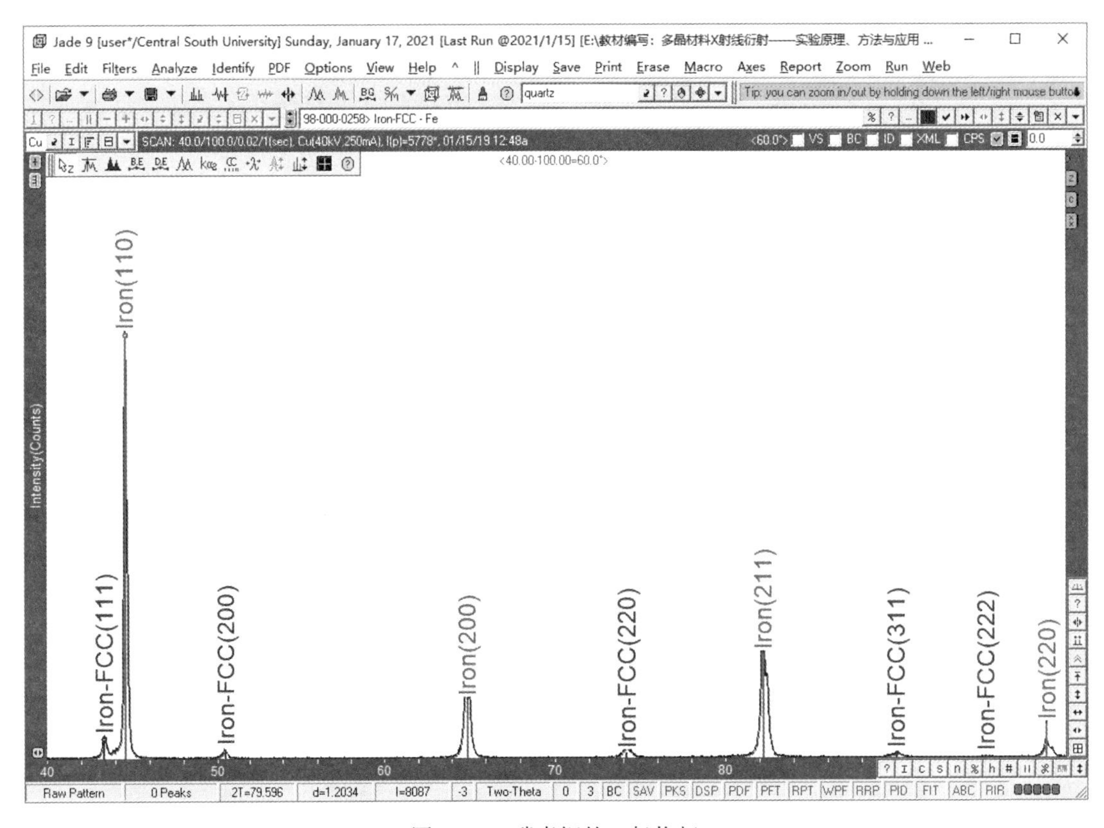


图 3-19 碳素钢的一般物相

### 3.6.2 矿物相分析

**例 3** 简单矿物分析

操作视频 14

数据文件 Data021. aw 是一种精铁矿的衍射图谱。从元素分析可知，样品中含有 Mn、Fe 元素，其主要物相检索结果如图 3-20 所示。

从图 3-20 可知，其主要物相是赤铁矿（Hematite），样品中还应当存在其他物相。选定经进一步检索，得到图 3-21 的结果。

从图 3-21 可见，尽管在本次检索时只选定了三种元素 Mn、Fe、O，但是，在检索列表中出现了很多其他的物相卡片（如 $Fe_2TiO_4$），其原因是这些物相的点阵结构与 $MnFe_2O_4$ 是极为相似的。此时需要分析者谨慎地选择出正确的物相，此处选择了锰铁尖晶石（Jacobsite）。这只能理解为根据矿物的存在状态进行了选择。如果仅凭 X 射线衍射结果，选择列表中的任何一种物相都是与实验相符的。这个例子说明在做 X 射线衍射物相检索之前，应当先确定样品中的元素，特别是阳离子种类。

**例 4** 一种黏土矿物物相检索实例

操作视频 15

黏土矿物的特点是：（1）晶胞大，特征衍射峰集中在 3°~30°；（2）各物相的衍射谱重叠，有时仅凭 X 射线衍射分析不能完全确定物相；（3）各物相具有特征的衍射峰，而其他峰可能不明显；（4）同一物相中含有的元素可能不完全相同，如蒙脱石可以是钙质蒙脱石，也可能是钠质蒙脱石，也可能是绿

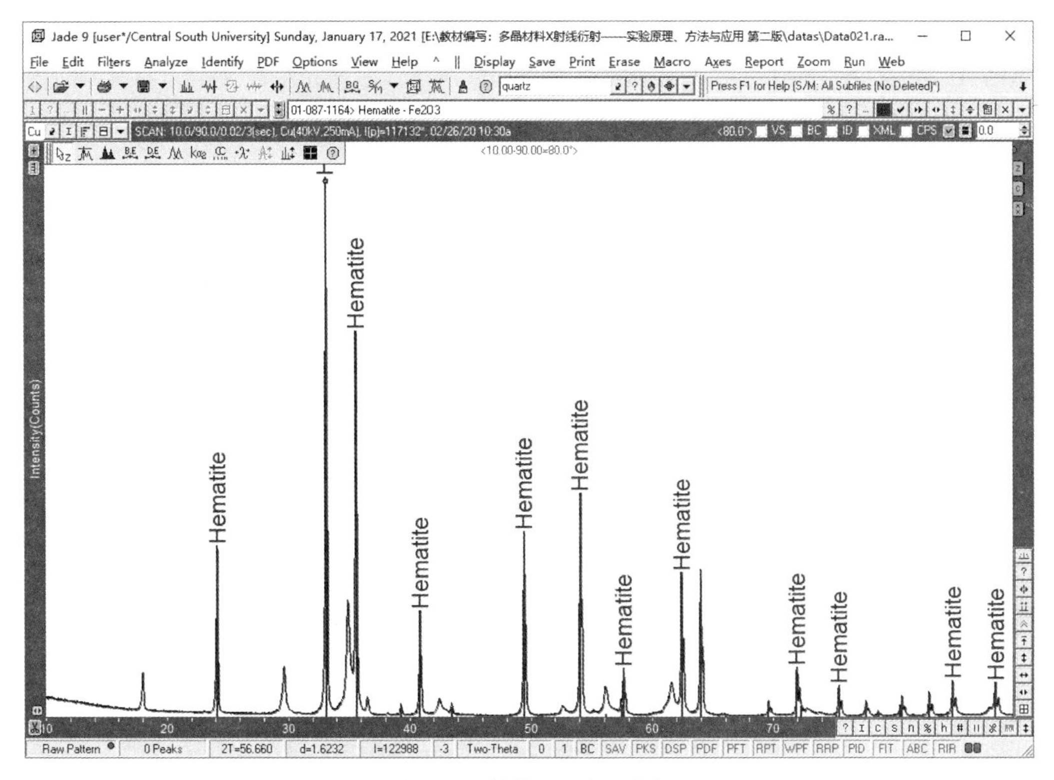


图 3-20 精铁矿的主要物相

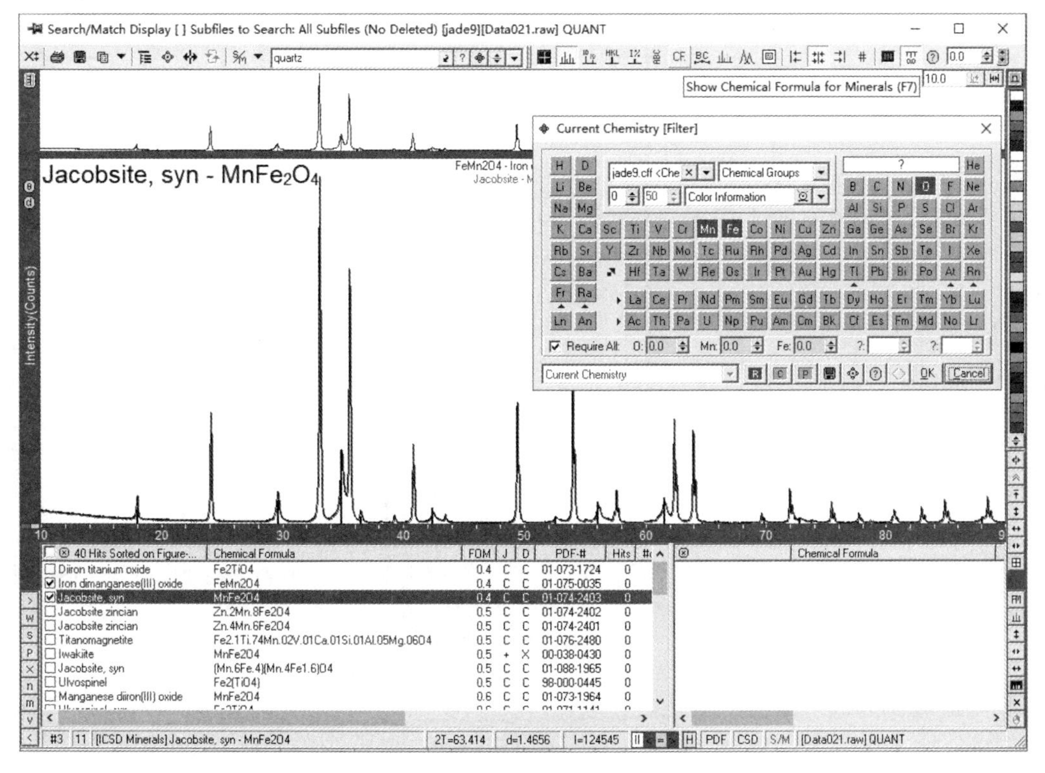


图 3-21 精铁矿的次要物相

脱石（含铁的蒙脱石）；（5）同一物相可能带有不同的结晶水，结晶水数量不同而导致衍射谱略有差异；（6）黏土矿物通常都是片状或层状晶体，结晶完整性很差，实验谱的相对强度与 PDF 卡的相对强度存在差异。

黏土矿物样品一般含有以下两类矿物：

（1）普通矿物：如石英、赤铁矿、长石、方解石等。

（2）黏土矿物：包括绿泥石（Clinochlore）、蒙脱石（Montmorillonite）、高岭石（Kaolinite）、伊利石（Illite）等，有时还存在伊-蒙混层矿物、绿-蒙混层等现象。物相定性分析时，一般不考虑混层情况。

黏土矿物样品的物相检索过程大致是：

（1）在纵坐标上双击，将纵坐标改成 Sqrt（Intensity），这样可以突出显示含量较少的物相衍射峰。

（2）只选择 Minerals 和 ICSD Minerals 两个数据库，不要限定元素。让软件自动检索，可以检索出石英等普通矿物相。因为这些矿物相一般结晶良好，而且衍射强度高，容易检出。

（3）进行单峰检索，从左到右依次选择未标注的强峰进行检索，可能得到如图 3-22 的结果。

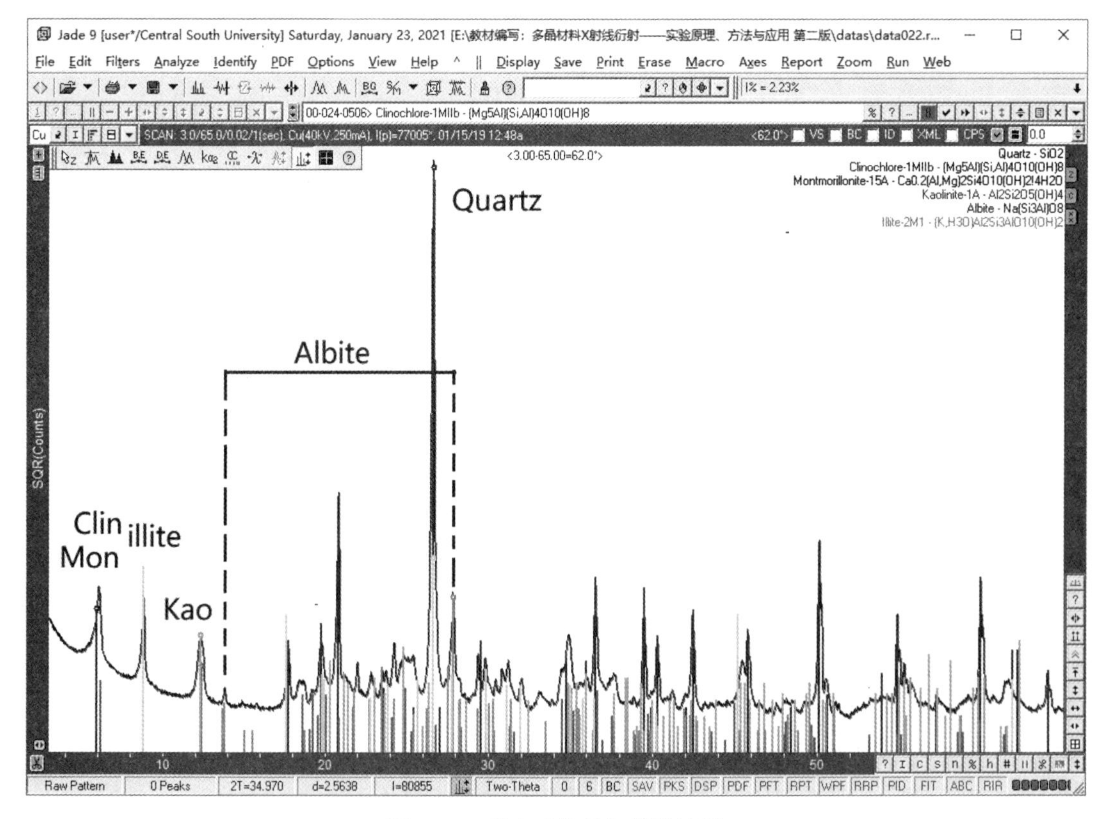


图 3-22　黏土矿物的衍射谱特征

图 3-22 显示了数据文件 Data022. raw 的分析结果，图中标示了黏土矿物中各种常见矿物的特征峰位置。根据这些特征峰的存在基本上可以判断出样品中存在的黏土矿物种类。

图 3-22 的分析结果似乎比较满意，但是，还需要进一步检验。

(1) 从图 3-22 可知，绿泥石（Clinochlore）与蒙脱石（Montmorillonite）的主峰是重叠的。区别它们的方法有两个：一是从峰形来观察，蒙脱石的峰比较宽，这是因为蒙脱石的结晶性比绿泥石差；二是用 80℃ 热盐酸来溶解样品中的绿泥石，样品经过热盐酸浸泡后，绿泥石的衍射峰消失。

(2) 样品中有没有蒙脱石。在高铁路基建设、水库大坝建设以及要求很高的建筑地基建设中，蒙脱石的存在与否是至关重要的。蒙脱石又叫“膨润土”，是一种遇水膨胀的黏土。经过热盐酸浸泡后的样品衍射谱中，蒙脱石衍射峰如果存在，说明有蒙脱石存在。另外，蒙脱石可以被水和甘油浸润而发生膨胀，其晶胞可膨胀到 18Å，则蒙脱石峰位置将向小角度方向移动。

(3) 样品中高岭石（Kaolinite）的鉴定。高岭石在 600℃ 高温下会变成非晶态的“烧高岭”。此时，相应的衍射峰会消失。另外，高岭石的主峰与绿泥石的第二衍射峰重叠。如果样品经过热盐酸浸泡后，该峰消失，说明没有高岭石存在；否则，有高岭石重叠。

以上分析说明，有时需要借助物相的一些特性，把其他一些实验方法与 XRD 物相鉴定方法结合起来，才能准确地得出物相的种类。

分析过程中，纵坐标使用 SQRT 函数，目的是为了让低峰更明显一些。图 3-22 中，蒙脱石的峰非常不明显，但放大了看，在 Jade 的窗口中是可以看得很清楚的。

另外，在做矿物分析时，不需要选择除矿物外的其他 PDF 子库。因为矿物的组成，特别是黏土矿物的组成特别复杂。如果同时选择很多子数据库可能会得到并非自然界形成的“自然矿物”的物相，与实际情况不符。

分析黏土矿物时，并不一定要选择元素限制，因为这些矿物的成分本来就很复杂，元素组成相对于矿物名称并不显得那么重要；几乎每一种黏土矿物都有多种晶型，矿物名称后面常带有 2M、3T 之类的符号，到底选择哪一种还要看匹配情况而定。

在数据测量方面，应注意两个问题：一是扫描速度要尽可能慢；否则，由于各种黏土物相对 X 射线的吸收严重，峰强不高，而且峰重叠严重，无法辨认物相；二是要从衍射仪允许的最低角度开始扫描，使用 Cu 辐射时，从 3°开始扫描，只需要扫描到 65°即可。

### 3.6.3 其他材料的物相分析

合成或分解产物可能不是自然的“矿物”，可以包含在无机物“Inorganic”中。此时除使用 Minerals 子库外，还应当加上 Inorganics 和 ICSD Patterns 两个子库。

这类物相卡片很多，重复性很大，很多卡片所记录的物相仅在晶体结构上存在微小差别，应当慎重选择。掺杂对晶体结构的影响很小，一般不会发生晶体结构的质变，仅仅是峰位有微小的偏移，例如电池正极材料 $LiCoO_2$ 和 $Li(Co, Ni, Mn)O_2$ 的晶胞大小变化就很小。无机材料的合成与分解选择的 PDF 库范围扩大后，异质同构物相被检索出来的机会增大，因此，元素限定非常重要。同一结构物相选择不同卡片其实并无多大区别。

一般无机样品都是粉体的，角度匹配是主要依据，强度匹配有时也是找出物相的重要思考点。合成与分解过程中可能会产生“中间产物”“前驱体”“新相（PDF 库中无登录）”。对于这些物相，是没有办法找到 PDF 卡片的。

微晶玻璃和陶瓷是一种含有非晶相的样品，非晶散射峰的存在并不影响物相分析。

有机高分子材料一般由非晶、微晶和晶相组成，正确地选择 PDF 很重要。

## 3.7 X 射线衍射物相检索的特点和局限性

### 3.7.1 粉末法 X 射线衍射物相检索的特点

粉末法 X 射线衍射物相检索的特点如下：

（1）粉末衍射物相检索不是单一地作元素分析，实验目的是分析样品中各组元所处的化学状态（成分分析、物相分析）。例如，样品中含有 Fe 和 O 元素时，能分析出 Fe 元素的价态，即形成的是何种氧化铁（FeO，$Fe_2O_3$，$Fe_3O_4$ 或者是单质 Fe）。

（2）当试样由多成分构成时，能区别是以混合物状态还是以固溶体形式存在。例如 Al、Mg、Zn 三种元素共存时，三种元素可以以单相固溶体形式存在，也可以形成 $Al_8Mg_5$、$MgZn_2$ 等多种金属间化合物。

（3）可区分物质的同素异构态。例如，不同温度下 Co 可以以六方或立方结构形式存在，因为它们虽然元素相同，但是同素异构体，即它们的晶体结构不同，所以可以分析出样品中的 Co 以何种晶体结构形式存在。

（4）可以用少量试样进行分析，试样调整比较简单，而且分析并不消耗试样，是一种非破坏分析。分析一个样品只需要 0.1g 的粉末或者更少。

（5）试样可以是粉末状或块状，也可以是板状或线状，只不过有时需要改变测试方法。

### 3.7.2 粉末法 X 射线衍射物相分析的局限性

粉末法 X 射线衍射物相分析有以下局限性：

（1）试样必须是结晶态的（如粉末、块体金属或液体中晶体悬浮物）。气体、液体、非晶态固体物质都不能用 X 射线衍射分析方法作物相分析（但是，不同化学组成的固态非晶体以及不同态的非晶体衍射峰位置不同，有时是可以区别的）。

（2）难以检测出混合物中的微量相，检测极限依被检测对象而异，一般为 0.1%～5%。有些元素对 X 射线的吸收强，反射弱，则难以检测出来；而有些则相反，对 X 射线的反射强。例如样品中含有 0.01%质量分数的 Ag 都可能检测出来，而有些物相含量达到 5%质量分数时都难以检测出来。所以，X 射线衍射物相分析只能判断某种物相的存在，而不能确定一种物相是否“真正”不存在。为了更好地检测出微量物相，一方面需要提高光管的功率（转靶光管）和接收效率（高能探测器），另一方面需要延长扫描时间。

（3）当 X 射线衍射强度很弱时难以作出判断。单纯依靠 X 射线衍射作物相分析时，对于含量低的物相是难以完成的，因为微量相的衍射强度很弱，某些衍射峰可能不会出现。这时，可结合其他测定的信息，如荧光 X 射线分析测得的元素信息，则比较容易地作相分析。

(4) 对于没有登录 ICDD 卡片内的物质无法作相分析。粉末 X 射线衍射物相检索是一种“对卡”过程，如果数据库中没有记录下该物相的数据，当然无法检索出来。这一问题对于新材料、新药物的检测存在实际困难。对于这种情况，如果有标准试样，可把标准试样的衍射数据当做标准数据登录，有可能根据这个登录的数据进行相分析。例如，一些新的药物，在粉末衍射文件中还没有来得及收集，但已经有这种药的标准物质，而且这种标准物质的结构已经解析出来。那么，可以将该标准物质的衍射数据登录到粉末衍射文件中(即自制 PDF 卡)，然后，根据这一新的 PDF 卡来检索物相。另外，“粉末法从头解晶体结构”也已有许多实例。通过高强度高分辨率的粉末衍射数据解出新物质的晶体结构并不是不可能的，但不属于本章所介绍的方法。

## 3.8 指 标 化

### 3.8.1 指标化原理

对于 PDF 卡片库中未登录的物相，称为“新物相”。例如，一些新研制的药物，对其晶体结构是完全未知的。但是，往往需要确定其晶型。

通过粉末衍射谱确定其晶型的方法，称为“指标化”。指标化的方法最先使用的是“尝试法”，即根据衍射峰出现的规律和消光规律，按照从简单晶型到复杂晶型的顺序，一个一个地去尝试，以确定样品属于哪种晶型。

例如，对于立方晶系来说，根据布拉格方程和立方晶系面间距表达式，可写出：

$$\sin^2\theta = \frac{\lambda^2}{4a^2}(h^2 + k^2 + l^2)$$

去掉常数项，可写出数列为：

$$\sin^2\theta_1 : \sin^2\theta_2 : \cdots = (h_1^2 + k_1^2 + l_1^2) : (h_2^2 + k_2^2 + l_2^2) : \cdots$$

式中，$\sin^2\theta$ 的角下标 1，2 等，就是实验数据中衍射峰从左到右的顺序编号。

若比值序列为整数序列，可判定为立方晶系。进而，根据不同点阵的消光规律进一步可判断其是简单、面心还是体心结构。根据 $\sin^2\theta$，可知 $h^2+k^2+l^2$，可计算出各衍射峰对应的干涉面指数。

若点阵类型为简单点阵，由于不存在结构因子的消光，因此全部衍射面的衍射峰都出现，$\sin^2\theta$ 比值数列应可化成：

$$\sin^2\theta_1 : \sin^2\theta_2 : \cdots = 1 : 2 : 3 : 4 : 5 : 6 : 8 : \cdots$$

从左到右，各衍射峰对应的衍射面指数依次为（100）、（110）、（111）、（200）、（210）、（211）、（220）…

若为体心立方结构，$h+k+l$ 为奇数的衍射面不出现，因此比值数列应可化成：

$$\sin^2\theta_1 : \sin^2\theta_2 : \cdots = 2 : 4 : 6 : 8 : 10 : 12 : 14 : \cdots$$

对应的衍射面指数分别为（110），（200），（211），（220），（310），（222），（321）。

应当注意到，简单立方和体心立方前六条线 $\sin^2\theta$ 似乎是相同的，其区别在于第七条衍射线，简单点阵第七条衍射线的比值为 8，而体心立方的第七条线与第一条线的比值为 7。这是因为任何三个数的平方和不可能为 7，所以收集衍射谱时应当收集到第七条线。

如果由于面间距太小收集不到第七条线，则可以根据衍射线的数量来判断。在同样的扫描范围内，因为没有消光的简单点阵的衍射线数量要比体心立方的衍射线数量多得多。

另外，由于不同晶面的多重因子不同，也可以根据衍射强度的匹配来区别它们。简单立方的第一条衍射线强度要比第二条弱，体心立方第一条衍射线要比第二条强。

如果为面心立方点阵，因为不出现 $h$、$k$、$l$ 奇偶混杂的衍射，因此数值列应为：

$$\sin^2\theta_1 : \sin^2\theta_2 : \cdots = 3 : 4 : 8 : 11 : 12 : 16 : 19 : \cdots$$

相应的衍射面指数依次为（111）、（200）、（220）、（311）、（222）、（400）、（331）。

如果不能将 $\sin^2\theta$ 的比值约化成整数数列，则可以继续尝试对称性低的正方和六方点阵。

在尝试法的基础上，后来又发展了“二分法”和“晶带分析”法等很多方法。在 Jade 软件中，综合运用了这些方法。

在指标化时，要确定的未知数远远大于可以获得的衍射线数目。因此，指标化的结果并不是唯一的。但一种物质的晶型只可能是其中的一种，这就需要设计一些判别因子来进行筛选。

### 3.8.2 指标化方法的应用

操作视频 16

下面通过一个实测的数据来介绍指标化的软件操作和应用。

**例 5** 数据文件 Data032.raw 是一种仿制药兰索拉唑（Lansolazole）的衍射谱，需要确定其晶型。其实验方法与实验步骤如下：

（1）样品准备与图谱扫描。需要指标化的样品必须是纯物质，即必须是一个单相样品，任何杂质的存在都可能使指标化失败。指标化的数据必须是一张高质量的衍射数据。实验参数应当考虑以下几方面的影响。

1）衍射角范围：需要包含高角度衍射数据，图谱扫描时应当尽可能获得高衍射角数据。当使用 Cu 辐射时，扫描范围应当扩大到 130°($2\theta$)。

2）扫描步长：指标化一般采用较小的步长，通常设置为 0.02°（$\Delta 2\theta$）。如果衍射峰较窄，可以考虑使用 0.01°($\Delta 2\theta$)。

3）扫描方式：指标化需要按照“步进扫描”方式进行，得到每个扫描步长内的累积计数强度。

4）衍射强度：经验说明一个步长内的累积计数应当达到 20000，太低的衍射强度带来很大的计数误差，过高的强度也并无更多改进。

5）强度单位：在数据处理时，强度单位采用 Counts/step，而不使用 CPS（Counts/Sceond），后者不能真实反映出每步计数。

6）计数时间：采用步进扫描时，表征扫描速度的方法是用计数时间。它与扫描速度刚好相反。计数时间通常设置为 1~4s，现代 X 射线衍射仪的计数时间通常设置为 1s。

7）仪器参数：指标化数据应当有高的分辨率，应当使用细焦斑的光管、小狭缝、长梭拉光阑。

8）样品制备：在样品制备方面应当注意三个问题，一是样品的表面平整度，要求使用平板样品；二是样品的厚度，样品的透明度（实际照射深度）会导致衍射角误差，必须使用薄层样品；三是装样时的高度，一定不能使样品高于或低于样品架表面，这种离轴误差会严重影响衍射角误差。

（2）确定峰位。将测量数据读入后，可以进行寻峰或者拟合，得到衍射峰位数据。

（3）指标化。选择菜单“Options | Pattern Indexing”，打开衍射谱指标化对话框，如图 3-23 所示。

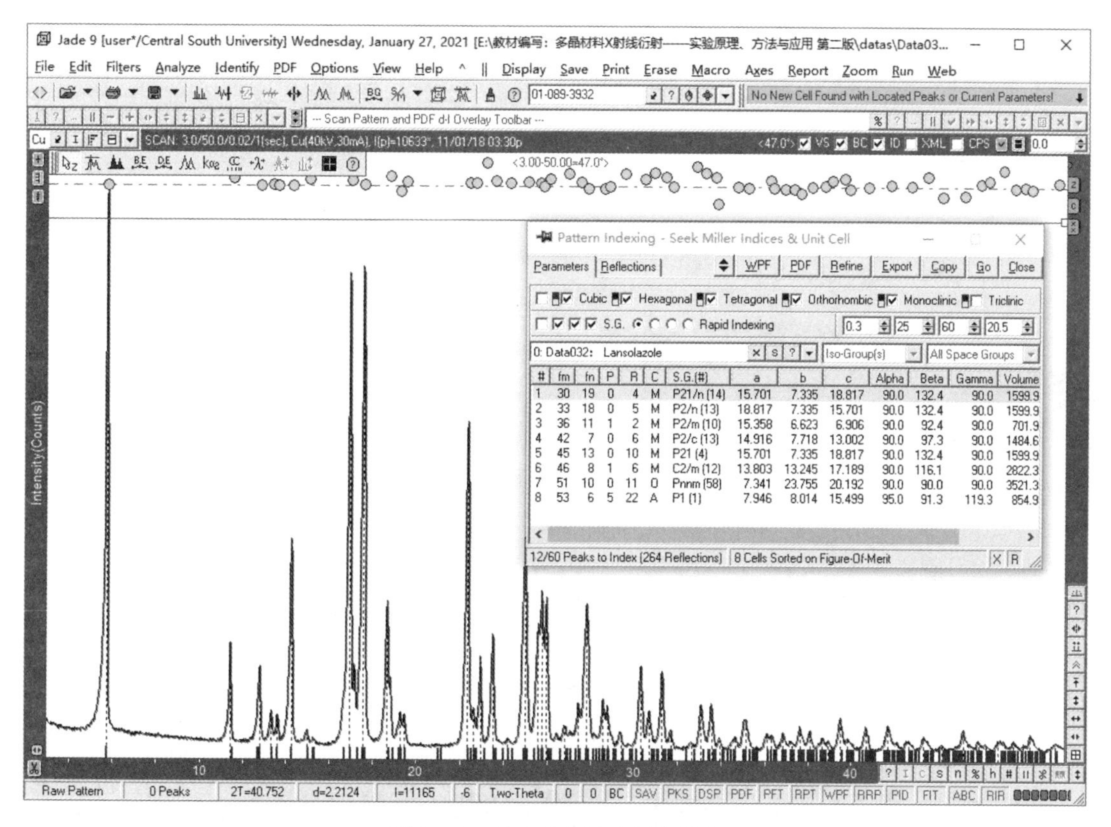


| # | fm | fn | P | R | C | S.G.(#) | a | b | c | Alpha | Beta | Gamma | Volume |
|---|---|---|---|---|---|---|---|---|---|---|---|---|---|
| 1 | 30 | 19 | 0 | 4 | M | P21/n (14) | 15.701 | 7.335 | 18.817 | 90.0 | 132.4 | 90.0 | 1599.9 |
| 2 | 33 | 18 | 0 | 5 | M | P2/n (13) | 18.817 | 7.335 | 15.701 | 90.0 | 132.4 | 90.0 | 1599.9 |
| 3 | 36 | 11 | 1 | 2 | M | P2/m (10) | 15.358 | 6.623 | 6.906 | 90.0 | 92.4 | 90.0 | 701.9 |
| 4 | 42 | 7 | 0 | 6 | M | P2/c (13) | 14.916 | 7.718 | 13.002 | 90.0 | 97.3 | 90.0 | 1484.6 |
| 5 | 45 | 13 | 0 | 10 | M | P21 (4) | 15.701 | 7.335 | 18.817 | 90.0 | 132.4 | 90.0 | 1599.9 |
| 6 | 46 | 8 | 1 | 6 | M | C2/m (12) | 13.803 | 13.245 | 17.189 | 90.0 | 116.1 | 90.0 | 2822.3 |
| 7 | 51 | 10 | 0 | 11 | O | Pnnm (58) | 7.341 | 23.755 | 20.192 | 90.0 | 90.0 | 90.0 | 3521.3 |
| 8 | 53 | 6 | 5 | 22 | A | P1 (1) | 7.946 | 8.014 | 15.499 | 95.0 | 91.3 | 119.3 | 854.9 |

图 3-23 对未知相作指标化操作

单击图 3-23 中的“Go”按钮，进行指标化，得到与衍射谱相较吻合的 8 种空间群。这些结果按照 fm（指标化结果判别指标）由小到大的判断因子进行排列，一般排在最前的为最可能的结果。

（4）选择空间群并进行精修：当鼠标单击指标化结果窗口中不同的行时，会在主窗口中以实竖线标记该空间群的谱线，如图 3-23 窗口下端的短竖线。从图中可以发现，某些结果与实测的谱图并不一致，可以将其去掉，再在余下的结果中选择与实测谱图最吻合的结果。这里，选择第一种空间群，然后单击“Refine”按钮，可以得到精修后的晶胞参数（晶胞参数精修请参阅第 5 章和第 8 章相关内容）。

指标化结果可以保存和输出。

# 3.9　制作自定义 PDF 卡片

指标化完成，并且经过了晶胞参数精修后，得到样品的空间群、晶胞参数、每个衍射峰对应的衍射角、面间距以及晶面指数，这些数据正是 PDF 卡片包含的内容。因此，可以将其保存成一张 PDF 卡片供物相分析（S/M）用。

将指标化结果保存成 PDF 卡片以及使用这些卡片的有如下方法。

（1）制作 PDF 卡片：选择菜单命令“Identify→Add to Userfile…”，打开“Add New Data to Userfile for S/M”窗口，如图 3-24 所示。

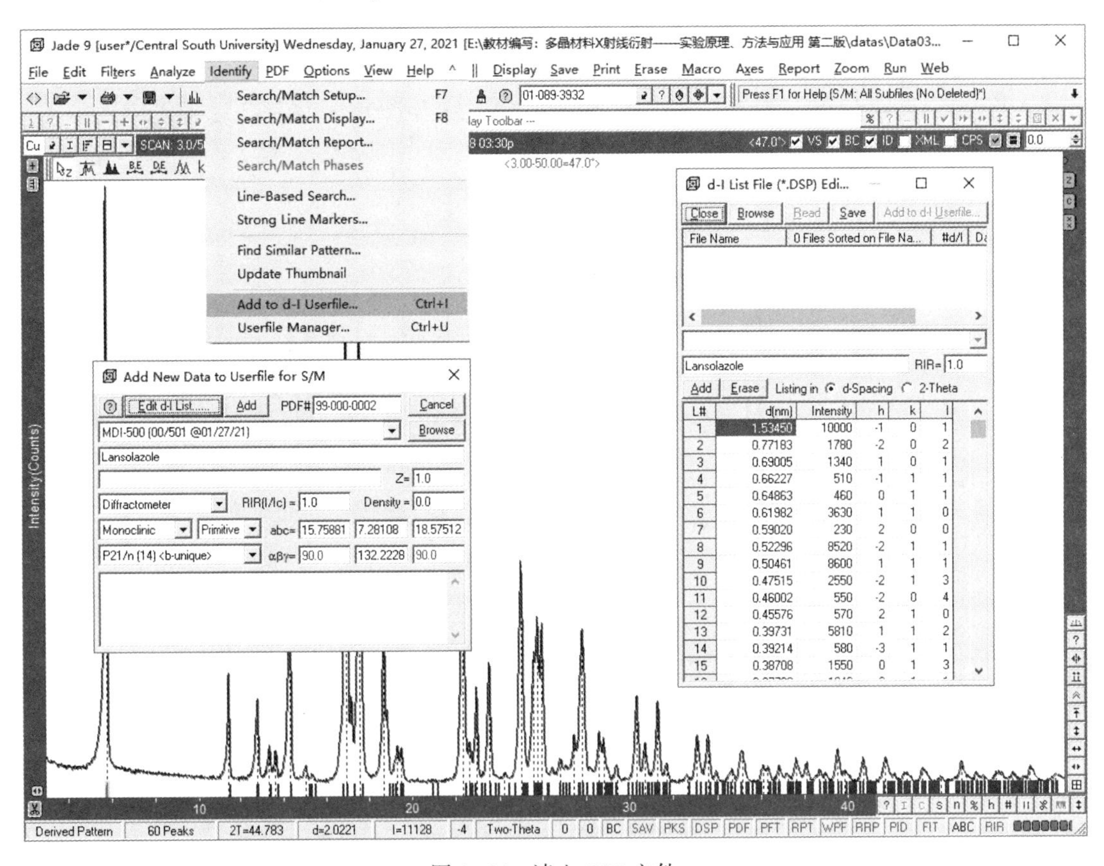


| L# | d(nm) | Intensity | h | k | l |
|---|---|---|---|---|---|
| 1 | 1.53450 | 10000 | -1 | 0 | 1 |
| 2 | 0.77183 | 1780 | -2 | 0 | 2 |
| 3 | 0.69005 | 1340 | 1 | 0 | 1 |
| 4 | 0.66227 | 510 | -1 | 1 | 1 |
| 5 | 0.64863 | 460 | 0 | 1 | 1 |
| 6 | 0.61982 | 3630 | 1 | 1 | 0 |
| 7 | 0.59020 | 230 | 2 | 0 | 0 |
| 8 | 0.52296 | 8520 | -2 | 1 | 1 |
| 9 | 0.50461 | 8600 | 1 | 1 | 1 |
| 10 | 0.47515 | 2550 | -2 | 1 | 3 |
| 11 | 0.46002 | 550 | -2 | 0 | 4 |
| 12 | 0.45576 | 570 | 2 | 1 | 0 |
| 13 | 0.39731 | 5810 | 1 | 1 | 2 |
| 14 | 0.39214 | 580 | -3 | 1 | 1 |
| 15 | 0.38708 | 1550 | 0 | 1 | 3 |

图 3-24　读入 DSP 文件

在此对话框中，可以输入物相名称，如“Lansolazole”。如果需要对数据进行调整和编辑，按下“Edit d-I List”按钮，将弹出“d-I List File（*.DSP）Edit”对话框。

按下“Add”按钮，则将指标化结果保存到指定的自定义 PDF 数据库中。此例中，保存的目标数据库为 MDI-500，卡片编号为 99-000-0002。

（2）自制 PDF 卡片的应用：保存的数据库将在“S/M”窗口中显示并可选择。如同其他 PDF 卡片一样，可用于物相检索，如图 3-25 所示。

在物相检索时，选择了自定义 PDF 数据库，在“S/M”的检索结果列表中，显示了“Lansolazole”卡片，并可被选择。

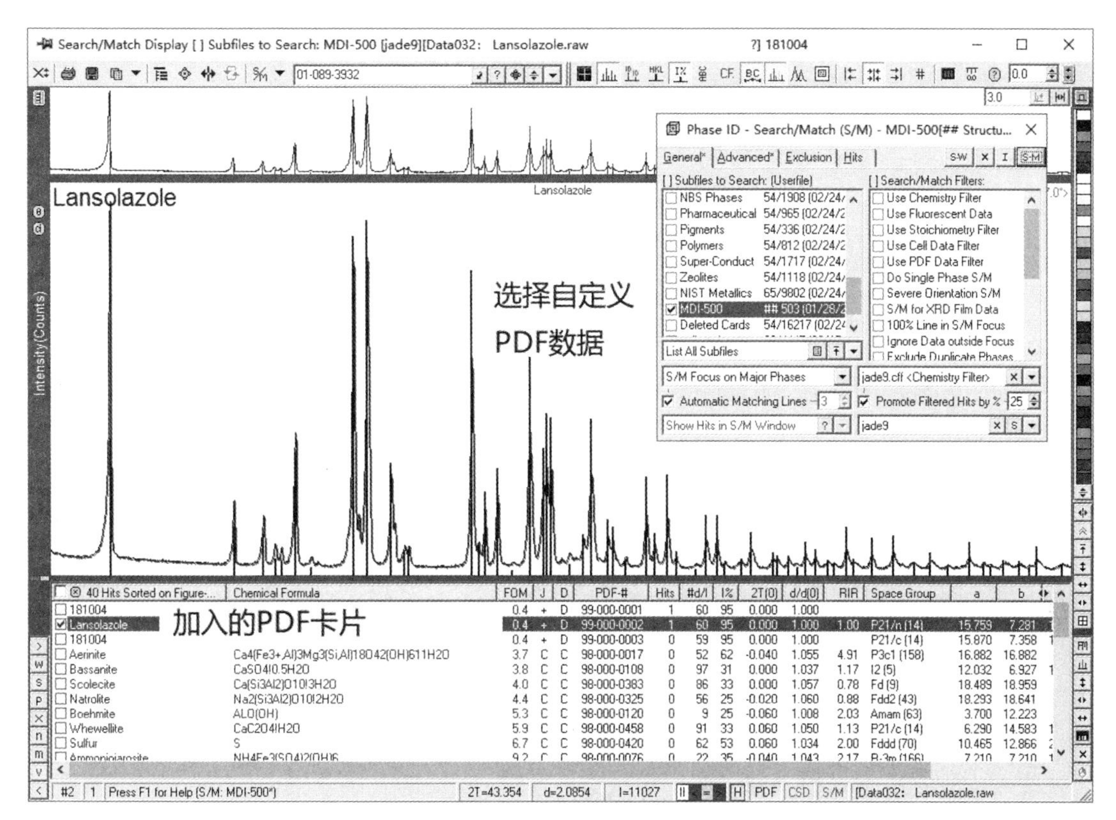


图 3-25 自定义 PDF 卡片的应用

# 4 物相定量分析

## 4.1 质量分数与衍射强度的关系

如果被测样品中含有多种物相，而且通过物相检索的方法对物相进行了鉴定，那么，很希望知道混合物中各物相的相对含量。相对含量可以用体积分数或者质量分数来表示。

式（4-1）给出了一种物相的某个衍射面（$hkl$）的衍射峰强度 $I_{hkl}$ 与该物相被 X 射线照射的体积 $V$ 之间的关系：

$$I_{hkl} = \left(\frac{1}{32\pi R}I_0 \frac{e^4}{m^2c^4}\lambda^3\right)\left(\frac{F_{hkl}^2}{V_0^2}P_{hkl}\frac{1+\cos^2 2\theta}{\sin^2\theta\cos\theta}e^{-2M}\right)\frac{1}{2\mu}V \tag{4-1}$$

式中，第一个括号中的参数与测量仪器有关，而与样品和物相无关，令：

$$C = \frac{1}{32\pi R}I_0 \frac{e^4}{m^2c^4}\lambda^3 \tag{4-2}$$

第二个括号中的数据与具体的物相有关，令：

$$K = \frac{1}{V_0^2}F_{hkl}^2 P_{hkl}\frac{1+\cos^2\theta}{\sin^2\theta\cos\theta}e^{-2M} \tag{4-3}$$

这里涉及物相的单胞体积 $V_0$，结构因子 $F$，指定衍射面的多重性因子 $P$，与之相应的衍射角（洛伦兹-偏振因子）和温度因子 $e^{-2M}$。

结构因子 $F$ 与具体的晶体结构和物相的组成元素相关；多重性因子是在同一衍射角产生衍射的晶面数量，如衍射峰（110）实际上是由 12 个不同的晶面共同产生的衍射叠加，12 就是多重因子；洛伦兹-偏振因子主要与所选衍射峰的衍射角相关；温度因子与原子振动相关，有表可查。

括号外的因子是样品的线吸收系数 $\mu$ 和该物相被 X 射线照射的体积 $V$。

对于一个多物相的混合物来说，一种物相被 X 射线照射的体积是其在样品中所占的体积分数，因此，多相混合物中任何一个相 $j$ 在混合物中所占体积分数与该相的衍射强度（为书写方便，省略衍射面指数 $hkl$，下同）的关系可表示为：

$$I_j = CK_j\frac{1}{2\mu}V_j \tag{4-4}$$

在式（4-4）中，$K$ 值加上了一个物相的下标，公式中的 $\mu$ 是混合物对 X 射线的线吸收系数。

$$\mu = \rho\mu_m = \rho\sum_{j=1}^{n}W_j(\mu_{mj}) \tag{4-5}$$

式中，$\rho$ 为混合物的密度；$\mu_m$ 为混合物对 X 射线的质量吸收系数；$\mu_{mj}$ 为 $j$ 相的质量吸收系数；$W_j$ 为 $j$ 相的质量分数。因此，混合物中任一物相 $j$ 的衍射强度可表示为：

$$I_j = CK_j \frac{V_j}{2\rho \sum_{j=1}^{n} W_j(\mu_{mj})} \tag{4-6}$$

或

$$I_j = CK_j \frac{W_j}{2\rho_j \sum_{j=1}^{n} W_j(\mu_{mj})} \tag{4-7}$$

注意到式（4-6）和式（4-7）中某一物相 $j$ 的衍射强度和相应的质量分数（或体积分数）的关系。$j$ 相的质量分数不但出现在分子中，而且出现在分母中。这就说明，物相 $j$ 的质量分数与其衍射强度并非完全呈线性关系。

# 4.2　K 值法定量

## 4.2.1　K 值法原理

如果混合物中有两相 $i$，$j$，两相的衍射强度之比可写成：

$$\frac{I_j}{I_i} = \frac{K_j}{K_i}\frac{w_j}{w_i} \tag{4-8}$$

当 $w_i = w_j$ 时，有：

$$\frac{I_j}{I_i} = \frac{K_j}{K_i} = K_i^j$$

$K_i^j$ 值是两相质量分数相同时的相对强度。根据这一公式，可以设计一种求解物相质量分数的实验方法：若有 $j$ 相和 $i$ 相这两种物质的纯样品，可按 $w_i = w_j$ 的比例制作一个 $i+j$ 的混合物样品，测量两相的衍射强度，即可求出 $K_i^j$。

假设被测混合物中含多个相，且包括 $j$ 相，但不含有 $i$ 相。可在混合物中加入 $i$ 相的物质混合成一个新样品，由于加入混合物中的 $i$ 相的质量分数是已知的，根据：

$$\frac{I_j}{I_i} = K_i^j \frac{w_j}{w_i} \tag{4-9}$$

可求出 $w_j$。不过，要注意的是，式（4-9）中的 $w_j$ 是 $j$ 相在新混合物中的质量分数。而 $j$ 相在原样品中的质量分数 $w_{j0}$ 可由下式求得：

$$w_{j0} = \frac{w_j}{1 - w_i} \tag{4-10}$$

式中，$w_j$ 为原待测样品中加入 $i$ 相后 $j$ 的质量分数。例如，若称取原样品 10g，加入 $i$ 相 1g 后，总重变成 11g，则 $w_i = 1/11 = 0.0909$。

$K$ 值实际上是质量相等时，两相衍射强度之比，它是两相强度的相对值。但是，如果对于任何物相，都选定同一种结构稳定的物相来作为标准相（$i$），则可求出任何相相对于这个 $i$ 相的 $K$ 值。这时，$K$ 值就具有常量意义了。

事实上，从 1978 年开始，ICDD 发表的 PDF 卡片上开始标注有 $K$ 值（图 3-1）。它是取样品与 $Al_2O_3$（刚玉）按 1∶1 的质量分数混合后，测量混合样品中物相最强峰的积分强度与刚玉最强峰的积分强度之比，可写为 $K^j_{Al_2O_3}=\frac{K^j}{K_{Al_2O_3}}=\frac{I_j}{I_{Al_2O_3}}$，称为以刚玉为内标时 $j$ 相的 $K$ 值。

$K$ 值简单的理解就是混合物中两相质量分数相等时两相的衍射强度比。因此，说某物相的 $K$ 值时，总要提到另一个用来作比较的物质，称为“参考物相”。因为刚玉的结构稳定，常用来做参考物质。$K$ 值就是某物相的强度与参考物质的强度比，简称为“参比强度”。在 PDF 卡上通常表示为 $I/I_c$（RIR，Reference Intensity Ratio）。

$K$ 值法的优点是无论样品中存在多少个物相，无论样品中是否存在未知物相，无论样品中是否存在非晶相，这种方法都可以使用。其缺点是因为要往待测样品中添加某种样品中不存在的物相来作为“标准”，因此稀释了原始样品中各物相的含量，并且由于标准物质的添加有可能导致样品混合不均匀而产生误差。

$K$ 值法因为添加了标准物质，也称为“内标法”。

### 4.2.2 *K* 值法定量的实验方法

假设待测样品中含有 $j$ 相，需要计算 $j$ 相的质量分数。计算步骤如下：

（1）获得 $j$ 相的 $K$ 值。查找 $j$ 相的 PDF 卡片，找到 $j$ 相的 $K$ 值；或者取 $j$ 相的纯物质粉末与刚玉粉末按 1∶1 的质量比配制一个混合样品，扫描混合物的谱图（包含两相的最强峰），测出两相最强峰的积分强度（即扣背景后的峰面积），计算比值 $K$。

（2）混合样品。称取一定量的待测样品和 $i$ 相的粉末，混合均匀后，扫描新样品的谱图（包含两相的最强峰），测出两相最强峰的积分强度（即扣背景后的峰面积）。按式（4-9）和式（4-10）计算待测物相 $j$ 的质量分数。

## 4.3 绝 热 法

### 4.3.1 绝热法定量的原理

“绝热法”的名称是相对于“内标法”而来的。其含义是无需加入内标物质，利用待测样品本身的衍射谱就可以计算出样品中各个物相的含量。

若一个样品不含有非晶相，含有 $N$ 个相，而且这 $N$ 个相都被鉴定出来，每个相的 $K$ 值都可以从 PDF 卡上查到，或者可以通过配制混合样品测量出来。现在，选用混合物中的 $i$ 相作为参考物质。可以写出 $N-1$ 个这样的方程：

$$\frac{I_j}{I_i}=K^j_i\frac{w_j}{w_i}$$

或改写成：

$$w_j=\frac{I_j}{I_i}\frac{w_i}{K^j_i}\quad (j=1,\ 2,\ \cdots,\ i-1,\ i+1,\ \cdots,\ N) \tag{4-11}$$

由于 $\sum w_j=1$，从而有：

$\sum_{j=1}^{N}\frac{I_j}{I_i}\frac{w_i}{K_i^j}=1$，$w_i=\frac{I_i}{\sum_{j=1}^{N}\frac{I_j}{K_i^j}}$，代回到式（4-11），可得任意物相的质量分数为：

$$W_j=\frac{I_j}{K_i^j\sum_{i=1}^{N}\frac{I_j}{K_i^j}} \tag{4-12}$$

这就是绝热法的定量方程，其中的 $j$ 可表示为样品中任何一种物相。从这个方程可以看出：

（1）欲求出 $j$ 相的质量分数，需要得到两组数据：一是每一个相的 $K$ 值，二是每一个相的衍射强度（即每一个相最强峰的面积。之所以使用每一个相的最强峰是因为 PDF 卡片上的 $K$ 值是使用每个物相最强峰的强度之比）。

（2）当这些条件满足时，可以同时计算出样品中全部物相的质量分数。

在计算软件中，绝热法也称为“*RIR* 法”。因为直接利用了 PDF 卡片上标明的 *RIR* 值，而不需要添加内标物质。

### 4.3.2 绝热法定量的实验方法

绝热法定量的实验步骤如下：

（1）扫描待测样品的全谱（至少要包含样品中每个物相的最强峰）。

（2）鉴定出各个物相（必须全部鉴定出来，如果样品中含有非晶相或某相不能确定，则不能用此方法）。查找全部物相的 PDF 卡片，获得每个物相的 $K$ 值。

（3）测量出全部物相的最强峰积分强度。

（4）选择其中某个物相 $i$ 为参考物质，转换每个物相的 $K$ 值。

（5）按式（4-12）计算出各个物相的质量分数。

以上的实验步骤是一般的手工计算步骤，现代 X 射线数据处理软件都能自动计算结果。

绝热法的优点非常明显。因为不需要添加内标物质，因此不会由于内标物质的添加而附加误差，并且只需要测量待测样品的衍射谱就可以计算出样品中全部物质的含量。其缺点则是待测样品受到限制。只有当样品中全部物相都能鉴定出来，并且所有物相的 *RIR* 值为已知时才可以使用。

因此，当样品中的全部物相都为已知，并且不含有非晶相时，使用 *RIR* 值进行定量，方法简单、快速。而不满足这些条件时，则运用内标法进行物相的定量分析。

## 4.4 定量分析方法的应用

操作视频 17

### 4.4.1 *RIR* 方法的应用

**例 1** 样品数据文件为 Data001. raw，需要鉴定出样品中存在哪几种氧化物，并计算出各个物相的含量。下面来讨论其数据测量与数据处理过程。

（1）图谱扫描。已经通过元素分析得知，样品为氧化钛。设计的实验条件为：$CuK_\alpha$ 辐射，电压 40kV，电流 250mA，步进扫描，步长 0. 02°，计数时间 1s，入射狭缝 1°，防散射狭缝 1°，梭拉光阑 0.3mm，接收狭缝 0.45°，石墨单色器。扫描了全谱用于物相鉴定和定量分析。

（2）物相鉴定。经检索得知样品由两相组成，如图 4-1 所示。

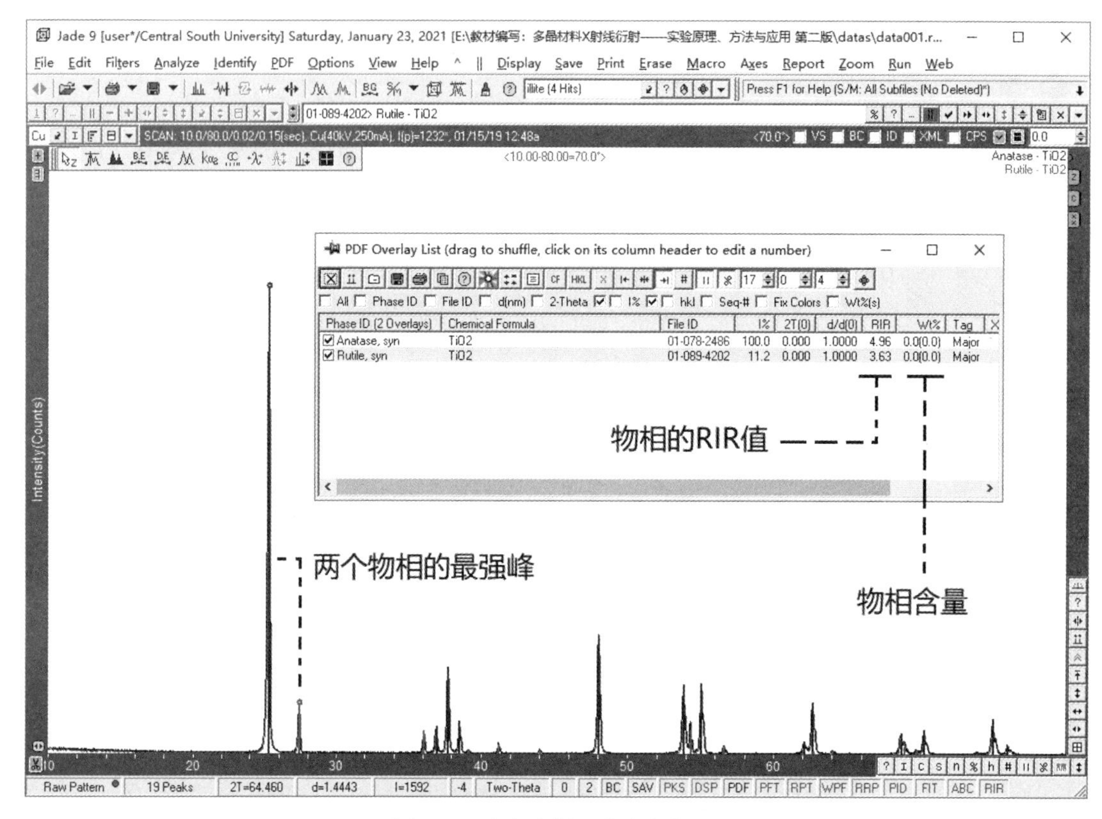


图 4-1　鉴定出样品中全部物相

图 4-1 显示样品由两相组成，分别为 Anatas 和 Rutile。打开 PDF 列表，可以看到两相的 *RIR* 值分别为 4.96 和 3.63。

图 4-1 中标明了两个物相的最强峰，下面需要计算这两个衍射峰的面积作为两相的衍射强度。

（3）计算衍射强度，必须要理解什么是物相的衍射强度。任何一个物相都有多个衍射峰，用什么来表示一个物相的衍射强度呢？根据 PDF 卡片上 *RIR* 值的定义："物相最强峰与刚玉最强峰的积分强度比。"所谓积分强度也就是衍射峰扣除背景后的面积。因此，应当选择物相的最强峰的面积作为衍射强度，而不可以任意选择一个峰面积来作为某物相的衍射强度。计算衍射峰强度时使用的计算方法是图谱拟合，不可以用涂峰或寻峰数据。

根据这一原则，选择两相的最强峰区域的衍射峰进行峰形拟合（当衍射峰有重叠时也称为重叠峰分离或拟合分峰）。

如图 4-2 所示，拟合报告窗口中显示了两相最强峰的面积，即是两相的衍射强度。

（4）计算质量分数（%）。选择菜单命令"Options-Easy Quantitative"，打开计算窗口，按下"Calc Wt%"按钮，结果就出现在窗口中，如图 4-3 所示。

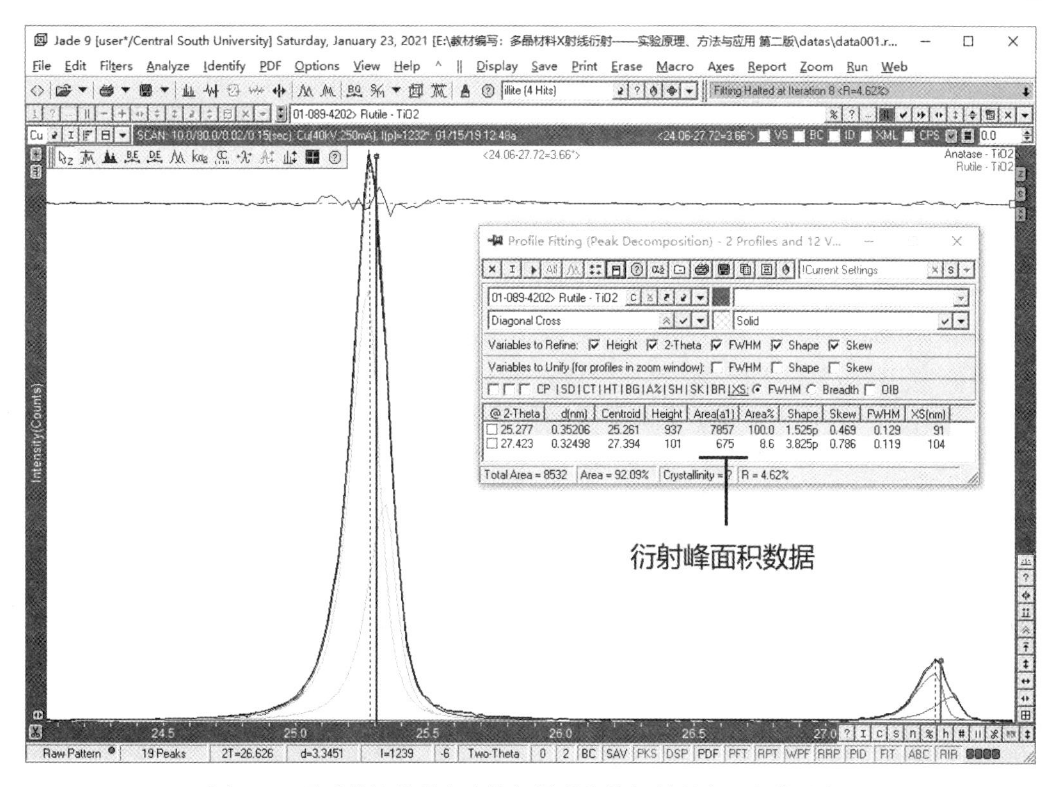


图 4-2 通过分峰获得各个物相最强峰的衍射强度（积分强度）

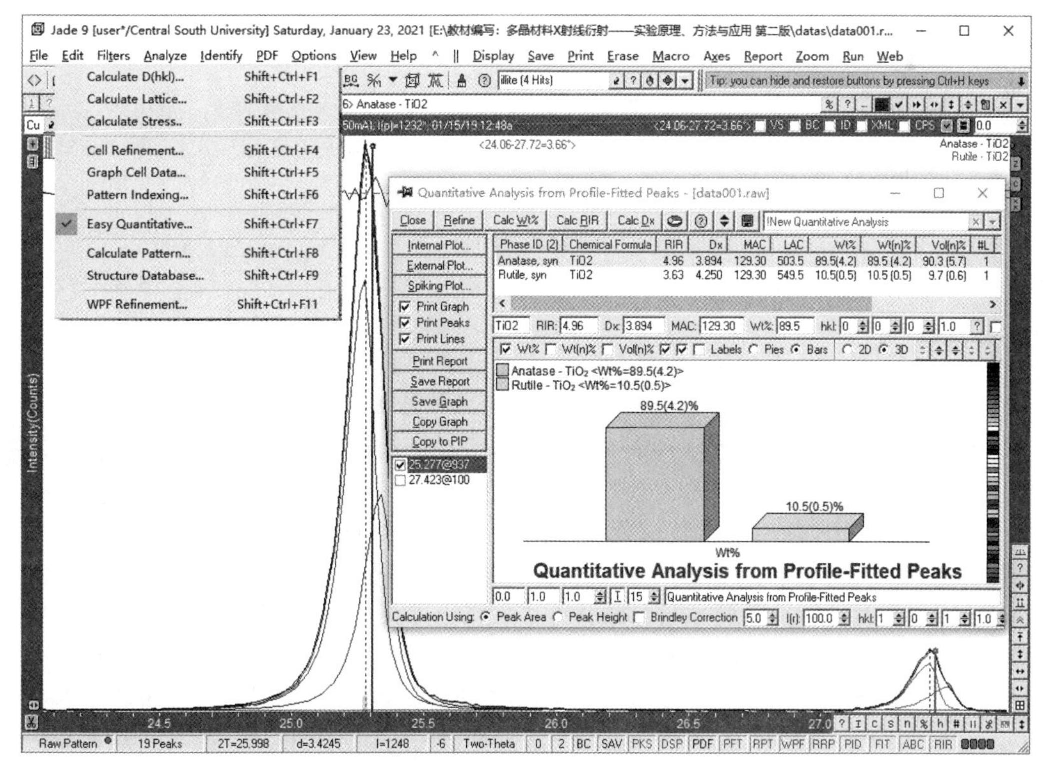


图 4-3 定量计算窗口

计算结果为“Wt(n)%”和“Vol(n)%”，前者表示质量分数，后者表示体积分数。

如果希望以图形表示各相的量，按下“Show Graph”按钮即可。如果在“Wt (n)%”和“Vol (n)%”勾选框前加上勾号，则同时显示质量分数和体积分数。

（5）保存结果。物相含量的计算结果有多种保存方式。

1）Save Report：保存计算数据。计算数据以“. rir”为扩展名保存，该文件是一个纯数据文件，可用记事本软件打开。

2）Save Graph：保存图片。窗口中的图片以图片文件格式保存，图片格式为 . wmf。

3）Copy Graph：将图片复制到剪贴板中，可直接加入如 Word 一类的其他文档中。

4）Print Report：打印报告。可选择好此命令上端的三个选项，可以将数据结构、图谱以及计算结果都打印在一张纸上。如果安装过 PDF Reader 软件，则可打印成一个 PDF 文档。

报告输出的另一种方法是“打印预览”。如果完成了定量分析，图 4-1 中的物相质量分数处（PDF 列表中）的 Wt%项下有计算结果，如图 4-4 所示。

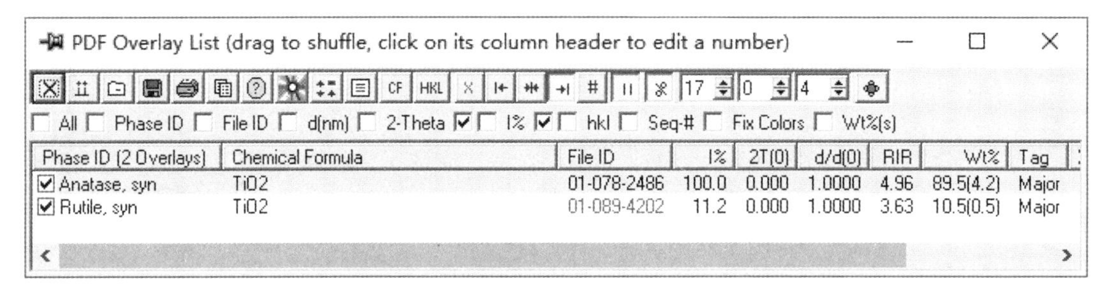


图 4-4 通过物相检索列表观察质量分数的计算结果

用鼠标右键单击工具栏中的打印机按钮，显示“打印预览”窗口，如果在 Setup 页中勾选上“Phase Content”，则会在显示物相名称的同时显示物相质量分数，如图 4-5 所示。

这是一个利用绝热法计算物相质量分数的实例。这个样品的特点是：（1）物相种类不复杂，仅有两个相；（2）物相衍射峰重叠不多，可以通过分峰来得到每个相最强峰的面积；（3）样品中不含有非晶相，而且每个相的 $K$ 值都可以查到。另外，还有一个特点是样品为粉体材料，样品不存在明显的择优取向。

**例 2** Al-Zn-Mg 合金中析出相 $MgZn_2$ 的质量分数计算。

数据文件 Data019. raw 是 Al-Zn-Mg 合金的衍射谱。样品包含两种物相，如图 4-6 所示。

操作视频 18

从图 4-6 所列出的 PDF 卡片可以看出，Al 相的最强峰应当为（111）衍射峰，而实测物相的相对强度有明显的不同，其最强衍射峰为（220）。根据 *RIR* 值的定义，应当选择主峰强度来计算质量分数，可本来应当（111）峰为主峰，现在变成（220）峰为主峰了。如果还按（111）峰的面积来计算质量分数，结果肯定是不正确的。

为什么会出现这一现象呢？因为这个样品并非是粉体样品，而是一块经过轧制的金属板材。金属在轧制过程中，晶粒往往沿几个固定的方向流动或者转动，造成这种“择优取向”的现象。

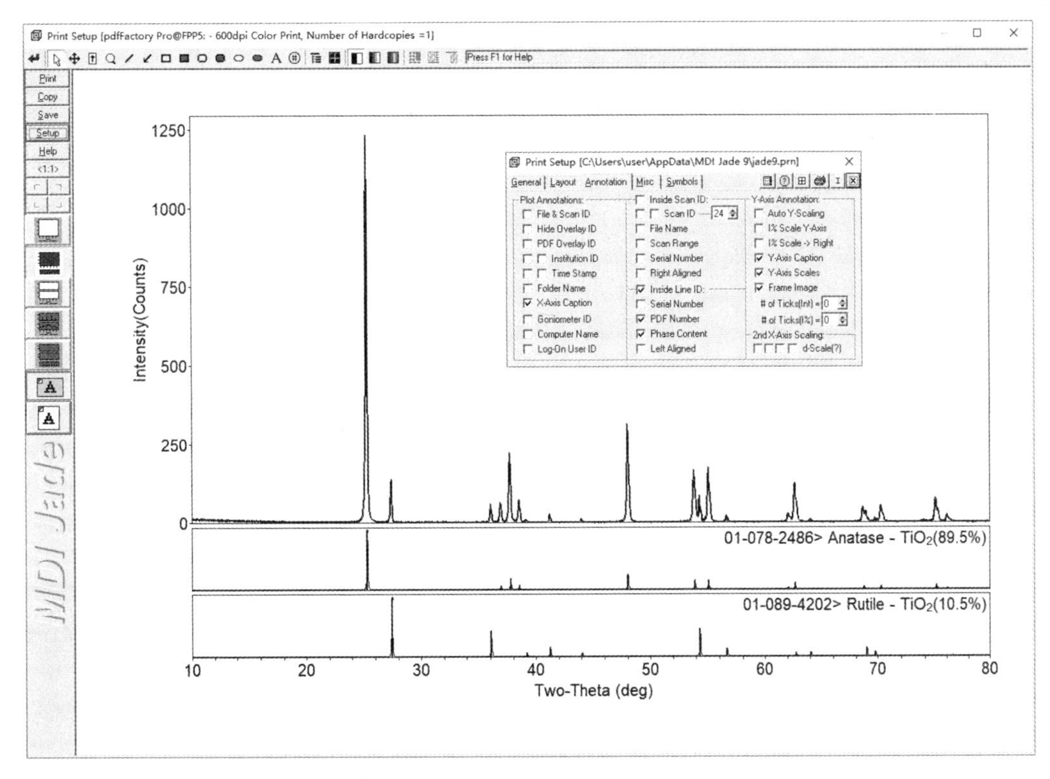


图 4-5 显示质量分数选项的设置

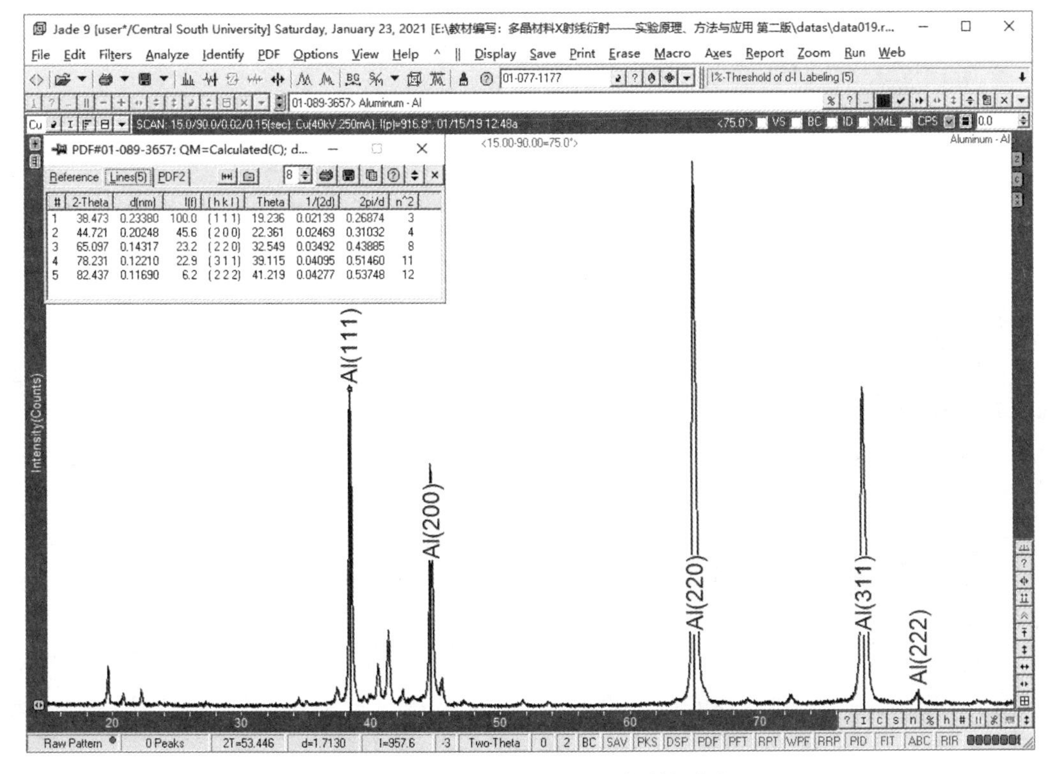


图 4-6 Al-Zn-Mg 合金的衍射谱与物相

但是，传统的物相定量公式中并没有考虑样品的择优取向因素。因此，如果不在计算之前对数据进行“纠错”处理，传统的定量公式就不再适用。

解决样品择优取向的问题有两种办法：

（1）从制样方法上解决。定量分析的样品必须是粉末样品而不应当直接使用这种“块体样品”，而且在样品压片过程中要注意减少择优取向。实际的样品即使是粉末样品也总是或多或少地存在择优取向。“背压法”和“侧装法”制样，是定量分析要求的制样方法。

（2）应用多峰强度法。一个物相的衍射强度要多取一些“强峰”的数据，可以将相对强度大于50%以上的峰都拟合进来。软件通过一定的“纠错计算”来获得比单峰更准确的积分强度。对于这一点，并不与前文提到的选择“最强峰”矛盾。

霍塔（R. M. S. B. Horta）在采用常规衍射仪测量反极图时提出，用（$hkl$）反射面多重因子 $N_{hkl}$ 加权的方法来校正反射面极密度分布不均匀性的影响。

$$P_{hkl} = \sum_{1}^{n} N_{hkl} \frac{\dfrac{I_{hkl}}{I_{Shkl}}}{\sum_{1}^{n} \left( N_{hkl} \dfrac{I_{hkl}}{I_{Shkl}} \right)}$$

式中，$P_{hkl}$ 为（$hkl$）晶面的极密度；$N_{hkl}$ 为（$hkl$）的多重因子；$I_{hkl}$ 为（$hkl$）晶面的实测强度；$I_{Shkl}$ 为（$hkl$）标准的相对强度，可以取 PDF 卡片上的相对强度。

计算出物相各个衍射面（$hkl$）的极密度后，可计算出相应的择优取向因子。通过择优取向因子还原到没有择优取向的相对强度。

在软件操作时，可以选择各个物相的多个衍射峰拟合，计算得到各衍射峰的实测强度，利用 PDF 卡片上的相对强度值，进行择优取向校正。

这里，$MgZn_2$ 选择了 7 个较强的峰，而 Al 选择了 5 个峰，如图 4-7 所示。

选择菜单命令“Options-Easy Quantitative”，打开计算窗口，按下“Calc Wt%”按钮，结果就出现在窗口中，如图 4-8 所示。

图 4-8 中，每个物相都选择了多个衍射峰的数据进行择优取向校正。在窗口中选择某个物相时，其衍射数据在窗口中列出，并且在窗口左边栏中被勾选。未被勾选的数据为其他物相的衍射数据。

从图 4-8 可以看到，Al（111）峰的相对强度标准值 $I(r)$ 为 100%，而实际测量的 Al 峰所有峰强归一化以后得到的（111）峰相对强度“I%”为“46%”（Area%），两者之差 $I\% - I(r)$ 为-54%。

Jade 使用 March 函数校正择优取向。在图 4-8 中的右下窗口第一行数据上单击（共 5 行数据），再单击窗口中间部分的“$hkl$=”标签，“$hkl$=1 1 1”显示，然后单击右边的问号，可计算出此衍射面（111）的取向因子为 0.96。再单击“Calc Wt%”可重新计算出 Wt%($MgZn_2$) = 5.8%。

在校正择优取向时，只要校正主峰的择优取向。可以试验一下，在上面的“$hkl$=”处输入不同的晶面指数并进行校正后，再按下“Calc Wt%”会得到不同的计算结果。在此例中，Al 的 $I(r)$ = 100 的峰是（111），因此应校正此峰的数据。

采用多个衍射峰的数据时不要把“弱峰”数据加进来。弱峰强度的计算结果往往误差

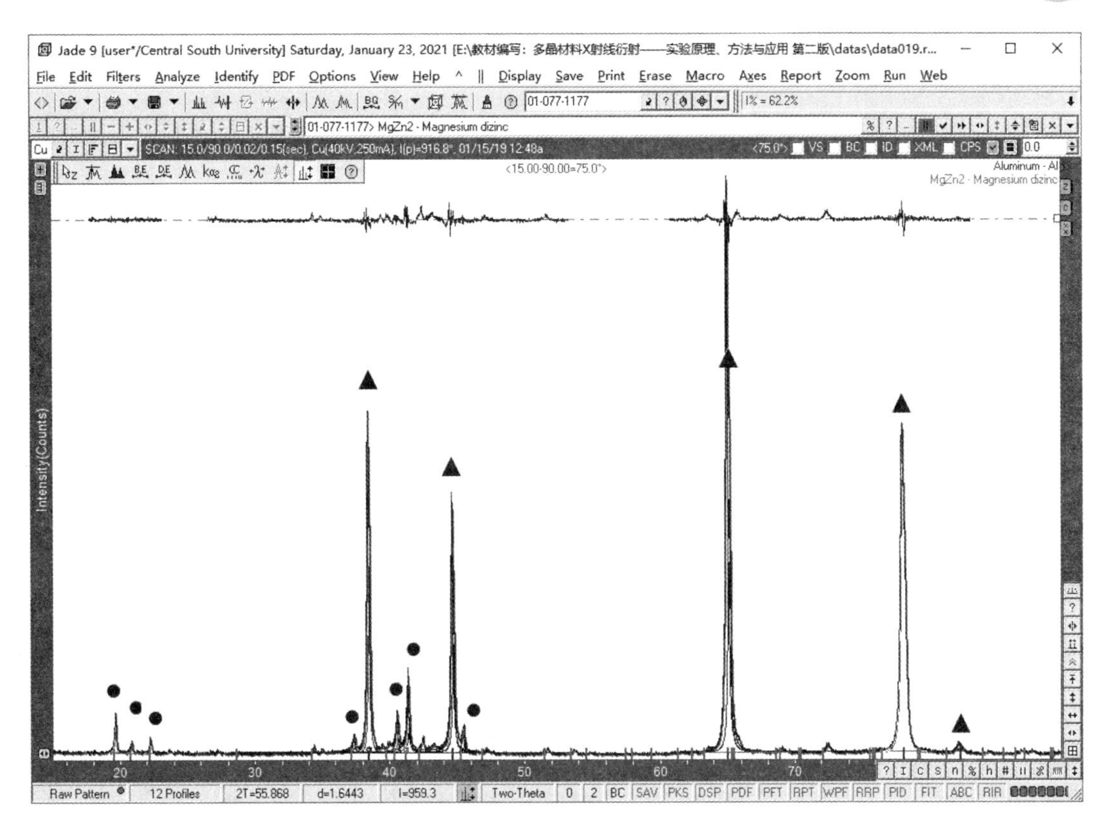


图 4-7　多个衍射峰强度拟合

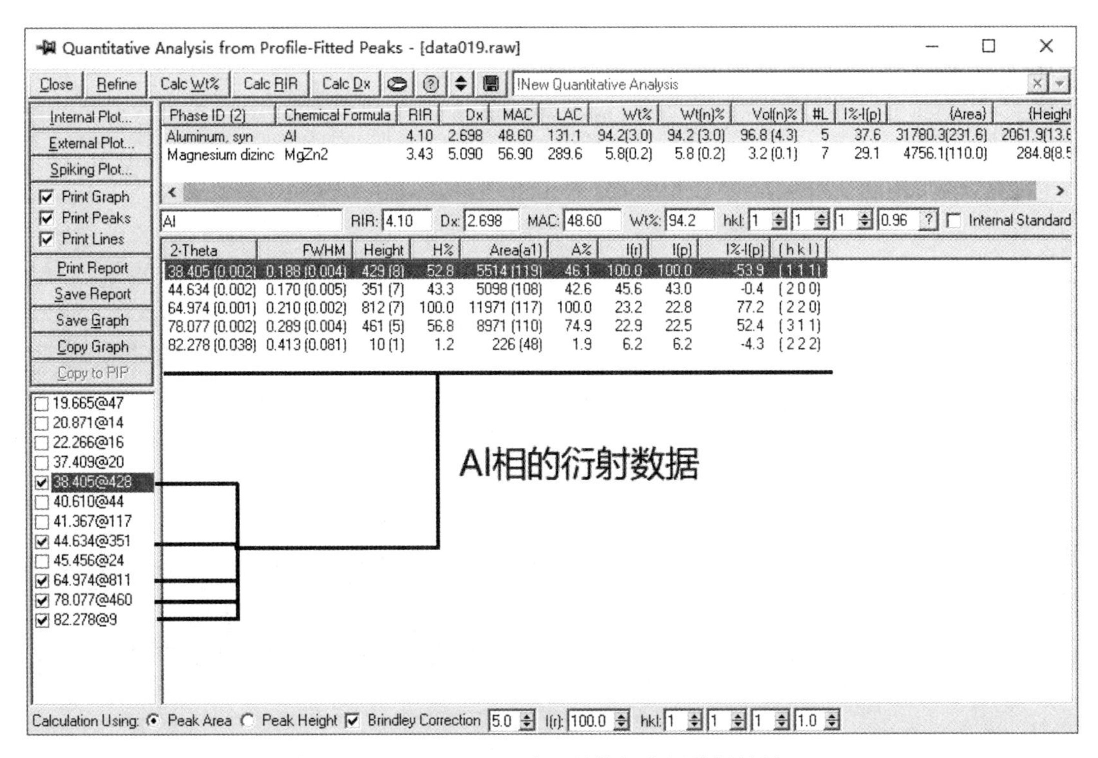


图 4-8　Al-Zn-Mg 合金的物相定量分析结果

大于强度，计算结果不但不正确，而适得其反了。在观察峰形拟合报告时，注意把那些不正确的拟合数据删除掉。

微吸收校正：如果混合物中不同物相的吸收系数不同，且混合物粉末的平均粒径（指粉末颗粒尺寸而不是微晶尺寸）小于 10μm 时，不同物相微粒对 X 射线的吸收会改变各物相衍射峰相对强度。

Jade 采用 Brindley 吸收校正微粒吸收效应。选中“Brindley Correction”并在数据框中填写混合物的平均粒径（默认为 5μm），观察结果会发生变化。

Jade 根据物相的化学式和密度自动计算吸收系数（MAC，质量吸收系数），并根据质量吸收系数对强度计算结果自动进行校正。

### 4.4.2　内标法定量分析的应用

操作视频 19

**例 3**　有一个样品含有 ZnO，$CaCO_3$ 和非晶成分，需要计算各组成相的质量分数。

由于样品含有未知成分（非晶相），因此只能采用内标法进行物相含量的计算。文件 Data023. raw 是往样品中加入了 25%质量比刚玉（$\alpha-Al_2O_3$）的混合样品的衍射谱（称取 0. 75g 待测样品和 0. 25g 刚玉，混合均匀）。

测量混合样品的衍射谱，并进行物相鉴定后，可以看到如图 4-9 所示的结果。

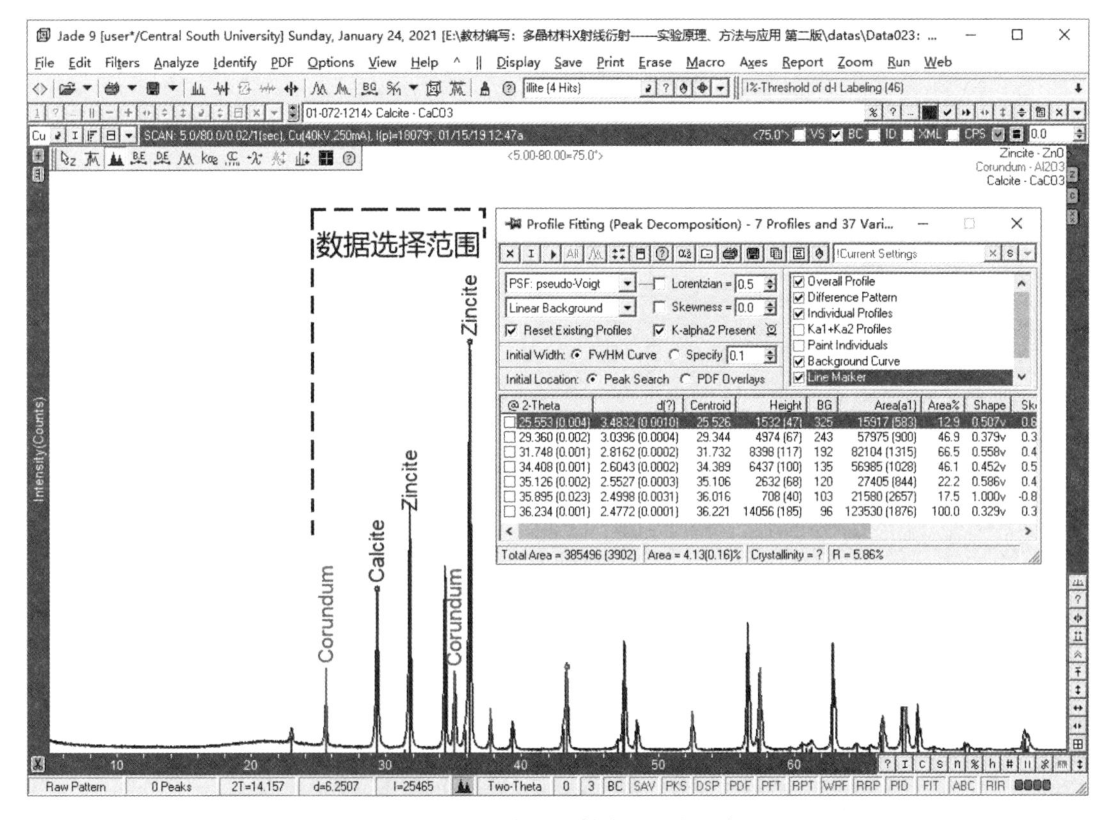


图 4-9　物相主要衍射峰的强度拟合

如图 4-9 所示，根据各物相主要衍射峰的衍射角范围，选择图中的一段衍射数据进行拟合，得到各物相主要衍射峰的积分面积。

选择菜单命令“Options-easy Quantitative”，进入物相定量分析窗口，如图 4-10 所示。

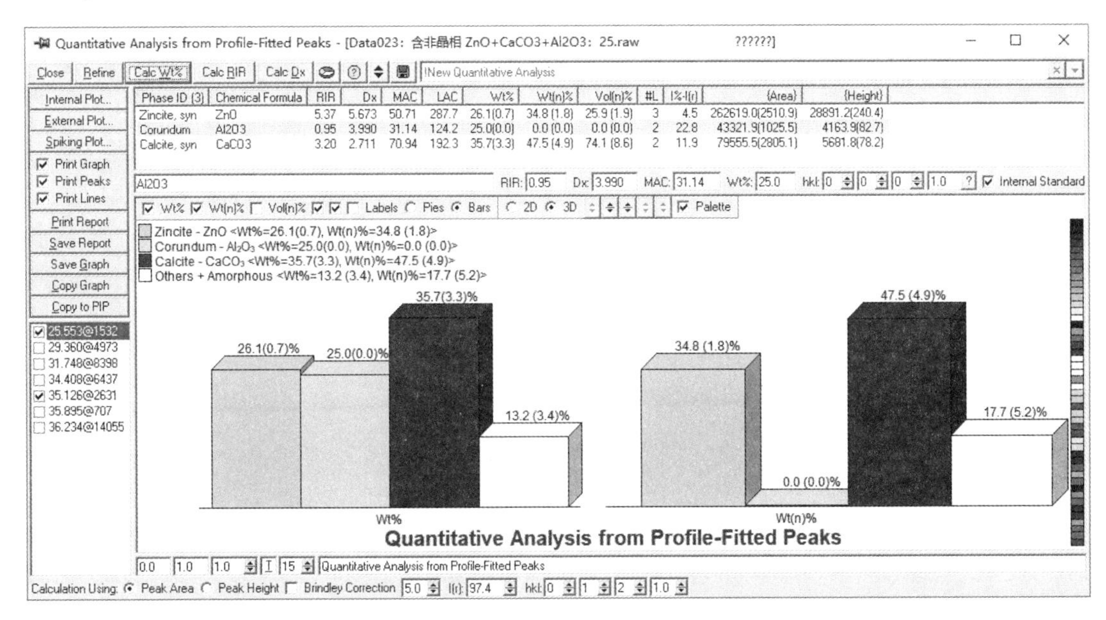


图 4-10　内标法计算物相含量

单击图 4-10 中物相列表中的 $Al_2O_3$ 相，在“Wt%=”标签处输入 $Al_2O_3$ 的质量分数（25%），然后在“Internal Standard”（内标）标签前加上勾。

按下“Calc Wt%”，从图 4-10 所示的窗口中，可以看到 3 个物相含量。

在“Wt%”中列出了混合物中各相的质量分数分别为 26.1%、25%、35.7%，由此可计算出未知相（非晶相）的质量分数为 13.2%。

在“Wt(n)%”列中，显示了原始样品中各物相的质量分数，此时刚玉的含量为 0。由此可计算出非晶相的质量分数为 17.7%。

在“Vol(n)%”中则显示了原始样品中各物相的体积分数。

这些数据可以通过饼图或柱状图显示出来，如图 4-10 所示。

### 4.4.3　物相定量方法的评价与使用技巧

#### 4.4.3.1　传统定量分析的优点

传统定量分析有如下优点。

（1）传统定量方法易于理解和操作，每一种方法都有明确的物理解释和操作步骤。

（2）传统定量方法适用于物相种类不多的样品，结晶性好的样品，粉末样品，矿物样品。

（3）针对具体的样品情况和要求，可以制定不同的测量方法。

（4）数据采集时间较短，不需要特别严格的实验条件和强的衍射强度数据。

（5）可以对晶体结构未知的样品进行定量，这是全谱拟合精修方法无法实现的。

4.4.3.2 传统定量分析的缺点

传统定量分析有如下缺点。

（1）样品中含有多种物相、衍射峰重叠严重时，分峰操作复杂，分峰结果可能不正确，从而造成计算结果的很大误差，传统定量的相对误差可能在5%以上。

（2）内标法虽然可以解决样品中含非晶相的问题，但是，向样品中添加标准物质会稀释样品中的物相含量，计算结果误差较大。

（3）实际物相的衍射强度与物相的物理状态有很大的关系，一种物相由微米级晶粒减小至纳米级晶粒时，实际 *RIR* 值的变化可能超过 10 倍之多。因此，传统定量方法用于解决不同晶粒级别的样品的定量问题时，计算结果可能会有想象不到的误差。

（4）实际样品中的择优取向或多或少地存在，虽然软件能采用一些算法解决部分的择优取向问题，但是，不能完全很好地解决。

（5）实际样品或多或少都存在固溶、缺陷、残余应力，这些问题都是传统定量不能解决的。

4.4.3.3 软件操作中的问题与解决办法

软件操作中遇到的问题与解决方法有以下几种。

（1）PDF 卡片的选择方法：可以发现，在 PDF 卡片库中，同一物相可能存在多张 PDF 卡片，这些卡片建立于不同的年代，有的有 *RIR* 值，有的没有，而且不同卡片上 *RIR* 所列数据不同。*RIR* 值不同的原因多种多样，比如晶体结构差异、密度、研磨程度等，个别的物相 *RIR* 值可以从零点几到十几。差别如此之大，选用需要慎重，如果实在没有把握，则需要自己来测定 *RIR* 值。在选择卡片的时候要选哪一个呢？有三个原则，一是有 *RIR* 值，二是 *RIR* 值比较适中，三是选择新的或者是“计算出来的”卡片（即 PDF 卡片组号大于 60 的卡片）。对于 Al 来说，*RIR* 值基本上都是 4.1，但也有 4.3 和 3.62 的，显然应当选择 *RIR* 为 4.10 的。对于 $MgZn_2$ 来说，应当选择 *RIR* = 3.43 的，因为较适中。因为 PDF 卡片是“收集起来的实验数据”，所以任何一张卡片上的数据都不能算作“标准”。实际上，有些 PDF 卡片上的数据并不完全可信，*RIR* 值偏得离谱，完全不可信。*RIR* 值的正确或准确度直接影响定量分析的结果的正确性和准确度，这一问题并不能在计算结果的数据中体现出来。如果 *RIR* 值选择不正确，那么结果可能就完全不对了。

（2）无 *RIR* 值的物相定量方法：虽然 PDF 卡片库中保存的卡片非常多，但是，有些合金相、高聚物等的 PDF 卡片上并没有 *RIR* 值，出现这种情况最好的办法是自己测量该物相的 *RIR* 值。然后，在物相卡片列表中输入测量的 *RIR* 值。

（3）选择多个衍射峰数据时出现衍射峰重叠的问题：当选择太多的衍射峰进行拟合时，往往会出现衍射峰数据重叠的问题，需要检查每个衍射峰数据与物相的对应关系。如图 4-8 所示，Al 相的衍射数据被勾选。如果某个数据因为强度太低而带来很大的误差，可以解除勾选，使之不参与计算。

如果计算窗口中的“Calc Wt%”按钮是灰色的，有两种可能：一种可能是某个物相的 *RIR* 值不存在，另一种可能则是某个物相的衍射数据不存在。出现后一种情况的可能是由于该物相的衍射强度归属到了其他物相，此时需要仔细选择物相的衍射数据归属。如果出现衍射峰重叠的问题，可以考虑使用拟合方法来分峰。建议在选用峰时，尽可能避免重叠峰的分峰，可以舍去那些重叠峰数据，以减小实际的计算误差（这种误差在计算结果的数据中不会体现出来）。

如果某个物相的衍射强度太低，拟合时没有计算出拟合误差，也会出现这种情况，需要返回到拟合步骤，重新进行拟合。

(4) 样品微结构对定量结果的影响：用于定量分析的样品要求颗粒均匀，大小为10μm左右，颗粒过粗，参与衍射的晶粒数减少，衍射强度过低；颗粒太细，微吸收增加，当颗粒小于1μm后会造成峰形宽化，引起衍射强度降低和峰形重叠，在粉末研磨过程中产生的微应变也不可以忽略。

当样品中每个物相的峰宽都相等时，可以认为峰高与峰面积是等比例的。因此，有时候也用峰高来表示衍射强度。但是要注意，并不总是等比例，如果物相的微结构（晶粒尺寸与微观应变）不同时，不同物相的峰宽是有很大差别的，并且不同衍射角的峰宽并不一样。总的来说，以衍射峰面积表示衍射强度要更精确一些。窗口最下端的“Calculation Using Peak Area/Peak Height”选项一般选择“Peak Area”。

如果某个物相的衍射强度特别低，以至于进行峰形拟合时，衍射峰面积的拟合误差总是拟合不出来，这时，可以以峰高作为衍射强度来计算物相的含量。

实际的样品是多种多样的。传统的物相定量方法并没有考虑样品物理性状不同引起的实验结果的变化，都是按“理想”值计算的。当样品存在严重的择优取向、晶粒细化（小于1μm）、存在微观应变、化学成分的微晶变化、晶体结构的细微变化、结晶度变化时，都会影响衍射强度的变化，而衍射强度是定量计算的依据。当存在这些现象时，建议采用Jade的“WPF-Whole Pattern Fit”方法来做定量分析。

(5) 参考物相的选择方法：在使用内标法作物相含量计算时，通过选择$\alpha$-$Al_2O_3$（刚玉）作为参考物质。当样品中本身含有刚玉或者刚玉的主要衍射峰与样品中某物相的衍射峰重叠时，可以选择其他物质作为参考物质，如$CaCO_3$（方解石）、$SiO_2$（$\alpha$-石英）也是很好的参考物质。

## 4.5 结晶度计算方法

### 4.5.1 物质结晶度的概念

结晶度可以描述为结晶的完整程度或完全程度。这里包含两个层面的意义：(1) 结晶的完全性。物质从完全非晶体转变为晶体的过程是连续的。理想的晶体产生明锐的衍射峰，理想的非晶体产生散射不能产生相干散射，只会出现非晶散射峰。试样中的晶体占多数时，衍射增强而非晶散射减弱，结晶度高；反之则结晶度低。(2) 结晶的完整性。畸变的结晶将导致本应产生的衍射转变为程度不同的弥散散射。结晶完整的晶体，晶粒较大，内部质点的排列比较规则，衍射峰高、尖锐且对称，衍射峰的半高宽接近仪器测量的宽度。结晶度差的晶体，往往是晶粒过于细小，晶体中有位错等缺陷，使衍射线峰形宽而弥散。结晶度越差，衍射能力越弱，衍射峰越宽，直到消失在背景之中。

结晶度的测量方法有密度法、红外法、核磁共振法、差热分析法（DSC）等。无论哪一种方法都具有近似性和相对性。但是，一般来说，X射线法优于以上各种方法，主要原因是 XRD 法属于绝对法，显然优于 FT-IR 与 NMR 等相对法。对 FT-IR 法，对远程有序并非该方法的有效范围，它往往测得的是近程有序的百分数，所以 FT-IR 法测得的结晶度总是偏高于 XRD 法所得的结果。对 NMR 法，它主要是根据局域链松弛时间 $\tau$ 大于或小于 $10^{-4}$s 来区分局域链是处于冻强的凝聚态还是可以运动的凝聚态，这就要求高分子体系中非晶链必须处于玻璃化温度以上，否则就难以区分晶态与冻强非晶态中局域链的 $\tau_c$ 和 $\tau_a$，所以 NMR 法对高交联、高结晶度的体系或者测不到结晶度或者测得的结晶度变倾向于偏高。另一方面，密度法受到密度梯度管中介质的诱发再结晶、诱发取向以及密度梯度的失稳等因素干扰，所测结晶度不一定很准确。对 DSC 法来说，结晶性高的高分子在等速升温过程中，如果分子链熔融再结晶的速度恰好与之相应，则测得的结晶度显然是上述复杂过程的综合，绝不是原始试样中所含的结晶度。由于各种方法的原理不一样，适用范围不一致，所测得的结晶度不一定具有完全对应的关系。

根据全倒易空间 X 射线散射守恒原理（Full-Reciprocal-Space X-ray Scattering Conservation Principle，FRS-XRSCP），对一个给定原子集合体，则不论其凝集态如何（气态、液态、非晶固态、晶态、不同取向态或不同晶相与非晶相的混合态等），当受到相同强度的 X 射线照射时，其相关散射在全倒易空间里总值保持守恒。当然，在全倒易空间里相关散射的强度分布可以因原子凝聚态的不同而不同，但散射的总强度保持守恒。这一原理说明，X 射线总的散射强度，或者说，除康普顿散射外的相干散射强度不管晶态和非晶态的数量比如何，总是一个常数。

### 4.5.2 结晶度的计算方法

4.5.2.1 纯样法

若需要测某种物质的结晶度，而且有该物质 100% 的晶态样品（或 100% 非晶态样品）。那么可以先测出该物质纯晶态或纯非晶态整个扫描范围内的全部衍射峰的积分强度之和 $\sum I_{c100}$ 或测出纯非晶态的全部散射强度之和 $\sum I_{a100}$。

绝对结晶度可由下面的公式计算出来：

$$X_c = \left(1 - \frac{\sum I_a}{\sum I_{a100}}\right) \times 100\% \tag{4-13}$$

$$X_c = \frac{\sum I_c}{\sum I_{c100}} \times 100\% \tag{4-14}$$

式中，$\sum I_a$，$\sum I_c$ 为从实测样品的衍射（散射）谱中分离出来的非晶散射强度和晶体衍射强度（各衍射峰或散射峰积分强度之和）。

这一方法适用于从非晶态中析出化学成分不同的晶相的情况。例如，从玻璃态中析出多种微晶相，这一方法也是适用的。

这种方法计算结果由于有 100%纯态标样的标定，因此计算结果精度高。

4.5.2.2 差异法

要得到完全非晶态或完全晶态的物质有时是困难的。例如，淀粉总是由多种状态的成分组成，无法将它们变成纯非晶或纯晶体，很多有机物和高聚物都是这样。

假定结晶相质量分数正比于扫描范围内的衍射峰积分强度之和，非晶相质量分数正比于非晶散射峰积分强度，即：

$$X_c = P\sum I_c$$

$$X_a = Q\sum I_a$$

两式相除，整理可得：

$$X_c = \frac{\sum I_c}{\sum I_c + k\sum I_a} \tag{4-15}$$

式中，$k=Q/P$，对于同一种试样来说，是一个常系数。

假设有两个结晶度为 $X_{c1}$ 和 $X_{c2}$ 的试样，相应的非晶度为 $X_{a1}$ 和 $X_{a2}$。两样品的结晶度和非晶度之差为：

$$\Delta X_c = X_{c2} - X_{c1}$$

$$\Delta X_a = X_{a2} - X_{a1}$$

由 $X_c = P\sum I_c$ 和 $X_a = Q\sum I_a$ 可得：

$$\Delta X_c = P(\sum I_{c2} - \sum I_{c1})$$

$$\Delta X_a = Q(\sum I_{a2} - \sum I_{a1})$$

且有 $\Delta X_c = -\Delta X_a$，$k = Q/P$ 从而有：

$$k = \frac{\sum I_{c2} - \sum I_{c1}}{\sum I_{a1} - \sum I_{a2}} \tag{4-16}$$

求出 $k$ 值后，可代入式（4-15）计算绝对结晶度。

4.5.2.3 相对结晶度

假定从非晶态形成的晶态物质化学组成相同，没有择优取向，晶相和非晶相对 X 射线的衍射和散射能力相同。可令式（4-15）中的 $k=1$，此时可采用简单的计算公式：

$$X_c = \frac{\sum I_c}{\sum I_c + \sum I_a} = \frac{\sum I_c}{\sum I} \tag{4-17}$$

式（4-17）是物质相对结晶度的实用计算公式。式中，$\sum I_a$ 是整个衍射扫描角范围内所有非晶散射峰的积分强度之和，$\sum I_c$ 是整个衍射扫描角范围内的衍射峰积分强度之和（与物相定量分析的概念不同，不区分物相的种类），而 $\sum I$ 是整个衍射扫描角度范围内的总强度。

例如，一个样品的衍射谱中，晶体部分的衍射强度加上非晶体的散射强度之和为 100，而所有衍射峰的强度之和为 75，那么结晶度为 75%，这显然是一个不精确的近似。但是，如果扫描范围比较宽，样品不存在择优取向，晶相和非晶相的化学组成基本相同（对 X 射线的吸收系数基本相同），可以认为此方法具有相对比较意义。实际上，为求得纯晶相和纯非晶相是非常困难的，使用混合法求 $k$ 值也不一定计算得准确，这种方法计算相对结晶度是目前普通使用的一种方法。

另外，结晶度计算的原理是定义在“倒易空间”的散射，而实际测量时，只可能测量一维方向上的、一定衍射角范围的散射强度。因此，从实验方法上来说，结晶度的计算本身就只具有相对意义。所选衍射角范围不同，计算出来的结晶度是不相同的。

### 4.5.3　结晶度计算方法的应用

**例 4**　数据文件 Data024. Raw 是一个炭原丝的衍射谱，需要计算其结晶度。现在介绍相对结晶度的计算方法。

操作视频 20

(1) 打开 Data024. Raw 文件，可以发现整个衍射谱仅有两个明显的衍射峰。在两个衍射峰之间有较高的散射强度，为非晶成分的散射强度，衍射谱如图 4-11 所示。

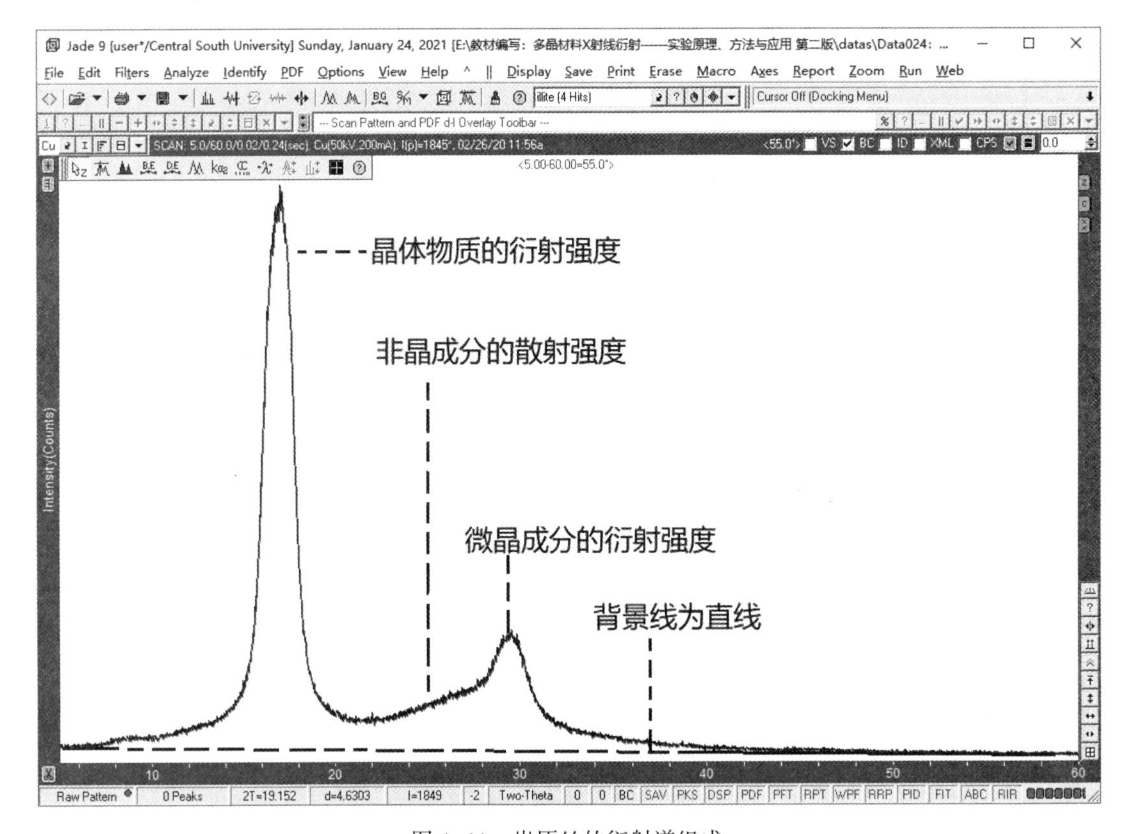


图 4-11　炭原丝的衍射谱组成

(2) 一般来说，在计算样品结晶度时，选择线性背景较好处理，在此选择直线背景。选择好背景线后，在背景线上出现一些用于调整背景线位置的编辑点。按住鼠标左键可以拖动这些圆点，来调整背景线到恰当的位置，如图 4-12 所示。

(3) 然后，单击编辑工具栏的拟合按钮，操作状态变成拟合参数编辑状态。在图 4-11 所示三种成分的峰顶位置加入拟合峰，如图 4-12 所示。

(4) 再次单击编辑工具栏中的拟合按钮，使各个强度峰得到拟合，如图 4-13 所示。

应当了解的是，在拟合过程中，往往需要通过鼠标拖动峰位线，并反复地按下编辑工具栏中的拟合按钮。

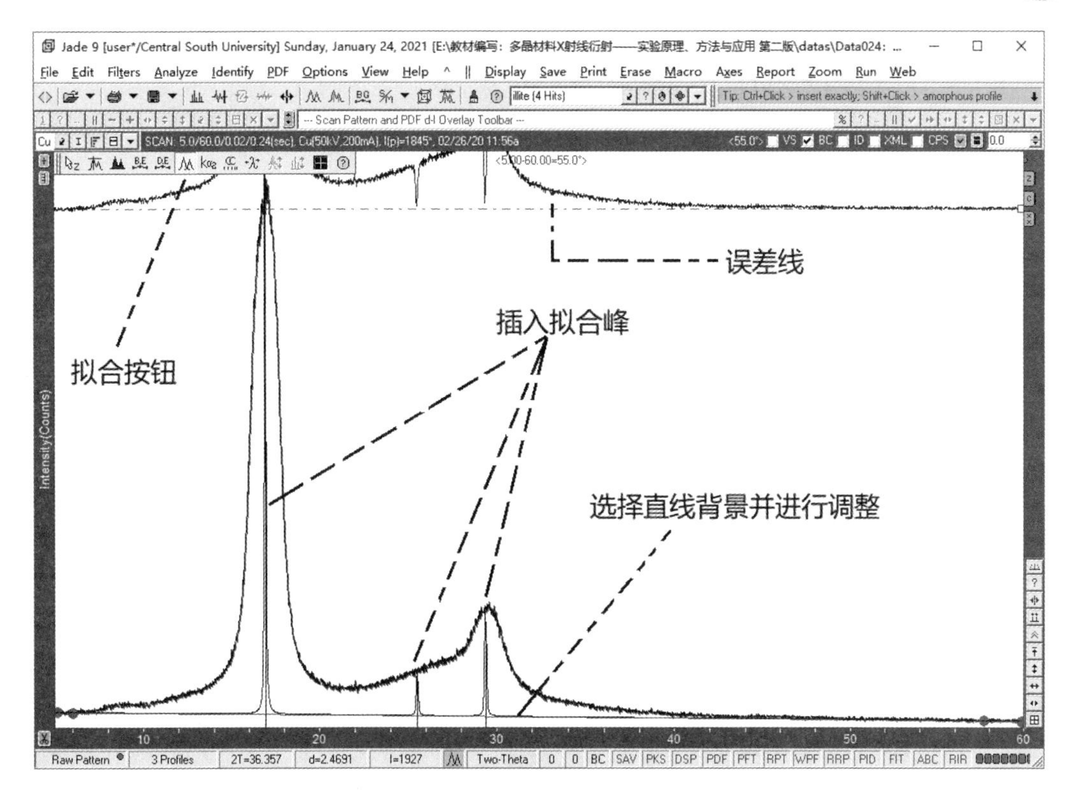


图 4-12　确定拟合峰位和背景线

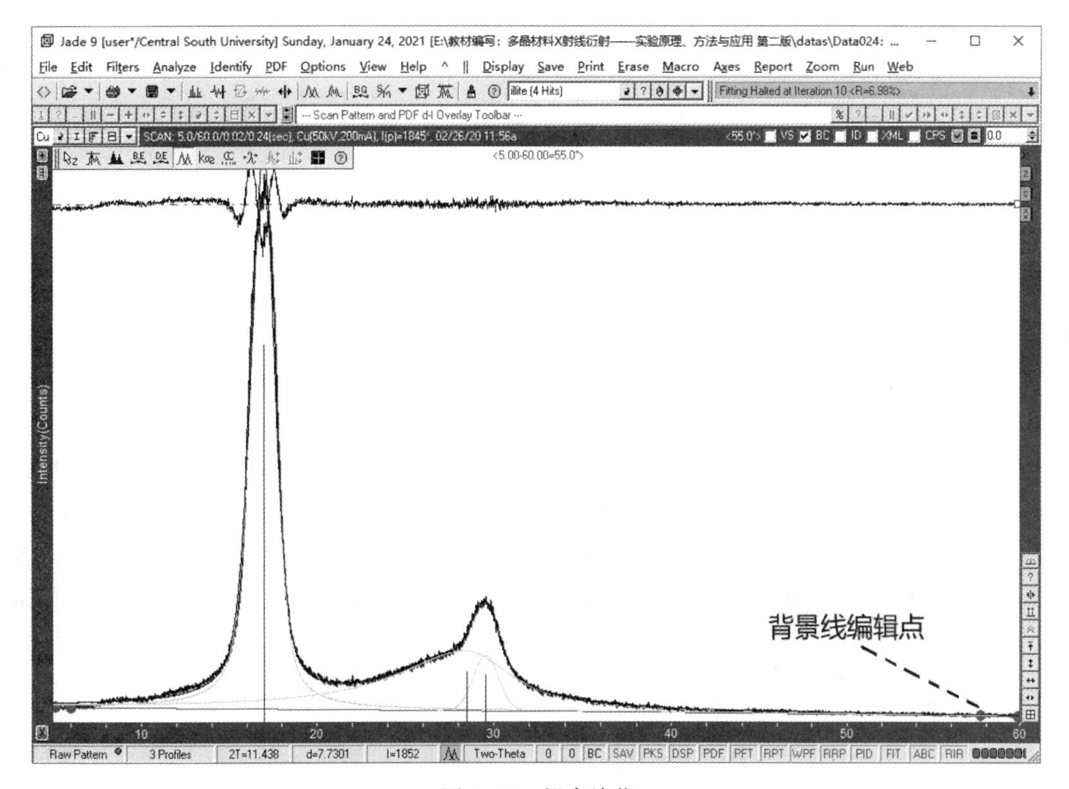


图 4-13　拟合峰位

（5）从图 4-13 可以看出，微晶衍射峰和非晶峰基本上得到满意的拟合结果，但是，对于图中第 1 个衍射峰的拟合存在较大误差，说明这个位置实际上是两个衍射峰的重叠结果。因此，首先按住鼠标左键将拟合峰位线往左边拖动一点，然后在此峰的右侧插入一个拟合峰，并反复拟合，得到如图 4-14 的结果。

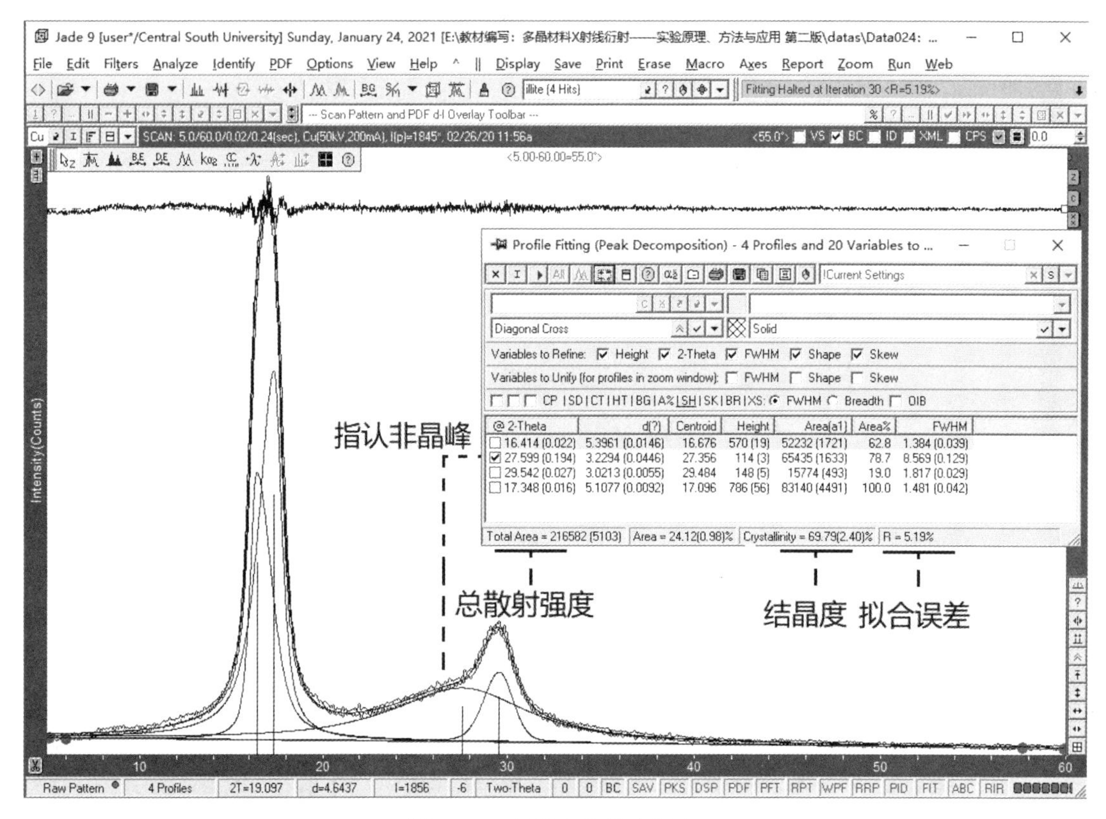


图 4-14　结晶度的拟合报告

（6）鼠标右键单击编辑工具栏中的拟合按钮，弹出图 4-14 所示的拟合报告。在拟合报告中可以看到，软件自动将一个半高宽（FWHM）为 8.569°的散射峰指认为非晶散射峰。如果软件没有自动指认，也可以手动勾选非晶峰。一般来说，晶相的衍射峰宽度小于 3°。在拟合报告的底部还显示了拟合误差 $R$ 值、总散射强度值和结晶度（Crystallinity）。结晶度实际上是拟合报告中除被指认为非晶散射峰外的 3 个衍射峰面积之和除以总面积（总散射强度）。

**例 5**　多个样品结晶度的同时计算

结晶度的计算是基于“物质全倒易空间的散射总量不变”。但是，在实际测量衍射图谱时不可能测量到全倒易空间的散射。通常只是选择一个衍射角范围内的衍射谱图。衍射角扫描范围的不同选择，所包含的衍射峰和散射峰不同，从而导致不同的测量结果。因此，从这一点来说，结晶度值只具有相对意义。

操作视频 21

另外，从以上的数据处理过程也可以看出，背景线的处理方法也与结晶度值有很大的关系，背景线线型、高低都直接影响了非晶散射强度的值。

如果有一个样品经过不同的处理工艺而得到结晶度不同的各种状态，需要计算这一系列状态样品的结晶度时，必须保证数据的测量条件相同，特别是扫描范围必须相同，而且还要保证所有样品的拟合方法是相同的；否则，计算出来的结晶度就不具有相对比较的意义。

数据文件 Data025. TXT ~ Data029. TXT 是一组高聚物的衍射谱，下面介绍同时计算这一组样品结晶度的方法。

（1）读入数据文件 Data025. TXT。选择直线背景，对图谱进行拟合可以得到其结晶度，如图 4-15 所示。

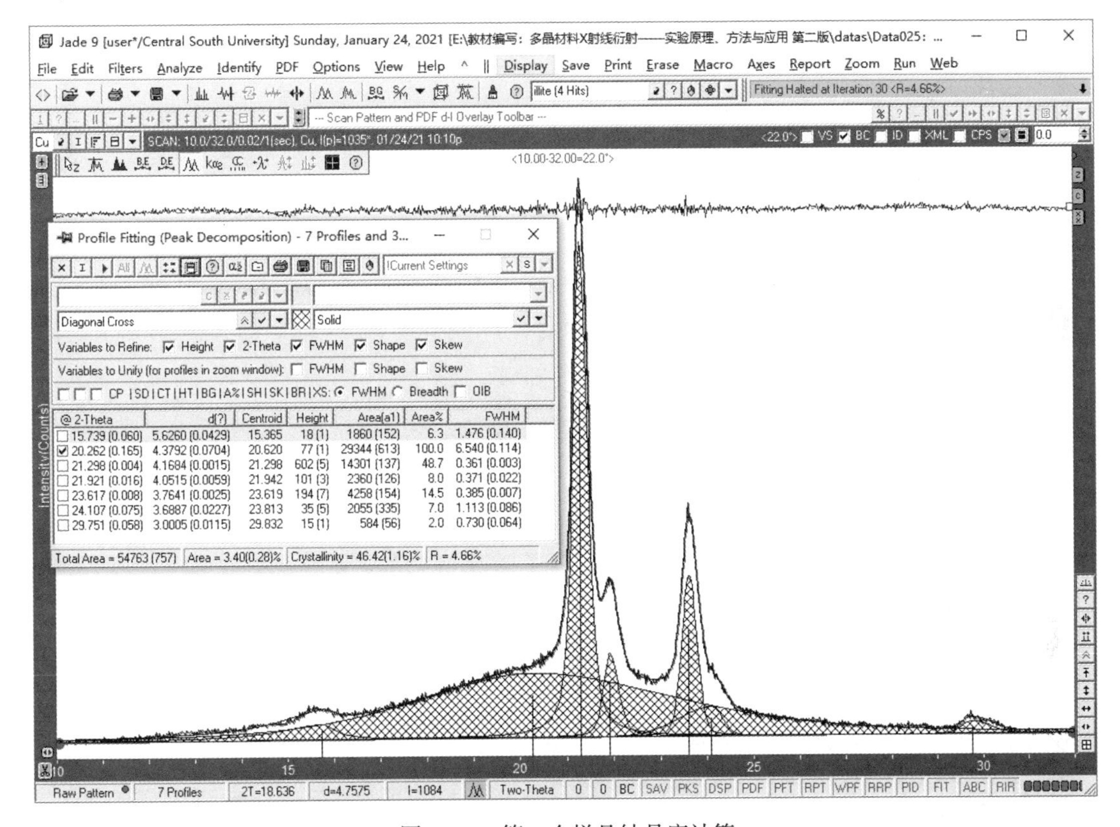

图 4-15 第一个样品结晶度计算

（2）从图 4-15 所拟合报告中可以看出，拟合变量包括五个，分别是衍射峰高度（Height）、衍射角（2-Theta）、半高宽（FWHM）、形状因子（Shape）和歪斜因子（Skew）。

现在，需要将所有晶体相衍射峰的衍射角固定下来。在图 4-15 的拟合报告中逐行选择衍射峰，并去掉其 $2\theta$ 项目前的勾选标志。

（3）将其他 4 个衍射谱（Data026. TXT ~ Data029. TXT）添加到工作窗口，如图 4-16 所示。

采用添加方式读入其余 4 个衍射谱后，系统会将 5 个衍射谱按读入顺序进行编号为 1 号~5 号。

（4）注意此时拟合参数设置窗口顶端的按钮变成可用状态（读入单个衍射数据时此按钮为灰色不可用状态）。单击此按钮，得到如图 4-17 所示的结果。

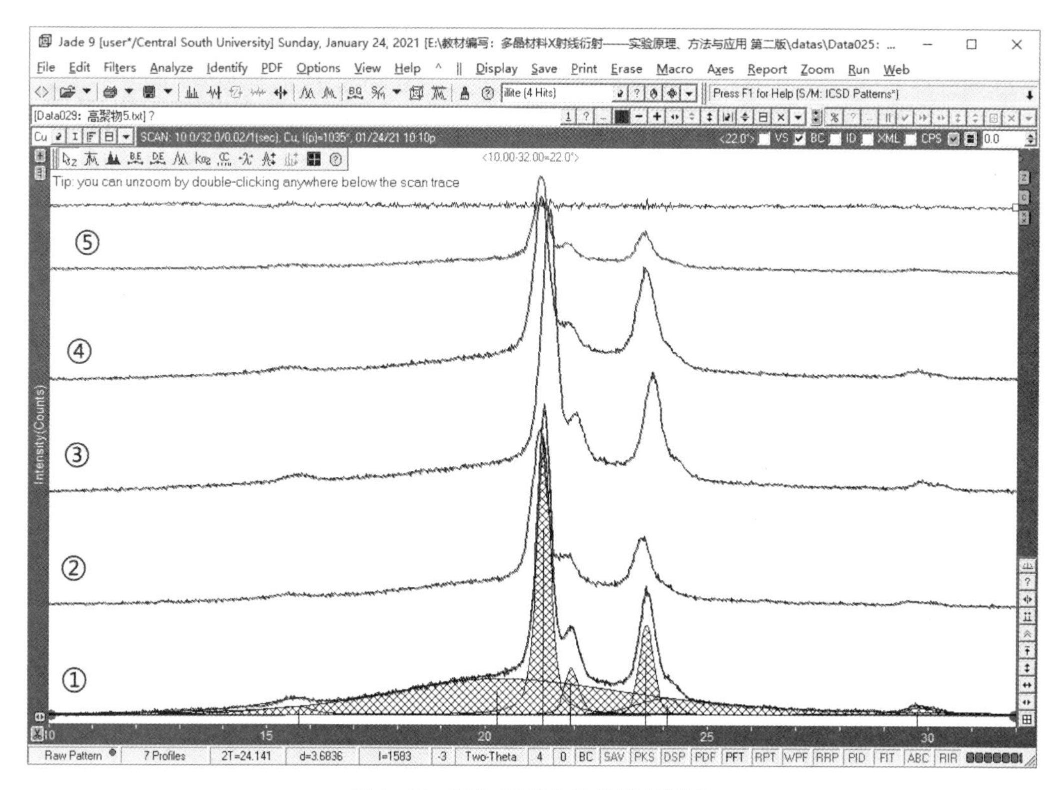


图 4-16　添加系列中的其他衍射谱

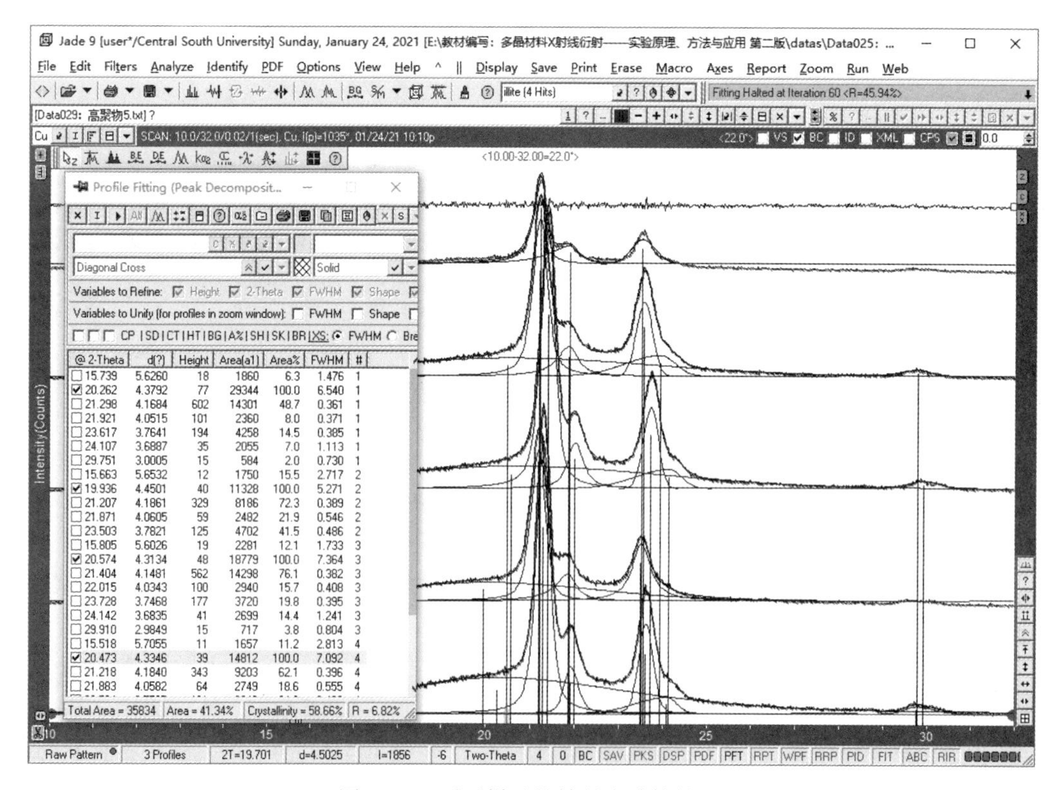


图 4-17　系列样品的结晶度计算结果

从图 4-17 可以看出，读入的 5 个样品都拟合完成。在拟合报告的右端出现一个新的列，标题为“#”，表示样品的读入顺序。

当用鼠标单击这个顺序号时，在报告的底端显示相应样品的结晶度。

此报告可以被保存，但并不保存每个样品的结晶度。因此，最好在拟合完成后直接抄录下每个样品的结晶度数据。

通过这一个例子，说明了针对一个系列的样品，计算全部样品结晶度的方法。由于在处理一组数据时采用了相同的拟合函数和拟合方法，因此这种方法能有效地保证系列样品中结晶度的可比性。

### 4.5.4　其他结晶度的表示方法

以上所讨论的结晶度着重于非晶相和结晶相的相对比例这一层面的意思，其特点是试样中含有明显的非晶和结晶部分，在 X 射线衍射谱中有明显的非晶散射峰存在。结晶度另一层面的意思是结晶的完整性。如黏土矿物一般都是结晶不完整的。高岭土、蒙脱土结构中都含有“不确定”的部分，这种情况的结晶度计算一般根据峰形、峰宽、峰位来确定。

高岭土有无序和有序两种，无序和有序高岭土的结构非常相似，只是各层平行 $L$ 轴任意排列。其典型的 $\alpha$ 三斜角也就由结晶完好时的 91.6°转变为 90°，成为假单斜晶系。Hinckley 用高岭石的（1，-1，0）和（1，1，-1）晶面反射弧度来衡量其结晶度。

高岭石的结晶度指数 $CI$（非定向样品）的计算是以（1，-1，0）晶面的峰高 $A$ 和（1，1，-1）晶面的峰高 $B$ 以及（1，-1，0）峰尖至背景高度作为计算公式的：

$$CI = \frac{A + B}{A_t} \tag{4-18}$$

分子筛的结晶度是衡量分子筛质量的一项重要指标，分子筛晶相组分是在催化剂制备过程中逐渐形成的。有人利用待测试样的衍射强度、峰宽数据与已知结晶度的标准试样的衍射强度和峰宽数据之比来计算分子筛的结晶度：

$$X_i = \frac{\sum I_i W_i}{\sum I_k W_k} X_k \tag{4-19}$$

式中，$X$ 为结晶度；$I$ 为单峰峰高；$W$ 为单峰峰宽；下标 i，k 为待测试样和标样。

这种方法不难理解，如果将衍射峰近似地看成抛物线，单个衍射峰面积实际上就是 $IW$。

石英的结晶度常采用五指峰法。K. J. Murata 在 1975 年提出，对石英 $2\theta$ 值为 67°~69°范围内的五指峰进行 XRD 扫描，并测定其（212）峰的敏锐峰高和总峰高度值，由此算得石英的结晶度指数。

石英结晶度指数的计算公式为：

$$CI = 10F(a/b) \tag{4-20}$$

式中，$CI$ 为结晶度指数；$F$ 为比例因子；$a$ 为（212）的敏锐峰高；$b$ 为（212）的总峰高。

无定形碳转变成石墨的“石墨化”过程是一个由非晶向晶体转变的过程，其结晶度的计算常用所谓“石墨化度”来测量。

理想石墨的晶体结构为密排六方，晶胞参数 $a=0.2461\text{nm}$，$c=0.6708\text{nm}$，即使是天然石墨，其晶体结构中也存在很多缺陷，晶胞参数与理想石墨的相比也有差别。实际应用的炭素材料大多是人造的，其石墨化程度受制备工艺和原材料的影响很大。所谓石墨化度，即碳原子形成密排六方石墨晶体结构的程度，其晶格尺寸越接近理想石墨的点阵参数，石墨化度就越高。富兰克林推导出人造石墨材料的晶胞参数与石墨化度的关系：

$$g=\frac{0.3440-\dfrac{c_0}{2}}{0.0086}\times 100\% \tag{4-21}$$

式中，$g$ 为石墨化度,%；$c_0$ 为六方晶系石墨 $c$ 轴的晶胞参数，nm。

由式（4-21）可以看出，当 $c_0=0.6708\text{nm}$ 时，$g=100\%$；当 $c_0=0.6880\text{nm}$ 时，$g=0\%$。

实际操作时，需要精确测定碳峰（002）面的面间距。因此，对于所测数据必须经过校正，否则，制样误差和仪器误差将掩盖石墨化引起的面间距变化。

这些方法都是一些经验方法，在此不详细介绍，可以参考相关文献。

# 5 晶胞参数的精密化计算

## 5.1 晶胞参数精确计算的原理与误差来源

### 5.1.1 衍射仪法测量晶胞参数的原理

晶胞参数是晶体物质的重要参量，它随物质的化学成分和外界条件而变化。晶体物质的键合能、密度、热膨胀、固溶体类型、固溶度、固态相变、宏观应力等，都与晶胞参数变化密切相关。所以，可通过晶胞参数的变化揭示晶体物质的物理本质及变化规律。

实验中在对一种合金的物相检索时，可能会发现很难精确地将衍射谱与 PDF 卡片标准谱对应起来，角度位置上总有一些差异。这是为什么呢？因为合金通常情况下都是固溶体，由于固溶体中溶入了异类原子，而这些异类原子的原子半径与基体的原子半径存在差异，从而导致了基体的晶格畸变，也就发生了基体的晶胞参数扩大或缩小。另外，晶胞参数还与温度有关，因为都知道“热胀冷缩”的道理，也就不难理解在微观上晶格的变大和变小了。当然，由于掺杂的原因也可以使晶胞参数变化。一些硅酸盐类黏土具有吸水性，如蒙脱石，由于层间电荷的作用，吸水前后的 $d_{001}$ 值相差很远。

必须指出的是，这种晶胞参数变化通常是很微小的，一般反映在 $10^{-2} \sim 10^{-3}$nm 的数量级上。如果仪器的误差足够大或者计算的误差足够大，完全可以把这种变化掩盖起来。晶胞参数计算的误差来源于多方面，因此必须对晶胞参数进行精密化测定。

用衍射仪法测定晶胞参数的依据是衍射线的位置，即 $2\theta$ 角，在衍射花样已经指标化的情况下，可通过布拉格方程 $2d_{hkl}\sin\theta=\lambda$ 和面间距公式计算晶胞参数。表 5-1 列出了各晶系的晶面间距 $d$ 与晶胞参数的关系式。

**表 5-1　各晶系的晶面间距计算公式**

| 晶系 | 晶面间距计算公式 |
| --- | --- |
| 单斜 | $1/d^2 = \left(\frac{h^2}{a^2} + \frac{l^2}{c^2} - \frac{2hl\cos\beta}{ac}\right) / \sin^2\beta + \frac{k^2}{b^2}$ |
| 正交 | $1/d^2 = \frac{h^2}{a^2} + \frac{k^2}{b^2} + \frac{l^2}{c^2}$ |
| 六方和三方 | $1/d^2 = \frac{4}{3} \times \frac{h^2 + hk + k^2}{a^2} + \frac{l^2}{c^2}$ |
| 四方 | $1/d^2 = \frac{h^2 + k^2}{a^2} + \frac{l^2}{c^2}$ |
| 立方 | $1/d^2 = \frac{h^2 + k^2 + l^2}{a^2}$ |

表5-1中$d_{hkl}$（简写成$d$）表示晶面簇（$hkl$）之间距离，称为面间距，$a$、$b$、$c$、$\alpha$、$\beta$、$\gamma$为晶胞参数。

以立方系为例，晶胞参数的计算公式为：

$$a = \frac{\lambda}{2\sin\theta}\sqrt{h^2 + k^2 + l^2}$$

从原理上来看，在衍射花样中，通过任何一条或几条衍射线的衍射角都可以计算出一个晶胞参数值。但是，通过每一条衍射线计算出来的晶胞参数都会有微小的差别，这是由于测量误差造成的。

对布拉格公式两边微分，可得：

$$\Delta d = -\cot\theta\Delta\theta \times d \tag{5-1}$$

从式（5-1）可以看出，面间距$d$的测量误差与衍射角（$2\theta$）的测量误差、衍射角正切，以及面间距$d$本身三者都成正比。对于立方晶系来说，晶胞参数的测量误差与衍射角之间存在如下的关系：

$$\frac{\Delta a}{a} = -\cot\theta\Delta\theta \tag{5-2}$$

由此可见，衍射角越大，衍射角的正切越小，测量误差相应减小。这就是为什么精确测量晶胞参数时宜选用高衍射角的衍射线的原因。

### 5.1.2 衍射仪测量晶胞参数的误差来源

衍射仪测量晶胞参数的来源有以下几种：

（1）测角仪机械零点误差。实践表明，机械零点误差是晶胞参数测量误差的主要来源。现代衍射仪（如日本理学D/Max-2500衍射仪）一般都带有自动调整功能，可以减小测角仪机械零点误差。

（2）$2\theta/\theta$驱动匹配误差。这种误差对于同一台设备是固定不变的，误差随$2\theta$而变化，可以用标准样品校正各个$2\theta$角的误差。最好选用晶胞参数大的立方晶系物质，如$LaB_6$作标准物质。如果没有，也可以用Si作标准物质。这种误差的函数形式为：

$$\Delta(2\theta) = \sum A_i \times (2\theta)^i,\ i = 0,\ 1,\ \cdots,\ N \tag{5-3}$$

式中，$A_i$为常系数。

（3）计数测量滞后的误差。为减小这种误差，精确测量晶胞参数时必须使用步进扫描和长时间常数，一般采用步长0.01°，计数时间1s或更长。

（4）折射校正。X射线从空气中进入试样时产生折射，因折射率接近1，所以在一般情况下都不予以考虑。但是，当晶胞参数的测量精度为$10^{-3}$nm数量级时，就要进行折射校正。

校正公式为：

$$d_o = d_c\left(1 - \frac{\delta}{\sin^2\theta}\right) \tag{5-4}$$

式中，$d_o$为实测面间距；$d_c$为校正后的面间距；$\delta$为X射线的折射率。

对于立方晶系有：

$$a_c = a_o(1 + \delta)$$

式中，$\delta = 2.702 \times 10^{-6}\lambda^2\rho\frac{\Sigma Z}{\Sigma A}$，其中$\rho$为物质密度；$\lambda$为射线波长；$\Sigma Z$为晶胞中的总电子数（即原子序数之和）；$\Sigma A$为晶胞中的总原子量；$a_c$，$a_o$为晶胞参数的校正值和测量值。

（5）温度校正。晶胞参数的测量应在规定的标准温度（25℃）上进行，否则，就要做温度误差校正。其校正公式为：

$$a_c = a_o[1 + \alpha(T_o - T_m)] \tag{5-5}$$

式中，$\alpha$为热膨胀系数；$T_o$，$T_m$为测量温度和标准温度。

（6）平板试样误差。按测角仪聚焦原理的要求，试样表面应为与聚焦圆曲率相同的曲面。采用平板试样时，除了与聚焦圆相切的中心点外，都不满足聚焦条件。当一束水平发散角为$\alpha$的X射线投射到平板试样时，衍射线发生一定程度的散焦和位移。由此引起的误差为：

$$\frac{\Delta d}{d} = \frac{\alpha^2\cos^2\theta}{12\sin^2\theta} \tag{5-6}$$

（7）试样表面离轴误差。由于试样表面不平整或安装不到位，使试样表面离开测角仪中心轴一定距离$S$（高于试样架表面或低于试样架表面），衍射峰发生位移。由此引起的误差为：

$$\frac{\Delta d}{d} = \frac{S}{R}\frac{\cos^2\theta}{\sin\theta} \tag{5-7}$$

式中，$R$为测角仪圆半径。采用较大直径的衍射仪圆时，误差较小。

（8）试样透明度误差。由于X射线具有较强的穿透能力，随被测试样的线吸收系数$\mu$的减小，穿透能力增大，因此，试样内表层物质都可以参与衍射。试样内表层物质的衍射线与离轴误差相似。由此引起的误差为：

$$\frac{\Delta d}{d} = \frac{\cos^2\theta}{2\mu R} \tag{5-8}$$

（9）轴向发散误差：由于梭拉狭缝的片间距离和长度有限，入射线和衍射线都存在一定的轴向发散。由此引起的测量误差为：

$$\frac{\Delta d}{d} = \frac{\delta_1^2\cos^2\theta - \delta_2^2}{12\sin^2\theta} \tag{5-9}$$

式中，$\delta_1$、$\delta_2$分别为入射光路和衍射光路的有效轴向发散角（梭拉狭缝的片间距离/沿光路方向的片长）。

在这些误差中，有些误差可以通过调整仪器精度、用标准样品来校正；有些可以在制样时尽可能将误差降到最小。仪器零点误差、$\theta/2\theta$匹配误差、计数滞后误差、折射误差、温度误差这五种误差与仪器的制作精度或者外部因素引起，不可能用数据处理方法来消除，只能采用标准样品来校正。

后面四种误差的消除可以从两方面考虑：（1）在实验方法上控制，如调小狭缝、增大梭拉光阑的片长，制备平整的样品，对于透明性大的样品采用薄层样品都可以使测量误差降低；（2）可以根据误差的影响规律通过数学处理方法来部分消除，数据处理的方法通常采用最小二乘法。

从以上讨论可知，消除晶胞参数的测量误差的过程分为两个步骤，首先用标准样品进行校正，然后采用最小二乘法进行修正，最终得到比较准确的晶胞参数。

用标准样品校正仪器误差的方法有两种：(1) 将标准样品加入待测样品中，通过标准样品的实测衍射谱线的衍射角与其标准值进行比较来进行校正，这种方法称为“内标法”。(2) 测量出标准样品的衍射谱，并将其与标准值进行比较，得到仪器衍射角的误差曲线(称为仪器的角度校正曲线)，然后再测量待测样品的衍射谱，并用仪器校正曲线对待测样品的衍射谱角度进行校正，这种方法称为“外标法”。

下面分别介绍这两种方法。

操作视频 22

## 5.2 内　标　法

内标法晶胞参数精修，就是将某种标准物质加入待测样品中一起扫描其混合物的衍射谱，用其中标准物质的衍射谱来校正待测样品的衍射谱角度。然后，再将校正过的衍射谱进行最小二乘法精修。下面通过一个实例来说明其实验与应用方法。

$LiMn_2O_4$ 是常见的一种电池正极材料，其晶胞参数的变化与其性能直接相关，通常通过其晶胞参数的值来表征其性能。为了精确测量其晶胞参数，采用内标法。

在 $LiMn_2O_4$ 中掺入晶胞参数标准物质 Si 粉，混合均匀，测得的衍射谱数据文件为数据文件 Data030. raw。

从样品制备开始到晶胞参数的测量过程有以下几个步骤。

(1) 加入内标物质：将标准 Si 粉（将高纯单晶 Si（质量分数大于 99.9%）用玛瑙研钵研细，过 0.046mm 标准筛，经 1100℃×1h 真空退火后，作标样使用）加入 $LiMn_2O_4$ 中，在研钵混合均匀，测量混合物的衍射谱。

测量条件为 $CuK_\alpha$，40kV，250mA，步进扫描，步长 0.02°，计数时间 1s。狭缝与其他样品的测量条件相同。

经过物相分析，确定样品混合物中只有 $LiMn_2O_4$ 和 Si 两种物相。对图谱中所有衍射峰进行拟合后，得到各个衍射峰的衍射角，如图 5-1 所示。

(2) 选择标准物质：在物相检索列表中，选定 Si 作为仪器角度校正的标准物质。

(3) 角度校正曲线计算：如图 5-2 所示，选择菜单命令“Anayse→Theta Calibration”，弹出图 5-2 中的“Theta Calibration of Whole Pattern”对话框。单击图中的“Calibration”按钮，计算并绘制出角度校正曲线。

从图 5-2 可以明显地看出，经过校正后的衍射峰位置有明显的移动。

(4) 角度校正：本步骤仅仅是将校正曲线计算出来，若要将谱线进行校正，需要进行一次确认。按下常用工具栏中的 ⇄ 按钮，角度被校正过来。

图 5-3 是经过校正的衍射谱图，从图中可以看出，所有衍射峰都进行了移动。在窗口右上角显示了角度校正曲线函数。

至此，通过标准物质 Si 对衍射谱进行了校正。接下来，进行晶胞参数的精修。

(5) 图谱的重新拟合：由于校准曲线时使曲线产生了移动，因此需要对整个衍射谱进行重新拟合，得到校准后的衍射峰角度。

(6) 选择晶胞参数精修物相：打开物相检索列表，选择 $LiMn_2O_4$ 为要精修晶胞参数的对象，如图 5-4 所示。

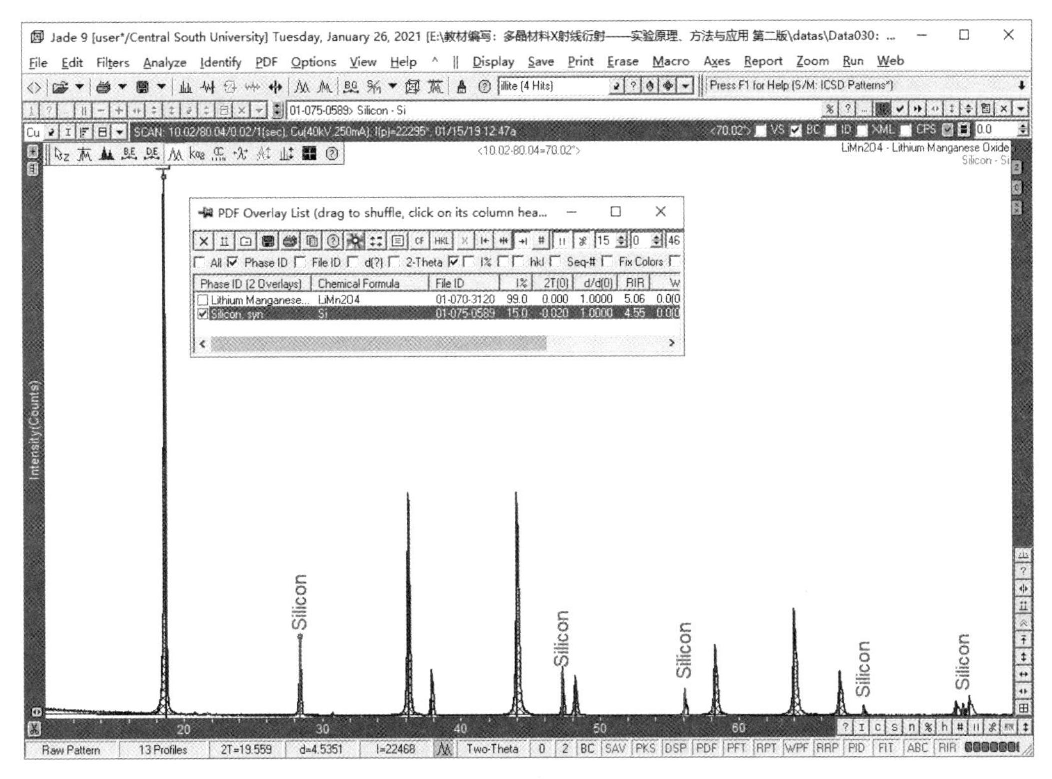


图 5-1 选择标准物质的 PDF 卡片

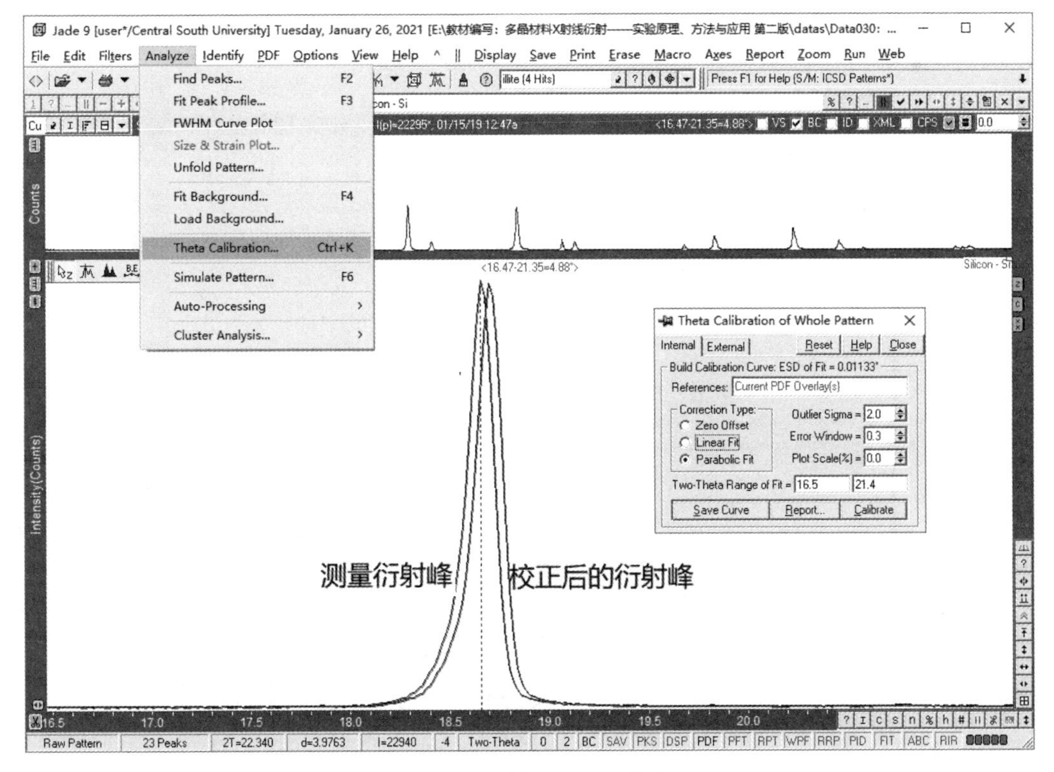


图 5-2 计算角度校正曲线

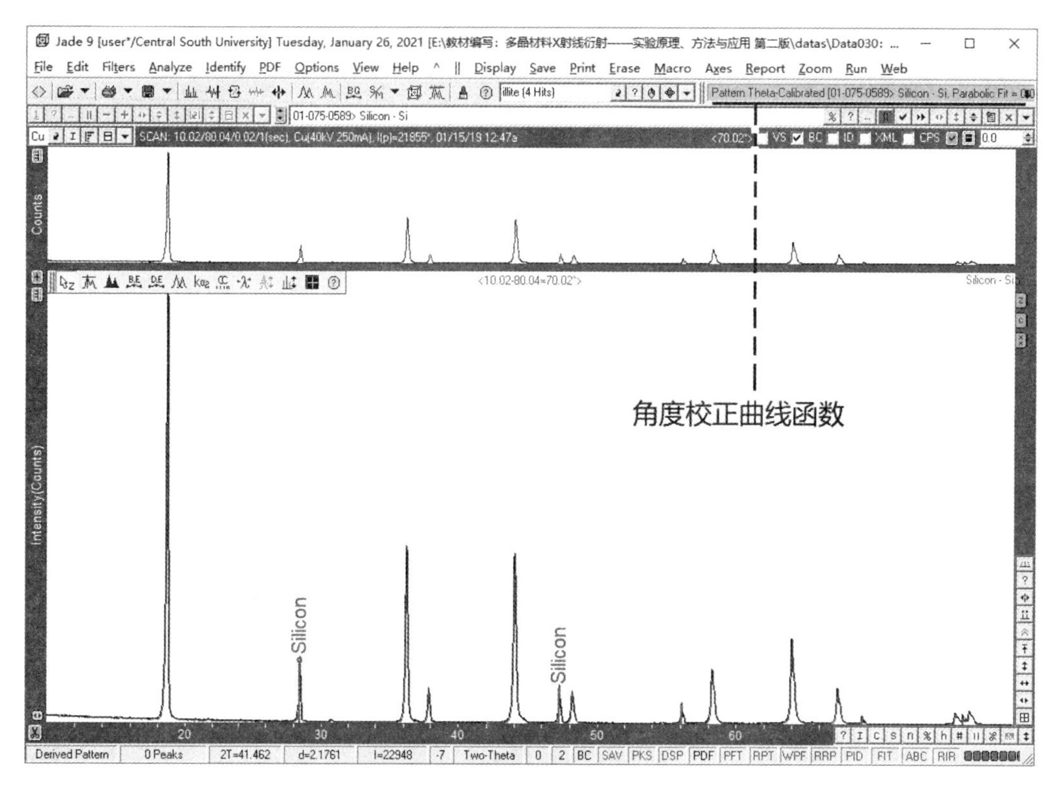


图 5-3　校正衍射峰角度

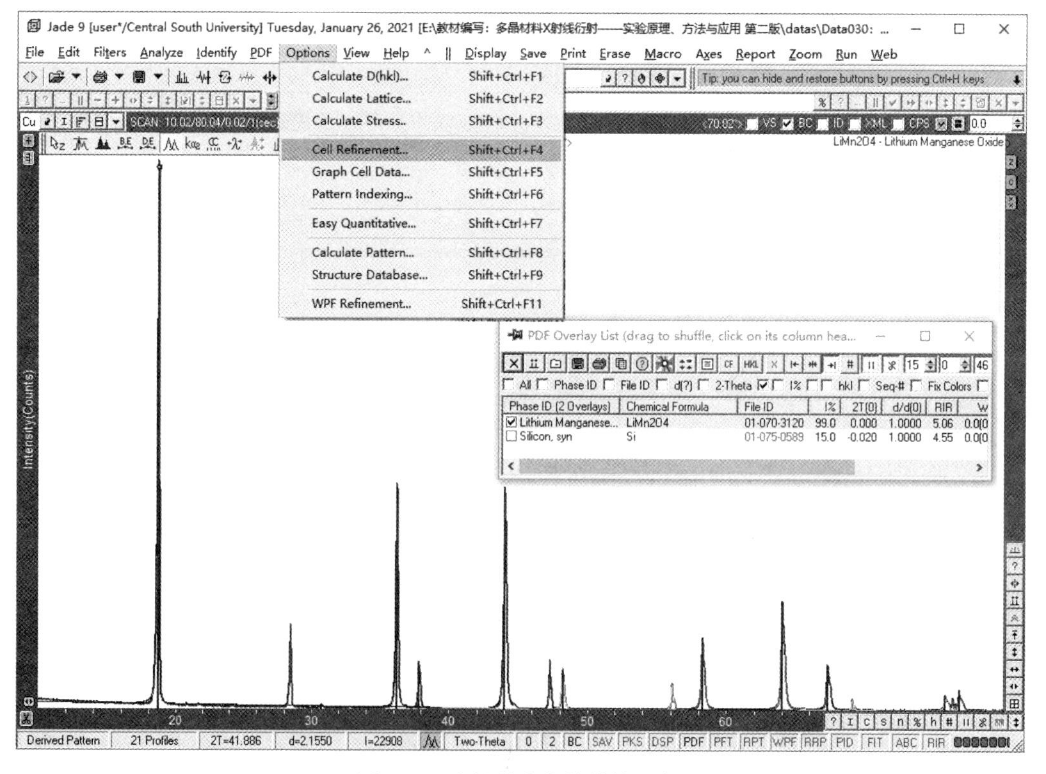


图 5-4　选择晶胞参数精修对象

（7）如图 5-4 所示，选择菜单命令“Options→Cell Refinement”，打开晶胞参数精修对话框，如图 5-5 所示。

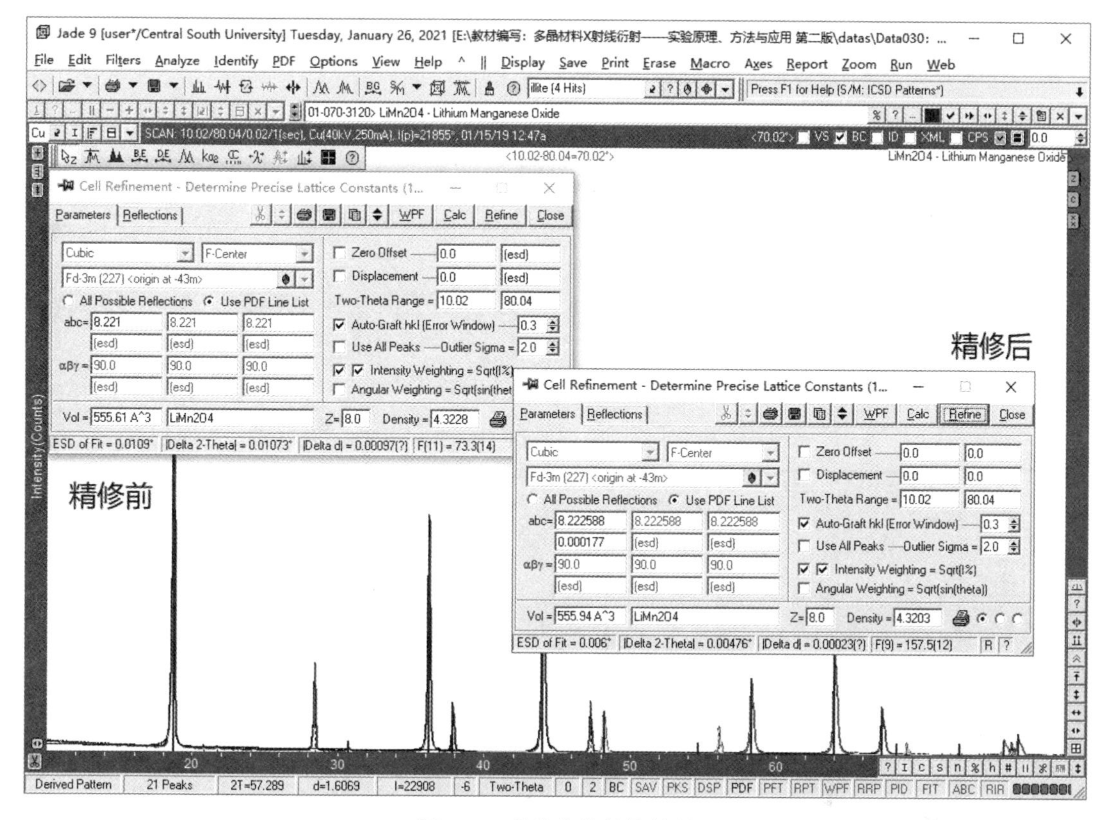


图 5-5　晶胞参数精修结果

从图 5-5 可以看到，精修前，$LiMn_2O_4$ 的晶胞参数是 8.22Å，而精修后的结果为 8.222588（0.000177）Å，括号里面是计算误差。

# 5.3　外　标　法

## 5.3.1　建立角度误差校正外标曲线

操作视频 23

### 5.3.1.1　外标法原理

所谓外标法就是测量一个标准物质的全谱，通过这个全谱的衍射角数据与标准数据比较，建立起一个测量角度误差随衍射角变化的函数：

$$\Delta(2\theta)_{2\theta} = \sum A_i \times (2\theta)^i,\ i = 0,\ 1,\ \cdots,\ N \tag{5-10}$$

式中，$A_i$ 为要计算的常系数。

将这个函数保存成 Jade 的参数文件，那么在读入一个样品测量谱图时，可以使用这个函数来校正仪器误差。显然，外标法是为了 $\theta/2\theta$ 匹配误差而做的校正。

### 5.3.1.2　实验方法

下面介绍仪器角度误差校正外标曲线的建立方法。

（1）选择一种标准物质，通常选择 $LaB_6$ 或者 Si 作为角度校正的标准物质，是因为这两种物质的晶胞参数稳定。测量标准物质（Si）的全谱，一般测量范围为 20°~100°。

（2）数据文件 Data002. Raw 是一个测量好的标准 Si 的衍射图谱。读入并完成物相检索和图谱拟合，得到实测 Si 的各个衍射峰峰位角 $2\theta$，如图 5-6 所示。

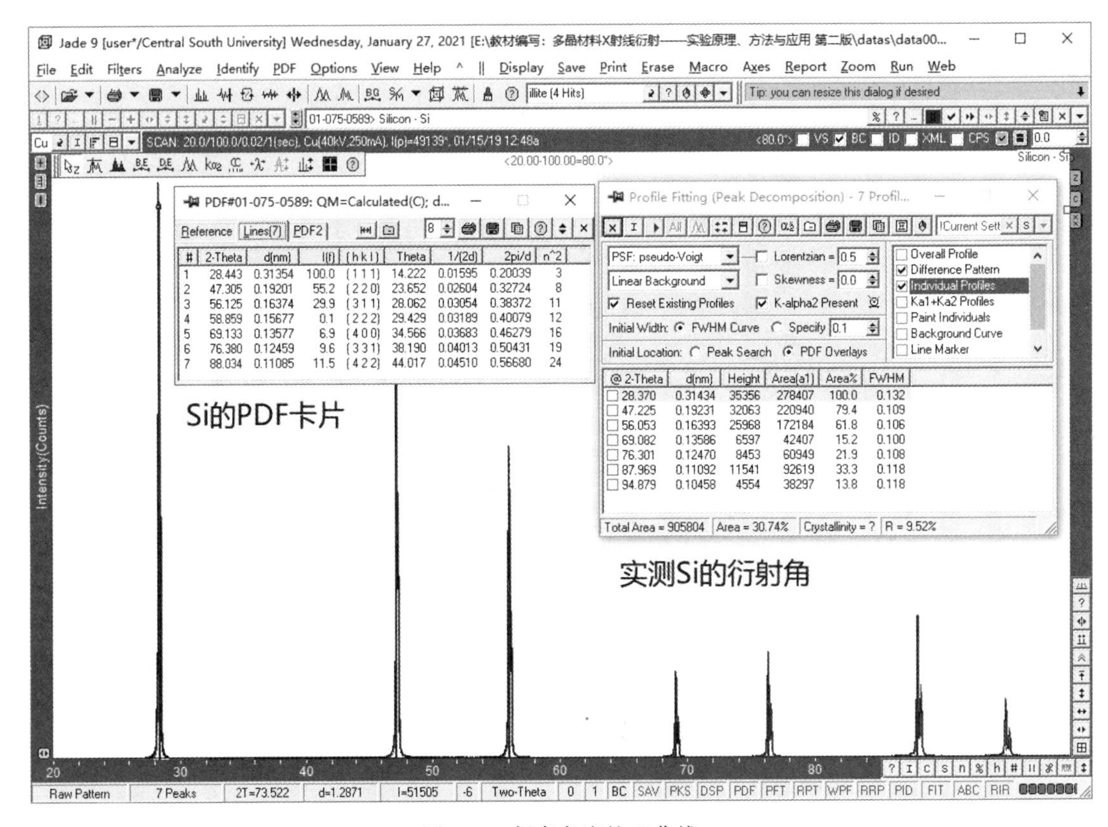


图 5-6 保存角度校正曲线

对比图 5-6 显示的实测峰位角和 PDF 卡片上的峰位角可以看出，仪器测量存在误差。

（3）峰位校正。按下 F5，显示峰位校正的对话框，如图 5-7 中的①所示。

选定“Parabolic Fit”，再单击“Calibrate”，显示出角度校正曲线（软件中带圆点的曲线，绿色点表示合适，红色点表示有误差，应当舍弃这个点的数据）。图 5-7 中上部带圆点的曲线即为角度校正曲线。

（4）保存角度校正曲线。单击“Save Curve”命令，将当前角度校正曲线保存起来，如图 5-7 中的②所示。保存起来的角度校正曲线可用于实验样品图谱的角度校正，这种校正方法称为“外标法”。

（5）选定外标曲线的使用方式。单击图 5-7 中的①对话框中的“External”，显示“External”页（图 5-7 中的③）。

在下拉列表中选定好刚刚保存的角度校正曲线“75-0589 Silicon，sys-Si（01/27/21）”，然后选定“Replace the Original with the Calibrated”和“Calibrate Patterns on Loading Automatically”，关闭对话框。

这样的设置使得以后每次读入一个新的衍射图谱时，软件将图谱进行自动校正，并用

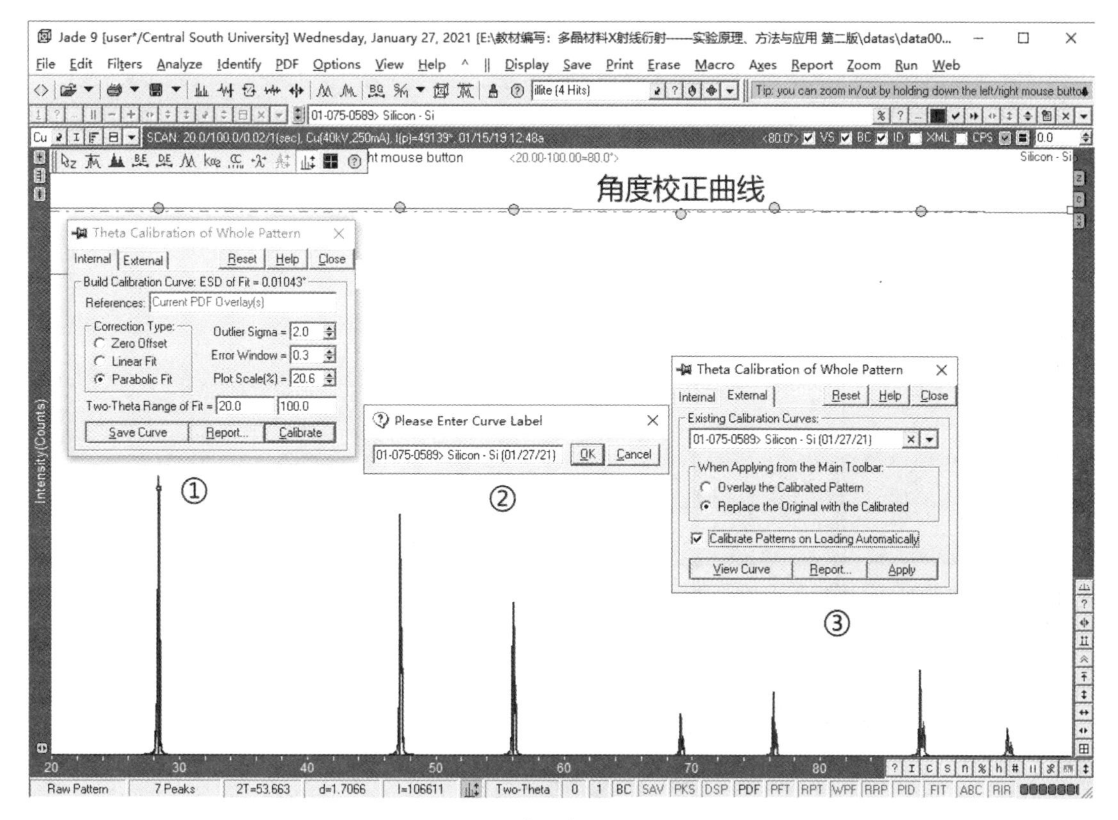


图 5-7 建立角度校正曲线

校正后的图谱替换原始图谱（只是对内存中的数据进行替换，并不修改磁盘中的数据）。

## 5.3.2 外标法的应用

操作视频 24

下面以 Data031. raw 为例，说明外标法晶胞参数精修的应用方法。

（1）用与测量标准曲线相同的实验条件扫描得到 Data031. raw，打开该图谱，如图 5-8 所示。

注意，由于选中了“Calibrate Patterns on Loading Automatically”，因此在读入衍射图谱时，Jade 会自动读入角度校正曲线，图谱被校正角度（图 5-8 右上角的提示信息）。

（2）物相检索。经物相检索可知样品为两相混合物，两种物相分别是 ZrB 和 $ZrB_2$，如图 5-8 所示。注意图中 $ZrB_2$ 的 PDF 卡片峰位线与实测谱线的角度对应较为吻合，说明其晶胞参数变化不大。而 ZrB 的 PDF 卡片峰位线偏离实测衍射峰较多，说明其晶胞参数变化较大。

（3）对所有衍射峰进行拟合，得到各个衍射峰的测量角度数据。

（4）选择晶胞参数精修对象。因为样品存在两种物相，因此在晶胞参数精修前应当选择好要精修的物相。打开物相检索列表，选择 $ZrB_2$ 物相，如图 5-9 中的①所示。

（5）晶胞参数精修。选择菜单“Options-Cell Refinement”命令，打开晶胞精修对话框，如图 5-9 中的②所示。

在图 5-9 中的②的对话框中，选中“Displacement”的勾选。按下“Refine”按钮，就

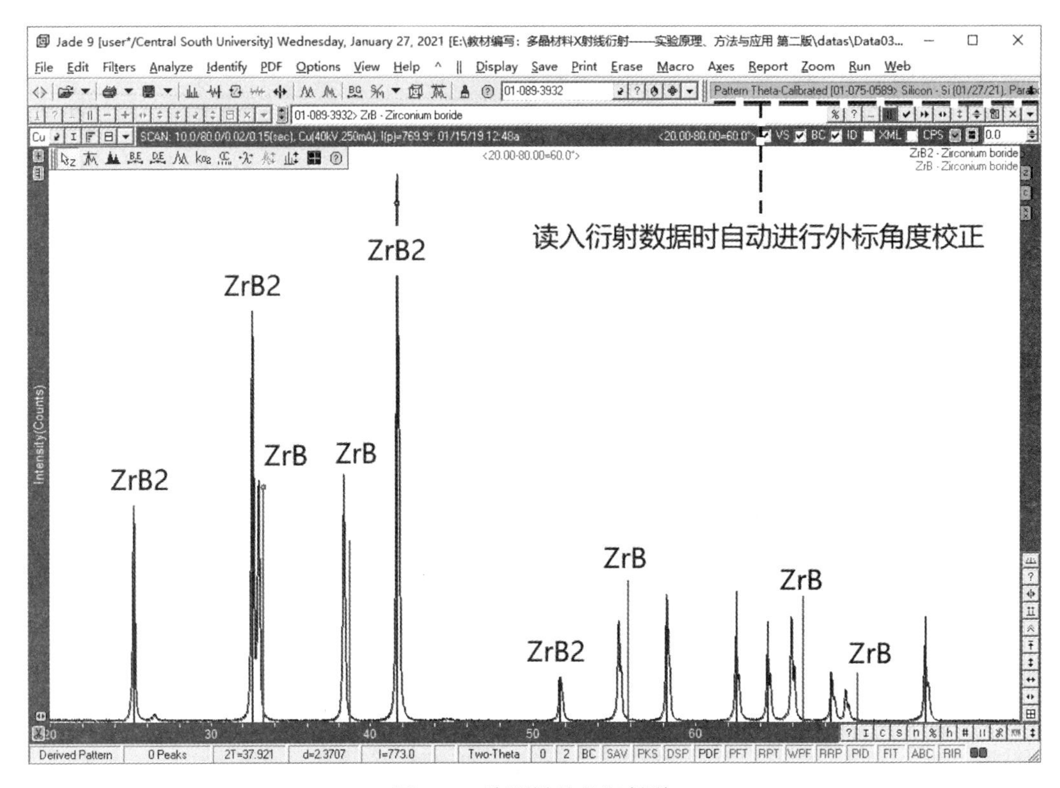


图 5-8　待测样品的衍射谱

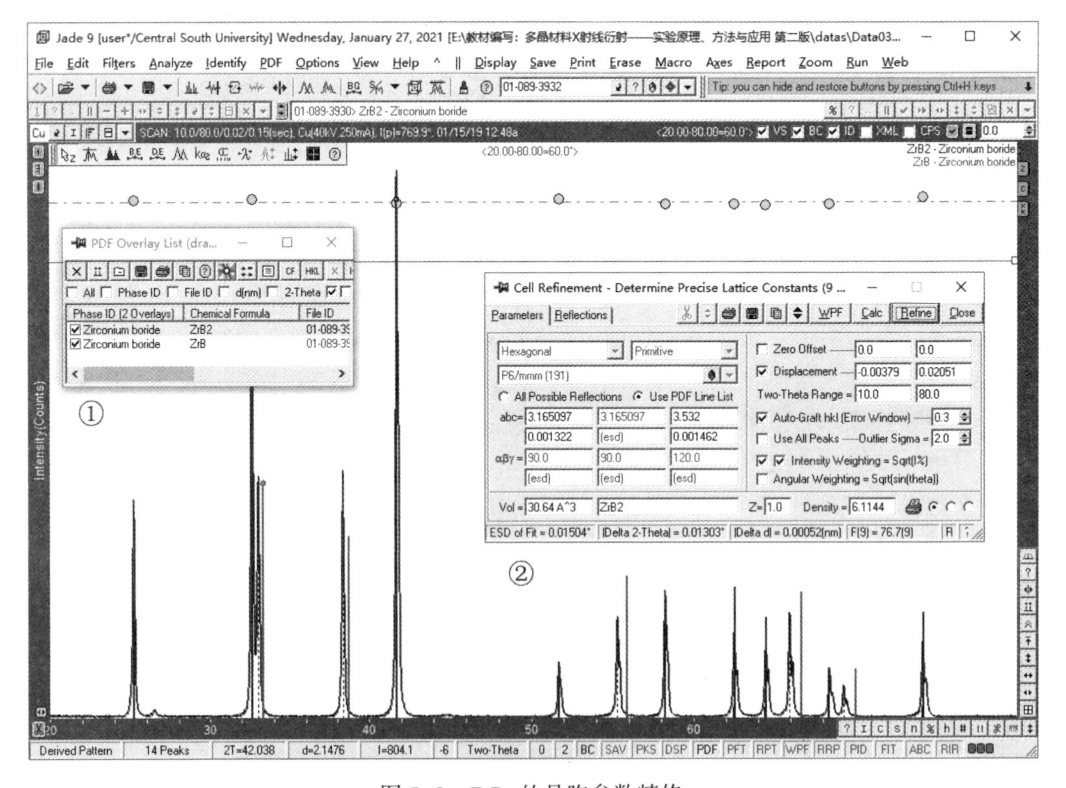


图 5-9　$ZrB_2$ 的晶胞参数精修

完成了 $ZrB_2$ 的晶胞参数精修。

（6）保存结果。这三个按钮的功能分别是打印、保存和复制计算结果，观察并保存结果。结果保存为纯文本文件格式，文件扩展名为“.abc”。而按下 WPF 按钮则进入“全谱拟合精修”窗口，可以完成更精细的计算。

（7）ZrB 的晶胞参数的精修。在图 5-9 的①中，选择 ZrB 作为精修对象。选择菜单“Options-Cell Refinement”命令，并没有出现图 5-9 中②的对话框，而是弹出一个错误提示对话框，如图 5-10 中的①所示。

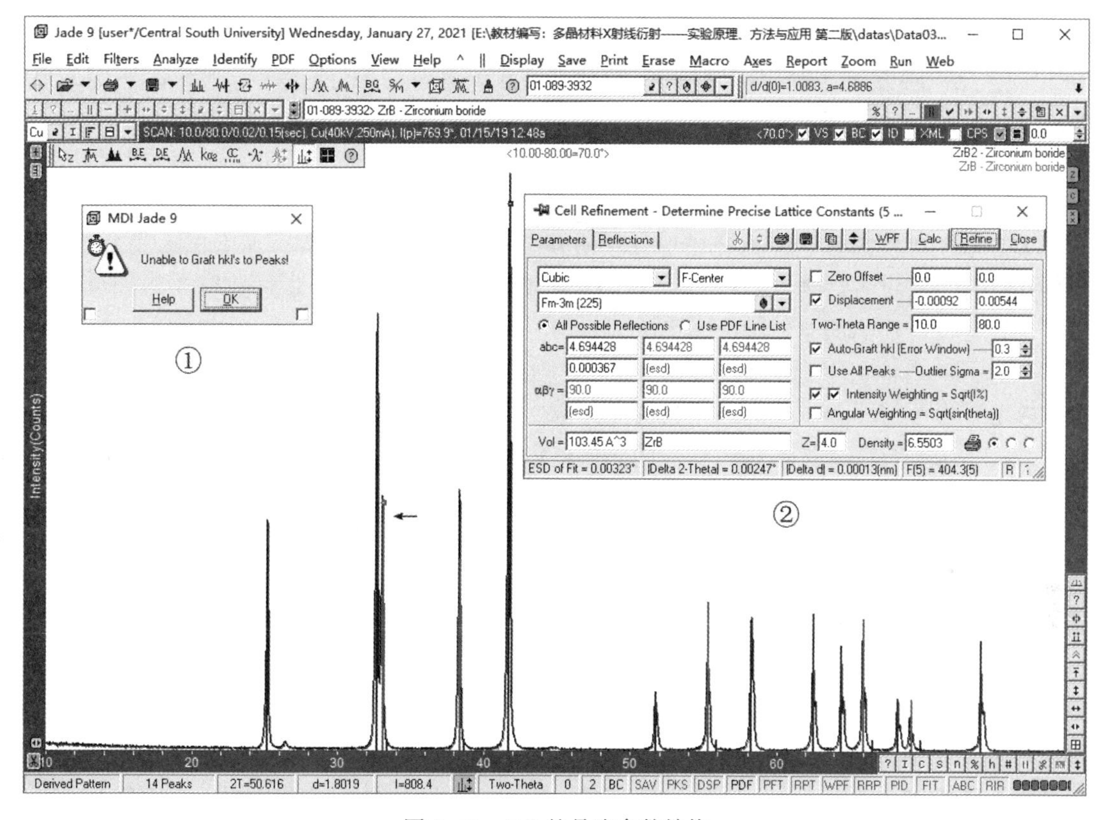


图 5-10　ZrB 的晶胞参数精修

提示说明没有匹配的 PDF 卡片峰位线与衍射角相匹配，无法进入精修，这是因为精修是以 PDF 卡片峰位线为初始模型的。当模型偏离实测值较远时，无法开始精修。此时应当按下编辑工具栏中的按钮（峰位线调整按钮），再按住键盘上的 Ctrl 和鼠标左键，向左拖动峰位线到衍射峰附近，拖动的结果如图 5-10 所示。

再次选择菜单“Options-Cell Refinement”命令，弹出 5-10 中的②的对话框，按下对话框中的 Refine 按钮，得到 ZrB 的晶胞参数精修结果。

## 5.4　晶胞参数精修的应用方法

晶胞参数精修的应用方法有以下几种：

（1）内标法与外标法的选择。内标法就是将标准物质直接加入被测样品中，可以直接消除仪器零点误差和样品离轴误差这两种主要误差。其缺点是当样品存在多种物相或者样品本身的衍射峰较多时，再加入标准物质必然增加谱线重叠，准确分峰存在困难。因此，内标法主要用于：1）需要特别精确计算晶胞参数；2）待测样品的衍射线条少而且不与标准物质的衍射线条重叠；3）单峰校正。

外标法只能去除仪器零点误差，但不可以去除制样引起的“样品表面离轴误差”。在实际制样过程中，特别是粉末样品的制备过程中，样品表面或多或少会高出或者低于样品架表面，这种误差在外标法中需要严格控制。一般认为粉体样品使用内标法校正角度更加精确。

（2）内标法与外标法的软件操作。内标法由于同时校正了仪器的零点误差（Zero Offset）和样品离轴误差（Displacement），因此，在晶胞参数精修对话框中，“Zero Offset”和“Displacement”两个勾选项都不应被勾选，如图 5-5 所示。

外标法只能校正样品的零点误差，因此，在精修时应当勾选“Displacement”项。其含义是 Displacement 值由软件计算出来。

实际应用中，还有一种不使用标样的方法，称为“无标样法”。在做晶胞参数之前，不使用标样进行校正，其基本原理是利用同一晶面的二级衍射误差来计算仪器的零点误差。因此，此时应当同时勾选上两个选项。

但是，应当特别注意，“Zero Offset”和“Displacement”具有很大的相关性（即当其中一个数据改变时，会引起另一个数据的改变，反过来又影响前一个数据的改变）。在实际操作时，如果反复地按下晶胞参数精修对话框中的“Refine”，显示不同的晶胞参数值，说明这种相关性起作用，这种方法不能使用。

（3）多相样品的晶胞参数精修。如果样品中存在多个物相，可以分别计算各个物相的晶胞参数。具体操作方法是：在主窗口中单击“PDF 卡片列表”右边的数字，打开 PDF 卡片表，将光标条放在需要计算晶胞参数的物相所在的行单击，再关闭该列表。计算不同物相的晶胞参数时选择（激活）不同的物相。每当计算出一个物相的晶胞参数后，应当立即保存其精修数据。

（4）实验参数的选择。式（5-1）和式（5-2）说明，衍射角度越高，晶胞参数变化引起的角度变化越大，晶胞参数的误差越小。但是，当高角度峰不明显时，并不建议使用衍射角度太高的数据，因为强度弱而导致的拟合误差可能更大；而且并不需要使用一个相的全部衍射峰来精修，点阵结构越简单，精修所需要的衍射峰数目越少，相反地，只有精修那些复杂晶胞时才会需要更多的衍射峰数据。因此，对于简单结构的精修，可以选择一些强度相对较高、形态较好而且重叠峰较少的一段谱图拟合来做精修。

拟合分峰时，不建议使用自动拟合，认为对每个峰作单峰拟合可能更可以保证拟合的效果。如果其他相的衍射峰影响较小，可以采用手工拟合，即不重要的部分不进行拟合。

用于晶胞参数精修的衍射图谱扫描参数与样品制备方法请参照第 3 章关于未知物质的指标化样品要求。

（5）晶胞参数方法的评价。这种计算实际上是以指定的物相衍射数据（PDF 卡片）为模型，进行最小二乘法优化处理的。Jade 的 Cell Refinement 功能，加上角度校正，在一定程度上可以降低测量误差；但是，各种误差还是或多或少地存在，所测得的晶胞参数也是有误差的。更加精确的晶胞参数精修方法可参阅 Rietveld 全谱拟合。

# 6 微结构分析

## 6.1 材料微结构与衍射峰形的关系

### 6.1.1 X 射线衍射峰的宽度

粉末衍射仪的衍射谱由一组具有一定宽度的衍射峰组成，每个衍射峰下面都包含了一定的面积。衍射峰的形状为一个钟罩形函数，这些函数是柯西函数（Cauchy）、高斯函数（Gauss）及其复合函数 Pearson Ⅶ和 Voigt 函数。图 6-1 显示出一个实测衍射峰用不同的函数来拟合时具有不同的吻合情况。如果把衍射峰简单地看做是一个三角形，那么峰的面积等于峰高乘以一半高处的宽度，这个半高处的宽度称为“半高宽”（*FWHM*）。

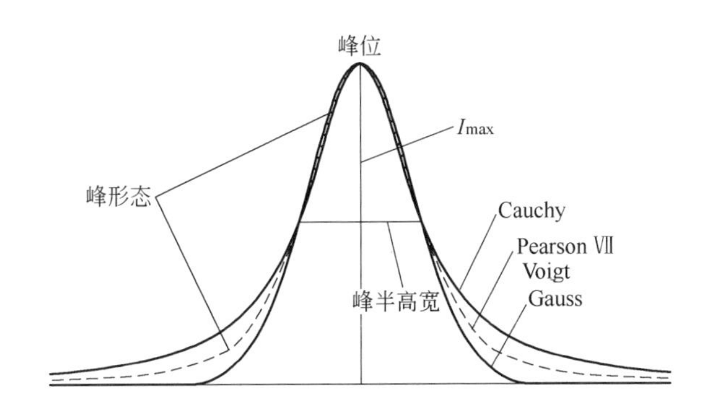


图 6-1　用不同的钟罩形函数拟合衍射峰时的吻合情况

衍射峰的实际宽度（*B*）来自于仪器因素和样品因素两个方面的影响。

### 6.1.2 仪器宽度

如果采用的实验条件完全一样（主要是指狭缝宽度），那么，测量不同样品在相同衍射角的衍射峰的 *FWHM* 应当是相同的，这种由实验条件决定的衍射峰宽度称为“仪器宽度（*b*）”。仪器宽度并不是一个常数，它随衍射角变化。一般随衍射角变化表示为抛物线形函数。

$$FWHM(\theta)=f_0+f_1\theta+f_2\theta^2 \tag{6-1}$$

式中，*FWHM* 为衍射峰并高宽，单位为度（°）或弧度（rad），它是衍射角 $2\theta$ 的函数，呈开口向上的抛物线形状；$f_0$、$f_1$、$f_2$ 为抛物线函数的 3 个系数，是可以修正的参数。

对于同一个样品，不同的衍射仪和使用不同的狭缝宽度时，公式中的 3 个系数是不同的（图 6-2）。

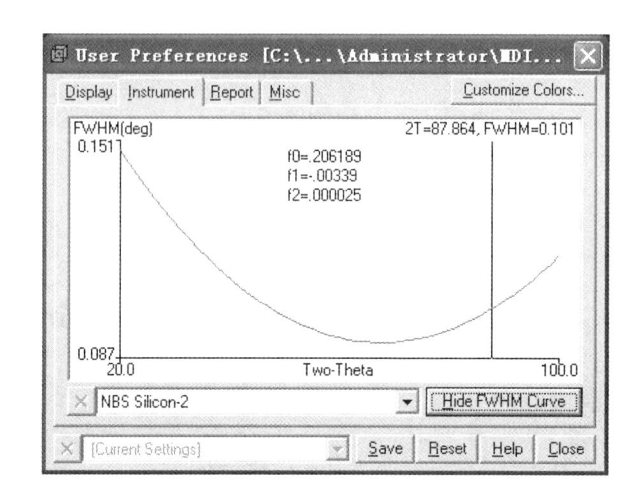


图 6-2　衍射峰的半高宽随衍射角的变化

### 6.1.3　物理宽度

有些情况下，会发现衍射峰变得比常规的要宽，这是由被测样品的微结构发生变化引起的。这种宽度称为样品的物理宽度（β），样品的物理宽度来源于样品的晶粒尺寸细化（晶粒尺寸小于 100nm）与微观应变两个方面。

（1）微晶尺寸：多晶衍射仪使用粉末作试样。一个粉末颗粒由多个晶粒聚集而成，而一个晶粒可能由多个微晶嵌镶（也称为亚晶）而成。一般情况下，试样的微晶都是微米级的，即嵌镶块足够大，在倒易空间中可以近似地看做是一个点（倒易点），对应的衍射峰很窄。但是，当微晶尺寸小于 100nm 后，倒易点变成一个倒易体元，倒易体元随微晶尺寸变小而增大，相应地衍射峰的宽度随之变宽，如图 6-3 所示。

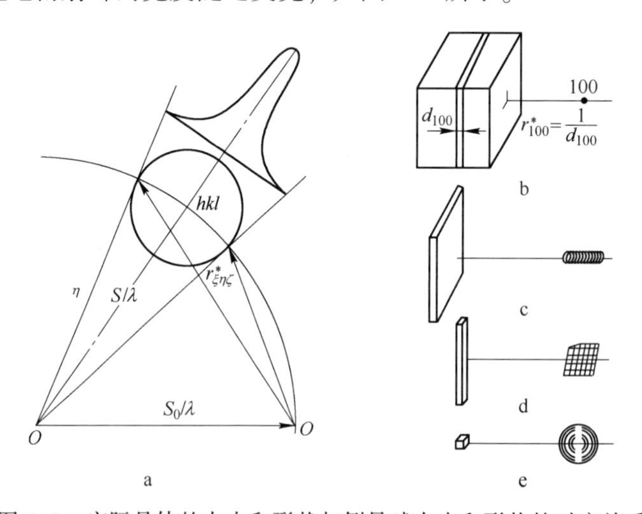


图 6-3　实际晶体的大小和形状与倒易球大小和形状的对应关系

图 6-3a 表示了倒易体元大小与衍射峰宽的关系，而图 6-3b ~ e 则表示晶体点阵实空间的晶粒大小和形状与倒易体元大小和形状的关系。当晶粒很大时，倒易体元为一个点

(图 6-3b)，而当晶粒很小时（图 6-3e），倒易球则很大。

(2) 微观应变：材料被加工或热冷循环后，某些晶粒被压缩，相应地，另一些晶粒被拉伸，晶粒内部和晶粒与晶粒之间产生了微观的应变。那些被拉伸了的晶面，其面间距增大、衍射角变小，相应地，另一部分被压缩了的晶面，其面间距离变小，相应的衍射角变大（相对于无应变情况，衍射峰右移）。两种结果的影响最终导致实测衍射峰为一系列不同衍射角的峰形叠加，实测衍射峰变宽（图 6-4）。

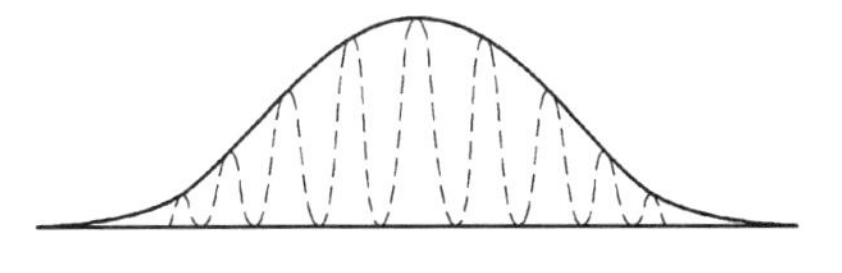

图 6-4 微观应变导致衍射峰变宽

### 6.1.4 样品物理宽度的求解方法

对于一个具体的样品来说，其某个衍射峰的实际测量宽度（$B$）由仪器宽度（$b$）和样品物理宽度（$\beta$）构成。但是，三者之间并非简单的线性加和关系。

假设一个试样在某个衍射角下的实测线形函数用 $h(x)$ 表示，仪器因素衍射峰线形函数用 $g(x)$ 表示，样品因素引起的衍射峰线形函数用 $f(x)$ 表示，三者之间存在着如下的“卷积”关系：

$$h(x) = \int_{-\infty}^{+\infty} g(y)f(x-y)\mathrm{d}y \tag{6-2}$$

要从这个卷积关系中直接解出样品的物理宽度 $\beta$ 是非常困难的。

衍射峰形函数为“钟罩”形函数，“钟罩”形函数有多种表示方法。假定 $g(x)$，$f(x)$ 的函数为 $e^{-ax^2}$，$\frac{1}{1+ax^2}$，$\frac{1}{(1+ax^2)^2}$ 形式，则 $h(x)$ 也是这三种函数中的一种形式。三种函数共有 9 种搭配方案，常用的有表 6-1 的 5 种。

**表 6-1 常用峰形拟合函数及组合**

| 组合编号 | $g(x)$ | $f(x)$ | $\beta$ 取值 |
|---|---|---|---|
| 1 | $e^{-ax^2}$ | $e^{-ax^2}$ | $\beta^2 = B^2 - b^2$ |
| 2 | $\frac{1}{1+ax^2}$ | $\frac{1}{1+ax^2}$ | $\beta = B - b$ |
| 3 | $\frac{1}{(1+ax^2)^2}$ | $\frac{1}{(1+ax^2)^2}$ | $\beta = \frac{1}{2}(B - b + \sqrt{B(B-b)})$ |
| 4 | $\frac{1}{(1+ax^2)^2}$ | $\frac{1}{1+ax^2}$ | $\beta = \frac{1}{2}(B - 4b + \sqrt{B(B+8b)})$ |
| 5 | $\frac{1}{1+ax^2}$ | $\frac{1}{(1+ax^2)^2}$ | $B = \frac{(b+\beta)^2}{(b+\beta)^2 + b\beta}$ |

总结以上几种情况，可以用一般公式表示为：

$$\beta^n = B^n - b^n \tag{6-3}$$

式中，$n$ 称为反卷积参数，通过表 8-1 的数据分析可知，$n$ 可以定义为 1~2 之间的值。一般情况下，衍射峰图形可以用柯西函数 $(1+\alpha x^2)^{-1}$ 或高斯函数 $e^{-\alpha_1 x^2}$ 来表示，或者是它们两者的混合函数。如果峰形更接近于高斯函数，$n=2$；如果更接近于柯西函数，则 $n=1$。另外，当半高宽用劳埃积分宽度代替时，则应取 $n$ 值为 1。$n$ 的取值大小影响实验结果的单个值，但不影响系列样品的规律性。

从图6-1看出，实测衍射峰形状更接近于由柯西函数（Cauchy）和高斯函数（Gauss）复合而成的Pearson Ⅶ和Voigt函数。所以，真实的测试宽度用式（6-3）来表示时，$n$应当介于1~2之间。一些文献中提出了一些更加复杂的经验公式，适合于某种具体的材料，在此不作讨论。

## 6.2 微结构计算方法

如果样品同时存在晶粒细化和微观应变，那么，物理宽度$\beta$值由两部分构成，微晶尺寸引起的宽化（$\beta_1$）和微应变引起的宽化（$\beta_2$）之间也存在类似的卷积关系：

$$\beta^n = \beta_1^n + \beta_2^n \tag{6-4}$$

下面分三种情况来讨论不同样品的分析。

### 6.2.1 晶粒细化宽化

如果样品为退火粉末，则无微观应变存在，$\beta_2=0$，$\beta_1=\beta$。衍射线的宽化完全由晶粒比常规样品的小而产生，这时可用谢乐方程来计算微晶的大小。

$$D = \frac{K\lambda}{\beta\cos\theta} \tag{6-5}$$

式中，$K$为常数，$K$=0.89或0.94，但实际应用中一般取$K$=1；$\lambda$为X射线的波长，nm；$\beta$为试样宽化（弧度），rad；$\theta$为半衍射角，rad；$D$为微晶尺寸，nm，它的物理意义是垂直衍射方向上晶块长度。

若用$d$表示垂直（$hkl$）晶面方向的晶面间距，$m$表示晶块在这个方向包含的晶胞数，则有：

$$D = md \tag{6-6}$$

由于不同晶面的$d$值不同，而且不同方向上包含的晶胞数量$m$不同，因此不同衍射方向（即不同（$hkl$）晶面）测量出来的$D$值也会有差别。因此，通过测量不同的衍射面的峰形，可以计算出不同晶面方向上的尺寸（$D$）和该方向上的晶胞数（$m$），这一方法在样品的晶粒形状不规则（各个方向上的大小不一致）时显得特别有意义。

计算微晶尺寸时，一般采用低角度的衍射线，如果微晶尺寸较大，可用较高衍射角的衍射线来代替。晶粒尺寸在30nm左右时，计算结果较为准确，式（6-5）适用范围为1~100nm。超过100nm的晶块尺寸不能使用此式来计算，超过100nm的晶块尺寸通常采用TEM、SEM或OM来计算统计平均值。

### 6.2.2 微观应变宽化

如果样品为大晶粒（>100nm），则微晶细化引起的宽化可以忽略，$\beta_1=0$，$\beta=\beta_2$。此时，谱线宽化完全由微观应变引起。

$$\varepsilon = \frac{\beta}{4\tan\theta} \times 100\% \tag{6-7}$$

式中，$\varepsilon$为微观应变$\Delta d/d$，它是应变量对面间距的比值，用百分数表示。它的物理意义是：垂直衍射方向上晶面间距 $d$ 的相对变化量。如果同时测量多个衍射面的谱线，同样可以计算出不同方向上的应变量大小。

### 6.2.3 晶粒细化与微应变共同宽化

如果样品中同时存在晶粒细化与微应变两种因素，需要同时计算晶粒尺寸和微观应变。由于需要求出 $\beta_1$ 和 $\beta_2$ 两个未知数，因此需要测量两个或两个以上的衍射峰。

将式（6-5）和式（6-7）代入式（6-4）可得：

$$\left(\frac{\beta\cos\theta}{\lambda}\right)^n = \left(\frac{1}{D}\right)^n + \left(4\varepsilon\frac{\sin\theta}{\lambda}\right)^n \tag{6-8}$$

下面分几种情况来讨论：

（1）高斯分布法。这种方法是假定式（6-2）中 $g(x)$、$f(x)$ 和 $h(x)$ 均为高斯函数，选择表 6-1 中的第一种函数组合。

首先，假定晶粒形状为球形，则各个方向的微晶尺寸相同，然后再假定各个方向的微应变是均匀的。在此前提条件下，若假定由微晶细化和微应变引起的宽化函数都遵循高斯函数关系 $e^{-\alpha_1 x^2}$，式（6-8）中 $n=2$，可得：

$$\left(\frac{\beta\cos\theta}{\lambda}\right)^2 = \frac{1}{D^2} + 16\varepsilon^2\left(\frac{\sin\theta}{\lambda}\right)^2 \tag{6-9}$$

测量两个以上的衍射峰的半高宽 $\beta$，以平方数作图，得到直线的斜率为 $16\varepsilon^2$，截距为 $\left(\frac{1}{D}\right)^2$。求出直线的斜率和截距，即可求出 $D$、$\varepsilon$。

（2）Hall 方法。这种方法是假定式（6-2）中 $g(x)$、$f(x)$ 和 $h(x)$ 均为柯西函数，选择表 6-1 中的第三种函数组合，这种方法也称为柯西分布法。

首先，假定晶粒形状为球形，则各个方向的微晶尺寸相同，然后再假定各个方向的微应变是均匀的。在此前提条件下，若假定由微晶细化和微应变引起的宽化函数都遵循柯西关系 $(1+\alpha x^2)^{-1}$，则式（6-8）中的指数 $n=1$，测量两个以上的衍射峰的半高宽 $\beta$、数据点之间存在线性关系。

$$\frac{\beta\cos\theta}{\lambda} = \frac{1}{D} + 4\varepsilon\frac{\sin\theta}{\lambda} \tag{6-10}$$

以 $\frac{\sin(\theta)}{\lambda}$ 为横坐标，$\frac{\beta\cos(\theta)}{\lambda}$ 为纵坐标作图。用最小二乘法作直线拟合，直线的斜率为微观应变的 4 倍，直线在纵坐标上的截距即为晶块尺寸的倒数。这种方法由 Hall（霍尔）提出，称为 Hall 方法。在 Jade 中使用这种组合。

上面讨论了当样品的衍射峰出现宽化时可能存在的三种情况及相应的处理方法。如果样品的衍射峰没有出现宽化，说明样品既不存在微应变同时晶粒也没有细化。

## 6.3 测量仪器半高宽曲线

操作视频 25

在进行样品测量前，首先应获得仪器在任何衍射角下的半高宽。

测量一个标准样品的全谱。所谓标准样品是一种结构稳定、无晶粒细化、无应力（宏观应力或微观应力）、无畸变的完全退火态样品，一般采用 NIST-$LaB_6$，Silicon-640 作为标准样品。

下面以完全退火态 Si 粉（数据文件 Data002. raw）作为标样，说明仪器半高宽曲线的制作方法。

（1）标准样品的制备：取结晶完整无应力的粗晶 Si 粉，在 1100℃ 真空状态下退火 1h。

（2）测量标准样品的衍射曲线：测量标准样品的衍射曲线时，通常采用步进扫描，扫描步长（Step Width）0. 02°，计数时间（Count time）1s，扫描范围到 100°（2$\theta$）。

（3）数据的基本处理：数据读入后，完成物相检索、对所有衍射峰进行拟合，得到如图 6-5 所示的拟合结果。

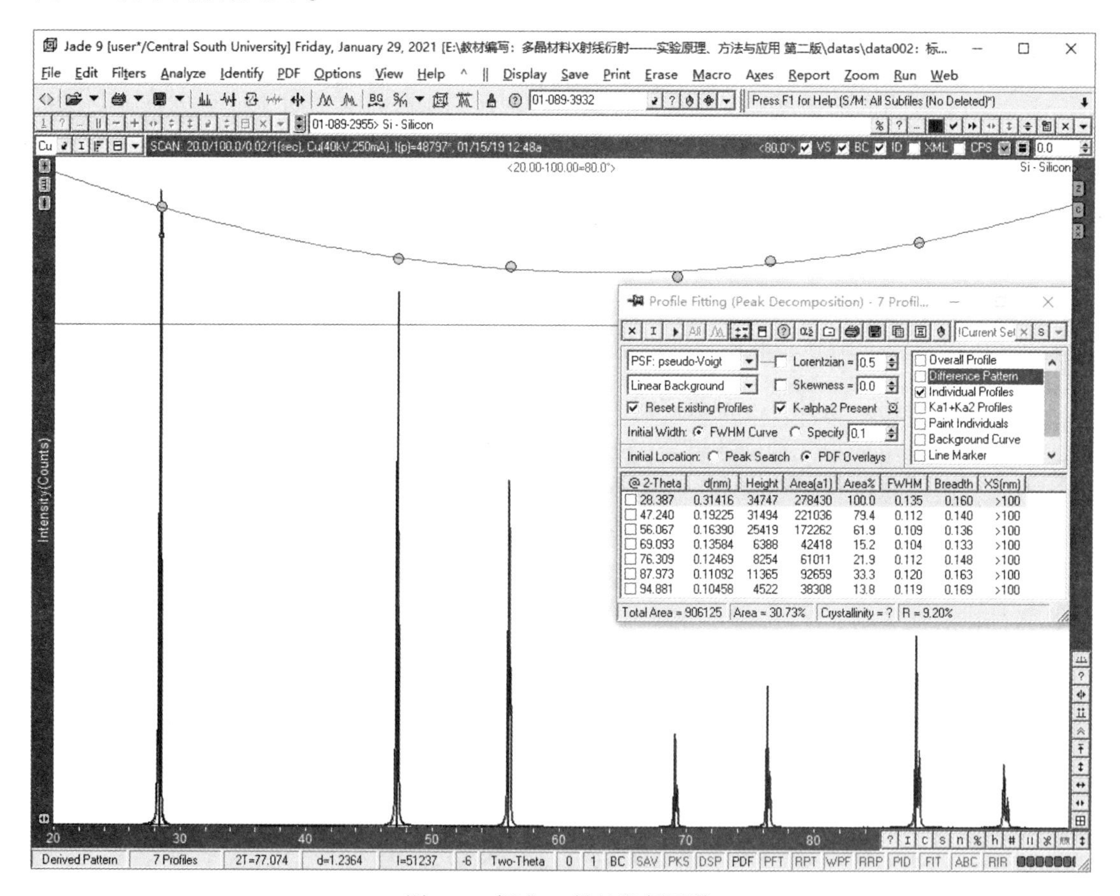


图 6-5　标准 Si 粉的衍射图谱

图 6-5 显示了标准 Si 粉的 7 个衍射峰宽度数据。由图 6-5 可以看出，随着衍射角的增大，半高宽数据由大到小再变大。

（4）计算半高宽曲线：选择菜单命令“Analyze→FWHM Curve Plot”，显示出图 6-5 中抛物线。

（5）保存半高宽曲线：选择菜单命令“File→Save→FWHM Curve of peaks”，半高宽

曲线保存下来。

（6）显示与查看半高宽曲线：选择菜单命令“Edit→Preferences”，打开软件参数对话框，单击对话框中的“Instrument”页可选择和查看半高宽曲线，如图 6-6 所示。

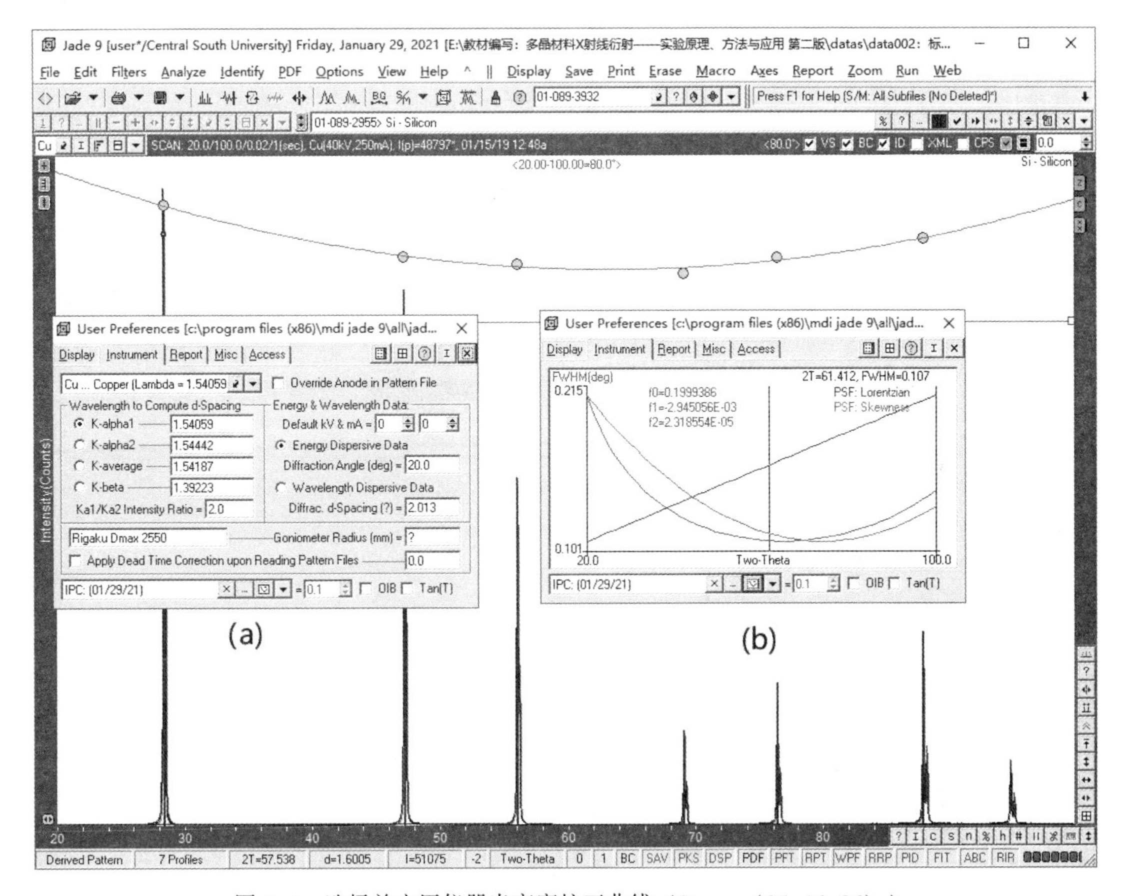


图 6-6　选择并应用仪器半高宽校正曲线（Si. raw（05-16-06））

图 6-6 中的（a）中选择了保存的仪器宽度曲线“IPC（01/29/21）”。单击旁边的按钮，显示图 6-6 中（b）的曲线图。图中显示了半高宽曲线，列出了抛物线的 3 个系数数据。

如果需要查找某衍射角下的仪器宽度，可以在图上移动鼠标，查看任意衍射角位置处的半高宽。

仪器半高宽曲线保存后，在以后的微结构分析中，软件自动读取仪器半高宽。如果仪器做过大的改动，或改变仪器的狭缝，需要重新测量半高宽曲线。

如果没有标准样品，也可以将待测样品进行完全退火处理后作为标准样品。另外，Jade 自带有几种半峰宽曲线，保存在程序参数中，通过图 6-6 的对话框可以调出来并保存下来作为半峰宽曲线，一般选用 Si 曲线。如果未做这个工作，Jade 使用自带的“Constant FWHM 曲线”作为衍射仪半峰宽曲线，即峰宽不随衍射角变化的一条直线。这种常数半高宽曲线与一般衍射仪的情况不符，不可选用。

# 6.4　微结构分析的应用

在这一节中，通过一些典型的实例来说明微结构分析的应用方法。

操作视频 26

**例 1**　数据文件 Data033. raw 是一个 $TiO_2$ 样品，下面来分析其微结构状态。

（1）图谱扫描与物相鉴定。对样品进行 X 射线衍射，得到其衍射谱，经物相鉴定为 $TiO_2$ 单相。

（2）拟合与分峰。对图谱中所有衍射峰进行拟合，拟合结果如图 6-7 所示。

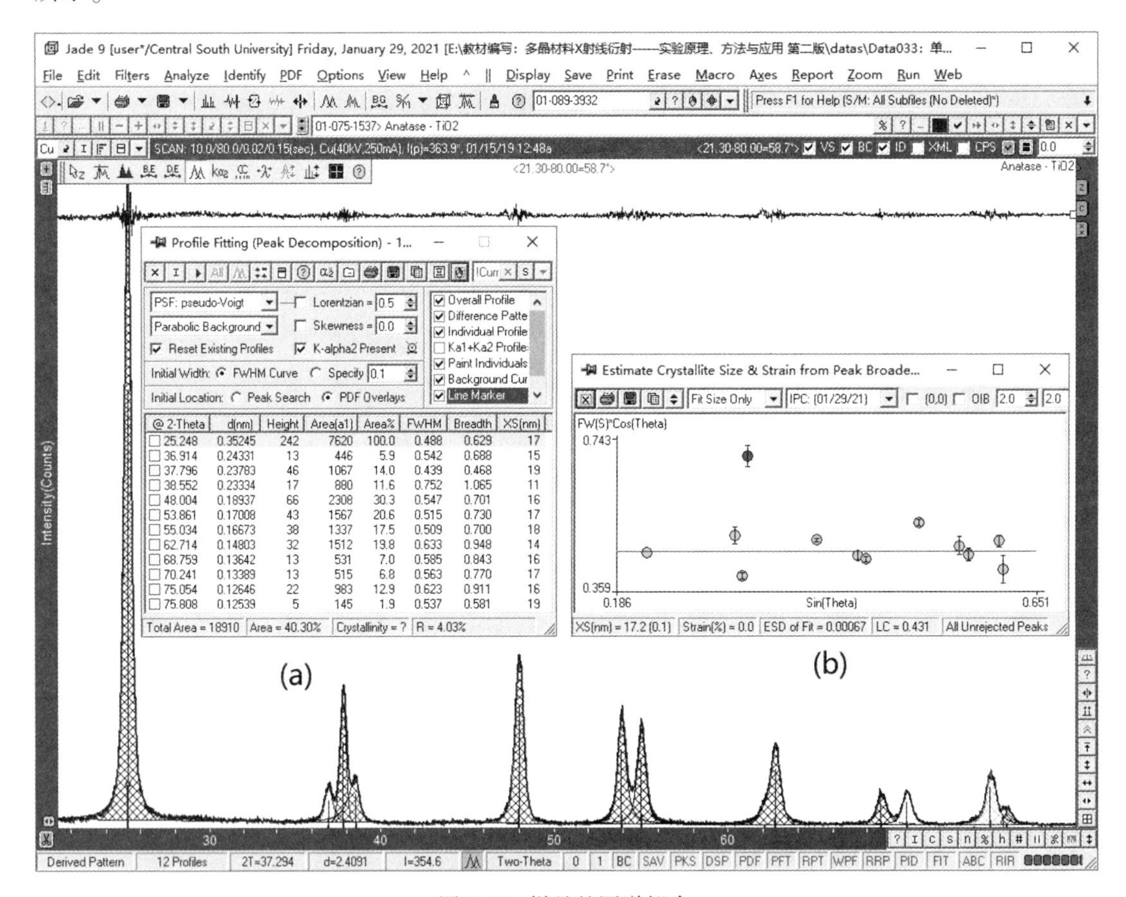


| 2-Theta | d(nm) | Height | Area(a1) | Area% | FWHM | Breadth | XS(nm) |
|---|---|---|---|---|---|---|---|
| 25.248 | 0.35245 | 242 | 7620 | 100.0 | 0.488 | 0.629 | 17 |
| 36.914 | 0.24331 | 13 | 446 | 5.9 | 0.542 | 0.688 | 15 |
| 37.796 | 0.23783 | 46 | 1067 | 14.0 | 0.439 | 0.468 | 19 |
| 38.552 | 0.23334 | 17 | 880 | 11.6 | 0.752 | 1.065 | 11 |
| 48.004 | 0.18937 | 66 | 2308 | 30.3 | 0.547 | 0.701 | 16 |
| 53.861 | 0.17008 | 43 | 1567 | 20.6 | 0.515 | 0.730 | 17 |
| 55.034 | 0.16673 | 38 | 1337 | 17.5 | 0.509 | 0.700 | 18 |
| 62.714 | 0.14803 | 32 | 1512 | 19.8 | 0.633 | 0.948 | 14 |
| 68.759 | 0.13642 | 13 | 531 | 7.0 | 0.585 | 0.843 | 16 |
| 70.241 | 0.13389 | 13 | 515 | 6.8 | 0.563 | 0.770 | 17 |
| 75.054 | 0.12646 | 22 | 983 | 12.9 | 0.623 | 0.911 | 16 |
| 75.808 | 0.12539 | 5 | 145 | 1.9 | 0.537 | 0.581 | 19 |

图 6-7　样品的图谱拟合

拟合过程中，需要通过误差线观察拟合结果的正确性。重叠峰往往不能很好地分配强度，需要反复地删除-添加拟合峰，反复拟合，使拟合误差达到最小。最好是单独选择一个衍射角区域的图谱单独进行拟合。

（3）查看与分析拟合报告。鼠标右键单击编辑工具栏中的按钮，就能看到图 6-7 中（a）所示的拟合报告对话框。

报告中的 FWHM 和 XS（nm），前者是各个衍射峰的半高宽，单位为度（°），后者是根据衍射峰半高宽扣除仪器宽度后按谢乐公式计算出来的微晶尺寸，单位为 nm，软件默认设置的单位为埃（Å）。

从图 6-7 的报告中可以看出，各个衍射峰相对应的半高宽与晶粒尺寸（XS）值略有不同。在表中单击某一行时，衍射谱图上相对应的衍射峰位置有相应的显示。其中，第二、三、四行对应了衍射谱的第一个三重峰，晶粒尺寸分别为 15nm、19nm、11nm，它们之间存在区别的原因明显是重叠峰分离时强度分配不合适，可以重新对它们单独拟合。

图 6-7 中的（a）所显示的晶粒尺寸是假定没有微观应变的条件下计算的微晶尺寸，注意表中各个衍射面的微晶尺寸是不相同的（但不会差很多）。根据这些数据，联合被测样品的晶型，甚至可以绘制出一个晶粒的大小和形状。假设微晶是一个球形粒子，则无论从哪个方向去观察，它的尺寸应当都是球的直径，因此，常称为“粒径”。但是，如果微晶不是一个球形粒子，比如是一个长方体，则各个方向的尺寸是不相同的，当然，这些数据之间存在一定的几何关系。

（4）查看“Size & Strain Plot”。单击图 6-7 的（a）中的按钮，弹出图 6-7 中（b）所示的“Estimate Crystallite Size & Strain”图。这个图是以 $\frac{\sin\theta}{\lambda}$ 为横坐标，$\frac{\beta\cos\theta}{\lambda}$ 为纵坐标作出的 $\frac{\beta\cos\theta}{\lambda}=\frac{1}{D}+4\varepsilon\frac{\sin\theta}{\lambda}$ 图。

从图 6-7 中的（b）可以看到，图中这些数据点多半落在一条水平线的附近。即式中的斜率（4ε）等于 0，被测试样中不存在微应变。

窗口的左下角显示 XS(nm)= 17.2(0.1)，Strain(%)= 0，表示物相的平均晶粒尺寸和微应变。

个别的点离开直线较远，有两种可能的原因：一是由于峰形重叠或拟合处理不当造成数据采集误差较大，二是试样本身存在这种微晶尺寸的各向异性。如果是前者应当删除这些异常点（软件中异常点会以红色表示）。

**例 2** $CoAl_2O_4$ 尖晶石的微结构。

数据文件 Data004.raw 是一个 $CoAl_2O_4$ 尖晶石样品，下面来分析其微结构。

操作视频 27

（1）图谱扫描与物相鉴定。扫描样品图谱，经物相鉴定为 $CoAl_2O_4$ 尖晶石。

（2）拟合与分峰。对图谱中所有衍射峰拟合，得到图 6-8 所示的拟合结果。

从图 6-8 中（a）的 XS 列中可以看出，晶粒尺寸随衍射角增大而减小。出现这种现象的原因是样品中存在微观应变，即 $\frac{\beta\cos\theta}{\lambda}=\frac{1}{D}+4\varepsilon\frac{\sin\theta}{\lambda}$ 直线斜率大于 0。

（3）单击图 6-8 的（a）中的按钮，弹出图 6-8 中（b）所示的“Estimate Crystallite Size & Strain”图。

很显然，图中这些数据点并不在一条水平线的附近，而是可以拟合成一条斜线。在对话框顶端选定“Fit Size/Strain”选项，对话框的底端显示：XS(nm) = 72.4(2.9)，Strain(%)= 0.04(0.0048)。

显示结果为物相的平均晶粒尺寸与微观应变值。

在使用数据作图时，如果某个衍射峰的数据明显偏离了直线，导致计算误差增大，可以重新拟合这个峰或者直接将其删除。出现这种现象的原因往往是由于重叠峰分离不恰当

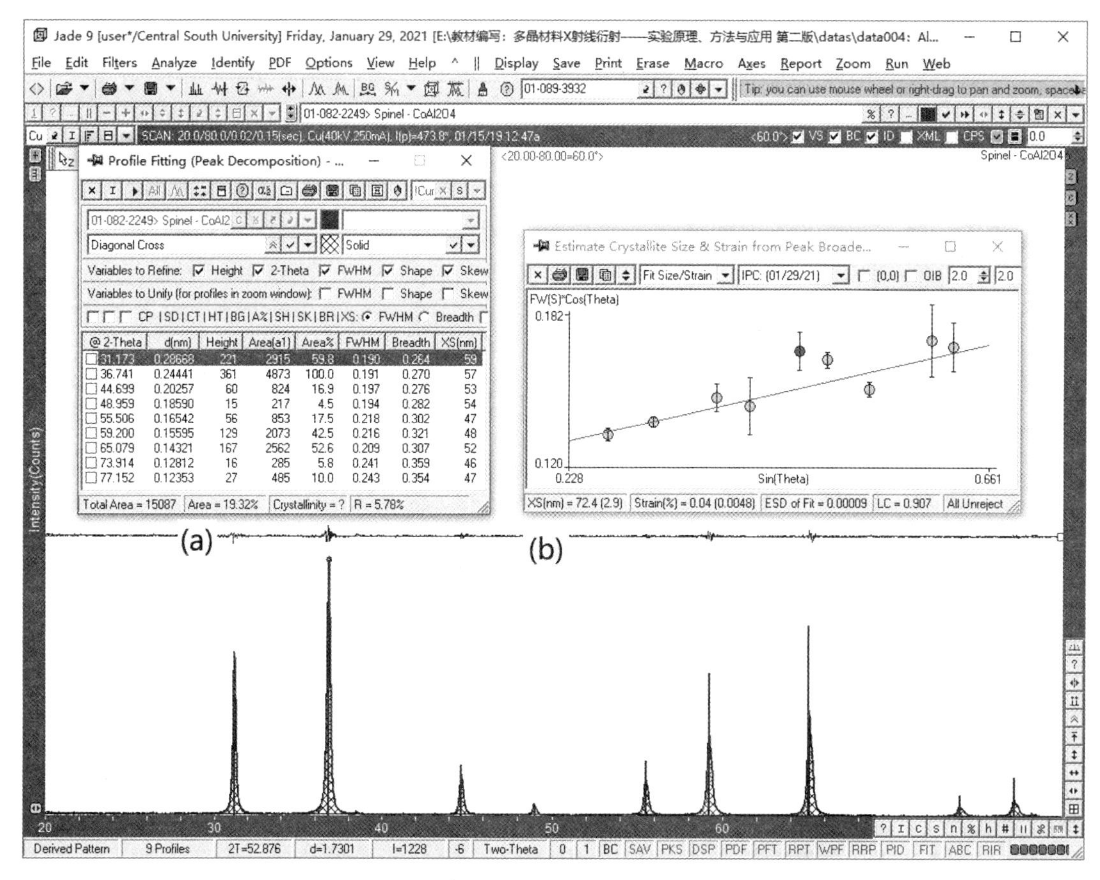


图 6-8 通过拟合报告观察晶粒尺寸随衍射角的变化

造成的。

**例 3** 轧制铝合金的微应变测量。

操作视频 28

数据文件 Data034. raw 是一种轧制态铝合金的衍射数据，下面分析轧制对合金微应变的影响。

（1）图谱扫描与物相鉴定。扫描样品图谱，经物相鉴定主要物相为 Al 固溶体，还有微量的其他相存在，在此忽略它们。

（2）拟合与分峰。对图谱中所有衍射峰拟合，得到图 6-9 所示的拟合结果。

从图 6-9 中（a）的 XS 列中可以看出，晶粒尺寸随衍射角增大而减小。出现这种现象的原因是样品中存在微观应变，即 $\dfrac{\beta\cos\theta}{\lambda} = \dfrac{1}{D} + 4\varepsilon\dfrac{\sin\theta}{\lambda}$ 直线斜率大于 0。

（3）单击图 6-9 的（a）中的按钮，弹出图 6-9 中（b）所示的"Estimate Crystallite Size & Strain"图。

很显然，图中这些数据点并不在一条水平线的附近，而是可以拟合成一条斜线。在对话框顶端选定"Fit Size/Strain"选项，对话框的底端将显示 XS（nm）值为负。这是因为该物相为不存在晶粒细化现象，衍射峰的宽化完全由微观应变导致，所以在图 6-9 中（b）的下拉列表中选取"Fit Strain only"，得到：

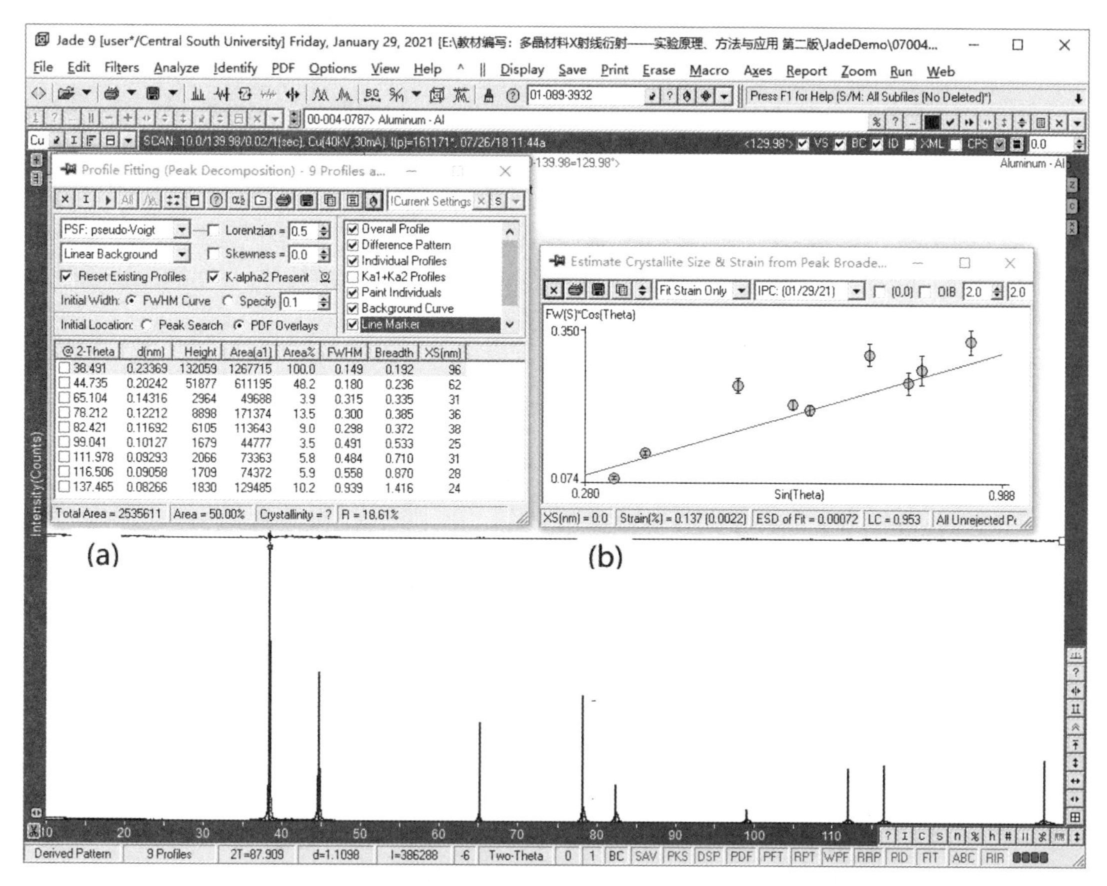


图 6-9 通过拟合报告观察晶粒尺寸随衍射角增大而变小

XS(nm) = 0.0，Strain(%) = 0.137(0.0022)。

显示结果表示物相为粗晶粒（实际铝合金中固溶体相的晶粒尺寸为若干微米，远远大于宽化极限尺寸 100nm），微观应变值达到 0.137%，说明样品的微观应变值是非常大的，这种微观应变是由于加工过程中导致位错密度增大。

然而，在合金轧制、挤压过程中，实际情况可能并不像上面的理解，认为不存在晶粒细化：一方面晶粒受外力的影响而形成高密度位错，使合金强度提高；另一方面，晶粒破碎而细化也会发生。但是，分析结果中为什么会出现负的晶粒尺寸呢？最可能的原因是晶粒形状偏离了“球形粒子”模型。所以，在计算合金加工后的位错密度时，通常使用基于衍射峰 FWHM 的改进的 Williamson-Hall 绘图方法：

$$\frac{\beta\cos\theta}{\lambda}=\frac{0.9}{D}+\left(\frac{\pi M^2b^2\rho}{2}\right)^2\frac{2\sin\theta}{\lambda}\sqrt{C}+O\left[\left(\frac{2\sin\theta}{\lambda}\right)^2C\right] \tag{6-11}$$

式中，$\beta$ 为衍射峰的半高宽化；$D$，$b$，$\rho$ 和 $M$ 分别为相干散射域尺寸（晶粒尺寸）、柏氏矢量的绝对值、位错密度和位错排列参数，$M=R_e\rho^{1/2}$，其中 $R_e$ 是位错的有效外截止半径；$O$ 为高阶项，可以不考虑；$C$ 为位错对比因子，$C$ 值取决于衍射矢量、柏氏矢量和位错线矢量之间的相对取向以及材料的弹性常数。

式（6-11）相较于式（6-10）最突出的地方是针对于每一个衍射峰都进行了 $C$ 值的

校正，这样就能正确地计算出晶粒尺寸和微观应变。利用式（6-11）可以计算出合金加工后的位错密度，如铝合金经过4道次轧制加工后的位错密度可达到 $2.51\times10^{14}\ m^{-2}$。

值得注意的是，微观应变对衍射峰的影响是由于面间距的变化，由布拉格公式导出的式（5-1）可知，在高衍射角位置下相同面间距变量 $\Delta d$ 引起的衍射角变化量 $\Delta 2\theta$ 比低衍射角位置的更大。因此，需要测量微观应变时，扫描结束角宜尽可能大，本例的扫描范围是10°~140°。在使用数据作图时，如果某个衍射峰的数据明显偏离了直线，导致计算误差增大，可以重新拟合这个峰或者直接将其删除。出现这种现象的原因往往是由于重叠峰分离不恰当造成的。

## 6.5 峰形分析的参数设置

峰形分析的参数设置包括如下几个方面。

（1）微晶尺寸计算的应用范围。计算微晶尺寸时，一般采用低角度的衍射线，如果微晶尺寸较大，可用较高衍射角的衍射线来代替。晶粒尺寸在30nm左右时，计算结果较为准确，谢乐公式的适用范围为1~100nm。超过100nm的晶块尺寸不能使用此式来计算，超过100nm的晶块尺寸通常采用TEM、SEM或OM来计算统计平均值。

（2）检查仪器宽度曲线。在拟合报告窗口右上角第二行有一个下拉列表，显示了当前使用的仪器宽度曲线名称。前面保存的仪器宽度曲线名称为“Si”，应当正确选择。如果没有做仪器宽度曲线，Jade自带了几种常见的仪器宽度曲线。一般情况下，“NBS-Silicon2”与常规衍射仪的情况较为吻合。如果不加选择，Jade默认的是“Constant FWHM”，即衍射峰宽度不随衍射角变化，与常规衍射仪不符。

（3）解卷积参数 $n$ 的选择。通常情况下 $n$ 都取2。实际上，$n$ 取1~2之间的值对于结果来说，影响不是很大。Jade默认的情况是：在计算样品总宽化 $\beta$ 时采用高斯函数来解卷积，即 $n$ 取2。而在将总加宽 $\beta$ 分解为晶粒细化宽化 $\beta_1$ 和微应变宽化 $\beta_2$ 时采用柯西函数来解卷积，即取 $n=1$。一般衍射仪的衍射峰既不完全符合高斯函数也不完全符合柯西函数，而是由它们组成的一种复合函数。在对衍射峰形拟合时，常用的是Pearson Ⅶ和Pseudo-Voigt函数。此时，在计算总加宽时 $n$ 可以取1~2之间的某一个值可能更符合实际的谱图。

（4）Size Only/Strain Only/Size & strain的选择。在“Size & Strain Plot”窗口中，有一个下拉列表，要根据对数据点的观察结果来选择。如果所有的数据点基本上在一条水平线上，说明式（6-10）中的变量项系数（直线斜率）为0，即没有微应变存在，选择“Size Only”；如果所有数据点集中在一条斜率为正的直线上，而且基本上过坐标原点，说明直线的截距为0，即 $1/D$ 为0，此时 $D$ 为无穷大，所谓无穷大，也就是在100nm以上，符合“Strain Only”；介于两者之间的情况是直线的斜率为正数，截距为正数，即同时存在微晶细化和微应变，则选“Size & Strain”。如果计算结果不符合以上三种情况的任何一种，若出现微晶尺寸为负数，说明选择不当，只能选择“Strain Only”。若出现斜率为负数，则有两种可能：一种可能是数据拟合得不好，例如扫描速度太快，样品结晶性差导致谱图质量很差，从而使拟合结果不对，需要重新拟合或者重新以更精细的条件扫描图谱；另一种可能是峰形不符合柯西函数，在解卷积时，不能取 $n=1$，可以试着按高斯分布法来解决问题。

（5）晶粒形状。柯西法和高斯法都是假定晶粒是球形粒子，因而各个晶向上的尺寸都是相同的。但是，有些特殊的例子说明，晶粒并不是球形的，在某些方向上可能很大，而在另一些方向上则可能很短，这种问题可以采用 Maud 等 Rietveld 全谱拟合法来解决（第9章）。

# 7 残余应力测量

## 7.1 残余应力的概念

通常把没有外力或外力矩作用而在物体内部依然存在并自身保持平衡的应力叫做内应力。内应力一般分为三类：第一类应力是指宏观尺寸范围内平衡的应力，它是存在于各个晶粒的数值不等的内应力在很多晶粒范围内的平均值，是较大体积宏观变形不协调的结果，可以看作与外载应力等效的应力，这类应力会使X射线衍射谱线位移。第二类应力是平衡于晶粒尺寸范围内的应力，相当于各个晶粒尺度范围（或各晶粒区域）的内应力的平均值，可归结为各个晶粒或晶粒区域之间的变形不协调性，这类应力通常使X射线衍射谱线展宽（也可能使衍射谱线位移）。第三类应力是平衡于单位晶胞内的应力，是局部存在的内应力围绕着各个晶粒的第二类应力值的波动。对晶体材料而言，它与晶格畸变和位错组态相联系，这类应力使X射线衍射强度下降。

在一般英美文献中把第一类应力称为“宏观应力”（Macrostress），而对第二类和第三类内应力采用“微观应力”（Microstress）的概念。在我国科技文献中，习惯于把第一类应力称为“残余应力”，把第二类应力称为“微观应力”，而第三类应力的名称尚未统一，有的称为“晶格畸变应力”，有的称为“超微观应力”。

工程界习惯于以产生残余应力的工艺过程来命名和归类，如铸造应力、焊接应力、热处理残余应力、磨削残余应力、喷丸残余应力等，都是指第一类残余应力。

残余应力是材料中发生了不均匀的弹性变形或不均匀的弹塑性变形的结果，或者说是材料的弹性各向异性和塑性各向异性的反映。单晶体材料是一个各向异性体。多晶体材料虽然在宏观上表现出“伪各向同性”，但在微区，由于晶界的存在和晶粒的不同取向，弹塑性变形总是不均匀的。更不用说由于流线、脱碳及截面变化等造成的材料局部区域宏观变形特性的改变了。热影响造成材料不均匀变形的原因主要有：(1) 冷热变形时沿截面弹塑性变形不均匀；(2) 工件加热及冷却时其内部温度分布不均匀，从而导致热胀冷缩不均匀；(3) 热处理时不均匀的温度分布引起相变过程的不同时性。

上述三方面在材料加工和处理过程中都是难以避免的，因而在机件中存在残余应力也是必然的。通常钢热处理时形成的残余应力是冷却过程中的热应力和相变应力共同作用的结果，并且两者之间有一定的交互作用。各种工艺过程产生的残余应力往往是变形、温度变化和相变引起的残余应力的综合结果，而各种工艺参数和机件的几何形状、尺寸大小等对每种工艺过程产生的残余应力有着错综复杂的影响。

机件中各部位的残余应力一般不是一个固定值，在各种外界因素的作用下将发生变化，这就是残余应力的松弛和衰减。不论宏观残余应变还是微观残余应变都使材料内部储备了一定量的弹性应变能，从而使系统偏离了低内能的稳定态。从热力学的观点来说，处于高能量的组织状态在合适的条件下总将趋向于低能量的平衡态，这是残余应力发生松弛的内在驱动力。促使残余应力松弛的外界主要因素是温度和载荷（包括静载荷与动载荷）。针对一些工件的具体服役条件，采取一定的工艺措施，可以降低或消除对机件的使用性能有着不利影响的残余拉应力。回火（包括稳定化处理等）和振动时效（Vibration Stress Relief，简称 VSR）是目前常用且比较有效的消除残余应力方法，前者为热处理方法，后者属于机械方法。

若对存在残余应力的试件加热，残余应力将随加热温度的升高而不断降低。当回火温度超过 500℃时，各种碳钢的淬火残余应力基本上接近于零。对那些合金元素较多，回火稳定性好的钢则需加热到更高的温度，具体温度可查阅有关手册。通过加热方法来消除残余应力适用于各种形状的工件，但对大型工件则受加热炉炉膛尺寸的限制，可以采用机械加工的方法如喷砂喷丸处理，使工件表层由拉应力改变为压应力，提高工件抗应力腐蚀性能。

## 7.2 残余应力的测量原理

X 射线应力测定的基本原理由俄国学者 AKCEOИOB 于 1929 年提出，它的基本思路是，一定应力状态引起材料的晶格应变和宏观应变是一致的。晶格应变可以通过 X 射线衍射技术测出；宏观应变可根据弹性力学求得，因此从测得的晶格应变可推知宏观应力。后来日本成功设计出的 X 射线应力测定仪，对于残余应力测试技术的发展作出了巨大贡献。1961 年德国的 E. Mchearauch 提出了 X 射线应力测定的 $\sin^2\psi$ 法，使应力测定的实际应用向前推进了一大步。X 射线衍射法是一种无损性的测试方法，因此，对于测试脆性和不透明材料的残余应力是最常用的方法。

图 7-1 是一个多晶体试样的示意图，该多晶试样由许多晶粒组成。图中描述了样品中某一衍射面（*hkl*）在不同晶粒内部的取向。当试样受到水平方向的拉应力时，不同取向的晶粒的某个（*hkl*）晶面有的被拉伸，而有的被压缩。设图 7-1 中所示的晶面为某（*hkl*）晶面，当该晶面处于水平排列时，由于与受力方向垂直，晶面被压缩，其面间距减小；相反，垂直排列时面间距被拉伸，其面间距增大；而其他取向的晶面间距的大小处于两个极限之间并随取向不同而作相应的变化。

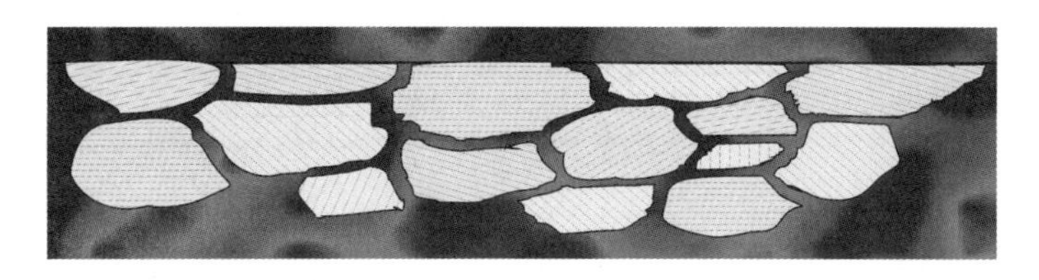

图 7-1 单轴拉伸状态下，试样内不同取向的某（*hkl*）晶面面间距的变化

当试样中存在残余应力时，晶面间距将发生变化，发生布拉格衍射时，产生的衍射峰也将随之移动，而且移动距离的大小与应力大小相关。当试样表面法线 $N$ 与衍射晶面法线 $N'$ 的夹角 $\psi$ 改变时，该晶面的衍射角 $2\theta$ 也会随着 $\psi$ 改变。

图 7-2 所示，任意一点 $P$ 的应力可以分为 $x$、$y$、$z$ 三个方向的分应力（应变），可以

推导出 $\varphi$ 方向的应力 $\sigma_\varphi$：

$$\sigma_\varphi = \frac{E}{2(1+\upsilon)}\cot\theta_0 \frac{\pi}{180}\frac{\partial(2\theta)_\psi}{\partial\sin^2\psi} \tag{7-1}$$

$K = \frac{E}{2(1+\upsilon)}\mathrm{ctan}\theta_0 \frac{\pi}{180}$，称为应力常数。其中 $E$ 为材料的弹性模量，$\upsilon$ 为材料的泊松比，$\theta_0$ 为没有应力时的半衍射角。对于选定的待测材料来说，如果确定了测量应力的晶面，$K$ 就是一个常数。

令 $M = \frac{\partial(2\theta)_\psi}{\partial\sin^2\psi}$，$M$ 为相应 $\psi$ 角下的衍射角相对于 $\psi$ 角正弦平方的偏导数。

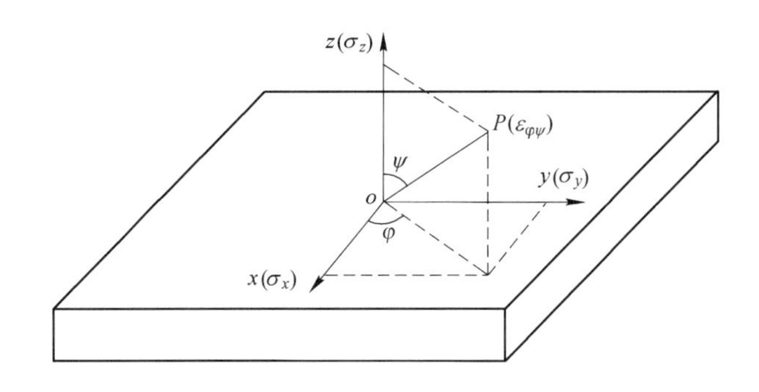


图 7-2 主应力（或主应变）与分量的关系

为求出式中的斜率 $M$，至少需要测量两个方向的面间距。如果只测量 0°和 45°，称为 0°~45°法。也可以使用四点 $\sin^2\psi$ 法，即取 $\psi=0°$、15°、30°、45°。当采用同倾法时，如图 7-3 所示。或者采用六点 $\sin^2\psi$ 法，即取 $\psi=0°$、0°、15°、30°、45°、45°。这是因为两头的两点很重要，而重复测量一次。也有人认为用等间距 $\sin^2\psi$ 测量更加科学，即 0°、24°、32°、45°。这时，虽然 $\psi$ 的取值是不等间距的，但 $\sin^2\psi$ 是等间距的。当衍射强度不强、峰形漫散，或者样品本身的原因导致测量误差较大时，可以增加测量的数据点数。例如 0°~45°按 5°等间距取值，或者每个点重复测量一次。

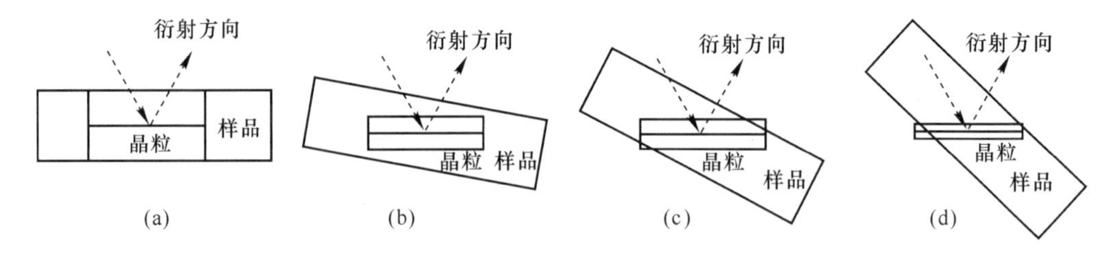


图 7-3 不同 $\psi$ 角下样品方向与被测晶粒取向的关系

（a）$\psi=0°$；（b）$\psi=15°$；（c）$\psi=30°$；（d）$\psi=45°$

应力测量装置的光路有同倾法和侧倾法两种。同倾法的光路是 $\psi$ 角的设定面与计数管的扫描面（$2\theta$ 扫描）位于同一平面（图 7-3），侧倾法的光路是计数管的扫描面与 $\psi$ 角的设定面正交（图 7-4）。

侧倾法的优点是对于齿轮等零件陷进去的部位也可取较大的 $\psi$ 角，不必作吸收修正。

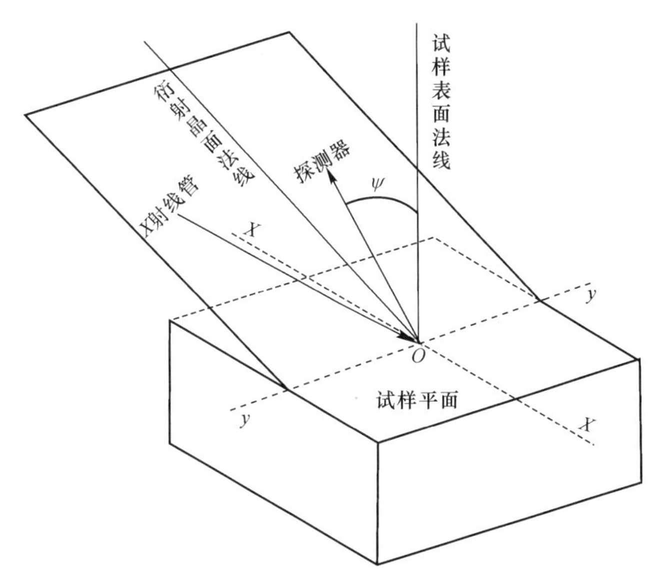


图 7-4　侧倾法衍射方向与被测晶粒取向的关系

可根据试样的形状和测定方向选择方法，不管是哪一种光路，为了降低设备调整误差的影响，都采用平行光束法。衍射线的测量方法有：固定入射 X 射线的角度，计数管作 $2\theta$ 扫描的方法（入射线角度固定法，$\psi_0$ 固定法）；作 $\theta$ 角扫描且入射线和计数管对衍射面法线 $N$ 保持对称（点阵晶面法线固定法，固定 $\psi$ 法）。前者若晶粒较粗大，则有时衍射线形走样，不能精确求得峰位。此时可摇摆入射线（±5°），可以测定晶粒度达 300μm 的试样；后者常用于测定同样晶粒度试样的衍射强度，即使试样的晶粒粗大或有织构，也不会使衍射线走样，能够正确测定峰位，可以说是较理想的测定方法。

## 7.3　实验方法

### 7.3.1　样品准备

为了提高应力测定的灵敏度选择适当的靶，使用高衍射角且衍射强度尽可能高的衍射峰。

样品表面如有加工应变层或氧化膜存在时，要用电解抛光法去除，特别是不能用机械抛光方法改变样品表面的应力状态。

当试样晶粒粗大时，可采用摇摆法或衍射面法线固定法测定。试样晶粒较细时可用侧倾法或同倾法（要作吸收校正）。当试样具有织构时，$2\theta-\sin^2\psi$ 关系往往不呈直线，所以要多选几个不同的 $\psi$ 角测定。

用乙烯膜带限制入射线的照射面积可测定小区（$1mm^2$）的应力。

### 7.3.2　仪器与数据测量

实验用仪器和数据测量方法如下：

（1）仪器。常规衍射仪（同倾法）、带尤拉环的多功能样品台的衍射仪（侧倾法）、残余应力测试仪（一种专门用于测量残余应力的衍射仪，由于其测角仪的独特设计，可以且只可以测量高衍射角范围（$2\theta \leqslant 165°$）的衍射。同倾法或侧倾法）。

（2）设定 $\psi$。以 $\mathrm{Sin}^2\psi$ 接近等间距的方法设定 $\psi$。

1）同倾法（适用于普通衍射仪，如 D/Max 2500 型高功率衍射仪）：0°，15°，30°，45°。

2）侧倾法（适用于有尤拉环的衍射仪，如 D8 Discover 型 X 射线衍射仪）：0°，25°，35°，45°。

当样品存在织构时，可多做一些 $\psi$ 角的测量。

（3）测定强度和读取峰位的方法。一般用半高宽中点法或峰顶法读取衍射角。

（4）应力计算。作 $2\theta-\sin^2\psi$ 图并计算斜率 $M$，应力常数 $K$ 乘以 $M$ 得到应力。

### 7.3.3 测量图谱

用波长 $\lambda$ 的 X 射线，先后数次以不同的 $\psi$ 角照射到试样上，测出相应的衍射角 $2\theta$。选用不同的入射角时，则相应的 $\psi$ 角也不相同。求出 $\psi$ 对 $\sin^2\psi$ 的斜率 $M$，便可算出应力 $\sigma$。在使用衍射仪测量应力时，试样与探测器 $\theta-2\theta$ 关系联动，属于固定 $\psi$ 法。通常取 $\psi=$ 0°、15°、30°、45°测量数次，然后作 $2\theta-\sin^2\psi$ 的关系直线，最后按应力表达式求出应力值。

当 $\psi=0$ 时，与常规使用衍射仪的方法一样，将探测器放在理论计算出的衍射角 $2\theta$ 处，此时入射线及衍射线相对于样品表面法线呈对称放置配置，然后使试样与探测器按 $\theta/2\theta$联动。在 $2\theta$ 处附近扫描得出指定的 $hkl$ 衍射线的图谱（图 7-3）。

当 $\psi\neq 0$ 时，将衍射仪测角台的 $\theta-2\theta$ 联动分开。使样品顺时针转过一个规定的 $\psi$ 角后，使探测器仍处于 0，然后联上 $\theta-2\theta$ 联动装置在 $2\theta$ 处附近进行扫描，得出同一条 $hkl$ 衍射线的图谱（图 7-3）。

要测量材料的残余应力，首先要选定一个 $hkl$ 晶面为衍射对象。

残余应力的测量实际上是以不同的入射角来测量样品内部不同取向的 $hkl$ 晶面的面间距（衍射角）。改变 $\psi$ 时，实际参与衍射的晶粒是以不同方向排列的，在应力状态下，这些不同方向的晶面的面间距是不同的。

在衍射仪上测量应力时由于受测角仪设计的限制，有可能不能选择特别高的衍射角。但是在保证衍射强度的前提下要尽可能选择高衍射角，应选择 $2\theta>120°$的衍射峰作为衍射对象。

## 7.4 残余应力测量方法的应用

**例 1** WC-Co 硬质合金深冷处理后表面的残余应力测量。

操作视频 29

数据文件 Data035. Raw 是 WC-Co 硬质合金经深冷处理后，测量 WC 相残余应力的衍射数据，所测晶面为（211）。下面介绍残余应力测量方法和数据处理过程。

（1）样品制备：样品为 WC-Co 硬质合金，为获得纯粹 WC 样品，将硬质合金中的 Co 相萃取掉然后进行深冷处理。样品大小适合测量，不需要切割和其他处理。

(2) 测量全谱，确定残余应力测量晶面：在衍射仪上测量残余应力时，衍射角受衍射仪的硬件条件限制，一般衍射仪的最高测量角度约 145°。选择残余应力测量面的原则是，应尽可能选择衍射角大于 100°且强度较高的衍射面，在满足前一条件的基础上，选择可用的最大衍射角衍射面。结合图谱测量可以看出，该试样可以选择 WC(211) 面作为测量晶面。

(3) 确定测量范围：为保证完整地测量出（211）晶面的整个衍射峰，应当选择一个合适的测量范围。放大样品全谱图观察，可选择 115.5°~120°为 $2\theta$ 测量范围。

(4) 确定扫描条件：正确的扫描条件应当以 0.02°~0.03°为步长，采用步进扫描，计数时间以满足能准确测量衍射峰位置为依据。因考虑在大 $\psi$ 角时衍射强度降低，本实验中选择计数时间 3s。布鲁克 D8 Discover 型 X 射线衍射仪带尤拉环装置，采用侧倾法测量。

(5) 扫描图谱：考虑 $\psi$ 很小时，$\sin^2\psi$ 变化小，采用等距 $\psi$。分别取 $\psi=0°\sim45°$，每 5°测量一个图谱，共扫描 10 条谱线。

(6) 读入图谱：打开 Jade，读入数据文件，如图 7-5 所示。从图中可以看到，随 $\psi$ 增大（衍射谱由下至上排列），衍射峰向右侧倾斜。说明面间距越来越小，存在残余压应力。

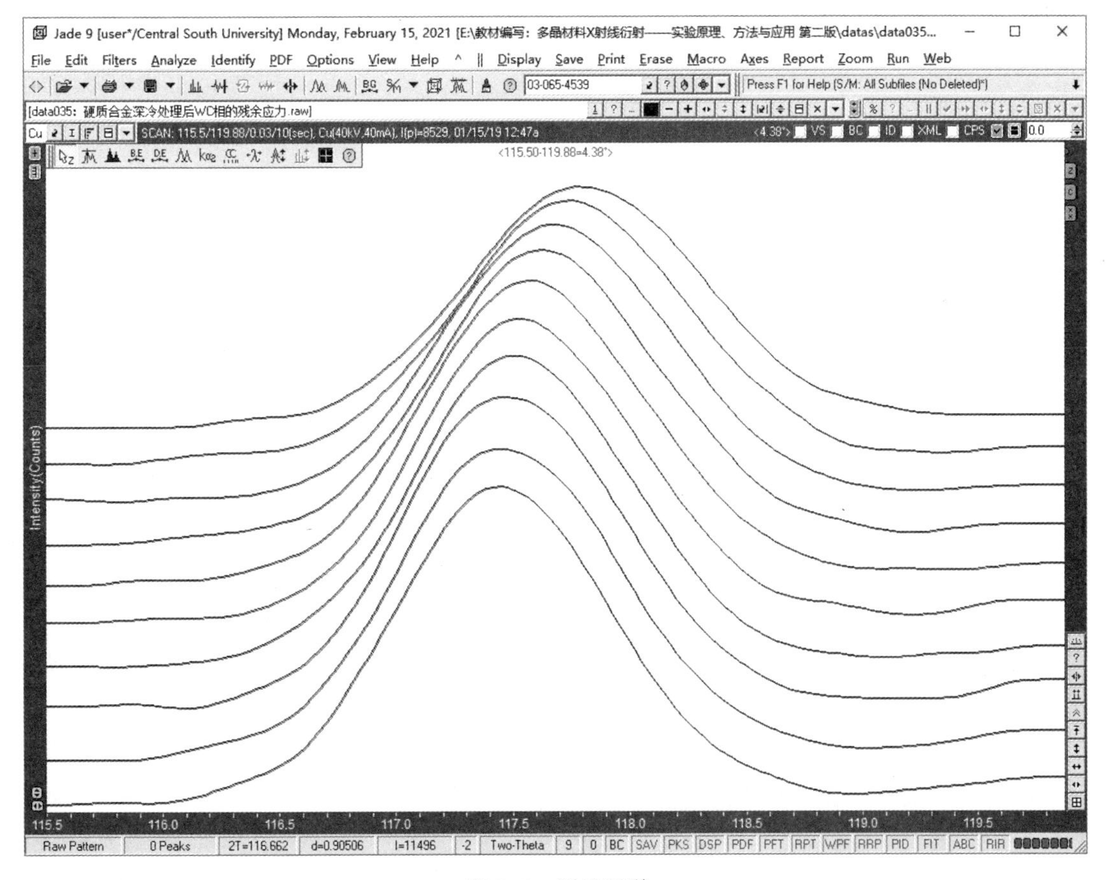


图 7-5 测量图谱

(7) 计算应力：打开应力计算对话框。选择菜单命令“Options | Calculate Stress”，打开残余应力计算窗口，如图 7-6 所示。

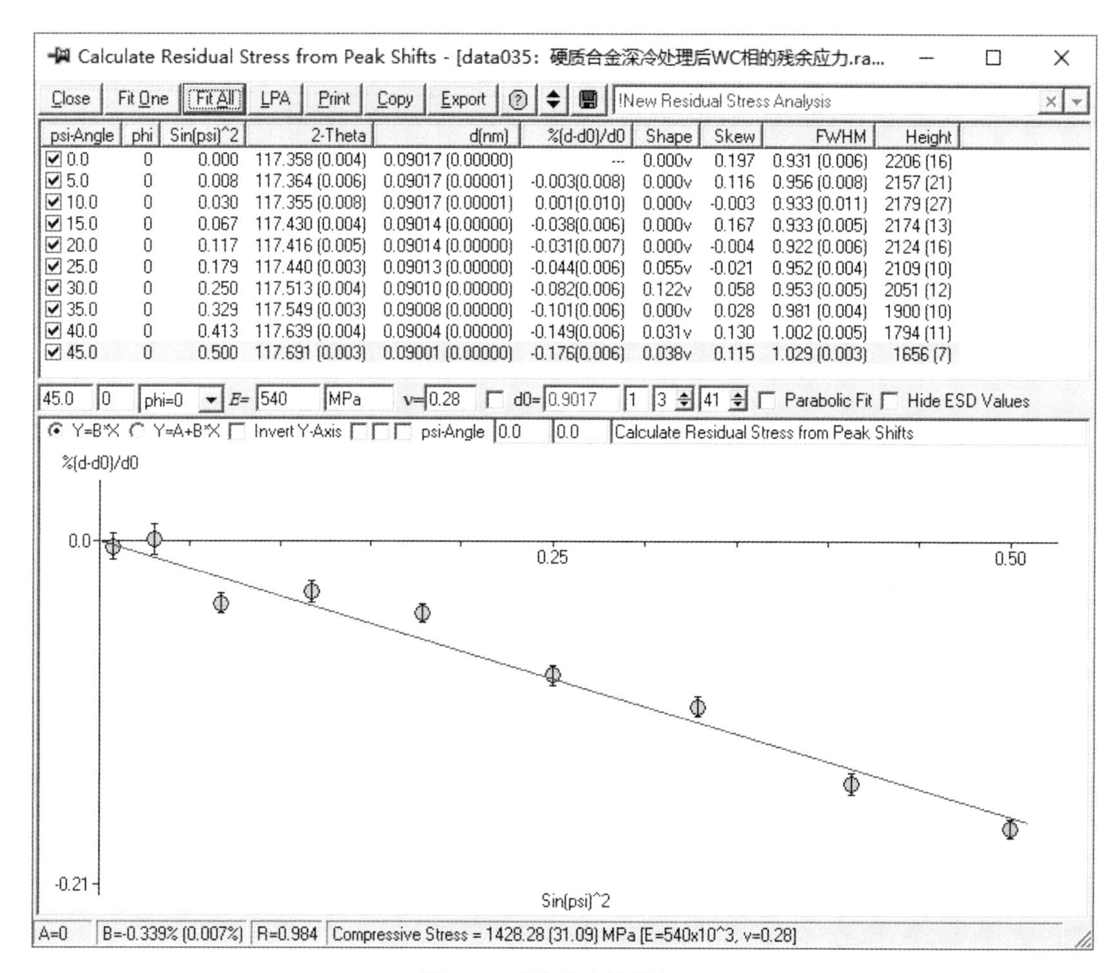


图 7-6 残余应力计算窗口

1）输入 $\psi$ 角。在残余应力计算窗口中，在“Psi-angle”列上单击，稍等一会儿出现一个文本框，根据实验设置，输入正确的 $\psi$ 角。从上到下依次为 0°、5°、10°、15°、20°、25°、30°、35°、40°、45°。

2）输入弹性模量和泊松比。分别在“E=”和“$\upsilon$ =”处的文本框中输入 WC 的弹性模量和泊松比（$E=540$，$\upsilon=0.22$）。

3）拟合谱图。按下“Fit All”，在窗口中会以图形方式显示出“$\sin^2\psi-\Delta d/d_0$”图，在窗口的下端显示应力状态。

结果显示，$A=0$，表示为二维应力，拟合直线的斜率 $B=-0.339\%$，应力为压应力，Compressive Stress = (1428.28±31.09) MPa，$E=540000$MPa，$\upsilon=0.28$，$R=0.984$ 为方差误差，是一个较小值。

应力计算结果的正确性和准确性除了与输入的弹性模量和泊松比有关外，计算结果的误差主要来源于图谱拟合的正确性。此时，要返回观察主窗口中的图谱拟合情况是否与测量谱线吻合。

**例 2** 轴承钢沿深度方向的残余应力分布。

下面介绍轴承钢沿深度方向的残余应力分布的测量方法和数据处理过程。

（1）实验方案：X 射线透入金属的深度一般不超过 10μm。用电解抛光逐层除去试样表面，可测得应力垂直于试样表面方向的分布。如果试样较厚，测量点之间距离较大时，也可以先用机械磨抛的方法除去表面一层再用电解抛光除去因机械减薄引入的应力层。

实验材料为钢轴承，上表面为微弧面，弧顶距下表面为 7.5mm 的块状轴承钢，该试样表面经过喷丸处理，试样用机械和电化学方法剥层，试样上下表面剥离层厚度分别为 0.1mm、0.3mm 和 0.5mm，恒压电流源电压为 20V，电流为 6mA，电解液采用 10% NaCl 溶液。实验仪器为德国 Bruker 公司 D8/Discover 型 X 射线衍射仪，衍射仪工作电压为 40kV，电流为 40mA，采用 Cu 靶，测定晶面为 Fe(211)，衍射角 $2\theta=88.23°$，试样轴承钢轴向与衍射仪 X 轴平行放置测试，分别测量 Psi($\psi$) 角为 0°、5°、10°、15°、20°、25°、30°、35°、40°和 45°所对应的衍射角值，测量步长为 0.03°，停留时间 10s。

（2）图谱测量：在试样表面和距试样表面深度 0.1mm、0.3mm 和 0.5mm 处，采用侧倾法在不同 $\psi$ 值下测定特定晶面 X 射线衍射角。采用重心法确定衍射峰位置，测得的 $\psi$ 所对应衍射角 $2\theta_\psi$ 见表 7-1。

**表 7-1　不同 $\psi$ 角所对应衍射角 $2\theta_\psi$**

| $\sin^2\psi$ | $2\theta_\psi$/(°) | | | |
|---|---|---|---|---|
| | 0mm | 0.1mm | 0.3mm | 0.5mm |
| 0 | 82.370 | 82.398 | 82.397 | 82.432 |
| 0.008 | 82.390 | 82.410 | 82.406 | 82.447 |
| 0.030 | 82.426 | 82.420 | 82.435 | 82.470 |
| 0.067 | 82.412 | 82.452 | 82.462 | 85.485 |
| 0.117 | 82.460 | 82.467 | 82.481 | 82.511 |
| 0.179 | 82.477 | 82.492 | 82.523 | 82.551 |
| 0.250 | 82.501 | 82.531 | 82.558 | 82.608 |
| 0.329 | 82.505 | 82.567 | 82.607 | 82.630 |
| 0.413 | 82.530 | 82.598 | 82.638 | 82.682 |
| 0.500 | 82.569 | 82.607 | 82.667 | 82.700 |

（3）应力计算：Fe 的弹性模量 $E=220264$MPa，泊松比 $\upsilon=0.28$。依据残余应力与衍射角的基本关系式可计算出试样沿轴向残余应力沿表层深度的分布，计算出来的值为负值，即宏观残余应力为压应力，如图 7-7 所示。

（4）测试结果修正：由于样品每剥去一层表层，都会引起残余应力的部分释放，导致剩余应力的重新分布，故所测得的已不是该层原始状态的应力值，必须对测定值进行修正。试样上表面为微弧面，可以视为平面试样，假设试样厚度为 $h$，距离表面为 $a$ 的薄层上残余应力为 $\sigma$。校正方法为在试样上下表面各剥除厚度为 $a$ 的表层，用 X 射线方法测定新表层的残余应力 $\sigma_x$，该层原始状态的残余应力为：

$$\sigma=\sigma_x-\frac{2}{h-2a}\int_0^a \sigma \mathrm{d}a$$

当 $a$ 和 $h$ 相比是很小时，上式可近似地表达为：

$$\sigma = \sigma_x - \frac{a}{h - 2a}(\sigma_{x0} + \sigma_x)$$

式中，$\sigma_{x0}$ 为 X 射线衍射法测定的剥层前表面上的应力值。修正后的试样沿轴向的残余应力值如图 7-8 所示。

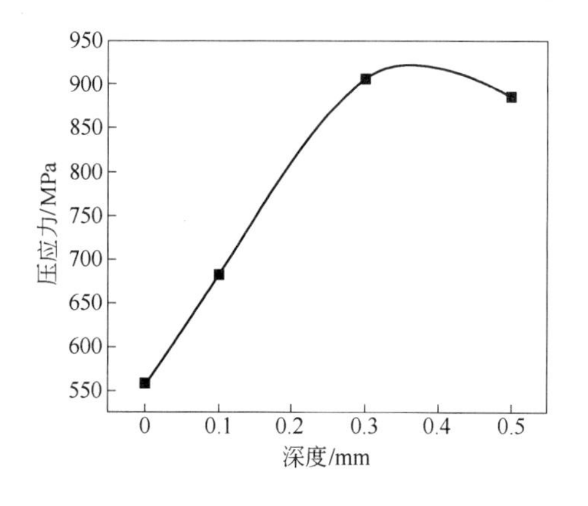


图 7-7　残余应力（计算值）随测量深度的变化

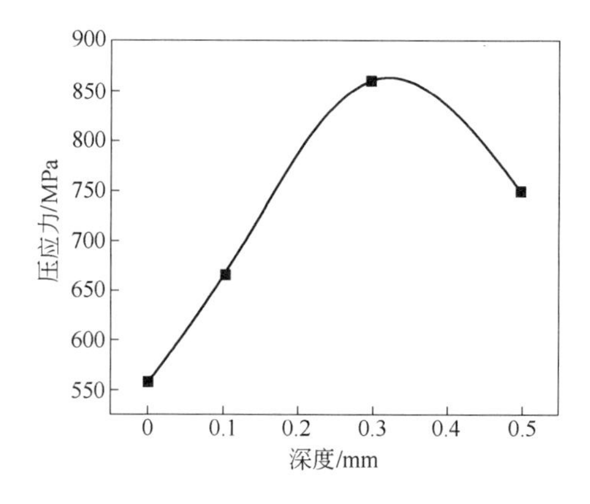


图 7-8　残余应力（校正值）随测量深度的变化

（5）结果分析：

通过测量可知：轴承钢经喷丸处理后，在 0~0.5mm 深度范围内，试样沿轴向宏观残余应力为压应力，残余应力值随表面深度的加深先增加后降低，0.0mm、0.1mm、0.3mm 和 0.5mm 深度层试样沿轴向宏观残余压应力值分别为 558.3MPa、663.8MPa、860.7MPa 和 749.9MPa。X 射线衍射方法测量的是近表面的残余应力，X 射线对金属材料的穿透深度约为 10μm，通过电解抛光逐层剥除试样表层，可以测量试样不同深度的残余应力。由于电解抛光剥层时会部分释放应力，测量结果应通过校正公式对剥除时释放的应力进行校正，得到正确的结果。

# 8 Rietveld 全谱拟合精修（Jade）

## 8.1 Rietveld 结构精化方法

Rietveld 方法是荷兰晶体学家 H. M. Rietveld 在 1969 年提出的，用于中子粉末衍射图阶梯扫描测得的峰形强度数据的晶体结构修正方法。1979 年，R. A. Young 等人将 Rietveld 方法应用于 X 射线衍射领域，并对属于 15 种空间群的近 30 种化合物的结构成功地进行了修正。Rietveld 方法克服了在结构修正中复杂的衍射线内信息被丢失的缺点。

（1）Rietveld 方法的基本原理。Rietveld 方法的基本原理是逐点比较衍射强度的计算值和观测值，通过最小二乘方法，调节实验参数、峰形参数以及结构参数，使计算峰形与实验峰形最大限度的吻合。

具体来说就是，通过理论计算所得的强度数据以一定的峰形函数与实验强度拟合，在拟合过程中需要不断调整峰形函数和结构参数的值，以使得计算强度一步一步地向实验强度值靠近，拟合采用最小二乘方法，拟合直到两者的差值 $R$ 最小，即：

$$R = \sum W_i (Y_{io} - Y_{ic})^2 \tag{8-1}$$

式中，$W_i$ 为权重因子，$W_i = 1/Y_i$；$Y_{io}$，$Y_{ic}$ 分别为步进扫描第 $i$ 步的实测强度和计算强度。

使 $R$ 值最小的过程也就是 Rietveld 全谱拟合的过程。

（2）Rietveld 全谱拟合精修的一般步骤。Rietveld 分析的主要步骤为：建立结构模型、计算理论强度；与实验谱图进行比较、调整参数以及再计算。可见 Rietveld 分析是一个循环过程，因而必然有一个收敛标度，即所说的 $R$ 因子。一般地，$R$ 值越小，峰形拟合就越好，晶体结构的正确性就越大。下面列出了一种软件使用的 $R$ 值表示方法：

$$R_{\mathrm{p}} = \frac{\sum |Y_{io} - Y_{ic}|}{\sum Y_{io}} \tag{8-2}$$

$$R_{\mathrm{wp}} = \sqrt{\frac{\sum w_i (Y_{io} - Y_{ic})^2}{\sum w_i Y_{io}}} \tag{8-3}$$

$$R_{\exp} = \sqrt{\frac{(N - P)}{\sum w_i Y_{io}}} \tag{8-4}$$

$$\mathrm{Gof}F = \left(\frac{R_{\mathrm{wp}}}{R_{\exp}}\right)^2 = \frac{\sum w_i (Y_{io} - Y_{ic})^2}{N - P} \tag{8-5}$$

$$R_{\mathrm{B}} = \frac{\sum |I_{ko} - I_{kc}|}{\sum I_{ko}} \tag{8-6}$$

式中，$Y_{io}$为第 $i$ 个计数点的强度测量值；$Y_{ic}$为第 $i$ 个计数点的强度计算值；$I_{ko}$为第 $k$ 个衍射峰的积分强度测量值；$I_{kc}$为第 $k$ 个衍射峰的积分强度计算值；$N$ 为数据点个数；$P$ 为可精修的变量个数；$w_i$ 为统计权重因子，$w_i = 1/Y_{io}$。

（3）Rietveld 的精修参数。Rietveld 分析的优化参数主要有两类：结构参数和非结构参数。结构参数包括：晶胞参数、晶胞中每个原子坐标、温度因子、位置占有率、标度因子、试样衍射峰的半高宽、总的温度因子、择优取向、晶粒大小和微观应力、消光、微吸收。非结构参数包括：$2\theta$ 零点、仪器参数、衍射峰的非对称性、背景、样品位移、样品透明性、样品吸收。

一般先优化非结构参数，然后才优化结构参数。由于 Rietveld 分析是在假定结构已知的情况下进行的，所以往往非结构参数的优化要比结构参数的优化更重要一些，只有获得良好的结构参数才能保证优化后的结构参数的可靠性。

在具体的拟合过程中，并不是每一次都同时改变很多参数，视具体情况而定，如其中有些参数已知时就不需要改变。比较好的精修方法是逐步放开参数，开始先修正一两个线性或稳定的参数，然后再逐步放开其他参数一起修正，最后一轮的修正应放开所有参数。同时，在修正的过程中，应经常利用图形软件显示修正结果，从中可获得一些有关参数的重要信息，以便进行进一步精修，直到得到很好的结果。

（4）Rietveld 精修软件。从 1979 年 R. A. Young 等人发表第一个用于 Rietveld 分析的计算软件 DBWS 以来，已有很多类似的软件问世，但广泛被采用的主要有 GSAS、FULLPROF、BGMN、JANA2000、DBWS 等。由于 Rietveld 分析方法优化参数众多，而且是一个叠代过程，使得上述各程序都具有难以书写控制文件的缺点。正确的准备各种程序的控制文件是获得良好优化结果的前提，也是使用者应用这些程序的瓶颈。上述各程序中，由于开发年代较早，有很多都是 DOS 运行界面，图形显示功能差，运行速度慢，也给使用者造成了很大麻烦。

FULLPROF 是由法国晶体学家 Juan Rodríguez-Carvajal 等人开发用于 Rietveld 分析的应用软件，它具有强大的图形显示功能，使得程序运行过程非常直观。FULLPROF 程序是构架在 WINPLOTR 的运行平台上的，这使得 FULLPROF 程序包的功能并不单一，如在 WINPLOTR 上还提供了 TEROR、ITO、DICVOL 等指标化程序以及 Le Bail Intensity Extraction 应用程序。但是这些功能与其他专门的应用程序相比还是有所欠缺，而且它并不包含晶胞参数精化程序和结构解析功能，因而它也是不完备的。FULLPROF 程序在进行 Rietveld 分析时，其控制文件 .pcr 的书写相当麻烦，而且参数众多，因此在 FULLPROF 2000 版中增加了一个应用程序 PCREDITOR，这使得 PCR 文件的书写结构化。FULLPROF 与其他 Rietveld 分析程序相比，是一个非常优秀的 Rietveld 分析软件。但是，对于初学者来说，毕竟不是一件容易的事情。

随着 Rietveld 方法应用越来越普遍，Rietveld 全谱拟合功能作为一个特殊功能模块嵌入一些常见的衍射数据处理程序中。如 Bruker 公司开发的衍射数据处理程序中的 TOPAS，帕纳克公司的 High Score Plus，以及 Jade 软件中的 WPF Refine。这些软件功能模块相对来说操作界面友好，操作起来比较容易上手。

本着由浅入深，使初学者容易上手的原则，在这一章中将介绍 Jade 软件中的 WPF（Whole Pattern Fit）功能。

操作视频 30

# 8.2 全谱拟合精修过程

利用 Jade 的全谱拟合功能，可以对测量数据进行全谱拟合及对晶体结构进行 Rietveld 精修。全谱拟合有时被称为 Pawley 方法，可以把它看做 Rietveld 方法的基础，它也适用于晶体结构未知而具有良好的参考图谱和完备 $d$–$I$ 列表以及晶胞参数的情况。这是 Jade 区别于其他结构精修软件的特点。对于结构已知的物相，使用完整的物理模型，可以进行 Rietveld 精修，得到非常精确的晶体结构的参数，甚至允许调整原子坐标、占有率和热参数；对于未知结构的模型，也可以根据 $d$–$I$ 数据和晶胞参数对良好的图谱进行精修。两种方法的结合，能得到多相材料试样中各个相精确的晶体结构、相应的物相成分以及微结构参数。

下面以测量数据 Data004. raw 来说明 Jade 中全谱拟合精修的操作方法。

（1）读入测量数据，并分析出其物相组成的 1 个物相，如图 8-1 所示。

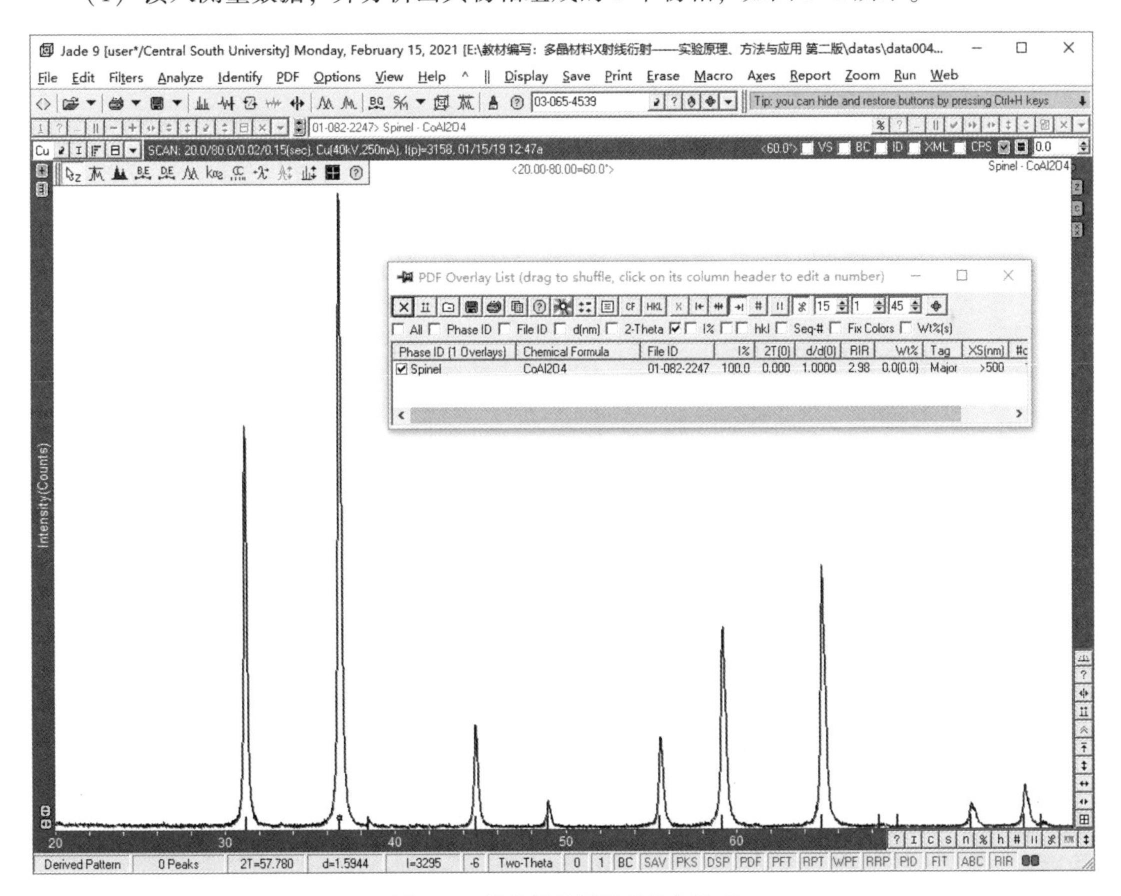


图 8-1 样品测量图谱的物相检索

（2）选择命令“Options | WPF Refine”，进入“WPF Refine”对话框，如图 8-2 所示。

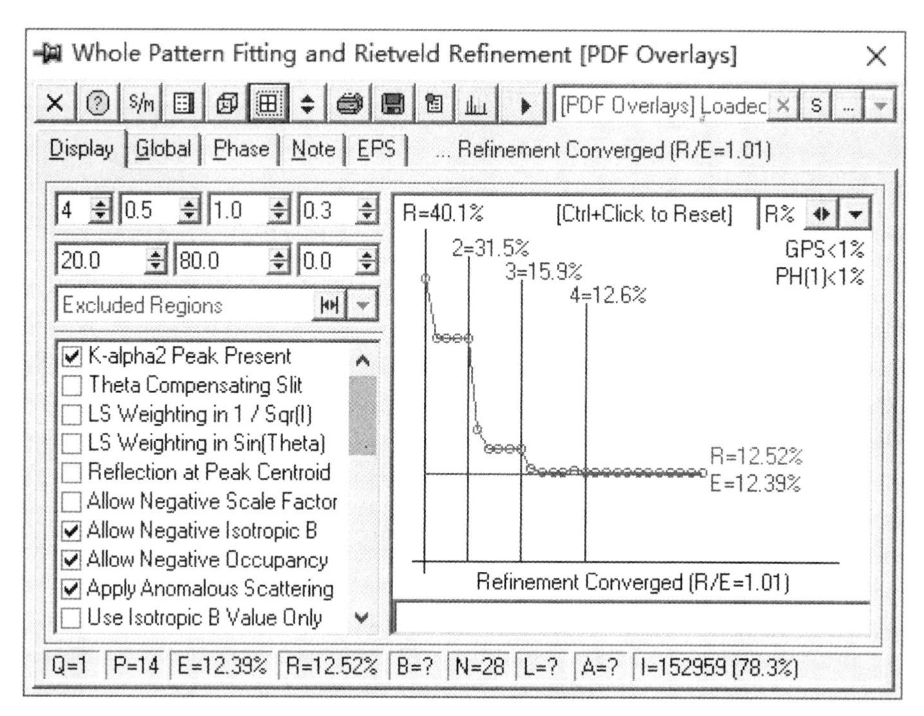


图 8-2　全谱拟合精修窗口

图 8-2 中对话框的项目包括：

1）命令按钮。命令按钮组共有 9 个按钮，其功能从左到右依次分析如下：

①晶体结构数据库管理。该命令进入 Jade 一个晶体结构数据库管理窗口，可以将晶体结构保存下来，也可以将晶体结构转换成 PDF 卡片，具有多种晶体结构的管理功能。

②晶体结构模拟衍射图。该命令显示精修窗口中选定的物相，包括其衍射数据、原子位置信息和 3D 原子结构图。在此窗口中可以编辑晶体结构数据，并将编辑后的晶体结构输出或者重新读入精修窗口中。

③精修窗口显示方式选择。精修窗口一共有 4 个页面，可以将它们同时显示或者单独显示，单独显示时如图 8-2 所示。

④精修窗口的缩放，可以选择显示全部窗口或部分窗口。

⑤打印精修结果。按照晶胞参数、晶粒尺寸与微观应变、物相质量分数分类打印精修结果。

⑥保存精修结果。该命令将全部精修参数保存到一个扩展名为“.rrp”的文本文件中，可以选择需要输出的参数，如晶胞参数、晶粒尺寸与微观应变、物相质量分数、测量图谱和计算图谱数据等。

⑦初始化精修参数。

⑧计算图谱。

⑨执行精修。按下计算图谱按钮后，得到一个计算图谱，然后就可以执行精修。在精修的过程中可以重新初始化所有或部分精修参数。

2）工作页面。Display | Global | Phase | Note | EPS，从左到右共有5个工作页面，依次是显示：全局精修、物相精修、记录、变量和误差。实际常用的是前三个页面，后两个页面用于观察和分析精修过程。

3）精修控制参数。精修控制参数 1 | 0.5 | 1.0 | 0.3 列表中，从左到右的按钮有以下功能。

“1”：表示从第一轮开始精修。精修过程通常分成若干轮进行，在Jade软件中，系统默认设置精修4轮。在第一轮中通常只调整几个最主要的参数，然后在以后的各轮中逐步加入新的参数进行精修。精修完成后此处显示为“4”，如图8-2所示。

“0.5”：最大参数漂移估计，即最大的参数漂移与*esd*之比。*EPS*=0.5时，表示如果所有可精修参数中最大的漂移小于其估计值（0.5），则可以认为精修收敛并将停止精修。因此，*EPS*值设计得越小，可以精修得更好，也需要更多的精修循环及更长的精修时间。对于定量分析和晶胞参数，可设*EPS*=0.5，而对于包含原子参数的精修，要求*EPS*=0.3或更小。

“1.0”：晶胞参数变化的警告值。若设置为1，则当某个晶胞参数变化超过1%时，会发出警告信息。在多相样品中，如果一个相的晶胞参数变化太大，会覆盖其他相的衍射峰，造成定量分析的错误。如果样品的固溶度大，且精修的目的是为了计算晶胞参数，可以适当放大一些。

“0.3”：原子位置漂移，单位为Å。当原子位置漂移超过0.3Å时，会以蓝色显示坐标变量的分数漂移。

4）精修范围。精修范围的控制由一个两行按钮组成。

20.0 | 80.0 | 0.0
01: 20.0_25.0

第一行显示精修的角度范围，通常为数据的实际衍射角测量范围。

第二行则可以剔除几个不希望精修的角度范围。按下右边的箭头，并在弹出的编辑框中以空格分隔的两个角度表示一个要排除的精修范围。

当样品中存在未知杂质相时，通过这个方法可以将其排除在精修之外。如果样品是很纯的，但有一两个杂质峰，可以用这种方法去除其影响。

5）精修控制与显示。图8-2窗口左下角是参数控制和显示窗口，有很多参数显示和控制，这些选项将在第8.7节中作详细介绍。

6）精修结果显示。图8-2的右下角是精修结果显示窗口，通过其右上角的下拉按钮选择要显示的项目。这些项目包括：

R%：显示精修误差*R*因子。

饼图或柱状图：以饼图或柱状图的形式显示多相样品的物相含量（质量分数）。

FWHM：显示各个物相的半高宽曲线。在这里应当选择仪器半高宽曲线并显示出来，然后选择半高宽宽化原因的选项，即“Size Only”“Strain Only”和“Size & Strain”。

（3）全局变量精修。在全局页中选择背景线函数为2次函数，按下“Refine”按钮，图谱被精修（图8-3）。

（4）相精修。选择Phase页，并选择峰形函数，按下“Refine”，做相结构精修，得到*R*=4.1%的拟合结果（图8-4）。

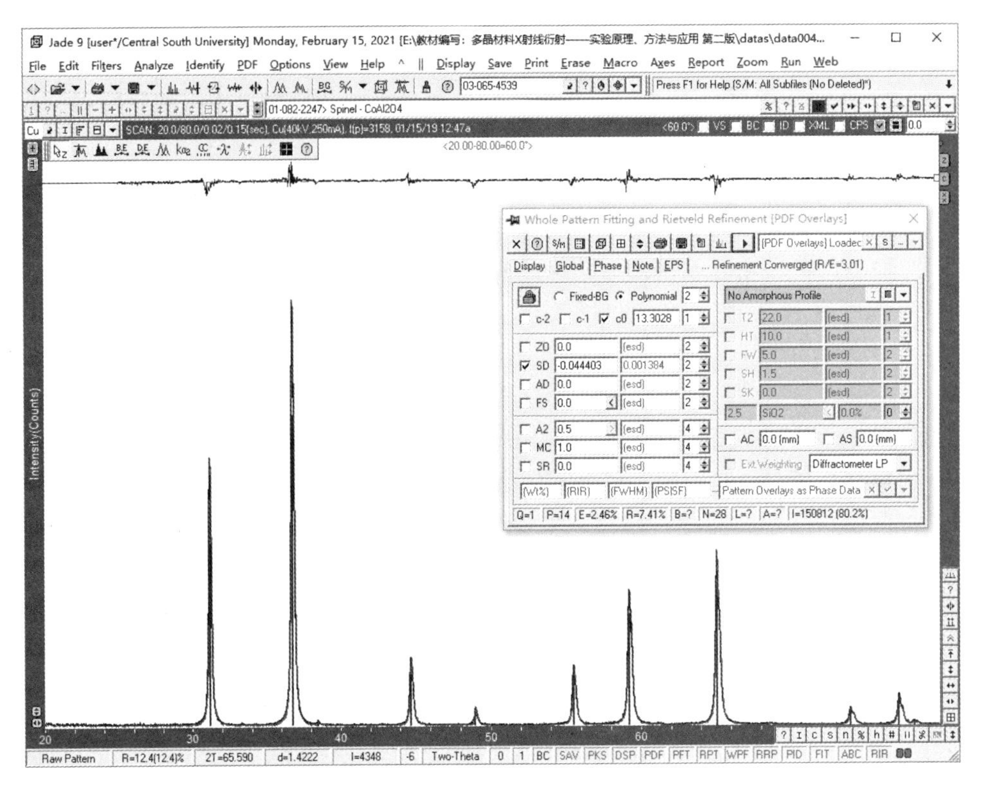

图 8-3　全局精修（Global）页面与全局变量选择

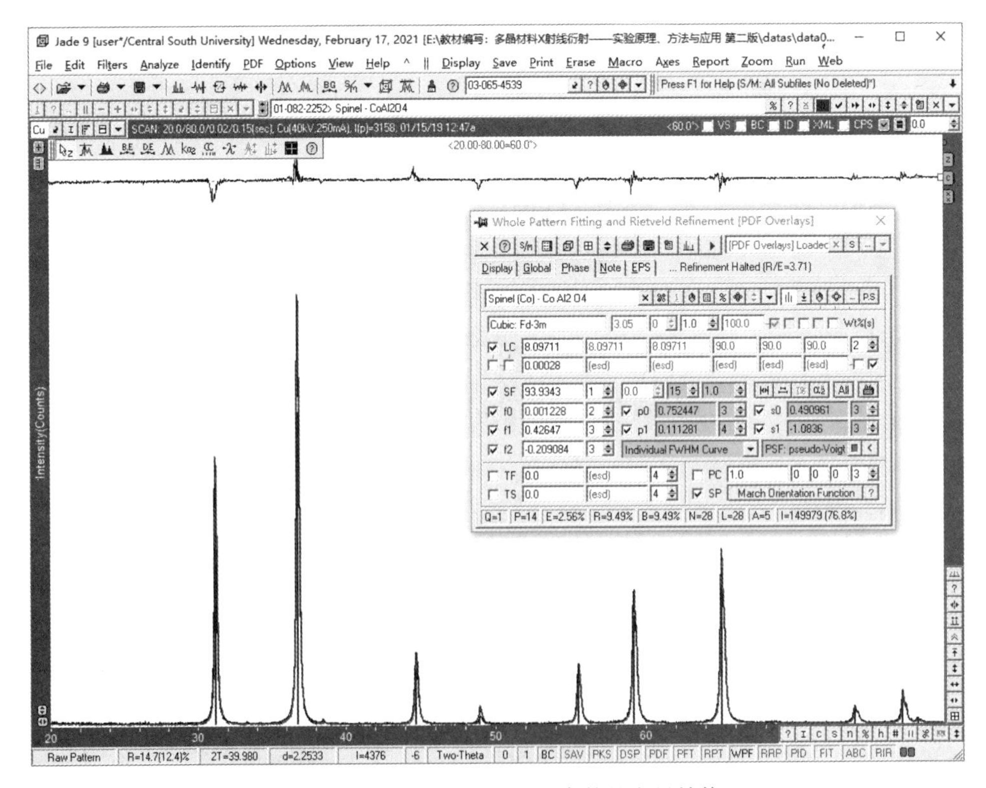

图 8-4　关于物相（Phase）参数的变量精修

（5）观察报告。按下“Report”，在弹出菜单中选择“Create Report”，则自动生成一个扩展名为“.rrp”的文件。该文件中保存了晶体结构、物相成分、晶粒大小，甚至原子占位等信息。

在这一节中，从整体上认识了“WPF Refine”的操作界面和操作过程。下面分几个部分详细介绍这些操作。

## 8.3 物相的读入

### 8.3.1 结构相与非结构相

所谓物相，在这里被分为以下两类。

（1）没有晶体结构信息的相，称为“非结构相”。例如，从ICDD-PDF数据库中检索到的大多数物相，这些物相有完整的 *d-I* 列表，晶胞参数和密勒指数。

（2）ICSD物相，这些物相有详细的晶体结构参数，称为“结构相”。从PDF数据库检索到的一些物相，带有CSD#，这些物相的晶体结构参数将被作为理论谱图计算的模型。结构相可以是从PDF卡片库中检索到的某张卡片数据，也可以是从无机晶体学数据库（ICSD）检索到的晶体结构文件（cif），因此，与非结构相不同，它们的衍射数据信息是通过晶体结构计算出来的。两类相在精修过程中被精修的内容也会不一样，比如，非结构相的原子占位肯定不可能被精修。

Jade与其他精修软件不同的是，可以同时使用这两种相，使得被精修的对象更加广泛。

### 8.3.2 物相的添加

在做全谱拟合精修之前，必须检索出衍射谱中的全部物相，也就是说，做全谱拟合精修时，样品谱中不能含有“未知相”。在Jade的全谱拟合精修中，虽然可以同时使用非结构相和结构相，但最好使用结构相。

所谓物相添加，就是将衍射谱对应的物相添加到全谱拟合精修窗口中，可以有多种方法添加。

（1）通过S/M检索物相到工作窗口。精修之前，一般都会先做物相检索，以鉴定出样品中的物相种类。如图8-1所示，这些被检索出来的物相将自动读入WPF Refine窗口。

选择这些物相的时候，建议首先选择带有CSD#的物相，这些物相的晶体结构将被读入精修窗口；其次是选择计算卡片（C），这些计算卡片的晶胞参数被认为比实验卡片（1~54组）更加准确。

（2）从PDF Retrievals窗口中拖入ICDD物相：选择菜单命令“PDF”→“Retrievals”，查找到需要的物相卡片，如图8-5所示。在物相卡片列表中，选择一个卡片，按下鼠标左键，可以直接将卡片拖到WPF Refine窗口。

拖入时，不同类别的物相会分别用晶体结构图形或者衍射谱图形区分拖入的是结构相或非结构相。

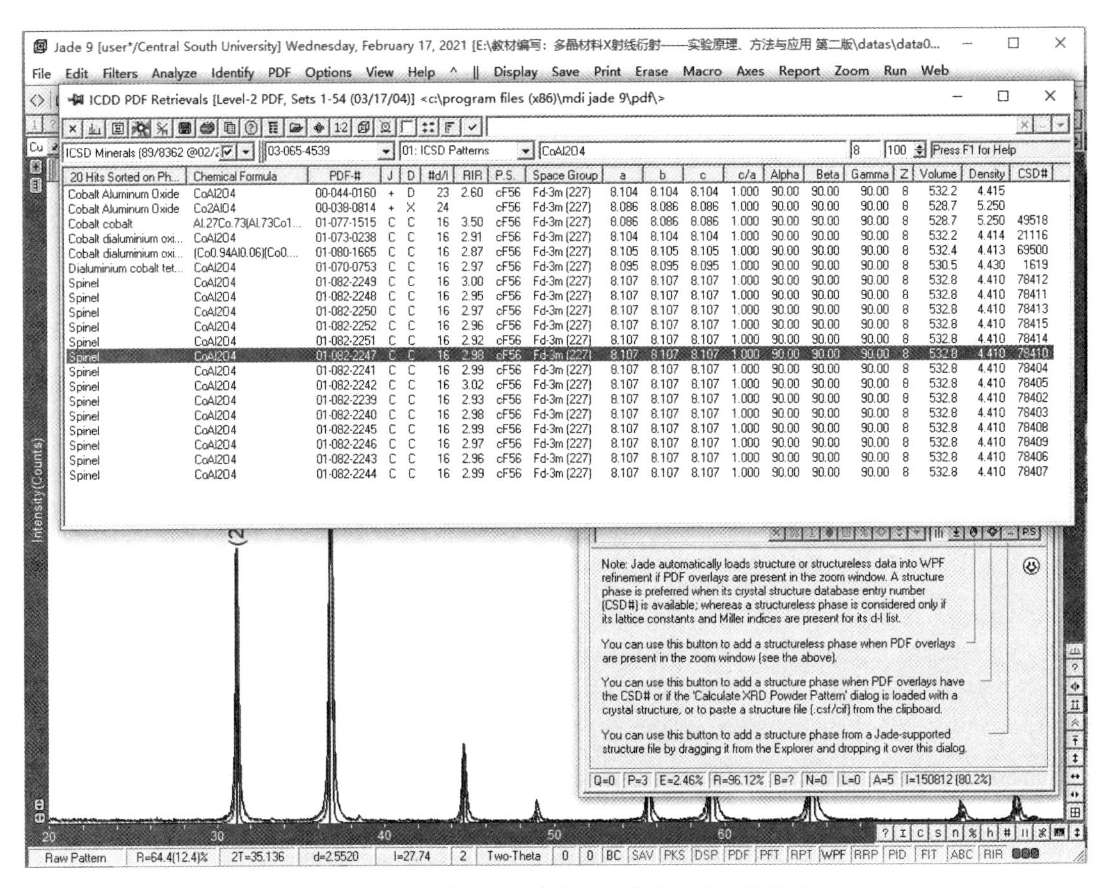


图 8-5 从 PDF 检索窗口中将需要的物相拖入精修窗口

（3）读入 cif 文件。如果某个物相的结构是从网上查到的，或者通过 FindIt 之类的软件查到的，并保存成一个磁盘文件（cif 文件），可以直接将此文件拖到 WPF Refine 窗口中，或者按下 WPF Refine 窗口中的按钮，到磁盘上寻找和读入 cif 文件。

（4）添加新检索物相。如果在开始精修之后，重新做过 S/M 操作，有新的物相加入工作窗口，通过 WPF Refine 的 Phase 页中的加入非结构相和结构相。

（5）从 CSD 结构库中读入。按下按钮，弹出 “Crystal Structure Database Manger” 对话框，按下 “Retrieval”，检索出 CSD 物相，选择一个物相，再单击窗口中的，则将选定的 CSD 物相读入。

（6）从 XRD 模拟对话框中读入。按下按钮，弹出 XRD 模拟对话框，使用与（5）相同的方法可以读入模拟对话框中的结构相。

（7）读入一个衍射谱。如果多相样品中存在某个未知物相，无法得到它的 ICDD 或 CSD 卡片数据。但是，如果有该未知相的纯物质的衍射谱文件，则可以直接将此衍射谱作为一个物相读入进来参与精修。详细请参考下面的例子。

（8）读入指标化数据。如果样品为纯相，可以先做指标化，指标化后的数据可以作为非结构相读入。

综合运用这些物相的读入方法，原则上，对于任何样品都可以进行衍射谱的精修。与一般精修软件不同的是，对于读入的非结构相只能进行点阵级的精修（晶胞参数、物相成分、晶粒大小和微应变计算），只有那些结构相才能进行晶体结构级别的精修（原子占位、键长、键角）。

## 8.4 全局变量精修

WPF Refine 的精修分为三级：定量分析、确定精确的晶胞参数和精修晶体结构参数的结构模型。

### 8.4.1 背景精修

通常在做 WPF Refine 之前不将背景扣除，而是将背景包含在模型中。

Jade 使用“Levenberg-Marquardt”方法，通过非线性最小二乘循环使“剩余误差函数”$R$ 最小化。

$$R = \sum \{w(i) \times [I(o, i) - I(c, i)]^2\} \tag{8-7}$$

式中，求和遍及测量图谱的拟合 $2\theta$ 范围数据点；$I(o, i)$ 为数据点（$i$）的测量强度；$I(c, i)$为计算强度；$w(i)$ 为该数据点的统计权重 $w(i) = 1/(I_o, i)$，但也可以使用外部权重。

$$I(o, i) = I(b, i) + \sum I(a, i) + \sum I(p, i) \tag{8-8}$$

式中，$I(b, i)$ 为背景强度，可以由用户设定为固定值或者从多项式曲线计算；$I(a, i)$ 为无定形峰的峰形强度（在含非晶相样品的定量分析应用中详细介绍）；$I(p, i)$ 为结构相和非结构相的峰形强度。

（1）背景函数。如果没有给出背景曲线，WPF Refine 则按下式计算背景强度：

$$I(b, i) = c_0 + c_1 \times T(i) + c_2 \times T(i)^2 + \cdots + c_9 \times T(i)^9 + \frac{c_{-1}}{2\theta(i)} + \frac{c_{-2}}{2\theta(i)^2} \tag{8-9}$$

其中

$$T(i) = 2 \times \frac{2\theta(i) - 2\theta(s)}{2\theta(e) - 2\theta(s)} - 1$$

式中，$2\theta(s)$，$2\theta(e)$ 为精修的起始角和终止角；$c_0 \sim c_9$ 为可精修参数，并根据测量的 $2\theta$ 范围初始化；$c_{-1}$，$c_{-2}$在要拟合的测量谱中随衍射角降低而背景线上升的背景时很有用。

背景多项式一般选择最高阶数为 5 阶。虽然更高阶的多项式似乎更容易得到低的拟合误差，但往往会将衍射峰强度归入背景强度，出现“伪收敛”。

（2）自定义背景。如果在 WPFR 之前，已经绘出了背景曲线（仅仅绘制出背景线，而不扣除背景），则 WPF Refine 按给出的固定（Fixed-BG）来计算背景强度，如图 8-6 所示的自定义背景线。

全谱拟合精修是包含背景的，因此作者强烈建议不要在做全谱拟合精修之前做背景扣除，也没有必要做图谱平滑，而应当保持测量图谱的真实性。

### 8.4.2 样品和仪器校正

仪器和样品的校正，包括仪器零点偏移、样品位移和单色器校正（表 8-1）。

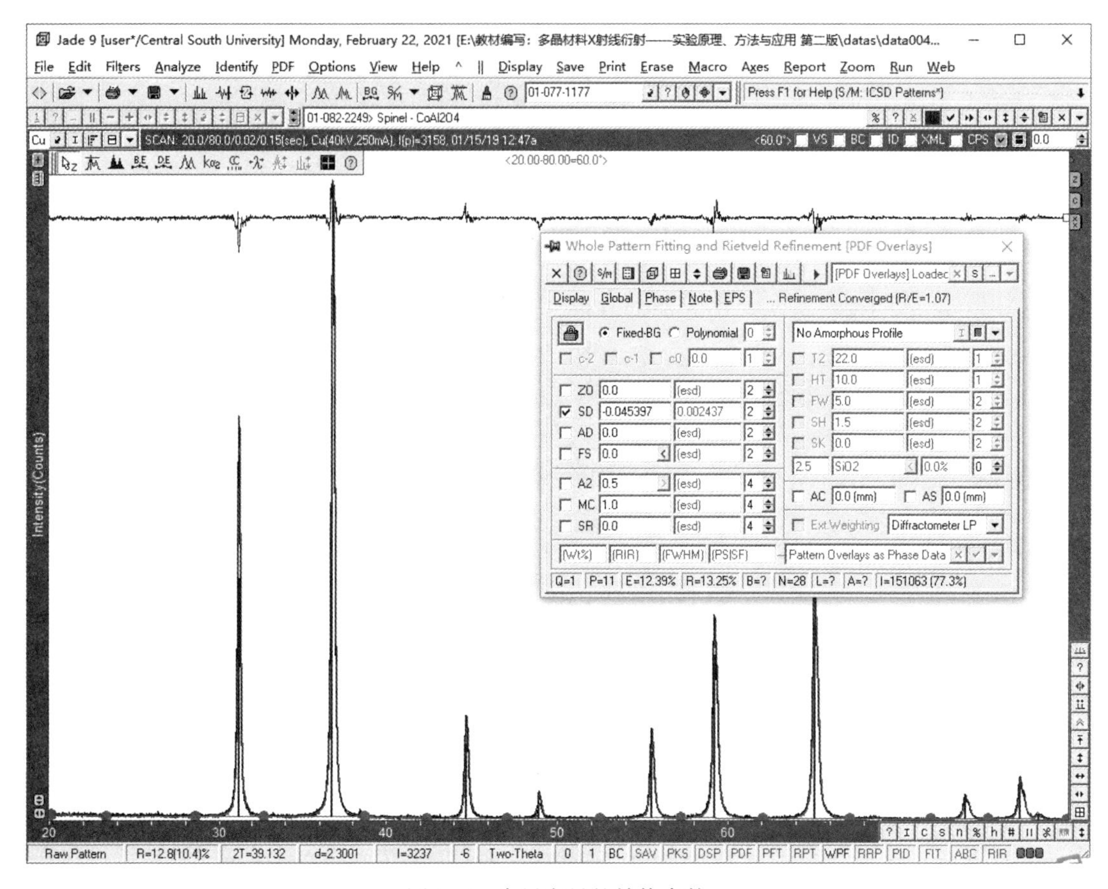


图 8-6　全局变量的精修参数

**表 8-1　仪器参数校正变量及其意义**

| 参数符号 | 参数及其意义 |
|---|---|
| Z0 | 测角仪零点偏移，该参数将使计算反射移动 $\Delta 2\theta$ |
| SD | 样品偏移，该参数将计算反射移动 $SD\times\cos(2\theta)$ |
| MC | 单色器校正，该参数校正由于入射光束单色器引起的 X 光偏极化，当使用石墨弯晶单色器时，输入值 0.8003 |

另外，Z0 和 SD 不能同时作精修（不能同时被勾选），否则，两者会相互作用。在 Jade 中，一般用外标法校正仪器的零点（见 5.3 节），因此，在这里并不精修其值（后面章节中未加说明的衍射数据都进行了外标法校正）。

全局变量还包括非晶峰的设置、标准图谱模型读入等，将在全谱拟合精修的应用中详细介绍。

## 8.5　物相参数精修

在 Phase 页中的参数是物相的参数。从精修的级别来看，可以分为点阵级的和晶体结构级的精修；从相之间的关系来看，可以分为共有的和独有的。如峰形函数种类的选择，是各个相共同的参数，是共有的，而各个相的晶胞参数是独有的。

### 8.5.1 峰形函数和峰形参数精修

峰形函数是物相共有的参数，Jade 9 提供 4 种函数（Pearson Ⅶ、Psudo-Voigt、Guassian、Lorentzian）选择。

至于选择哪一种函数，一种方法是对单峰拟合，得到更低的 $R$ 因子。对于 X 射线衍射谱来说，可以选择 Psudo-Voigt 函数（图 8-7 中的（a））或 Pearson Ⅶ函数（图 8-7 中的（b））。Psudo-Voigt 能更好地拟合峰顶比较圆的情况，而 Pearson Ⅶ则更适合峰顶较尖的情况。

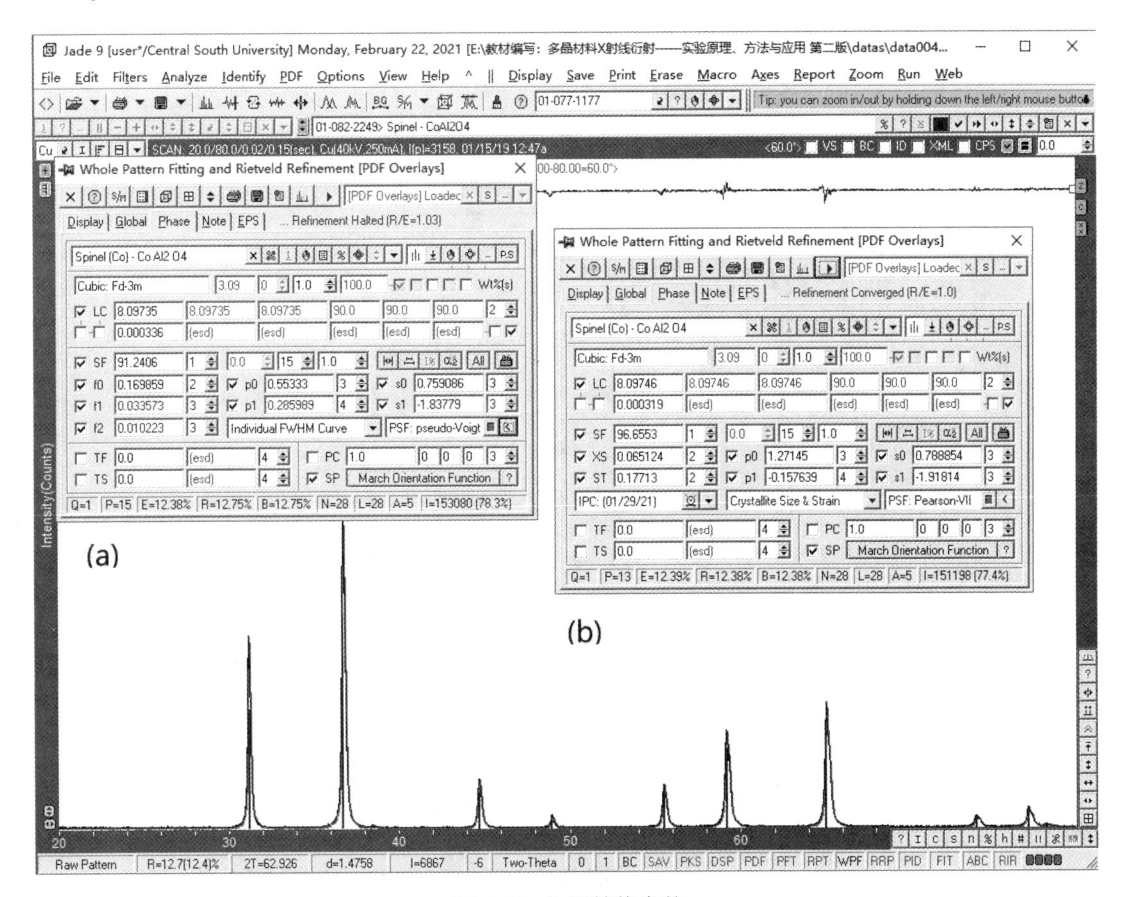


图 8-7 物相精修参数

图 8-7 中的（a）和（b）都显示了峰形的 4 个参数：

$p_0$，$p_1$：形状参数。设 $p_0+p_1\times2\theta$（$c$）为 Pearson Ⅶ的指数，或者 Pseudo-Voigt 中的混合因子。若固定 $p_0=0$，则 Psudo-Voigt 变为 Lorentzian；若固定 $p_0=1$，则 Psudo-Voigt 变为 Guassian 函数。

$S_0$，$S_1$：歪斜因子，它的计算公式为：$S_0\times\exp(-S_1\times2\theta(c)^2)$。

### 8.5.2 半高宽精修

半高宽计算有以下两种函数可以选择：

$$FWHM = f_0 + f_1 \times 2\theta(c) + f_2 \times 2\theta(c)^2 \quad (8-10)$$

$$FWHM = t_0 + t_1 \times \tan[\theta(c)] + t_2 \times \tan[\theta(c)]^2 \quad (8-11)$$

对于常规衍射，一般选用前者，而后者是拟合非常高角度衍射峰的首选。此时，要在“Display”页的参数选项中勾选上“Caglioti FWHM Function”。

如果物相的峰展宽显示各向异性展宽，则不能用这个函数来建模；如果该物相的反射数目小于33，可选择精修单个的 *FWHM* 值，即点击按钮。此时，若点击“%”按钮，则可看到各个反射的半高宽数据（图8-8）。

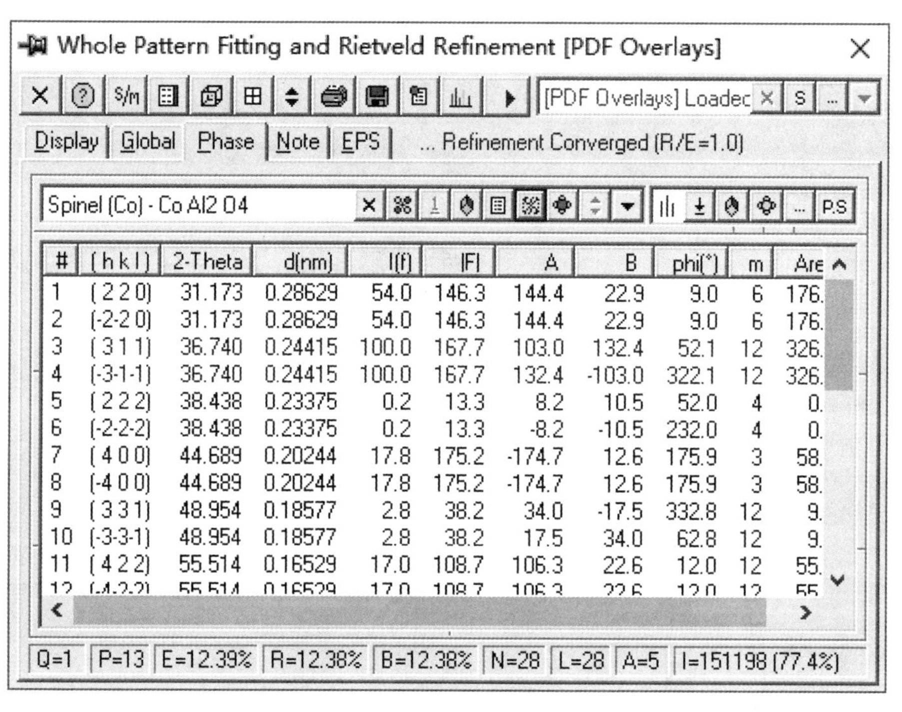


图8-8 观察各个衍射面的半高宽（*FWHM*）等数据

图8-7的（b）中，设置了各个物相的衍射峰的宽度参数为独立精修参数。这是通常的设置，而在图8-7的（a）中设置了按“Size & Strain”规律展宽，可以得到正确的晶粒尺寸与微观应变数据。此时显示的精修参数为“XS”和“ST”，即晶粒尺寸与微观应变，这种设置对于需要计算物相晶粒尺寸与微观应变时很有用。

### 8.5.3 其他参数精修

其他参数精修包括以下内容：

LC：晶胞参数。如果选中，则会精修该物相的六个晶胞参数（$a$，$b$，$c$，$\alpha$，$\beta$，$\gamma$），同时在倒易空间中精修。根据晶格对称性，相同晶胞参数会以灰色标出。如果作为晶胞参数精修的标样，该选项不被勾选。

SF：比例因子。该参数解释了混合物中 X 射线强度和物相浓度的变化，它与这两个变量的乘积成线性关系。由于 X 射线强度对混合物中所有物相是相同的，因此可以从 SF 和 *RIR* 值导出物相的浓度（质量分数）（第 8.9.1 节）。

TF：全局温度因子。该参数使得一个物相中所有原子的热振动统一起来，它提供了一种简单有效的模型以削弱高角度反射而不需要调整单个原子的热参数。如果精修的目的是质量分数或晶胞参数，则该参数非常有用。

TS：薄膜样品的吸收校正。它适用于薄膜样品或采用无反射样品架上的粉末层。对于低密度样品（如有机物）非常有用，但是，常规粉末样品不需要精修该参数。

除了这些参数，对于每个物相还可以进行择优取向修正。将在 8.9.4 节的应用中详细介绍。

## 8.6　晶体结构精修

在图 8-7 所示的 WPF Refine 窗口中按下，弹出结构相的晶体结构 3D 球棍模型图。按下，显示原子列表和可精修的参数，如图 8-9 所示。

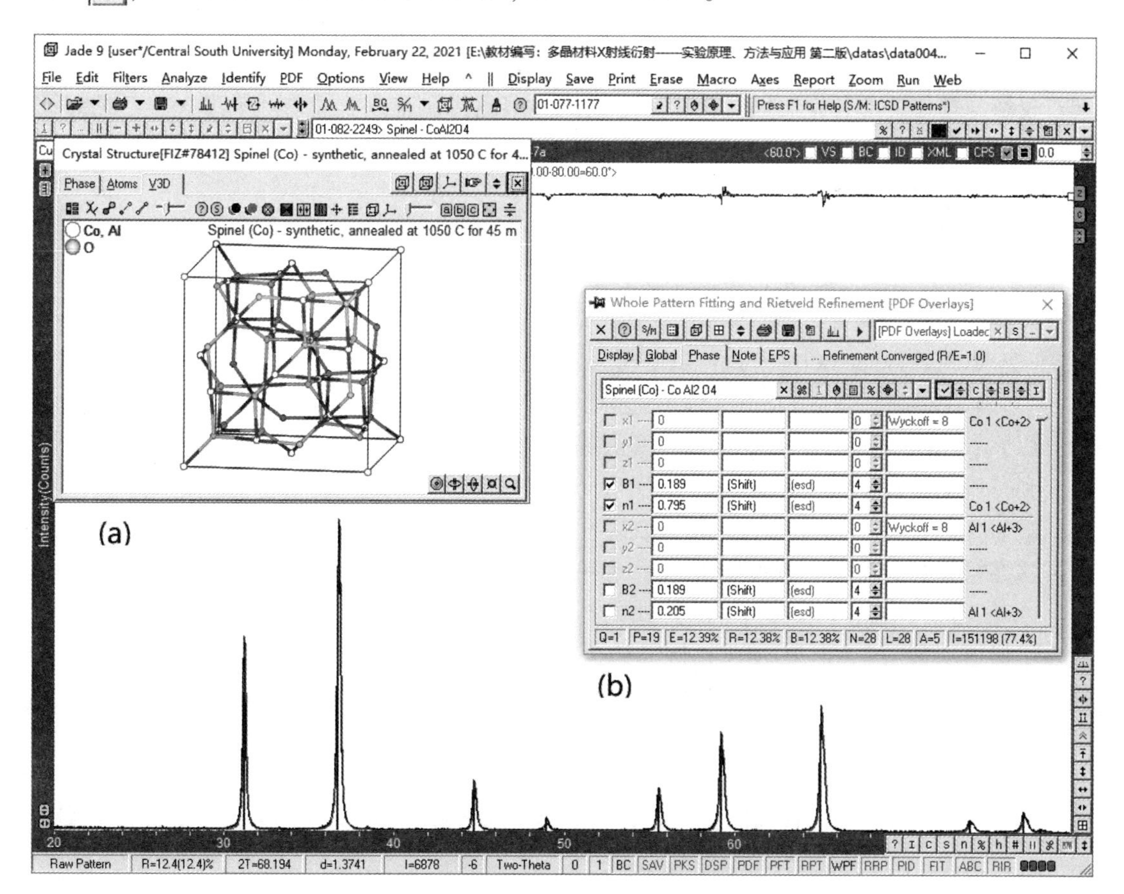


图 8-9　结构相的晶体结构变量精修选择

在图 8-9 的（a）中，显示了当前所选物相的晶体结构图形（V3D）。在这里还可以观察物相的衍射数据和原子坐标，并可以对其进行修改。

在图 8-9 的（b）中，显示了物相各个原子的参数。这些参数包括原子坐标 $x$、$y$、$z$，各向同性值 $B$，位置占有率 $n$。

单击“All”按钮，或者单个地选择可精修的项目，就可以对所选项目进行精修，或者单击“C”“B”等按钮单独修正原子坐标或温度因子。

## 8.7　精修控制

### 8.7.1　全局精修控制

精修的过程就是对要精修的参数最小二乘循环以使得测量谱和计算谱之间的差异最小化，这些最小二乘循环也称为“精修的循环”。

精修变量必须都有一个合适的初始值，变量之间也会相互影响。因此，先精修什么，后精修什么，应当有所设定。一般来说，首先精修的是背景、每个物相的比例因子；然后是晶胞参数、样品位移、零点漂移等影响计算反射位置的参数；接下来修正影响峰形轮廓的峰形函数参数和峰宽参数；最后才修正晶体结构参数（原子占位、坐标和温度因子），这些参数既影响反射位置也影响反射强度，但相对于前面的那些参数影响是非常小的，所在放在最后来修正。如果有必要，才会再去修正织构和应力参数。

先参与精修的参数在后续循环中并不关闭。因此，在后面的精修环节中，参与精修的参数越来越多。在 WPF Refine 对话框中，每个精修的变量后面都有一个可以设置数字的下拉框，这个数字就是指出该变量从哪个循环中参与精修。

全局精修控制的参数选择如图 8-2 左下角的窗口所列出的，包括以下内容。

（1）K-alpha2 Peak Present：包含 $K_{\alpha2}$，Jade 不允许在精修前扣除 $K_{\alpha2}$、平滑和扣背景。

（2）Theta Compensating Slit：当使用“可变狭缝”时选择。

（3）LS Weighting in 1/Sqr（I）：选中该项时强峰得到更高的权重。

（4）LS Weighting in Sin（q）：选中使高角度峰得到更高的权重。这在精修晶胞参数时有利，但不适宜于做定量分析。

（5）Reflection at Peak Centroid：如果不选，则以峰顶为衍射角，选中则以重心为衍射角。这在精修晶胞参数时有可能更好。

（6）Allow Negative Scale Factor：如果不选，一些微量相可能在精修过程中被丢弃；有时为了保持这种微量相，而使之比例因子暂时出现负数，在最后精修过程中自动将符号反过来而得以保留。在做含微量相的定量分析时这个选项可能起到关键作用。

（7）Allow Negative Isotropic B：不恰当的占有率和不正确的原子种类都可能导致负的各向同性 B 值。

（8）Allow Negative Occupancy：精修得到负的占有率可能表示从原子位置而来太多散射，且可能是那个位置缺失了一个原子。

（9）Apply Anomalous Scattering：该选项使得在涉及非中心对称结构的精修中计算的

反射数目加倍。如果反常散射小，为了加快精修速度，可以跳过该项。

（10）Use Isotropic B Value Only：仅使用各向同性 $B$ 值，一般不选。

（11）Caglioti's FWHM Function：当要精修 $2\theta > 130°$ 的衍射时可以选择。此时 $FWHM = t_0 + t_1 \times \tan q + t_2 \times \tan q^2$，而不用 $FWHM = f_0 + f_1 \times 2\theta(c) + f_2 \times 2\theta(c)^2$。

（12）Refine to Convergence：精修到收敛。只有选择此项时，EPS 的设置才有效。

（13）Damp Parameter Shifts：限制不同类型可精修参数在每个循环中最大允许的漂移。

### 8.7.2　物相精修控制

如图 8-7 所示，在 Phase 页上，有三类控制：（1）顶部是物相控制工具栏和质量分数（Wt%）分析及晶胞参数的物相控制参数；（2）中部是物相的比例因子和峰形参数；（3）底部则是可以改变物相积分反射强度的"非结构"参数。下面分别来介绍它们的作用。

（1）物相精修的控制功能。图 8-10 列出了物相精修的控制功能按钮，并编了序号。

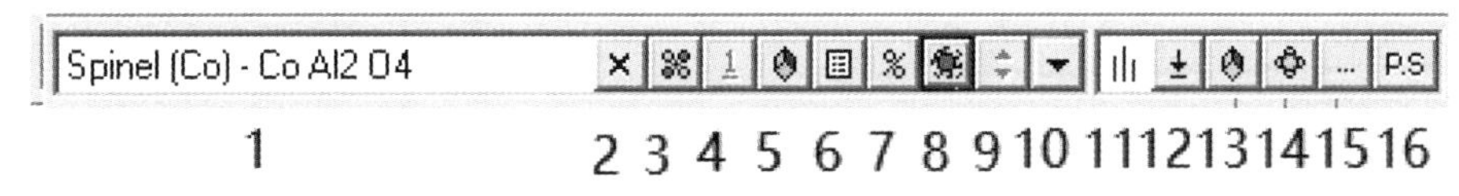


图 8-10　物相精修控制功能

图 8-10 中各个按钮有如下功能。

1：当前显示的物相名称，使用按钮 9 或 10 来更换当前显示的物相。

2：删除一个物相。如果某个物相确实不存在，可以在精修列表中删除。

3：查看物相的晶体结构图。

4：当按下这个按钮时，只精修当前这个物相。有时需要对当前物相的参数进行调整而不改变其他物相的参数时使用。

5：选择是否精修当前物相。该按钮有绿、黄和红三种颜色，分别表示当前物相精修、不改变和不参与精修。

6：弹出一个表格，显示样品中各个物相的参数。

7：弹出一个表格，显示当前物相各个衍射的参数。

8：进入晶体结构精修窗口（图 8-9 中的（b））。

9：更换当前物相。

10：下拉列表显示各个物相，它和 9 的功能相同。

11：改变当前物相显示的颜色。

12：改变窗口中显示的内容。

13：把物相检索列表中选定的结构相添加到精修列表。

14：把物相检索列表中选定的非结构相添加到精修列表。

15：从磁盘中读取一个 . cif 文件到精修列表。

16：执行物相的搜索/匹配功能，并将搜索匹配的物相添加到精修列表。

（2）Wt%分析参数。与物相质量分数相关的选择项如图 8-11 所示。

图 8-11 所示的各个显示框和按钮有如下作用。

1：物相的空间群。

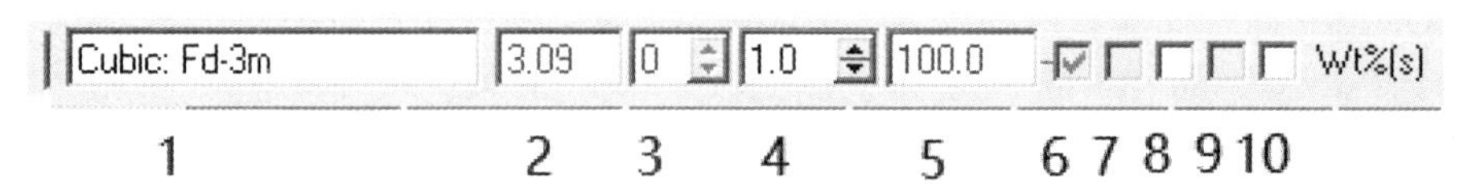


图 8-11 空间群与质量分数操作

2：物相的参比强度 *RIR* 值。*RIR* 值的初始值来源于 PDF 卡片（或由初始晶体结构模拟），在精修过程中，根据晶体结构的调整得到重新计算。

3：*RIR* 值的变量。

4：平均晶粒尺寸。

5：物相的质量分数，采用内标法定量时在此输入内标物质在混合物中的实际含量。

6：在内标法定量时勾选，确定内标物相的质量分数固定值。

7：确定质量分数的情况下勾选，则重新计算该物相的 *RIR* 值。这个功能可以将未知物与已知物按一定质量分数比混合后，根据质量分数比计算 *RIR* 值。

8：定量分析时不加入该相。

9：是否显示内标物的质量分数。

10：指定当前物相为内标法定量分析时的内标物质。

（3）全局参数和物相参数。PSF，$P_0$，$P_1$，$S_0$，$S_1$：应用于所有物相，其他参数都只应用于所选物相。但是，如果按下了“All”按钮，对当前物相所做的改变也会被应用到所有其他物相以对多物相精修快速设置。

如果一个物相有少于 33 个反射，可以精修每个反射的 *FWHM* 值，而不是通过点击按钮使用 $f_0$，$f_1$ 和 $f_2$ 约束它们，这将使得可以访问每个 *FWHM* 值。对于少于 65 个衍射线的非结构相，可以点击“I%”按钮精修每条衍射线的强度（即 I%）。如果初始“I%”值被错误定义或精修的重要目的是确定精确的晶胞参数，则该操作可以提高全局拟合特征。

（4）晶胞参数精修。选中“LC”，该物相的晶胞参数被精修；反之，如果不勾选上，则该物相作为计算晶胞参数时的内标物相，其晶胞参数不被精修。

（5）原子参数精修。对于包含有原子列表的结构相，可以访问原子参数及其精修控制。

每个原子有 5 个参数可以精修，分别是 $x$、$y$、$z$ 坐标，各向同性温度因子（$B$）和位置占有率（$n$）。

按下“All”按钮，则会勾选上除原子占位外的其他所有可以精修的参数，也可以根据需要精修其中某一些参数，或约定某些参数具有相同值。

以上对于精修参数的调整和控制方法做了一般的介绍，在后面的应用实例操作中将根据需要更加详细和具体地说明其应用方法。

## 8.8 精修显示与结果输出

### 8.8.1 精修指标

精修指标包括以下几个：

(1) 吻合因子。在 Jade 9 中，用权重 $R$ 因子和期望值 $E$ 两个参数来表示精修成功。其中：

$$R = 100\% \times \sqrt{\frac{\sum (w(i) \times (I(o,\ i) - I(c,\ i))^2}{\sum w(i) \times (I(o,\ i) - I(b,\ i))^2}} \tag{8-12}$$

$$E = 100\% \times \sqrt{\frac{(N - P)}{\sum I(o,\ i)}} \tag{8-13}$$

式中，$I(o,\ i)$ 为拟合数据点 ($i$) 的测量强度（计数）；$I(c,\ i)$ 为该点的计算强度；$I(b,\ i)$ 为该数据点的背景强度；$w(i)$ 为该点的计数权重；$N$ 为拟合的数据点数目；$P$ 为可精修参数数目。求和遍及所有在拟合的背景以上的拟合数据点 ($N$)，这些数据在 “Display” 页显示。

如图 8-12 所示，$E=12.39\%$，而 $R$ 因子随精修进行逐步减小而逼近 $E$ 水平线，$R$ 值由 34.4%经过 4 轮循环精修后达到 12.38%。$R/E$ 称为精修的吻合度，图中 $R/E=1.0$，是相当理想的，理论上理想精修中的值非常接近。$R/E$ 的值除与精修吻合度相关外，其实还与数据的质量有很大的关系。一般要求在现代 X 射线衍射仪上，衍射谱的最大强度要达到 20000cps。有时，由于数据质量达不到要求，会出现 $R$ 比 $E$ 小的现象（图 8-12）。

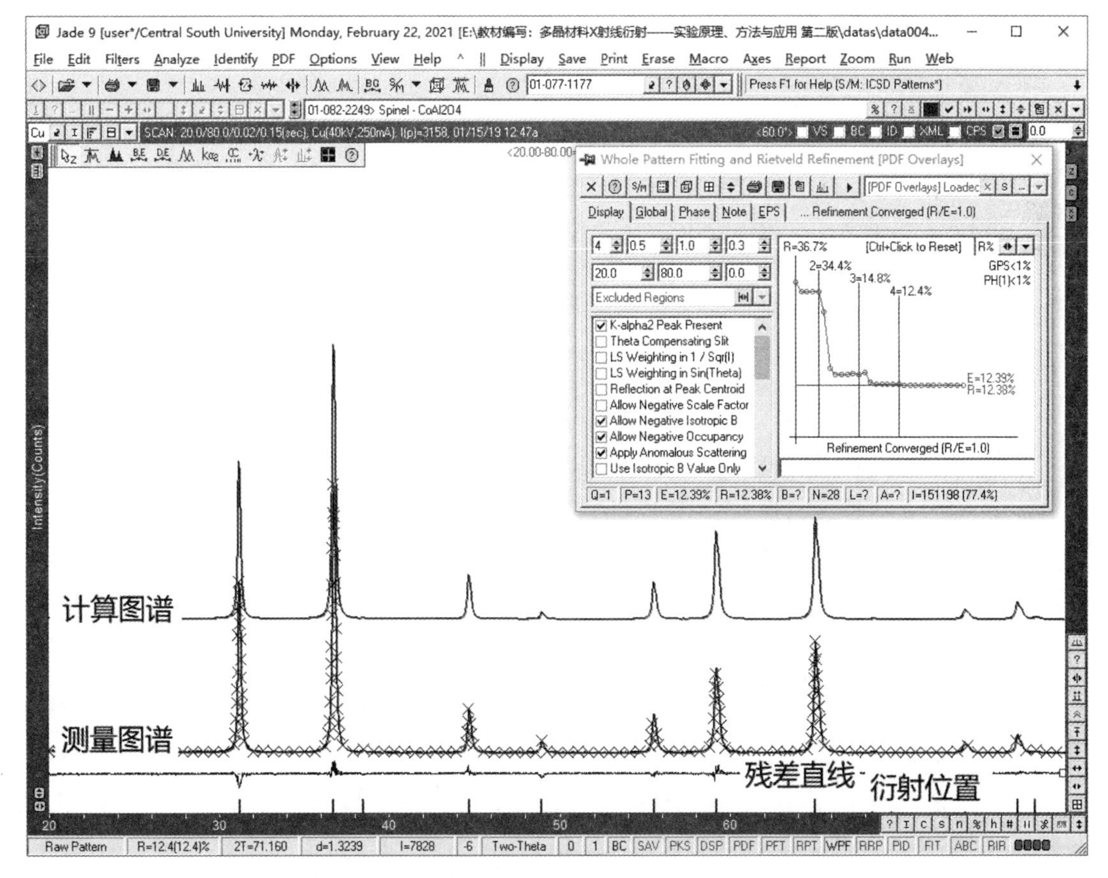


图 8-12 精修指标变量（$R$，$E$）的显示与观察

（2）平直差异绘图。这是在缩放窗口中绘出 $I(o,\ i)-I(c,\ i)$ 曲线，应仔细检查它，该图上任何大峰可能表明结构模型不适当或缺少物相。

平直差异图的右侧有一个方块形按钮，拖动它可以将此曲线拖动到图谱的下端，如图 8-12 所示的那样。

（3）有意义的背景模型。不合适的背景曲线在某些精修中可能是精修失败的主要原因。在峰形或无定形峰形严重重叠的数据区域，多项式曲线有可能在测量强度之上或之下。在有些情况下，应当避免这些问题，通过选择低阶多项式或在精修中排除低角度区域和高角度区域。

（4）实际衍射峰峰形。在多相精修中，一个物相的峰形可以展宽从而吸收其他物相的峰形面积，甚至导致物相缺失，特别是在没有约束或初始化不正确的情况下，当物相之间或峰强度很低的物相发生严重重叠峰形时，不能精修峰形参数 $f_0$，$f_1$。

## 8.8.2 精修报告

按下“ ”按钮，弹出一个菜单，如图 8-13 中的（a）所示。

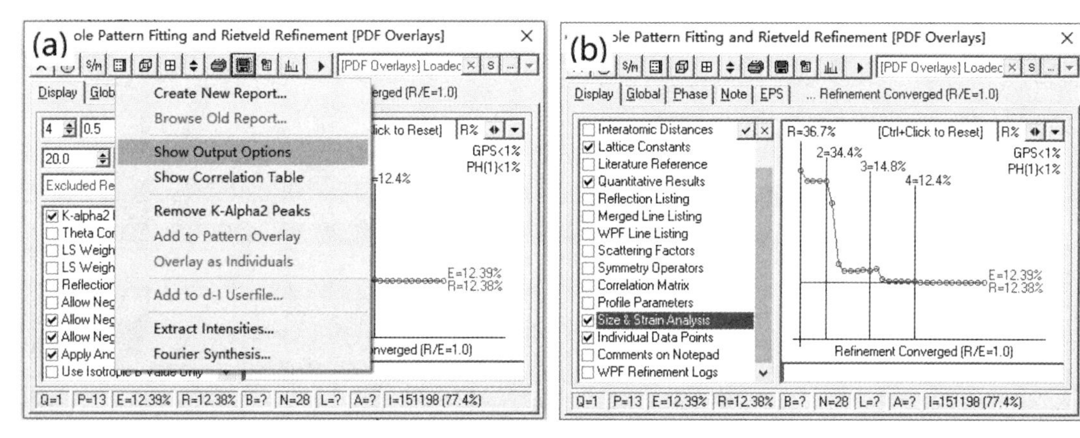


图 8-13 输出精修报告和报告项目的选择

主要使用两个命令来保存结果和选择保存结果。

Create New Report：建立一个精修报告文件。扩展名为“.rrp”，可以用记事本软件打开。

Show Output Options：显示报告输出项目。如图 8-13 中的（a）所示选择该命令被后，精修窗口左下角的显示会发生变化，显示出可以输出的各种项目，如图 8-13 中的（b）所示。这些选项主要包括：

（1）Lattice Constants：物相的晶胞参数。

（2）Quantitative Results：当样品为多相物质时，显示定量分析结果。

（3）Size & Strain Analysis：各个物相的平均晶粒尺寸和微应变。

（4）Profile Parameters：精修参数。在包含非晶相的样品精修时，可以显示非晶相的积分强度与总积分强度之比（与相对结晶度相关）。

（5）Individual Data Points：每个数据点的测量强度、计算强度以及两者的残差，这组数据可以提取出来用专业绘图软件还原精修图谱。

### 8.8.3　打印精修报告

按下精修窗口上的[打印按钮]，弹出打印项目菜单，可选择的打印项目见表 8-2。

**表 8-2　打印输出的报告形式**

| 项目名称 | 打印内容 |
| --- | --- |
| Lattice Contstants | 打印晶胞参数 |
| Quantitative Results | 打印定量结果 |
| Size & Strain Analysis | 打印晶粒尺寸与微应变 |
| Unit Cell and Weight% | 打印晶胞参数和定量结果 |

例如，图 8-14 是选择了"Lattice Contstants"命令的打印结果。

图 8-14 显示了数据 Data023. Raw 的精修结果，包括精修过程中 $R$ 值的变化，$R/E$ 的值，以说明精修的可靠度；显示了物相的半高宽曲线和仪器宽度曲线，由此得到物相的晶粒尺寸与微观应变；物相的晶胞参数。除此以外，还显示了图谱的拟合质量等。

以上的精修过程只是一般简单的精修，还有一些特殊的操作将结合具体的应用来介绍。

## 8.9　全谱拟合精修的应用

下面通过一些实例来说明全谱拟合精修的应用。

### 8.9.1　晶体物质的物相定量分析

混合物的粉末衍射图谱是各组成物相的粉末衍射图谱的权重叠加，各物相在混合物中的体积分数与比例因子 $S$ 有关，因而可以从 Rietveld 峰形拟合法求出的比例因子 $S$，通过比例因子 $S$ 与质量分数的关系，求得该物相在混合物中的含量。

根据式（4-1），令：

$$S_j = \frac{1}{32\pi R} I_0 \frac{e^4 \lambda^3}{m^2 C^4} \left( \frac{V}{V_0^2} \right)_j = K \frac{V_j}{V_{0j}^2} \tag{8-14}$$

式中，$V_j$ 和 $V_{0j}$ 分别是 $j$ 相在样品中体积和 $j$ 相的单胞体积。而 $j$ 相在样品中的质量 $m_j$ 是其体积与密度 $\rho_j$ 的乘积：

$$V_j = \frac{m_j}{\rho_j} \tag{8-15}$$

$j$ 相的晶体单胞的体积可表示为：

$$V_{0j} = \frac{Z_j M_j}{\rho_j} \tag{8-16}$$

式中，$M_j$ 为 $j$ 物质的分子量；$Z_j$ 是 $j$ 物质一个单胞中含有的阵点数（例如，对于面心点阵来说，$Z$=4）。将式（8-16）和式（8-15）代入式（8-14）可得：

## Whole Pattern Fitting and Rietveld Refinement

FILE: [data004: AlCoO-750C.raw ?]
SCAN: 20.0/80.0/0.02/0.15(sec), Cu(40kV,250mA), I(p)=3158, 01/15/19 12:47a
PROC: [WPF Control File]

- [x] K-alpha2 Peak Present
- [x] Allow Negative Isotropic B
- [x] Allow Negative Occupancy
- [x] Apply Anomalous Scattering

[Diffractometer LP] Two-Theta Range of Fit = 20.0 - 80.0(deg)

- [x] Specimen Displacement - Cos(Theta) = -0.045268(0.002133)
- [ ] Monochromator Correction for LP Factor = 1.0
- [ ] K-alpha2/K-alpha1 Intensity Ratio = 0.5

Profile Shape Function (PSF) for All Phases: Pearson-VII, Polynomial(2), Lambda=1.54059? (Cu/K-alpha1)

| Phase ID (1) | Space Group | a | b | c | Alpha | Beta | Gamma |
|---|---|---|---|---|---|---|---|
| Spinel (Co) - $CoAl_2O_4$ | $Fd\bar{3}m$ (227) | 8.09746 | 8.09746 | 8.09746 | 90.000 | 90.000 | 90.000 |

NOTE: Fitting Converged at Iteration 30(4): R=12.38% (E=12.39%, R/E=1.0, P=13, EPS=0.5)

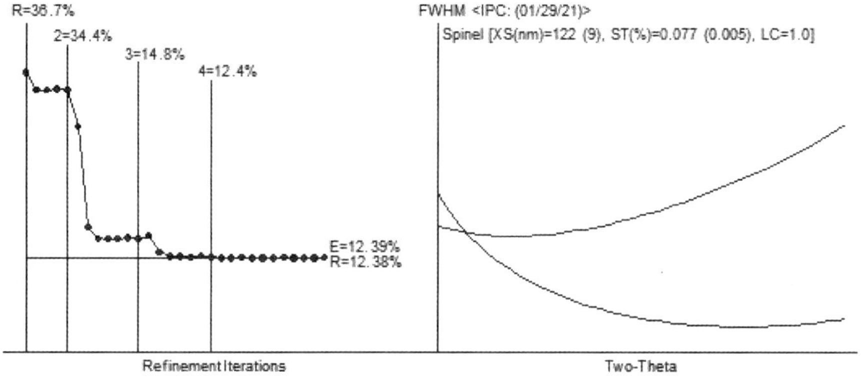

R=36.7%
2=34.4%
3=14.8%
4=12.4%
E=12.39%
R=12.38%
Refinement Iterations

FWHM <IPC: (01/29/21)>
Spinel [XS(nm)=122 (9), ST(%)=0.077 (0.005), LC=1.0]
Two-Theta

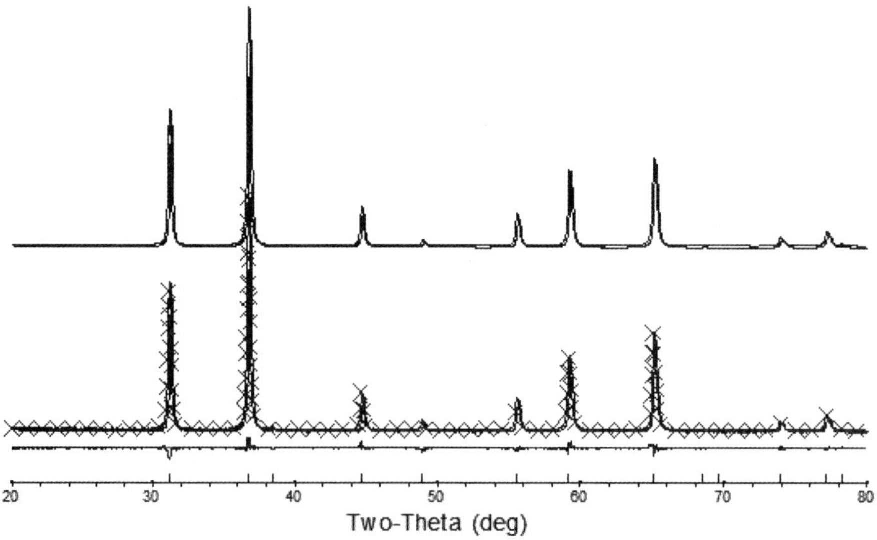

20 30 40 50 60 70 80
Two-Theta (deg)

图 8-14 打印精修报告实例

$$m_j = \frac{(SZMV_0)_j}{K}$$

而 $j$ 相的质量分数为 $j$ 相在样品中的质量 $m_j$ 除以总质量，即：

$$w_j = \frac{m_j}{\sum_i m_i} = \frac{(SZMV_0)_j}{\sum_i (SZMV_0)_i} \tag{8-17}$$

在精修过程中，$S_j$ 是物相的标度因子，是一个精修的变量，而且通过晶体结构的精修，其他变量都可以被修正。因此，可以得到精确的定量结果。

操作视频 31

数据文件 Data036. raw 是一个多相混合物的衍射谱，经过物相检索，可知含有如图8-15 所示的 4 种物相。

PDF Overlay List (drag to shuffle, click on its column header to edit a number)

☐ All ☐ Phase ID ☐ File ID ☐ d(nm) ☐ 2-Theta ☑ ☐ I% ☐ ☐ hkl ☐ Seq-# ☐ Fix Colors ☐ Wt%(s)

| Phase ID (4 Overlays) | Chemical Formula | File ID | I% | 2T(0) | d/d(0) | RIR | Wt% | Tag | XS(nm) |
|---|---|---|---|---|---|---|---|---|---|
| ☑ Zincite, syn | ZnO | 01-070-2551 | 99.5 | 0.000 | 1.0000 | 5.87 | 0.0(0.0) | Major | >500 |
| ☑ Calcite | Ca(CO3) | 01-083-1762 | 81.9 | 0.000 | 1.0000 | 3.25 | 0.0(0.0) | Major | >500 |
| ☑ Quartz | SiO2 | 01-070-3755 | 100.0 | 0.000 | 1.0000 | 2.93 | 0.0(0.0) | Major | >500 |
| ☑ Corundum | Al2O3 | 01-089-7716 | 20.0 | 0.000 | 1.0000 | 0.99 | 0.0(0.0) | Major | >500 |

图 8-15 待测样品的物相检索列表（物相检索选择结构相）

在检索物相时，各种物相都选择了结构相。现在需要定量计算各个物相的质量分数，操作步骤如下：

（1）打开精修对话框。按下菜单命令“Options | WPF Refine”，打开如图 8-16 所示的全谱拟合精修窗口（WPF Refine）。

图 8-16 显示了 WPF Refine 窗口的 4 个显示页。

1）Display 页显示 4 个物相已被读入。窗口左侧显示了精修参数控制和一些可选参数，这里选择了“LS Weighting in 1/Sqr（I）”而不选“LS Weighting in Sin（Theta）”，即高强度峰有更高的权重。

2）Global 页显示了全局变量的设置。在此仅设置了背景曲线为二次多项式，并且允许修正样品位移量“SD”。其中背景曲线在第一轮循环就放开，而“SD”则在第二轮循环精修时才放开。

3）Phase 页显示了 4 个物相中的一个物相 $Al_2O_3$ 的物相参数，对于常规参数都选择了精修并设置了放开顺序。

4）图 8-16 右下角显示的是当前物相 $Al_2O_3$ 的晶体结构参数。它需要按下 Phase 页中的“◈”按钮才会显示出来，这里所有的参数都没有选择精修。

（2）精修全局参数。在 WPF Refine 中，单击“Global”，显示全局变量的精修窗口（图 8-17 中的（b））。全局变量主要包括以下几个方面。

1）背景：由于低角度有较高的背景，在此选择了二次多项式函数。由于多项式阶数

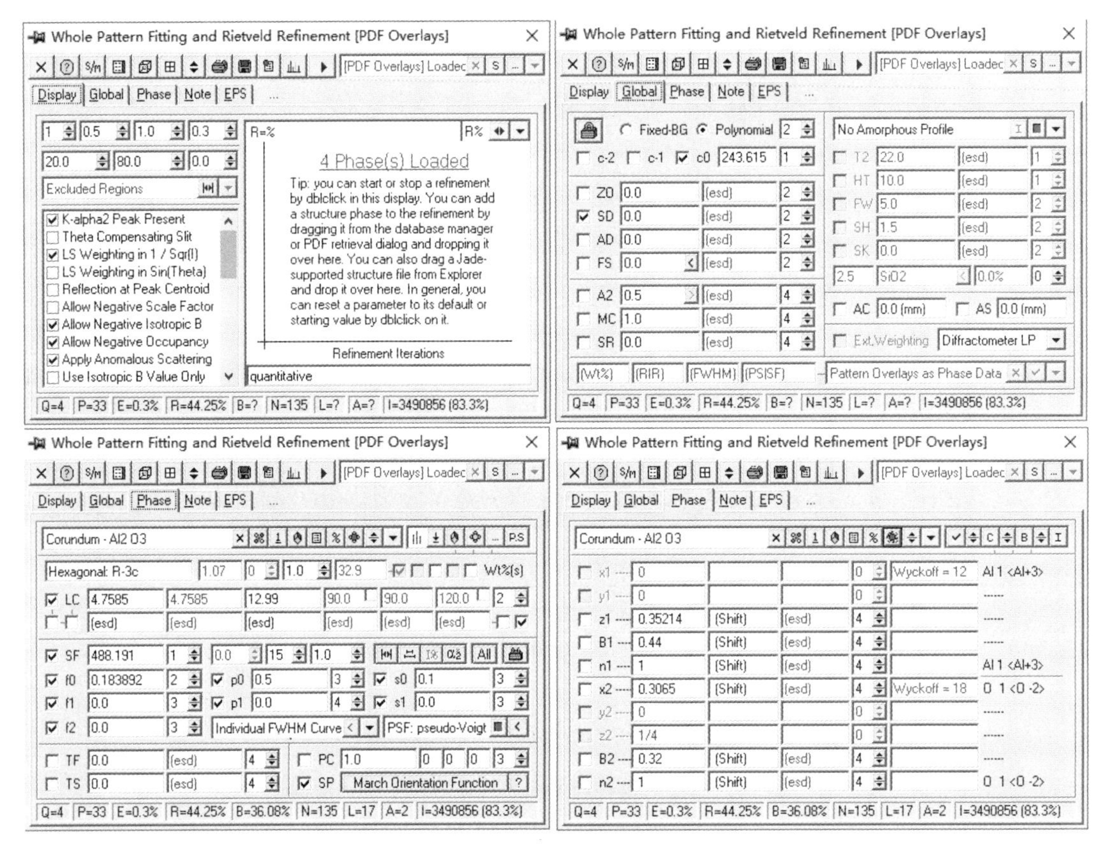


图 8-16　全谱拟合精修的初始界面

太高时可能引起背景起伏频率太大，导致将衍射峰强度归入背景，损失衍射强度，因此背景函数级数一般不宜超过 5 阶。图中的 $C_{-1}$和 $C_{-2}$是专为低角度高背景而引入的，在此并不需要。

2）仪器零点 Z0：数据按晶胞参数精修外标法进行了校正，在此不精修。

3）样品位移 S0：每个样品都应当精修。

4）单色器效应（MC）：这里没有精修。

由于样品不含有非晶相，因此没有进行非晶峰精修。

按下 WPF Refine 窗口中的按钮，得到图 8-17 所示的结果。

由于主要参数都由软件进行了设置，因此按下按钮，就开始按照设置进行精修。

若单击“Display”，则会显示图 8-17 中（a）所示的精修结果。从 $R$ 值的变化图可以看出，精修进行了 4 轮循环，$R$ 值由 44.3%下降到了 15.4%。

（3）相参数精修，物相基本参数包括以下几个。

晶胞参数（LC）：每个物相都需要精修晶胞参数。

峰形函数（$P_0$、$O_1$）：可以在三种函数中选择，试着观察选择哪一种函数时 $R$ 值更低。

半高宽（$f_0$、$f_1$、$f_2$）：统一规定半高宽函数，如果要单独精修某个物相的各个峰（无

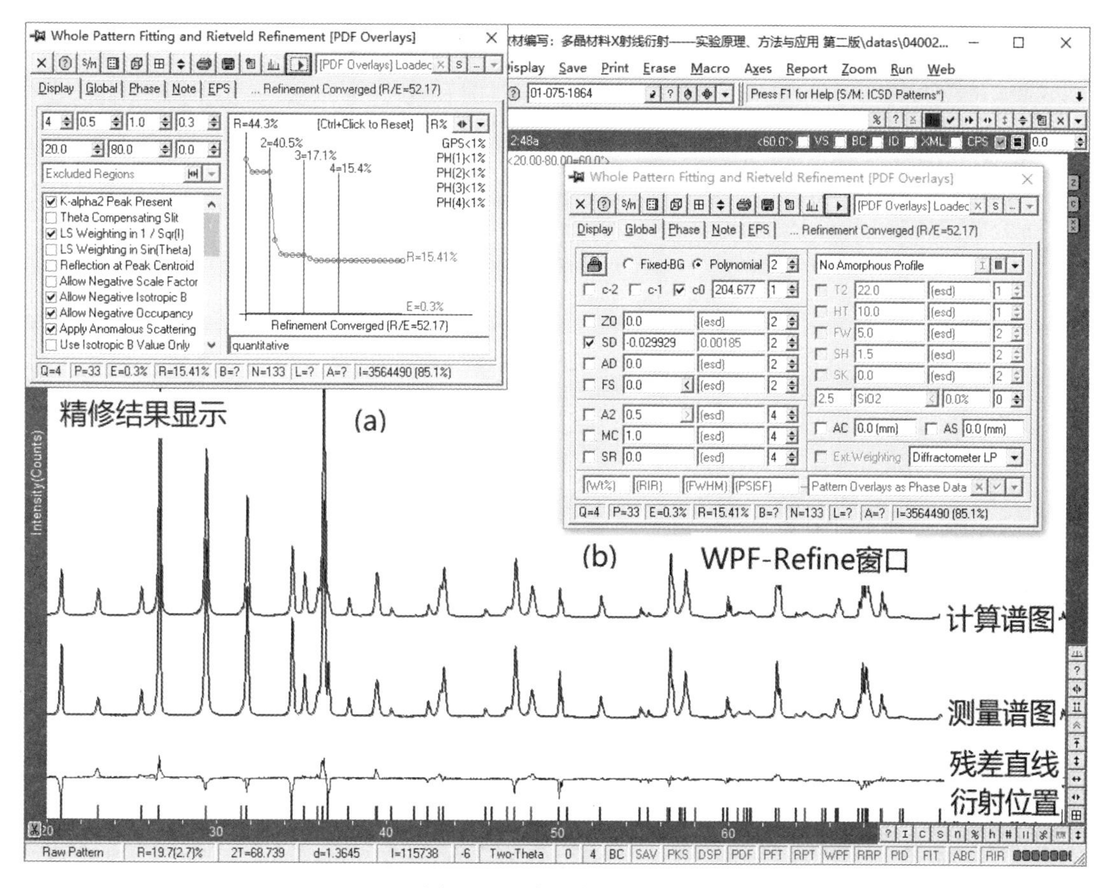


图 8-17 全局变量的精修

规律变化的情况），按下“ ”按钮，此时，$f_1$，$f_2$ 变成灰色。

歪斜因子（$S_0$、$S_1$）：峰形的歪斜情况，勾选上是自动精修的。

温度因子（TF）：在做定量分析时，可以精修，但不应当出现负数。如果出现负数，表示峰形函数不适宜做温度因子修正。

比例因子（SF）：这是计算物相质量分数的重要依据。

具体操作过程是：一个一个地选择好读入的各个物相，对每一个物相都要做一遍这些修正，同时观察 $R$ 值变化。如果出现反向增大，应当考虑放弃某个精修。

图 8-18 中的（a）显示了物相 $Al_2O_3$ 的精修参数，图 8-18 中的（b）则显示了精修后的结果。

在这里实际上需要调整的参数并不多，但可以尝试选择不同的峰形函数，并观察精修的结果。

在多相混合物的半峰宽精修时要注意，当峰形重叠严重时，有时一个物相的峰会展得很宽而占用了其他峰的面积，给定量分析带来额外的误差。

（4）晶体结构精修。对于结构相，按下“ ”按钮，弹出晶体结构的原子参数对话框。

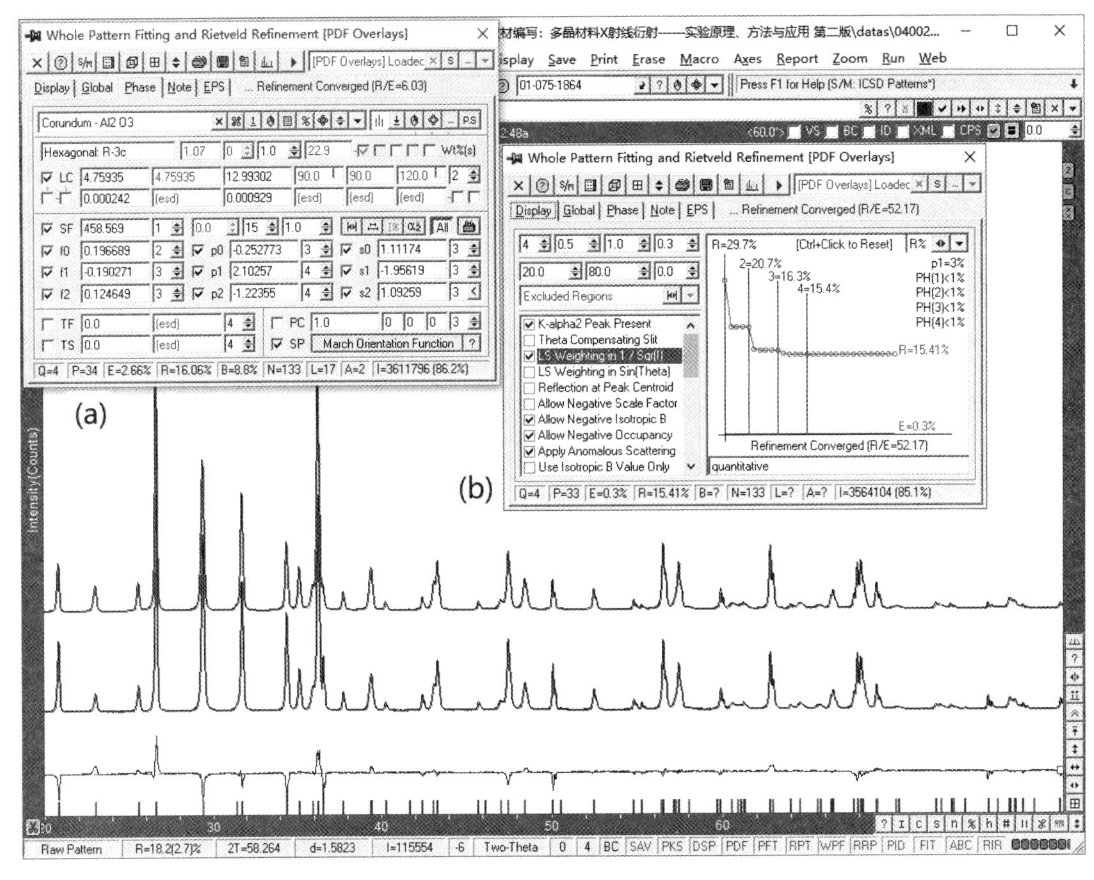

图 8-18 物相变量的精修

图 8-19 显示了三种物相的晶体结构参数精修选择和精修后的 $R$ 值。这里，每个原子由 5 个参数构成，包括原子坐标 $x$、$y$、$z$，各向同性 $B$ 和占有率 $n$，这些参数都可以选择精修。

有些参数是相互关联的，只需要修正其中的一部分，另一部分与之相同。因此，这些位置上是灰色的。有些参数之间也可能存在某种关系，可以用方程式形式来约束这种关系。

（5）择优取向精修。回到 Phase 页，发现精修残差主要出现在 $SiO_2$ 相的衍射位置，因此应当修正其择优取向。

在图 8-20 的（a）中，选择了 $SiO_2$ 物相，并设置其择优取向为 H1 型球谐函数，函数级数为 6 阶进行精修，图 8-20 的（b）显示了择优取向对 $R$ 因子的影响。

应当说明的是，在这种可视化的精修过程中，并不是每一个样品都这样按部就班地一步不漏地做下去。要是这样就不需要人工干预精修过程了，精修过程之所以不能自动化地完成，就是因为在精修每一步时，都要仔细观察拟合的好坏，发现哪个位置或哪个物相没有精修好，就应当重新设置这个参数的值，并对其进行修正。

（6）观察与输出结果包括以下几个方面。

1）观察结果：在任何精修时候，都可以按下“Display”来观察精修的情况。图 8-21 显示了 $R$ 因子的变化与物相精修结果。

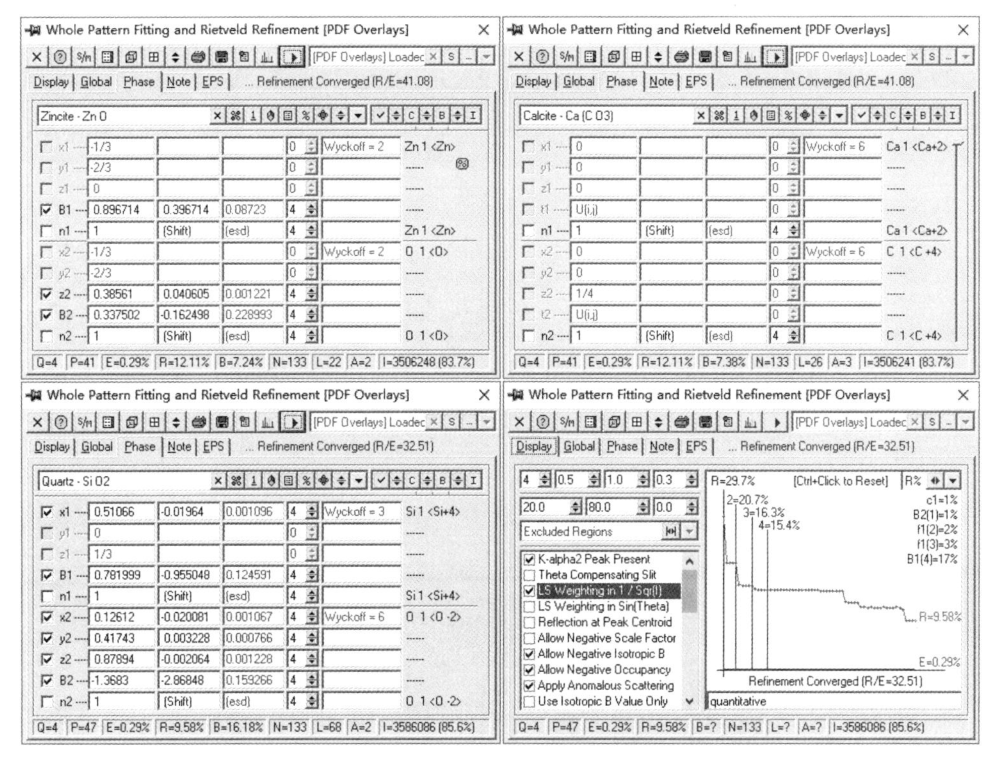


图 8-19　晶体结构变量精修

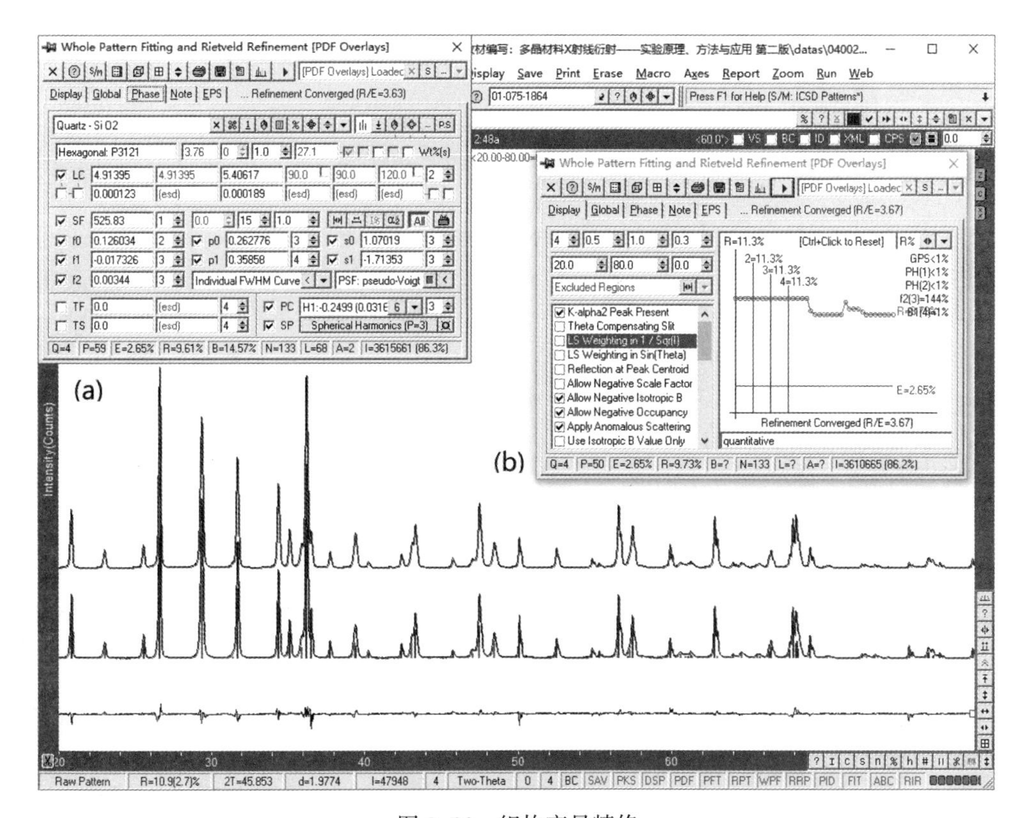


图 8-20　织构变量精修

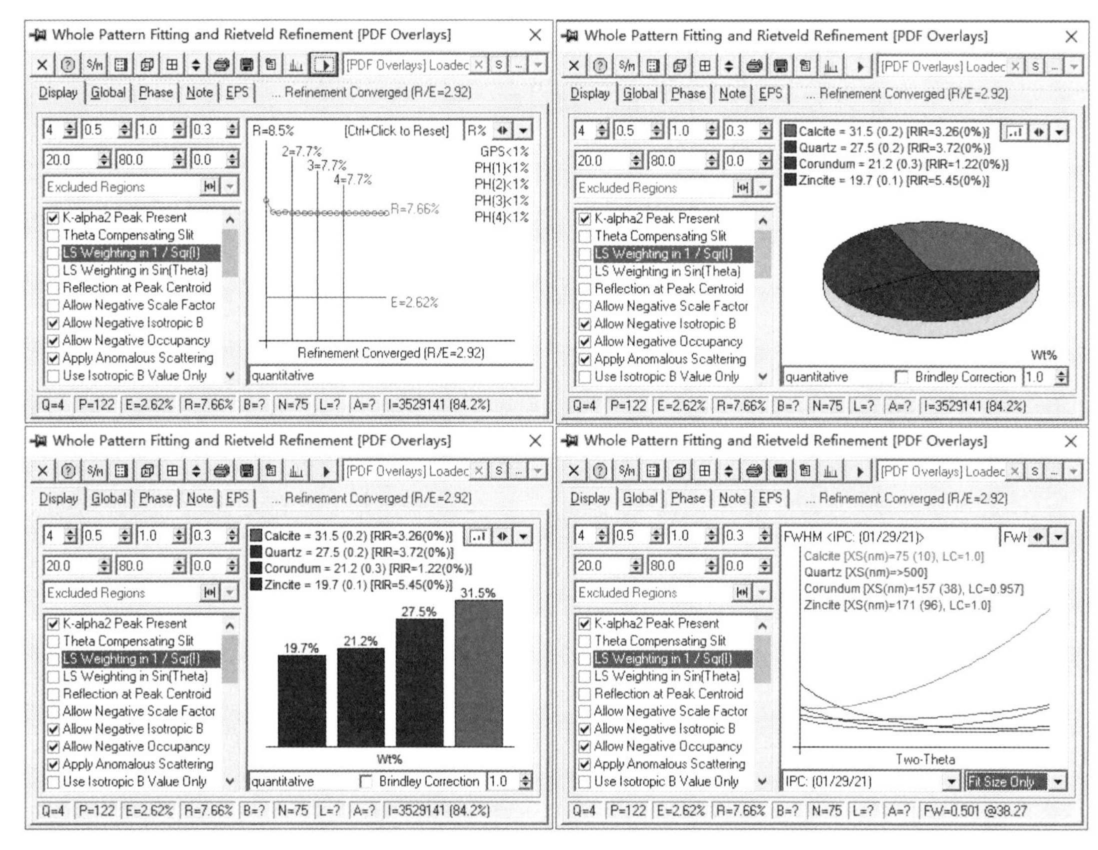


图 8-21　精修结果显示

软件默认显示 $R$ 因子的下降过程。

若按下“R%”右侧的下拉按钮，可以按“饼状”或“柱状”显示各物相的质量分数。

如果选择显示“FWHM”，则会显示各个物相的半高宽。在选择了“FWHM”后，窗口的下端可以选择“仪器半高宽曲线”和峰形宽化类型（Size，Strain，Size & Strain）。

2）输出 RRP 文件：在正确选择好了要输出的结果项目之后，按下“Report | Create New Report”就可以简单地输出结果为“. rrp”文件。rrp 文件可以用记事打开。改变输出项目并仔细地阅读其中的内容，会有很多收获。

3）打印输出：调整好显示内容和方式（饼图或柱图），勾选上“Brindley Correction”（微吸收校正）后，按下“Print”，并选择需要的报告（晶胞参数，质量分数，晶粒尺寸与微观应变，晶胞参数和质量分数），就可以将结果打印出来。

### 8.9.2　含非晶相的物相定量分析

按照如下方法进行含非晶相的物相定量分析。

（1）非晶散射峰的确定：当测量谱图中有明显的非晶峰存在时，要插入一个或者几个非晶峰模型。

操作视频 32

数据 Data023. raw 是一个含有非晶成分的样品，除存在 3 个晶体相外，还有一个非晶散射峰，因此将此散射峰定义为一个 Pearson Ⅶ型的非晶物相，如图 8-22 中的（a）所示。

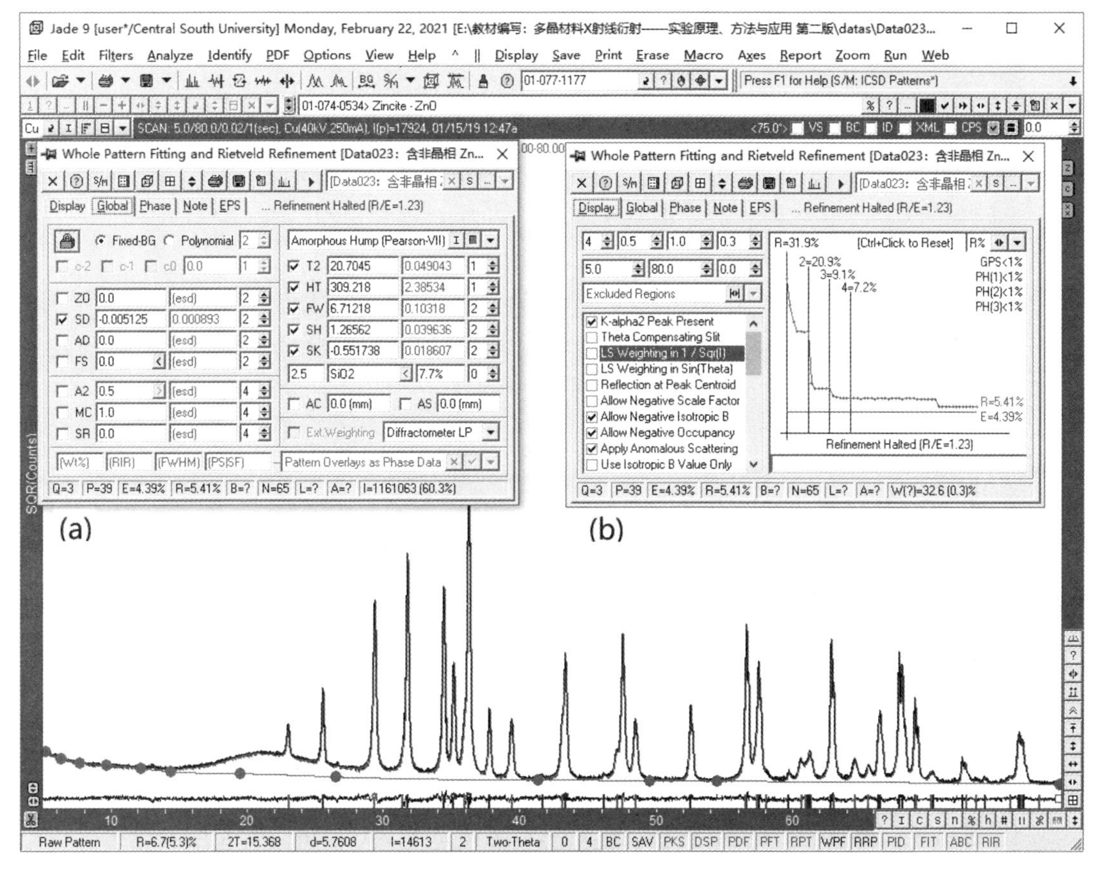


图 8-22　非晶散射峰的设置

如图 8-22 中的（a）所示，一个非晶峰用五个参数来描述（表 8-3）。

**表 8-3　描述非晶散射峰的五个变量**

| 参数符号 | 参数 | 初始值 |
| --- | --- | --- |
| 2T | 衍射角 $2\theta$ | 22° |
| HT | 峰高 | 22°处的测量值 |
| FW | 半高宽 *FWHM* | 5° |
| SH | 峰形因子 | 峰形为 Pearson Ⅶ时，1.5，pseudo-Voigt 时，0.5 |
| SK | 歪斜因子 | 0 |

精修后的参数值如图 8-22 中的（b）所示。

非晶峰的峰形函数可选择为 Pearson Ⅶ或者 Pseudo-Voigt，视拟合时 $R$ 因子的大小而定。

图 8-22 中的（a）显示，非晶峰拟合的积分强度占总强度（非晶散射强度+晶相衍射强度）的 7.7%，所以，根据式（4-17）关于相对结晶度的定义可知，样品的结晶度为

(100-7.7)%=92.3%。

（2）含非晶散射峰时的背景确定：如图 8-22 中的（a）所示，当样品中含有非晶峰时，建议使用固定背景（在做精修之前，标出背景线，必要时需要手动调整背景线位置，但不能扣除背景）。有时也可以使用自动建模背景，将非晶峰归入背景中，但它们之间可能产生相互作用。

（3）内标法物相定量分析：当样品中含有非晶相或者未知相时，最准确的方法是向待测样品中加入一定量的内标物相（S）（该物相在待测样品中不存在），如 $Al_2O_3$ 等作为内标。此时混合物中已知结构的结晶相的含量（$w_j'$）为：

$$w_j' = \frac{w_S S_j'(ZMV_0)_j'}{S_S(ZMV_0)_S}$$

式中，$w_S$ 为内标物 S 的质量分数；$S_S$、$Z_S$、$M_S$、$V_{0S}$分别为内标物的比例因子、化合式分子单位数、化合式分子质量及晶胞体积。$j$ 相在原始样品中的含量即为：

$$w_j = \frac{w_j'}{1 - w_S} \tag{8-18}$$

那么，非晶相或未知相的含量（$w_a$）为：

$$w_a = 1 - \sum_{j=1}^{n} w_j \tag{8-19}$$

利用这种方法很容易解决样品中含有非晶相或未知相的定量问题，对于样品中的微量杂质定量或者非晶相定量具有重要意义。

数据 Data023.raw 是在样品中加入了 25% $A1_2O_3$ 的一个混合物的衍射谱。

在进入“WPF Refine”窗口之前，如图 8-22 所示，设置好背景曲线，并且按图 8-22 中的（a）所示建立好非晶峰后。按图 8-23 中的（a）所示，在 Phase 页选定 $Al_2O_3$ 物相，并在“Wt%”前加上勾选，在其质量分数显示框内输入 $Al_2O_3$ 物相在混合物中的质量分数 25，并勾选上其后的方框（表示输入值为混合后的含量）。

精修完成后，得到图 8-23 中（b）的定量结果。

应当了解的是，图 8-23 的（b）中的定量结果是混合了 $Al_2O_3$ 以后的结果，各物相原始的含量需要式（8-18）重新计算出来，而非晶相的含量由式（8-19）计算出来。可分别计算得到：$w_{CaCO_3}$=22.8%，$w_{ZnO}$=33.9%，$w_a$=43.3%。

（4）已知非晶 *RIR* 值的物相定量分析。Jade 将非晶相默认为非晶玻璃（$SiO_2$），图 8-22 的（a）中的“2.5”是 Jade 9 默认非晶相的 *RIR* 值。因此，可以按照该默认值进行简单的物相定量，而不需要内标法。

操作视频 33

需要注意的是，在这里，非晶相的 *RIR* 值是采用了一个近似值（非晶峰的 *RIR* 值一般在 2.0 左右）。更精确的方法是采用内标法测量出非晶相的 *RIR* 值，并在这里输入，以便在输出结果时得到更精确的质量分数。

按图 8-23 中的（a）精修完成后，再点击图 8-22 的（a）中的 $SiO_2$ 按钮，会显示如图 8-24 中（a）所示的非晶散射峰的面积（160619）和其 *RIR* 值（1.38），此 *RIR* 值就是通过内标法确定的非晶相的 *RIR* 值。

在利用内标法确定了非晶相的 *RIR* 值后，对于相似的样品，可以直接输入其 *RIR* 值进行定量。

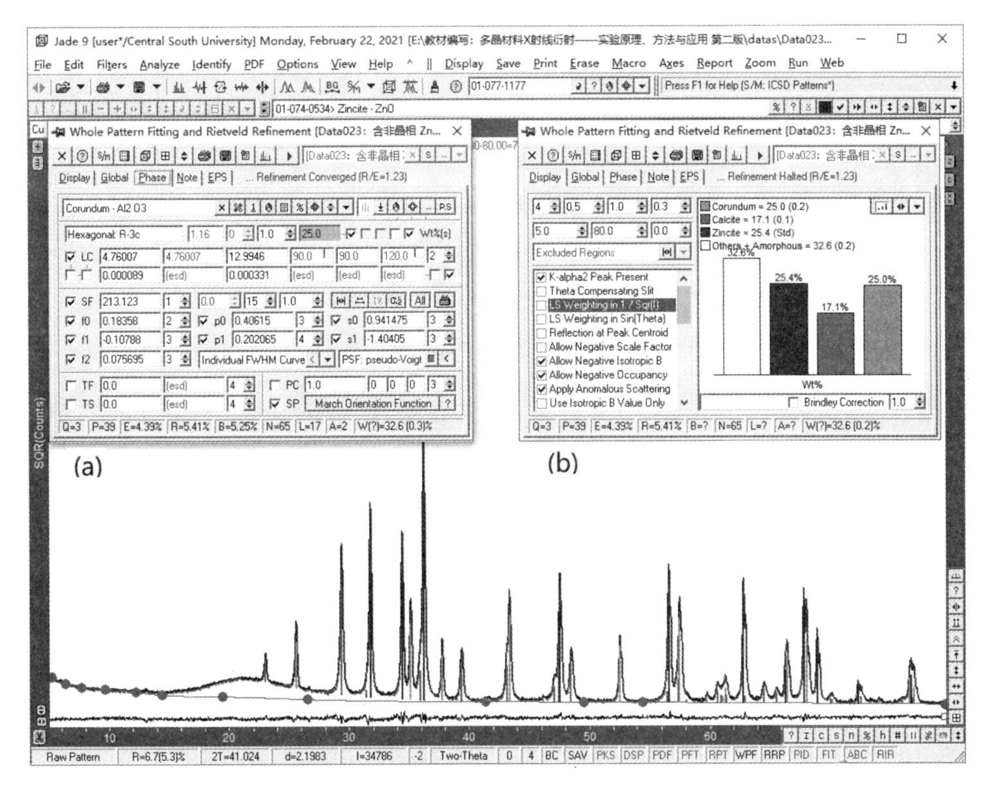


图 8-23　内标法定量的参数设置

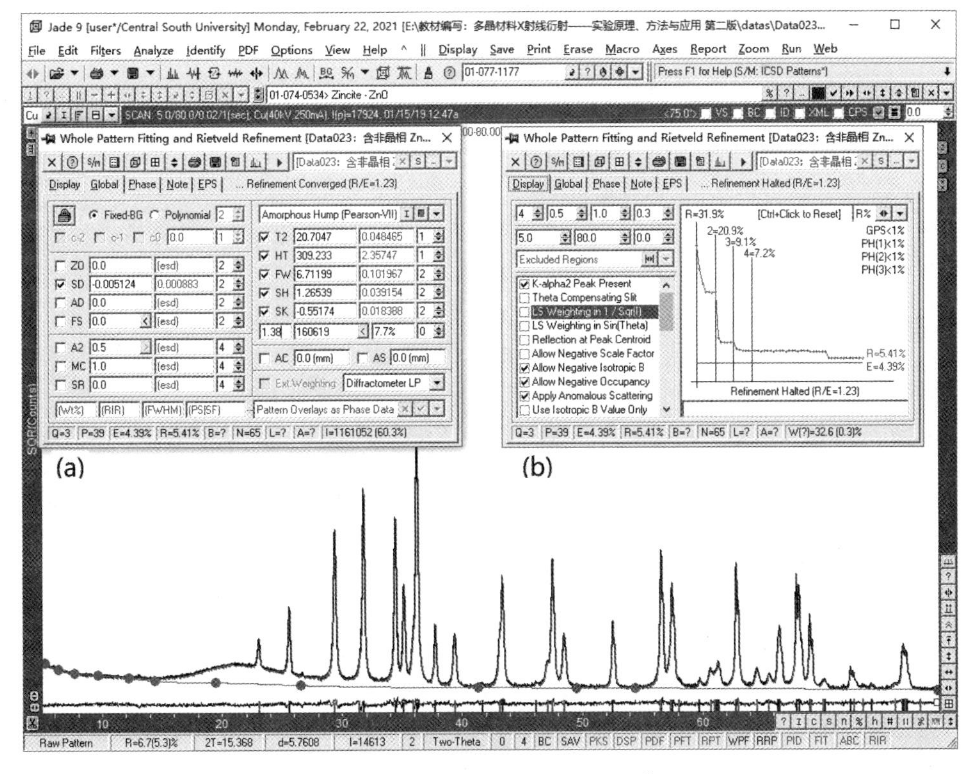


图 8-24　非晶峰的面积的 *RIR* 值

数据文件 Data037. raw 是一个与数据 Data023. raw 非晶成分差不多的样品衍射谱，如图 8-25 所示。

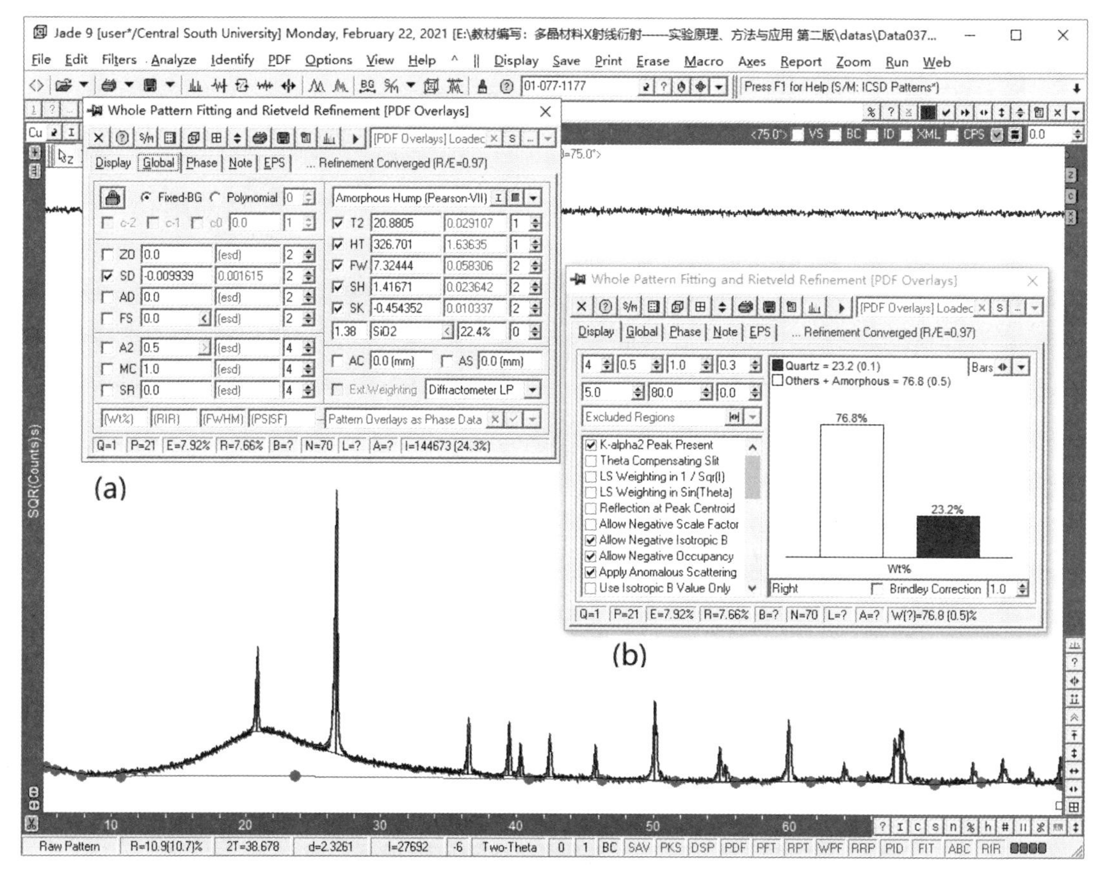


图 8-25 非晶相 *RIR* 值的输入与无标法定量

在图 8-25 的（a）中，利用前一个测量数据得到的非晶 *RIR* 值，直接计算得到样品中晶相和非晶相的质量分数（图 8-25 中的（b））。

### 8.9.3 晶胞参数精修

按照以下方法进行晶胞参数精修。

（1）外标法校正峰位+全谱拟合精修：数据文件 Data038. raw 是掺杂 $Y_2O_3$ 的衍射谱，先用标准 Si 校正仪器（5.3 节）的零点，得到校正后的衍射谱。

操作视频 34

读入测量谱，检索，并完成外标法校正。检索物相时，要选择“结构相”。然后，选择菜单命令“Options | WPF Refine”，进入全谱拟合精修窗口，计算出计算谱，如图 8-26 所示。

全局参数和常规物相参数（峰形，峰宽，晶胞参数）精修完成后，计算谱和测量谱已经非常吻合了，如图 8-27 所示。

因为选择的是结构相，峰强不能单独精修，而且峰数也大于 33 个，所以也不能单独精修半高宽。因此，直接进入晶体结构精修，如图 8-28 中的（a）所示，按下“All”，精

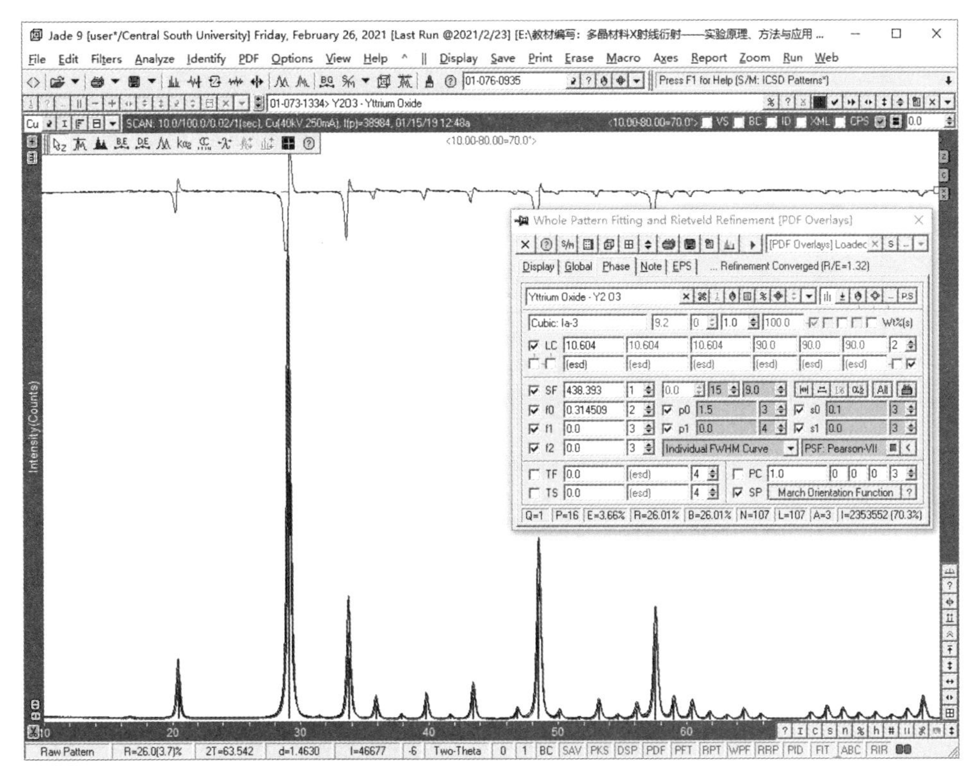


图 8-26　掺杂 $Y_2O_3$ 的衍射谱图

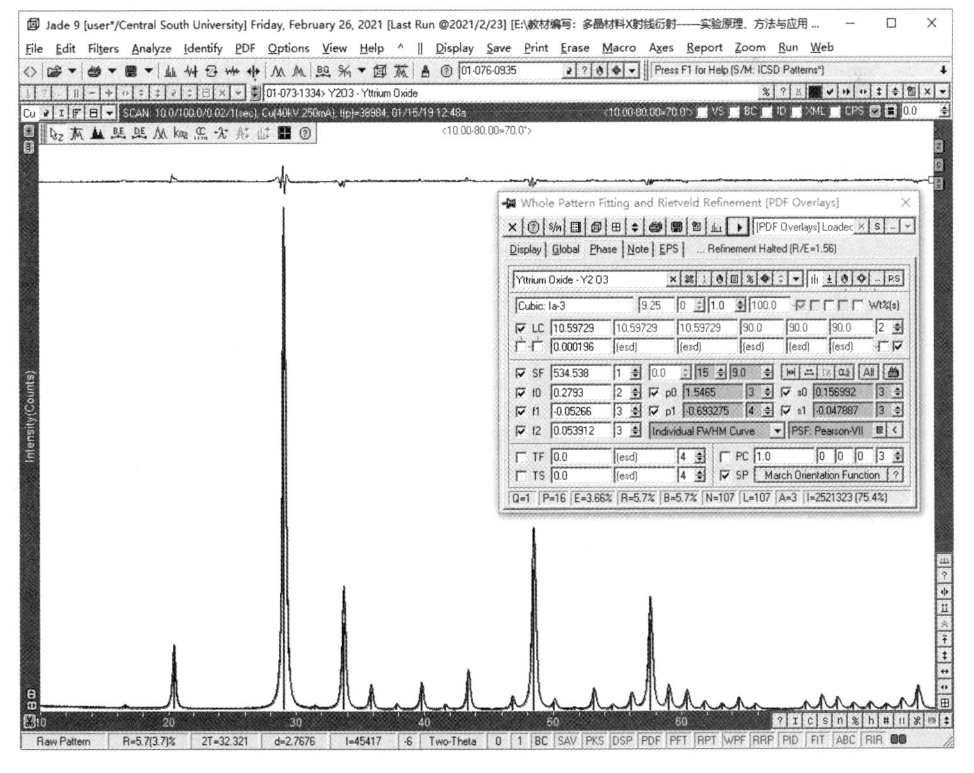


图 8-27　常规参数精修

修了除原子占位外的其他所有参数，得到 $R=5.03\%$（$E=3.66\%$）的结果，如图 8-28 中的（b）所示。

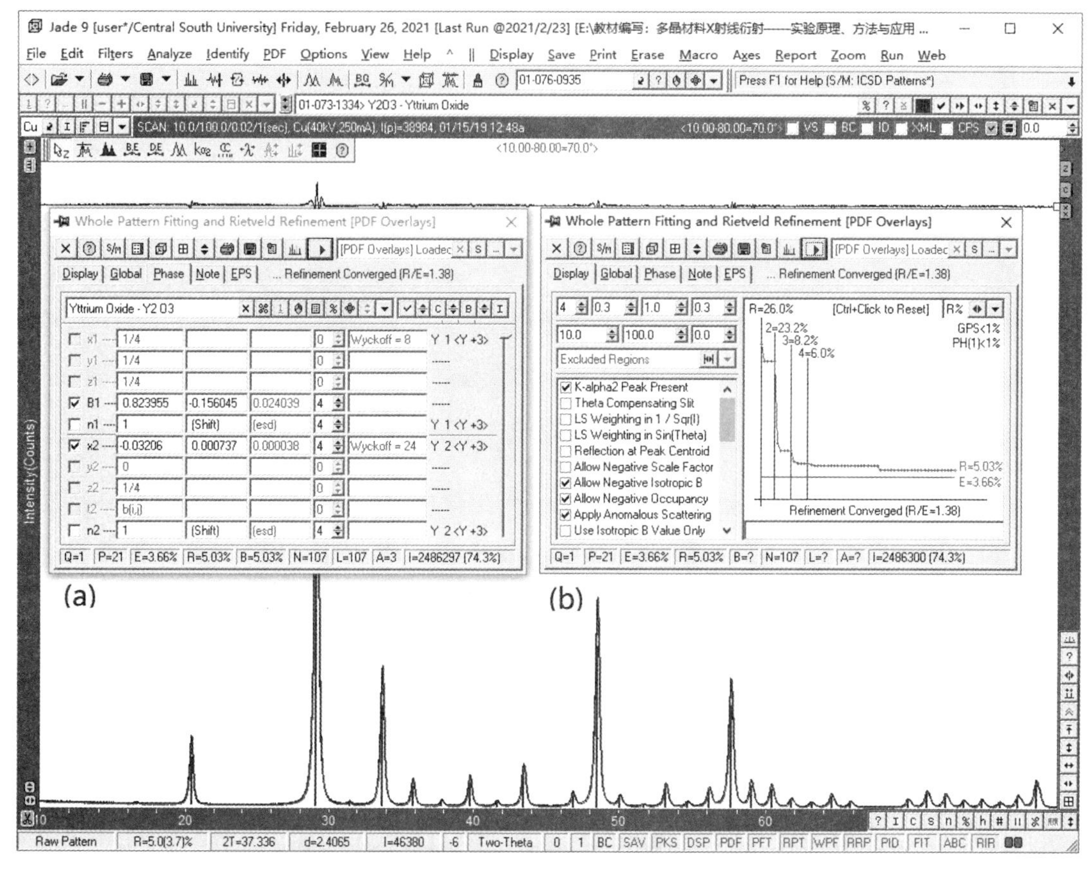


图 8-28 原子占位精修

晶胞参数是一个可以直接修正的变量，但是，晶体结构的变化，会在倒空间中修正晶胞参数。

另外，精修晶胞参数时，可以修改“EPS Value for Refinement Convergencd”为 0.1 或者 0.3，使精修结果更加可靠。

（2）内标法校正峰位+全谱拟合精修：数据文件 Data039.raw 是一个掺入了 Si 标准物质的 $LiMn_2O_4$ 的衍射谱，下面以内标法精修 $LiMn_2O_4$ 的晶胞参数。

操作视频 35

如图 8-29 所示，读入数据并检索物相。样品中包含 Si 和 $LiMn_2O_4$ 两种物相，其中 Si 是加入作为晶胞参数标准物质的，而 $LiMn_2O_4$ 是要精修晶胞参数的物相。

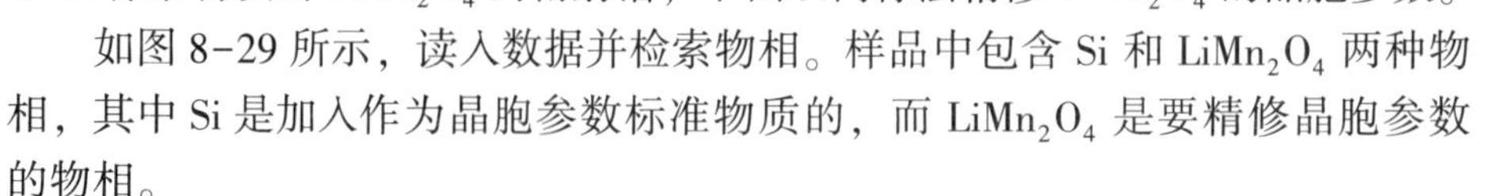

进入 WPF Refine 窗口后，选择“Phase”页面，首先去掉“All”按钮的选择（不被按下，按下状态表示对样品中所有物相的精修项目相同）。然后，选择物相为“Si”，将“LC 5.43071”中的勾选项去掉，再在文本框中输入标准硅的晶胞参数“5.43071”，如图 8-29 中的（a）所示。

然后，对 $LiMn_2O_4$ 相则勾选“LC”，使其晶胞参数可以精修，如图 8-29 中的（b）所示。

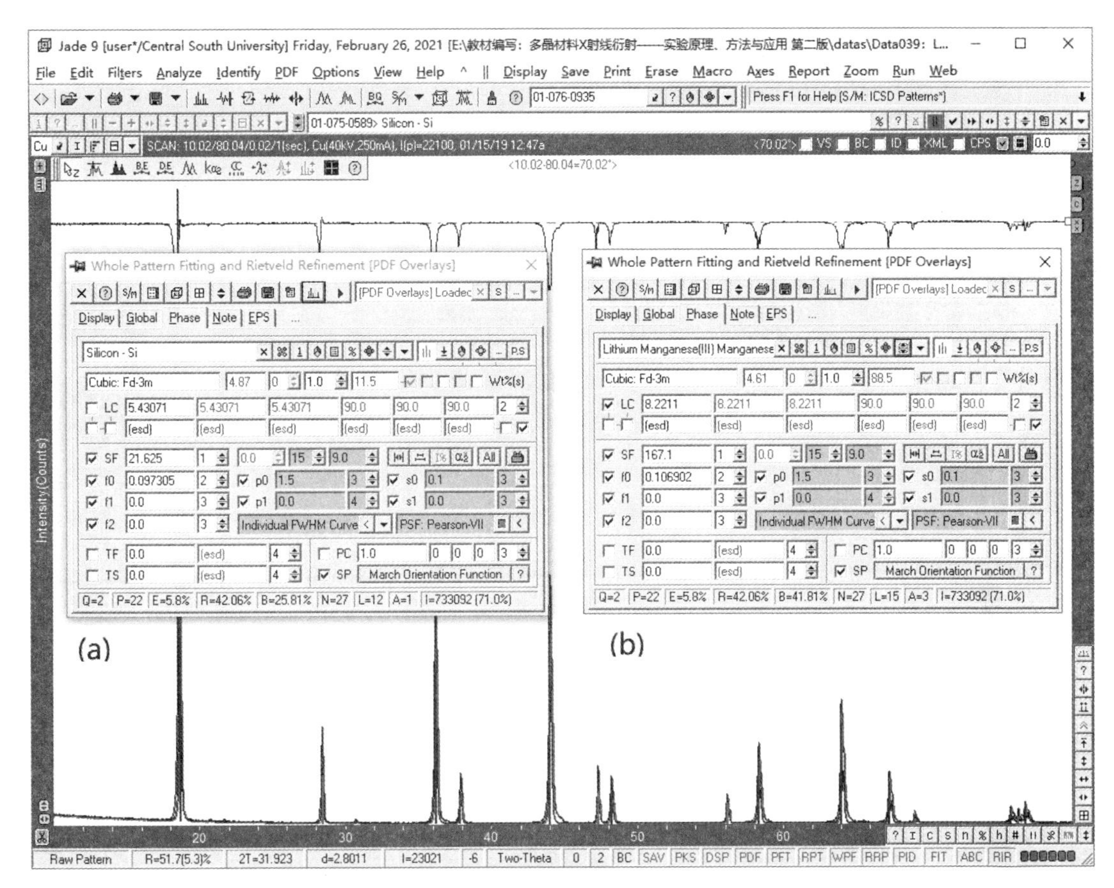


图 8-29　内标法精修晶胞参数

对两个相都做必要的物相精修，样品位移、衍射峰形、峰宽等。

最后，如图 8-30 中的（a）所示，选择 $LiMn_2O_4$ 相进行晶体结构精修，得到的报告是以 Si 为内标的晶胞参数精修结果，如图 8-30 中的（b）所示。注意，这里 “EPS Value for Refinement Convergencd” 为 0.1。

## 8.9.4　择优取向与微结构精修

操作视频 36

这一节主要介绍如何修正物相的织构和微结构。

数据文件 Data034.raw 在 6.4 节中已做过介绍，计算过其微观应变。它是一个 Al-Zn-Mg 合金轧制板材，含有基体相（Al 固溶体）和第二相（$MgZn_2$）。板材经过轧制后呈现严重的择优取向，而且经过热加工后的板材存在高位错密度，其微观应变必然很高，需要计算其微观应变。在 6.4 节中由于方法的限制，并未考虑微量相的存在。在这里，我们将通过精修方法，计算出两个相的晶胞参数、含量、晶粒尺寸和微观应变量，特别重要的是精修出基本相 Al 的择优取向。下面介绍该样品数据的精修方法。

（1）完成常规精修：设置背景为 5 阶多项式，对背景进行精修；然后，对物相的晶体结构也修正，如图 8-31 所示。

图 8-31 的（a）中，显示了精修的进程，需要注意精修范围的设置。由于样品存在高

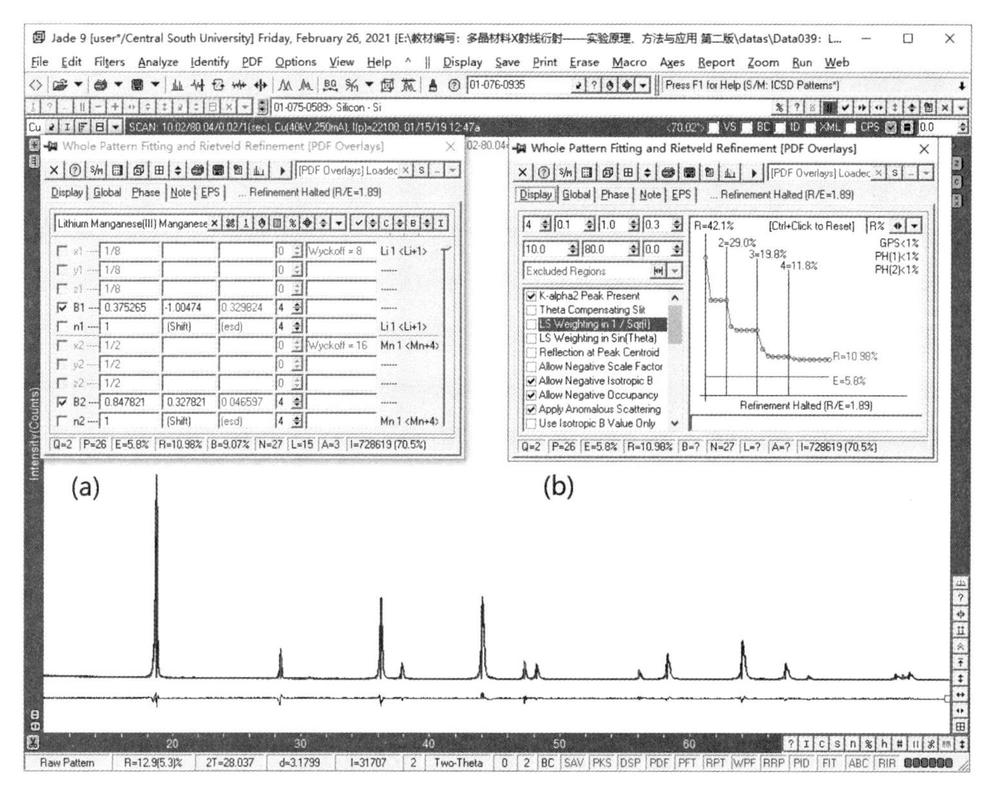


图 8-30　对 $LiMn_2O_4$ 进行晶体结构精修

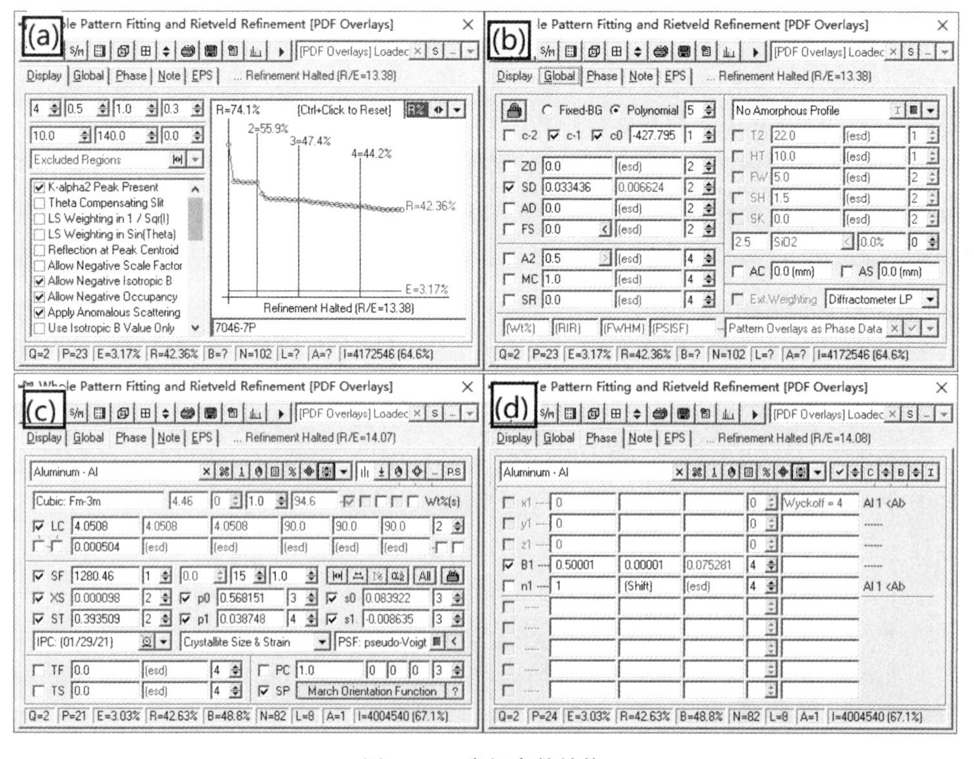


图 8-31　常规参数精修

位错密度，因此图谱的衍射角扫描范围为 10°～140°，而软件默认的最高衍射角精修值为 120°，需要按实际扫描范围设置。

图 8-31 的（b）中，全局变量只精修了背景和样品位移，其中背景修正了 $C_{-1}$。这是因为在低角度区域，随衍射角减小背景线急剧上升。

由于需要计算微结构参数，因此需要将半高宽修正参数修改为“Crystallite Size & Strain”，半高宽参数变为 XS 和 ST。其中 XS 项是自动勾选的，而 ST 项需要手动勾选，否则该值为 0，如图 8-21 中的（c）所示。

图 8-31 中的（d）提示需要对 Al 相进行晶体结构精修。

值得注意的是，虽然有两个相存在，但是，目前仅读入了 Al 的晶体结构进行精修。暂不对微量相进行精修，这种技巧是精修的常用方法。当有多个相或者很多需要修正的参数时，首先解决最主要的问题。

（2）择优取向精修：在 Jade 9 软件中，提供两种函数“Mach Orientation Function”和“Spherical Harmanics Function”。

在“Mach Orientation Function”模式下，可以输入一个 *hkl* 面指数和一个取向因子来修正。如图 8-32 中的（a）所示，可以勾选上“PC”，并输入一个需要修改强度偏差的晶面指数（200），并输入一个小于 1 或大于 1 的偏差值（0.9），自动进行强度修正。设置为大于 1 时，认为材料具有面织构，而小于 1 为丝织构。如果需要对多个晶面的强度进行修正，可以逐个依次地进行。

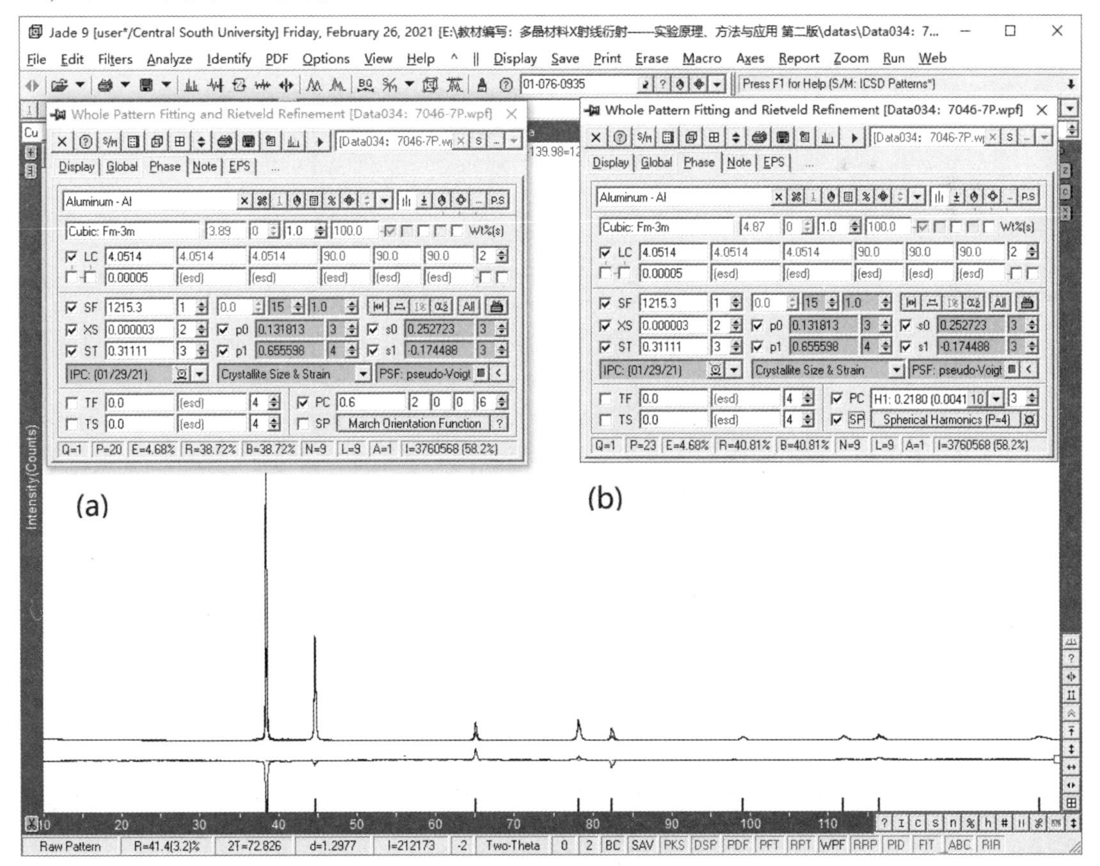


图 8-32　织构参数精修

在“Spherical Harmanics Function”（球谐函数）模式下，可以选择 2~10 级的级数来拟合衍射强度。

而在图 8-32 的（b）中勾选了“SP”，采用球谐函数模型来修正择优取向，此时还需要通过单击来改变函数级。调整函数级数，使衍射强度得到修正，如图 8-33 所示。

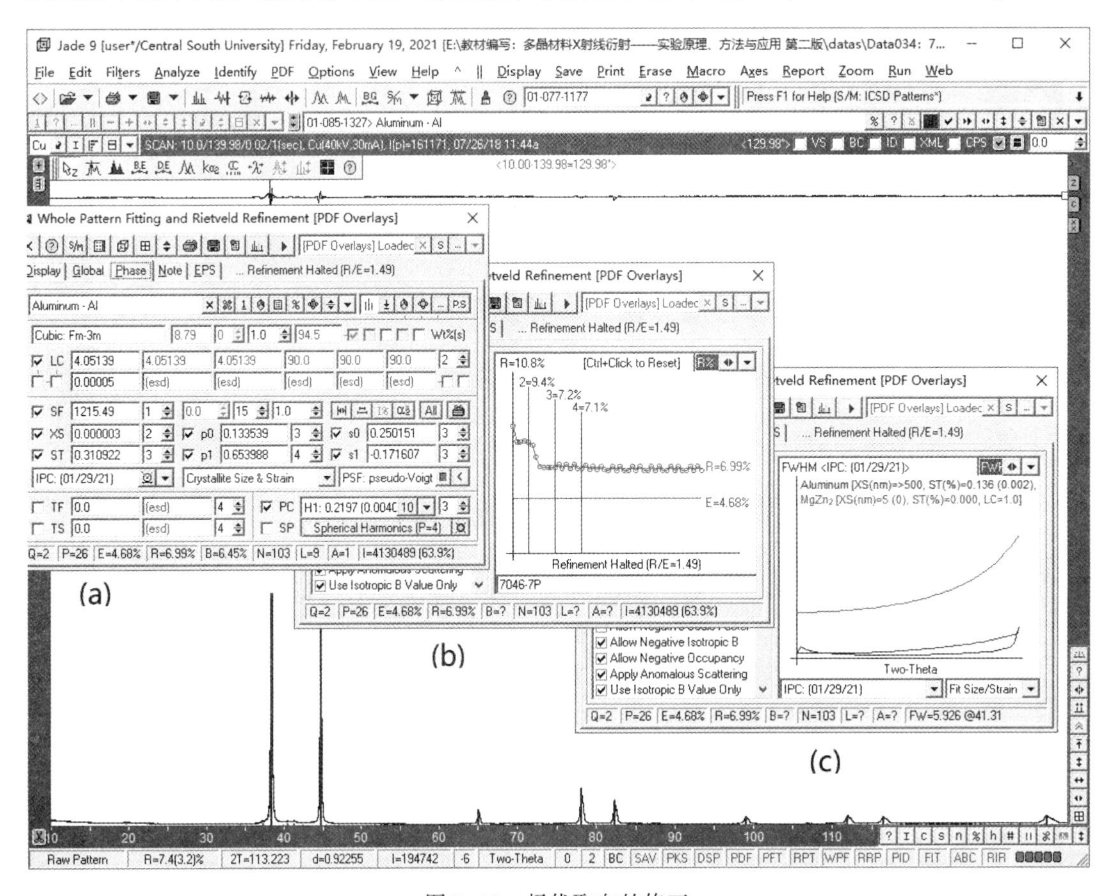


图 8-33　择优取向的修正

图 8-33 中的（a）显示了球谐函数模型的织构选择方法和晶粒尺寸与微观应变的精修方法，图 8-33 中的（b）和残差线显示了织构修正对（*R*）因子值的影响。而图 8-33 中的（c）则显示了两个相的微结构数据。由图 8-33 可以看出，合金中 Al 基体的微观应变非常大，这是由于加工导致了高位错密度。

Al 基体相的所有参数修正以后，现在加入 $MgZn_2$ 相，稍作精修。

由于第二相 $MgZn_2$ 的含量非常低，可以先修正 Al 相的全部参数后再将其加入进来，稍作精修即可；也可以读入进来后先将其排除使其不参与精修，当 Al 相全部精修完成后再将其恢复，以使其不干扰主相的精修，不吸收主相的衍射强度。

对于经过加工的合金板材或者棒材，往往存在某几种板织构或丝织构，它们都是有规律的择优取向。但是对于一些粉末样品，样品中可能存在某些择优取向，但又不具有某种规律，用函数拟合可能达不到精修的目的。Jade 软件使用了下面简单的处理方法来解决这一问题。

I%按钮：对于非结构相，反射数目少于65个，点击 I% 按钮，可以精修反射列表中的单个“I%”。

图8-34的（a）中，Al相为一个结构相，通过按下“Ctrl+ ”，将其转换成一个非结构相。如图8-34中的（b）所示，此时按下“I%”按钮来修正其择优取向，也可以得到很好的结果。

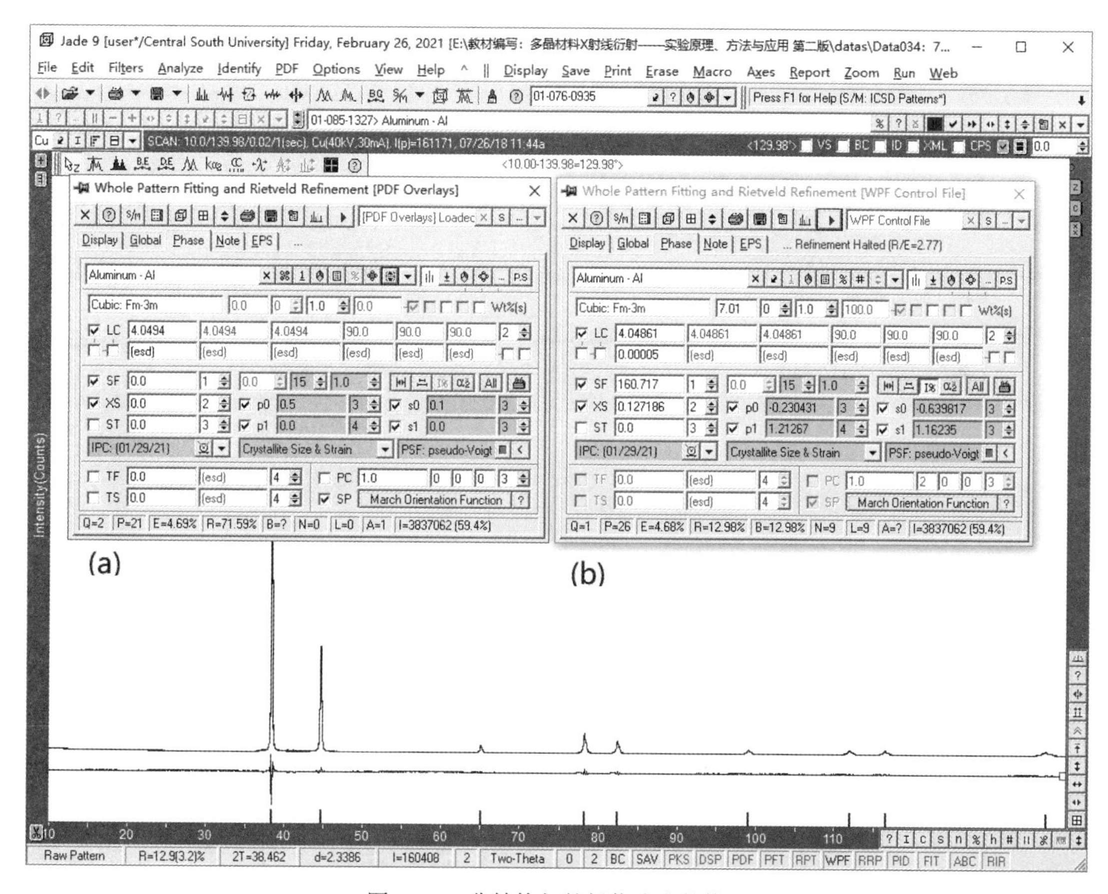


图8-34　非结构相的择优取向的修正

尽管通过软件可以精修物相的择优取向或织构，但是，如果参数选择不正确，虽然精修的残差因子 $R$ 很小，也可能会使强度匹配出现错误，导致物相定量分析结果的错误。因此，一般来说，织构的精修总是放在精修的最后，使其不会影响其他参数的修正。

## 8.9.5　晶体结构修正

操作视频37

对于样品的物相检索往往得到的只是其物相的初始模型，而非样品的真实结构。例如，锂离子三元正极材料（Li，Ni）(Ni，Co，Mn，Li)$O_2$ 就是一种三元掺杂的材料。在对该物质进行物相检索时，可能会发现数据库中有几十种与之化学元素组成相近而结构极其相似的物相。因此，在物相检索时不可能完全正确地选择与实际样品化学组成完全相同而结构也完全相同的物相。

在这种三元正极材料中，其基本物相结构为 $LiCoO_2$。三种元素占据晶体结构中的不同位置，而掺入 Mn、Ni 元素后，Mn、Ni 原子与 Co 原子共同占有一个位置。但是，有意思的是，Ni 可能以 3 价形态存在于 Co 原子位置，也可能以 2 价的形态进入 Li 原子位置，这样就形成了（Li，Ni）(Ni，Co，Mn，Li) $O_2$ 的晶体结构。由于制备工艺不同和 Ni、Co、Mn 的掺入量不同会导致 2 价 Ni 进入 Li 位的量也不同（实际上 Mn、Co 也会有微量进入该位置，但一般忽略），而这正是影响该三元正极材料性能的主要因素。如何正确地计算出进入 Li 位的 Ni 有多少就成为一个很有意义的课题。

如图 8-35 中的（a）所示，通过物相检索，得到样品的物相为 $(Li_{0.99}N_{0.01})(Ni_{0.9}Co_{0.1})O_2$。从图 8-25 中的（b）和（c）可以看到不同的原子占有三种不同的位置，其中（$Li_{0.99}N_{0.01}$）的原子坐标为（0，0，1/2），而（$Ni_{0.9}Co_{0.1}$）的原子坐标为（0，0，0），O 原子则处于（0，0，0.259）。

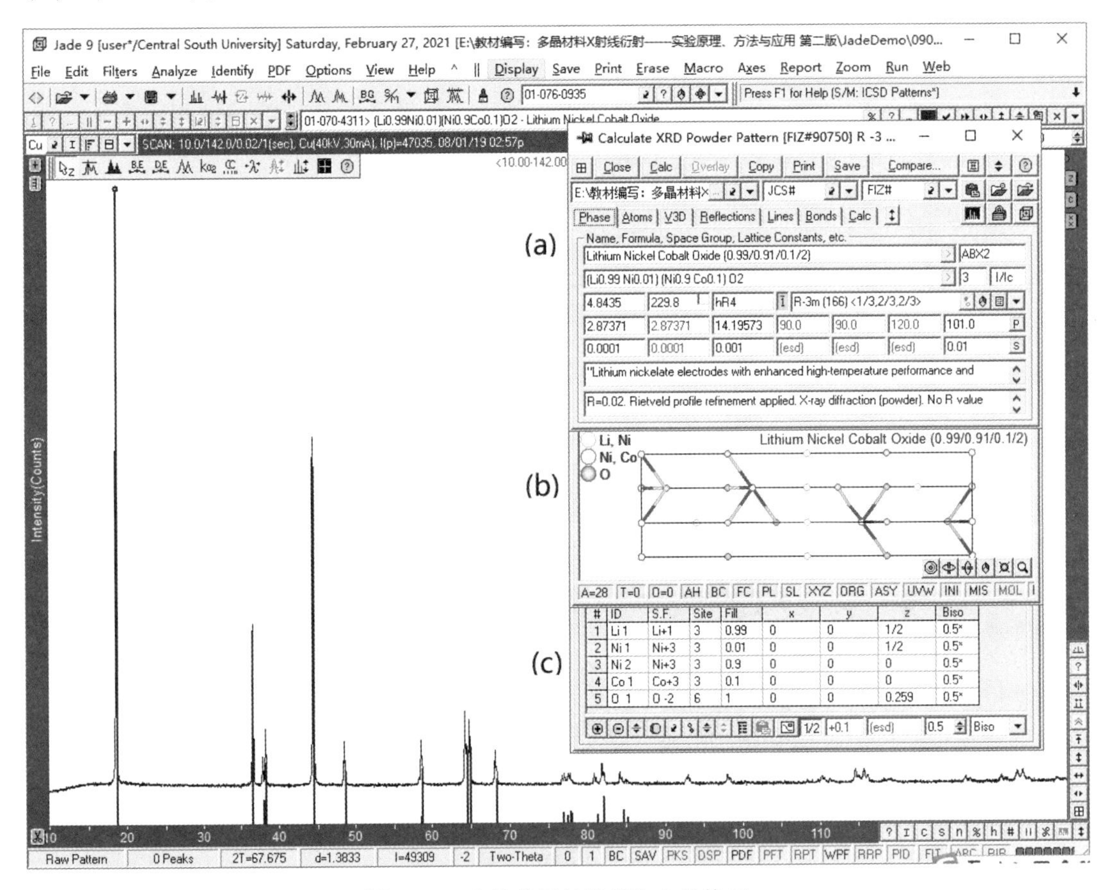


图 8-35　非结构相的择优取向的修正

这三种原子坐标分为两类，前两个坐标称为“特殊坐标”，处于这种坐标上的原子不能移动；而 O 原子则处于“一般坐标”上，坐标的 $z=0.259$ 是可以修正的参数。

晶体结构中的第二种精修参数是温度因子（Biso）。如图 8-35 中的（c）所示，物相中各原子的温度因子都设置成 0.5，可以在精修过程中修正使测量谱与计算谱吻合。

晶体结构中的第三种可精修参数是原子的占位率。在这里，O 原子是独占一个位置的，其占位率不可改变。(0，0，1/2) 位上是由 Li 和 Ni 共同占有的。我们假定其总占位率为 1，那么当 Ni 原子的占位率增大时，Li 占位率就减小，这种变化势必影响到另一个位置 (0，0，0) 的占位率。与此同时变化的是，(0，0，0) 位置上的 Li 占位增大，而 Ni 占位减小。这种变化称为“约束”。

实际上，图 8-35 所显示的是 Data040. Raw 图谱，被测样品是一种 $Ni_{0.8}$-$Co_{0.1}$-$Mn_{0.1}$ 比例的高镍三元材料。正确的分子式应当是 $(Li_{1-x}Ni_x)(Ni_{0.8-x}Co_{0.1}Mn_{0.1}Li_x)O_2$，这里的 $x$ 是一个可以精修的变量。根据一般的占位量，可以设置 $x=0.2$ 为初始值。

现在，首先来修正 O 原子的坐标。先不需要改变晶体结构模型，直接以确定的物相进行简单精修，使物相的晶胞参数得到修正。然后，点击“ ”，进入晶体结构精修界面。单击“C”按钮，发现 O 的 $z$ 坐标被勾选，单击精修按钮“ ”，就对 O 原子的坐标进行了精修，如图 8-36 所示。

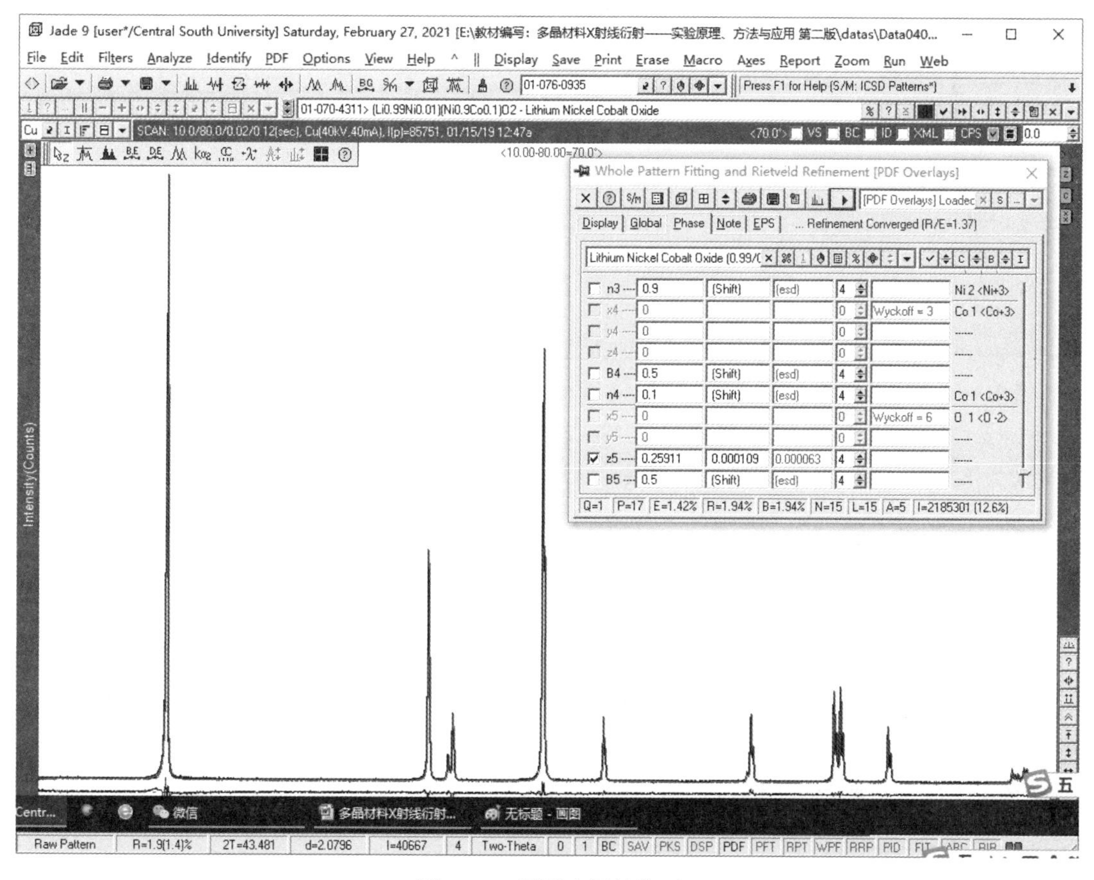


图 8-36　原子坐标的修正

接下来，就要编写晶体结构模型。单击“ ”按钮，进入图 8-37 中 (a) 所示的窗口。

图 8-37 中的 (a) 显示了物相的基本信息，包括分子式、空间群、点阵类型以及晶胞参数等。单击“V3D”按钮，则以棒球模型显示晶体结构，如图 8-37 中的 (b) 所示。单击“Atoms”按钮，则在图 8-37 中的 (c) 中显示了初始的原子信息，包括坐标编号、

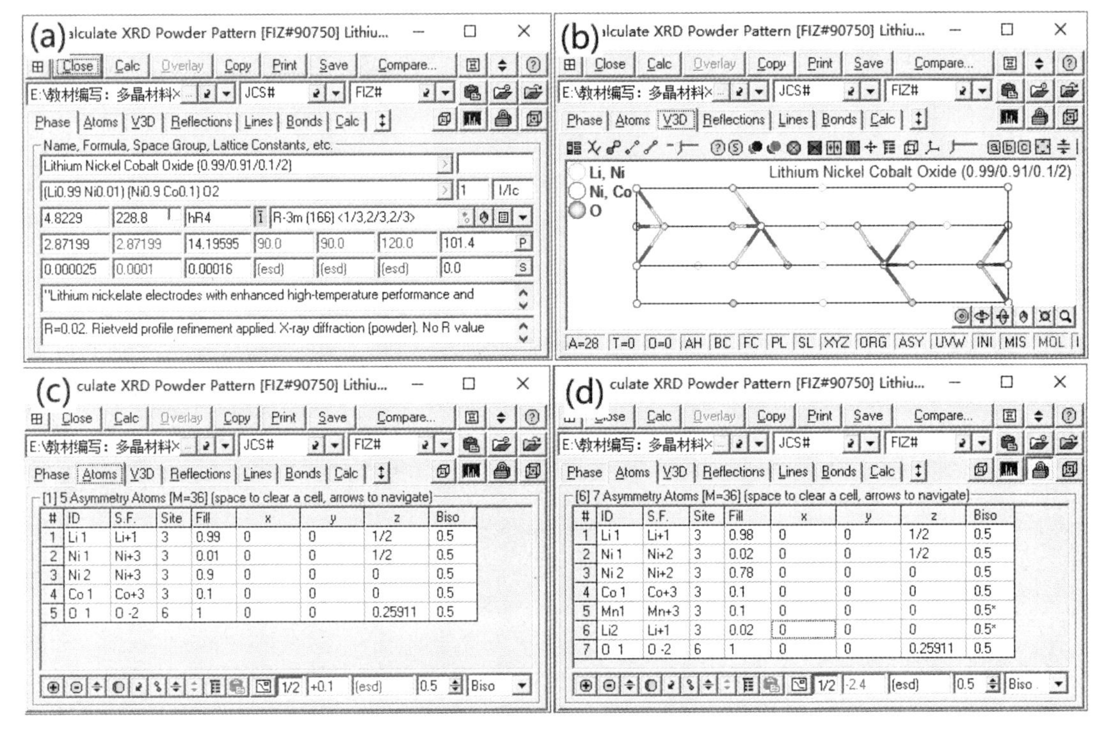

图 8-37　晶体结构模型的修改

原子 ID、原子价态（S. F.，计算原子散射因子）、重复位数（Site，即等价坐标数）、占位率（Fill）、原子坐标（$x$，$y$，$z$）和温度因子（Biso，各向同性温度因子，有时需要设置为各向异性温度因子）。

将鼠标放到某一行上，单击图 8-37 中（c）下端的“⊕⊖”按钮，可以在该行下端（该行所在的坐标处）添加一个原子（或删除一个原子）。通过修改原子 ID、S. F.、Site、Fill 和 Biso，就可以得到图 8-37 中（d）所示的最终模型［$(Li_{1-x}Ni_x)(Ni_{0.8-x}Co_{0.1}Mn_{0.1}Li_x)O_2$，$x=2$］。

修改后的模型可以通过“Save”按钮保存成一个 cif 文件，也可以进行其他一些操作。

单击图 8-37 的（d）中的“⧉”按钮，则将修改好的初始模型读入精修窗口中并替换原来的结构，如图 8-38 所示。现在可以再一次单击“C”按钮来修正 O 原子的坐标 $z$。

接下来要做的是修正各个原子的温度因子 $B$。

修改 $Li_1$ 和 $Ni_1$ 的温度因子：如图 8-38 中的（a）所示，将 $Li_1$ 的温度因子（$B_1$）设置为可精修（勾选）。这里 $Ni_1$ 与 $Li_1$ 具有相同的原子坐标和温度因子，因此设置 $Ni_1$ 的温度因子 $B_2=B_1$。这样，在精修时约束它们相等。

同样地，如图 8-38 中的（b）所示，设置（0，0，0）坐标处的各原子温度因子相同。设置 $Ni_2$ 的温度因子（$B_3$）为精修变量，同时设置在此坐标处的其他原子的温度因子（$B_4$，$B_5$，$B_6$）$=B_3$。在图 8-38 的（b）中可看到精修后的结果。

最后要修正的是原子的占位率。在这里，设置 $Ni_1$ 的占位率（$n_2$）为精修变量（一般不直接精修轻原子的占位率），则 $n_1=1-n_2$，如图 8-39 中的（a）所示。

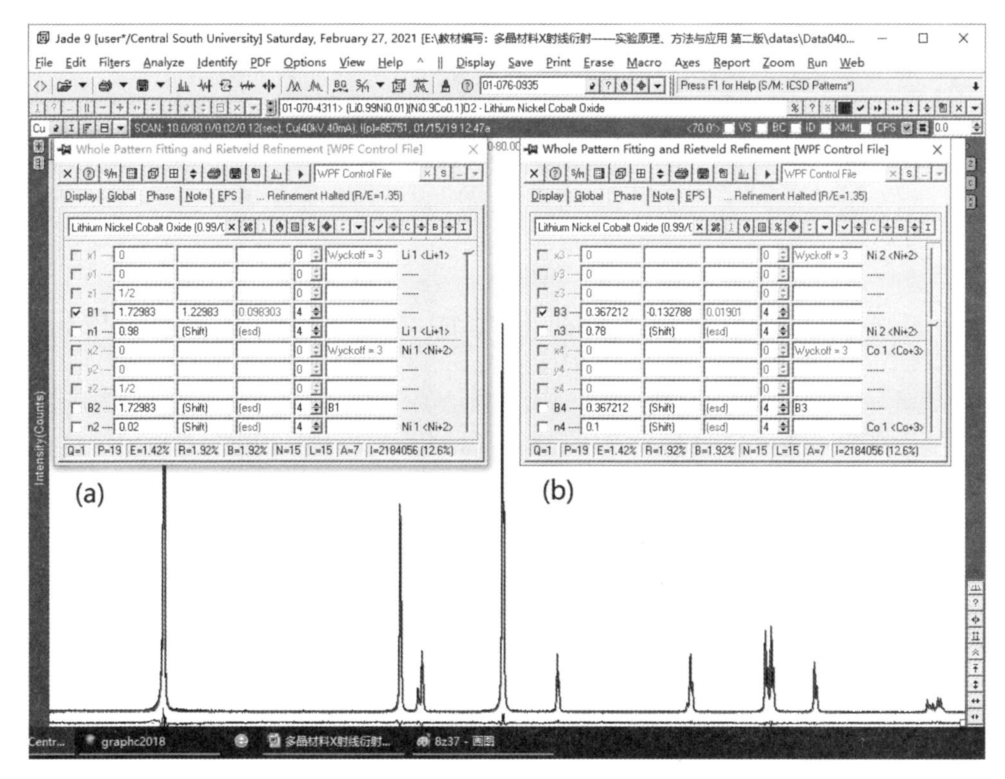


图 8-38　温度因子 *B* 的约束与精修

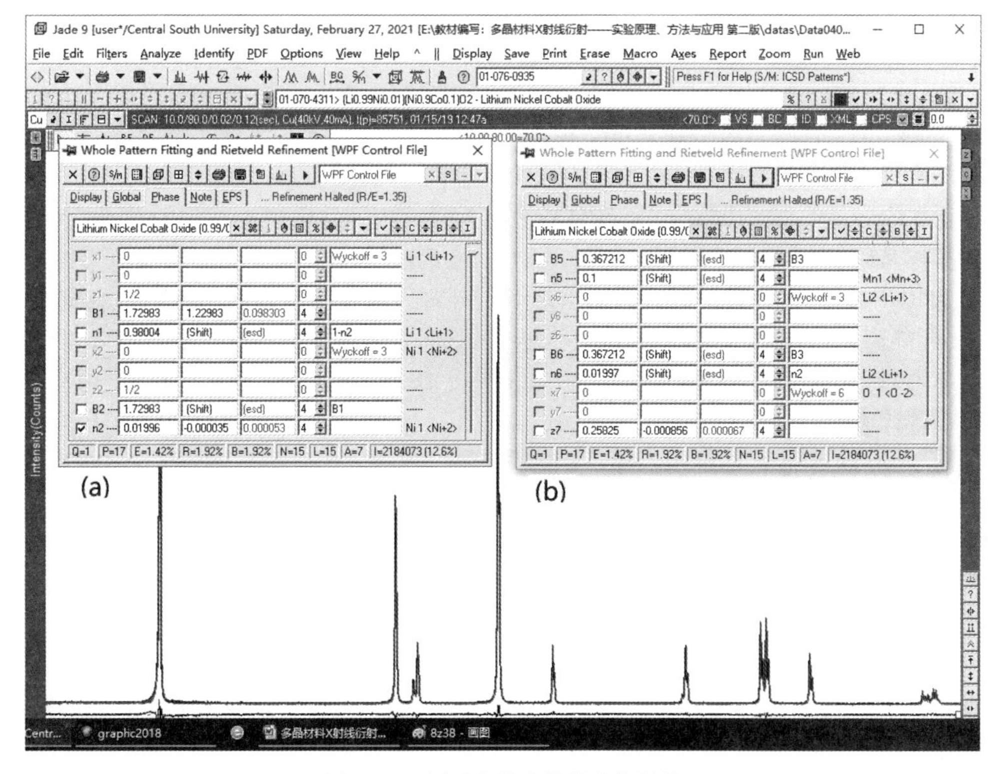


图 8-39　原子占位率的约束与精修

此时，$Ni_2$ 的原子占位率则为 0.8-$n_2$，$Li_2$ 的占位率为 $n_2$。

这样设置后，再进行一次精修，得到如图 8-39 中（b）所示的结果。

从图 8-39 可以看到，$n_2$ 比初始模型的设置略小，是一个很小的变化量。

通过对三元正极材料晶体结构精修，详细说明了晶体结构精修中涉及的几个问题：

（1）如何根据已有的“粗结构”去编辑样品中物相的实际结构。

（2）如何有效地设置约束条件。

（3）如何有步骤地修正晶体结构。

编辑和精修晶体结构时还需要根据实际情况进行一些晶体结构变化的假定。例如，本应用中只考虑正常 Li 占位的情况，而不认为样品存在富锂和贫锂的可能（实际上是有可能的）。

对于原子占位来说，由于两个原子交换位置上的重复数（Site）都等于 3，所以使得占位转换变得简单。有些情况下，原子交换位置上的重复数并不相同，一般成倍数，那么 $n$ 的设置就要复杂一些。例如，假定 Li 原子进入 O 位置，那么当两个 Li 原子进入 O 位时，O 位的占位率就不是增加 2，而是 1。

最后要说明的是，晶体结构的变化（包括原子占位、坐标变动）有可能并不能很明显地在衍射测量谱中表现出来，只有很精确的测量数据才可以达到晶体结构精修的目的。经验表明，晶体结构精修时，需要小步长（$\Delta\theta$=0.01°~0.02°）、宽范围（5°~130°），长计数时间（本数据每步的计算时间为 4s）；并且采用高功率光源（如理学 9kW 光管或同步辐射）、细焦斑光源、小狭缝的衍射仪，并且每步计数达到 20000 以上。

### 8.9.6 物相鉴定与全谱拟合简单定量分析

操作视频 38

物相分析从 1938 年第一张 PDF 卡片建立以来，作者认为至今发展到了第四代。第一代是将物相的衍射数据印在纸片上，称为 PDF 卡片。通过索引工具书，按衍射谱的三强线进行物相检索。利用这种方法检索一个物相可能要花费一天甚至一周的时间。第二代检索方法还是建立在这种模式上，只是将 PDF 卡片建成一个数据库，通过计算机进行检索，其年代是 20 世纪八九十年代。第三代是当前普遍使用的方法，它是基于衍射线位置（晶面间距）和峰高数据（衍射强度），即根据 $d$-$I$ 列表进行物相检索，是一种快捷、方便的检索方法。

自从 Rietveld 全谱拟合精修方法应用到 X 射线衍射技术中来以后，人们一直致力于开发基于全谱拟合的物相检索方法。这种方法与第三代方法不同之处在于不再局限于衍射峰高度，而是以全谱数据进行拟合，使得检索结果更加准确。在 Jade 9 版本的物相检索中开始使用了这种方法。

在图 8-40 的 S/M 对话框中，除传统的“S-M”按钮（基于 $d$-$I$ 列表的检索），还增加了两个新的按钮，其中“S-W”就是基于 Rietveld 全谱拟合的物相检索方法，而“S-D”则是基于“残差”的物相检索方法。

（1）S-W 检索方法。数据文件 Data031.raw 在 5.3.2 节中介绍过，它是由 $ZrB_2$ 和 ZrB 两相组成，其中 ZrB 由于晶胞参数与 PDF 卡片上对应物相的晶胞参数相差较大，用 $d$-$I$ 方法检索时往往不能自动检索出来。

在图 8-40 中，单击“S-W”，则进入全谱拟合法物相检索窗口，并且按全谱拟合法进行物相检索。

进入全谱拟合自动检索窗口后，软件根据测量谱自动选择 PDF 卡片进行全谱拟合，

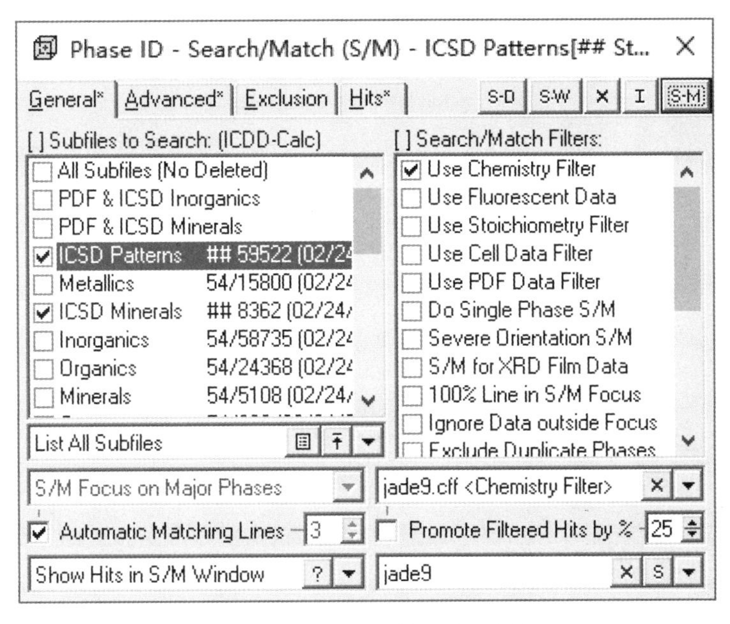


图 8-40 Jade 9 的物相检索方法

并逐一选择和排除，最后得到两个物相的检索结果，同时显示出拟合残差或者各物相的质量分数，如图 8-41 所示。

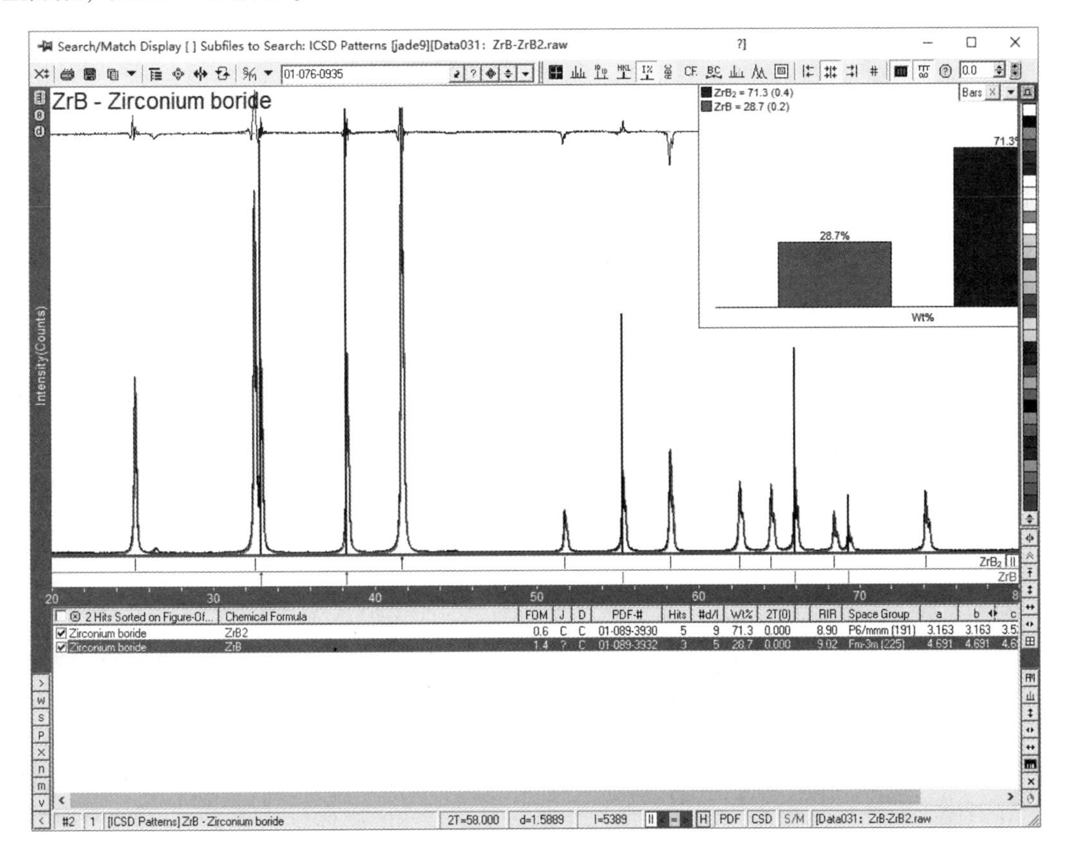


图 8-41 S-W 物相检索方法

（2）S-D 检索方法。如果样品中存在某些微量相，在 S-W 自动检索中没有检索出来，那么样品测量谱与计算谱之间存在残差，软件能根据残差出现的位置自动进行残余相的检索。

（3）S-W 简单物相定量。在图 8-41 窗口中，单击窗口关闭按钮，返回到主窗口。此时，单击主窗口中物相检索列表右侧的“%”按钮，软件自动进行全谱拟合，显示出如图 8-42 中（a）所示的拟合过程，若单击图 8-42 中（a）右上角的下拉列表按钮，可选择显示各物相的质量分数，如图 8-42 中的（b）所示。物相的质量分数同时会保存到物相的检索列表中，如图 8-42 中的（d）所示。在打印输出主窗口的图谱时，可以将质量分数打印出来（按图 2-42 的设置）。

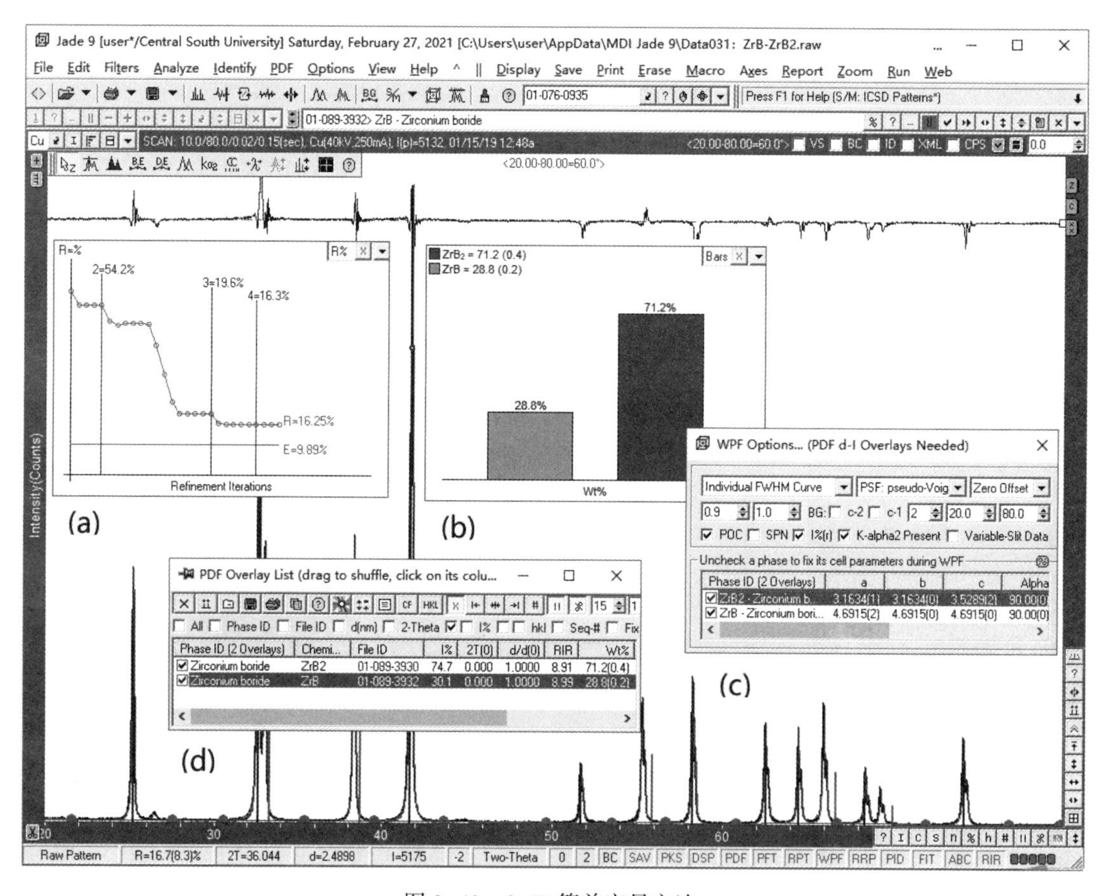

图 8-42　S-W 简单定量方法

若用鼠标右键单击“%”按钮，则会弹出如图 8-42 中（c）所示的全谱拟合参数选择窗口。其中“POC”表示自动进行择优取向，“I%”则会将非结构相自动进行强度拟合。

从上面的 Rietveld 全谱拟合方法在 XRD 中的应用来看，Rietveld 全谱拟合已经大部分替代了传统的应用。从物相鉴定到物相定量分析，晶胞参数精修和微结构分析等。除此以外，还可以进行晶体结构的修正，使我们能得到样品真实的晶体结构数据。与传统的应用方法以单个衍射峰为分析对象不同，Rietveld 方法是以整个衍射谱数据为对象进行拟合的；

区别于传统的分析方法只关注样品某一方面的变化不同，全谱拟合全面地修正了样品各方面（晶体结构、衍射峰衍射角、衍射峰强度、衍射峰宽度和形状）的变化，从而使分析结果比传统方法更加准确。

不同的精修软件可以精修的参数不同，优秀的精修软件除可以解决这些问题外，还可以对物相的残余应力、织构以及其他性质进行修正。某一种软件解决不了的问题，可能另一种精修软件可以达到精修的目的。因此，做 Rietveld 方法精修时，不要局限于某一种软件，可以利用各种软件的优点来解决不同的问题。

# 9 Rietveld 全谱拟合精修-Maud

## 9.1 Maud 的功能与安装

### 9.1.1 Maud 的功能

Maud（Material Analysis Using Diffraction）是一个衍射分析软件。它的思想基于 Rietveld 方法，但也不限于此。

Maud 用 Java 语言写成，可以运行于 Windows 操作系统之下，运行时需要有 Java VM 1.4 或更新版本支持。程序运行于 GUI 界面，因此操作很容易上手。衍射数据既可以是 X 射线衍射数据，也可以是同步辐射、中子衍射等数据；可以同时运行多个数据分析，也不限于某种衍射仪的数据。

Maud 可用于从开始计算解晶体结构、定量分析、微结构分析（晶粒尺寸与微观应变）、织构分析、电子云密度，也可用于薄膜样品和多层膜衍射等。不过，现在人们可能主要用来做定量分析、晶体微结构以及晶胞精修。

与 Jade 中的 WPF Refine 模块不同，只能使用“结构相”，而不可以使用“非结构相”，结构相以 cif 文件形式读入；定量分析完全不依赖 *RIR* 值而是从解晶体结构得到强度比例因子；它的突出优点是能很容易地解决“非球形”晶形的微结构以及织构问题，其定量结果是现有精修软件中较准确的。

### 9.1.2 软件下载与安装

这个软件是一个完全免费的软件，而且经常更新，所以建议使用者自己直接从网上下载最新版，也可以经常上网看看有什么更新。下面就是获得这个软件的原始地址：http：//maud.radiographema.eu，这个地址给出了软件的下载与安装步骤。

第一步：安装 Java。在下载 Maud 之前，应当先下载 Java 程序并安装到电脑中。

第二步：下载 Maud。下载得到的是一个用于 Windows 操作系统的 Maud 程序的压缩包，即 Maud.zip。

第三步：解压。用 WinrAR 软件解压它。解压时，会建立一个名称为 Maud 的文件夹，所需要的文件就全在这里面了。

第四步：移动文件夹。解压后就完成了软件的安装，建议先将这个文件夹移到喜欢的位置，比如 D 盘的 Maud 文件夹中。

第五步：运行。点击文件夹中的开始运行。运行开始时，会看到如图 9-1 所示的一个软件许可协议。

应当注意到这个软件许可协议，该软件为一个免费共享软件，可用于学术研究。但

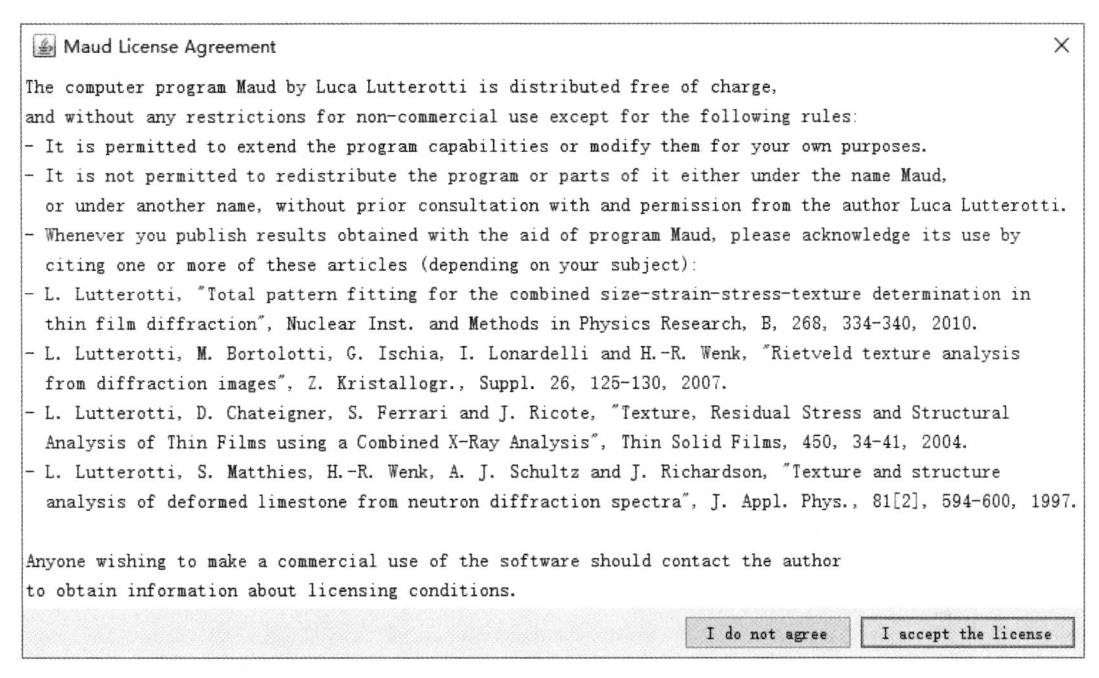


图 9-1 Maud 使用的许可协议

是，要求在使用该软件进行研究并发表相关论文时，必须引用作者至少一篇文献，这些文献也是使用该软件时应当学习的文献。

同意该协议后，会要求释放一些文件，这些文件是软件自带的结构库和练习的例子数据文件。应当自建一个文件夹，来保存这些文件，这些文件如图 9-2 所示。

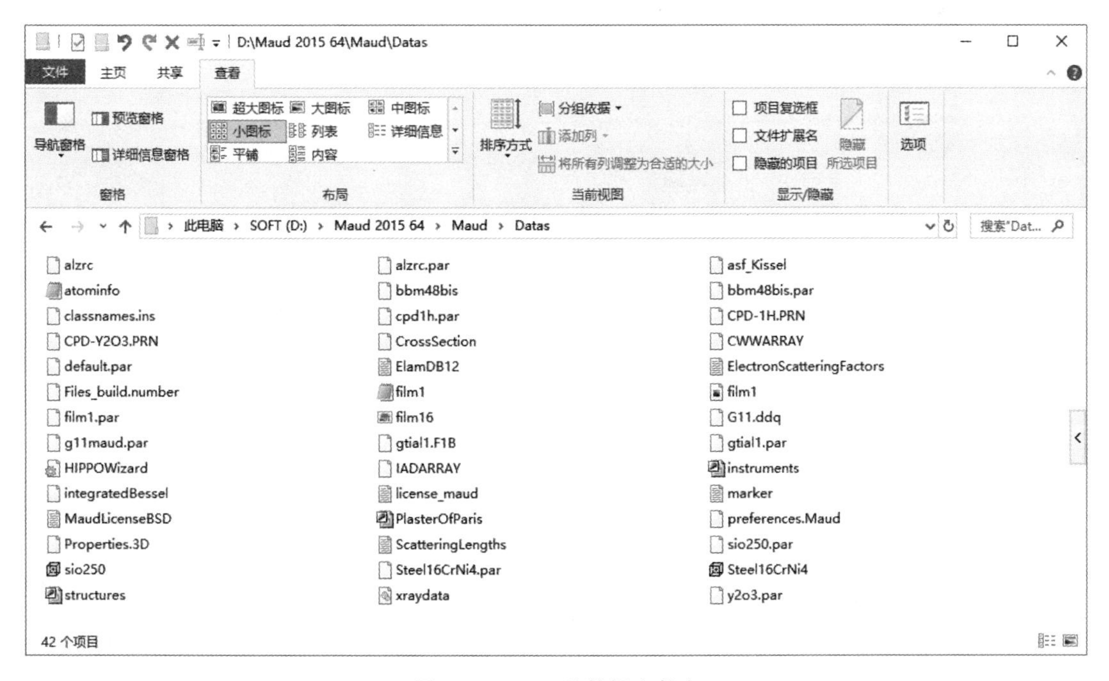


图 9-2 Maud 的数据文件夹

这个文件夹也是程序运行时默认的“工作目录”，这里主要的有三种文件。

（1）数据文件：衍射数据文件，可以看到文件夹中有 raw 文件和 dat 文件，这些都是衍射数据文件。raw 文件应当是衍射仪产生的二进制衍射数据文件，而 dat 文件则是一种文本格式的衍射数据文件。其实，Maud 还可以打开其他一些文件，如扩展名为 txt 的纯文本文件，这种文件由两列数据组成，第一列是衍射角，第二列是衍射强度，这是最简单的表示方法，也最容易将衍射数据弄成这种格式。数据文件用 File 菜单下的“Load Datafile...”打开。

（2）相结构文件（cif 文件）：它是一种物相的晶体结构描述。这个文件可以自己建立，也可以从晶体学数据库中调用，甚至从网络上也可以找到。要用它来作为一个物相的“模型”，并在此基础上进行“精修”。一个样品中如果有多个物相，因此会要调入多个这样的文件，调入的方法是点击 。当然，Maud 自己带了一个结构数据库（Structure. mdb），其中保存了很多物相的结构，需要的 cif 文件可以从这个数据库中调入。

（3）参数文件（par）：在精修过程中，或者在精修完以后，Maud 能够将当前的“精修状态”保存下来，下次还可以接着精修，这样的现场保护很有意义。这样的文件通过 File 菜单下的“Save Analysis”或者“Save Analysis as...”来保存或建立。

选好目录后，单击对话框中的“Extract Here”就开始继续安装。经过一个卡通画面后，就进入了程序的操作界面（图 9-3）。

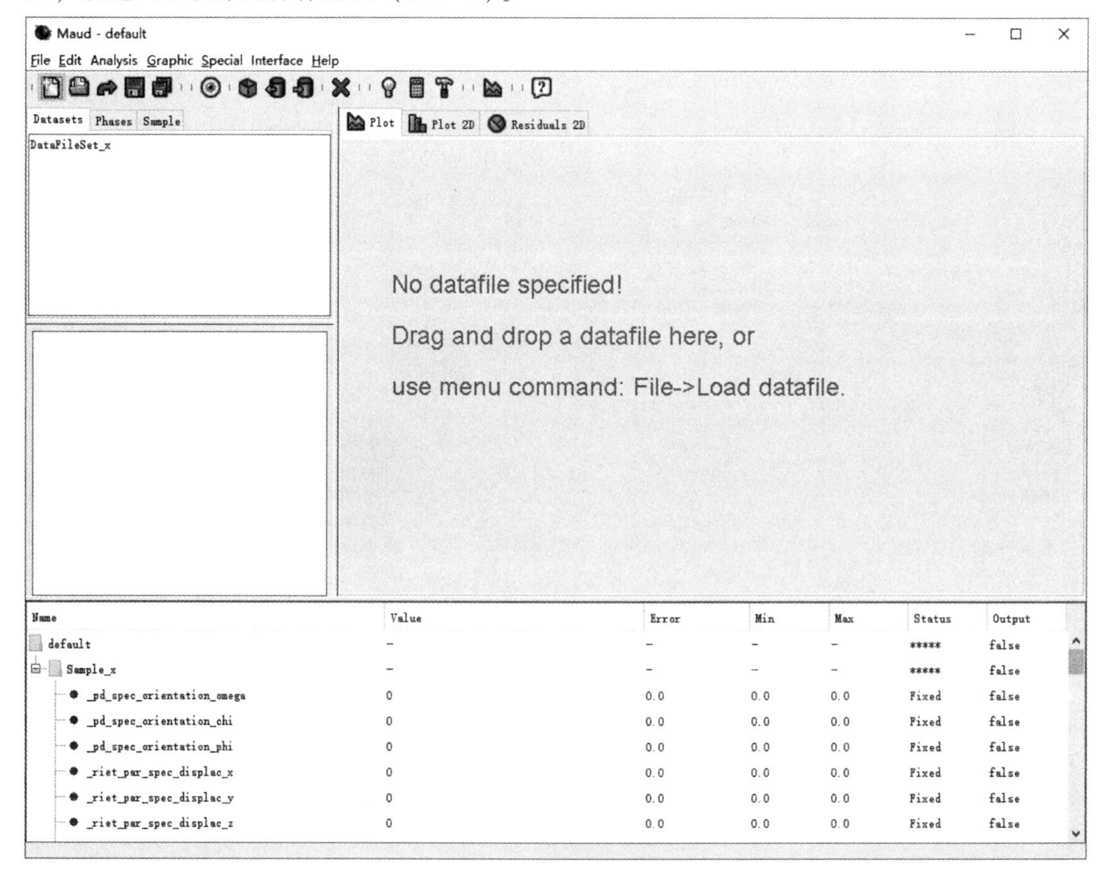


图 9-3 Maud 的工作界面

# 9.2 刚玉-tPTS 精修

选择菜单“File | Open Analysis...”，从图 9-2 中选择并打开 Alzrc. par（Maud 的练习文件，存于 Maud 的工作文件夹下），读入软件自带的一个分析实例。扩展名 . par 的文件称为 Maud 的工作文件，它保存了一个分析工作的测量数据，物相晶体结构以及最终的分析状态（图 9-4）。

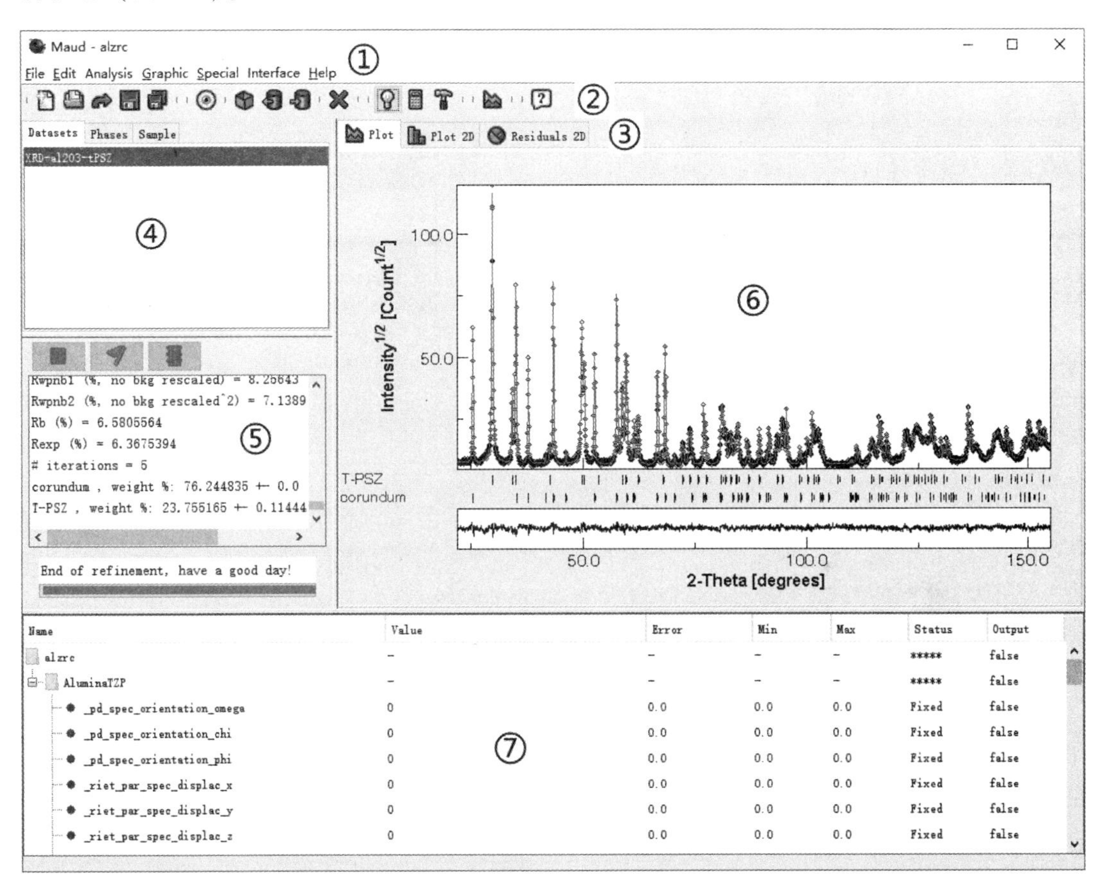


图 9-4 Maud 的用户界面

程序界面由菜单栏①、工具栏②、图示工具③和 4 个窗口组成。右上角大的窗口⑥显示了图谱，左上角第一个窗口④是“当前分析”（把一个精修工作称为一个“分析”），它由三个页面组成，分别是 Datasets（对象 ID）、Phases（物相列表）和 Sample（样品名称）。

现在，可以看到，在 Datasets 页中显示的是“XRD-$Al_2O_3$-tPSZ”，这是这个“分析”的一些信息，表示这个分析对象是一个 XRD 衍射数据。这个样品由两相组成，即 $Al_2O_3$ 和 t-PSZ。需要选择“Phase”页才可以显示它们。Sample 页中同样也显示了一个名称，就是样品名称。

Maud 往往不能自动地识别样品名称或物相名称，需要双击名称以进行编辑。

第三个窗口是左边中间的那个窗口⑤，这个窗口刚开始时是空白的。一旦开始精修，这里就会显示精修过程中各种参数的变化。精修的好坏通过这些参数来描述，如图 9-4 中的⑤所示，显示了精修指标 $R$ 因子的值。

第四个窗口是下面的那个大窗口⑦，它显示了各种参数的状态。在精修过程中可能随时要通过这个窗口来编辑、调整精修的参数，包括控制是否精修、精修的初始值以及是否输出某个参数。

当按下工具栏中的“ ”（精修向导按钮），会弹出“精修向导”窗口，如图 9-5 所示。

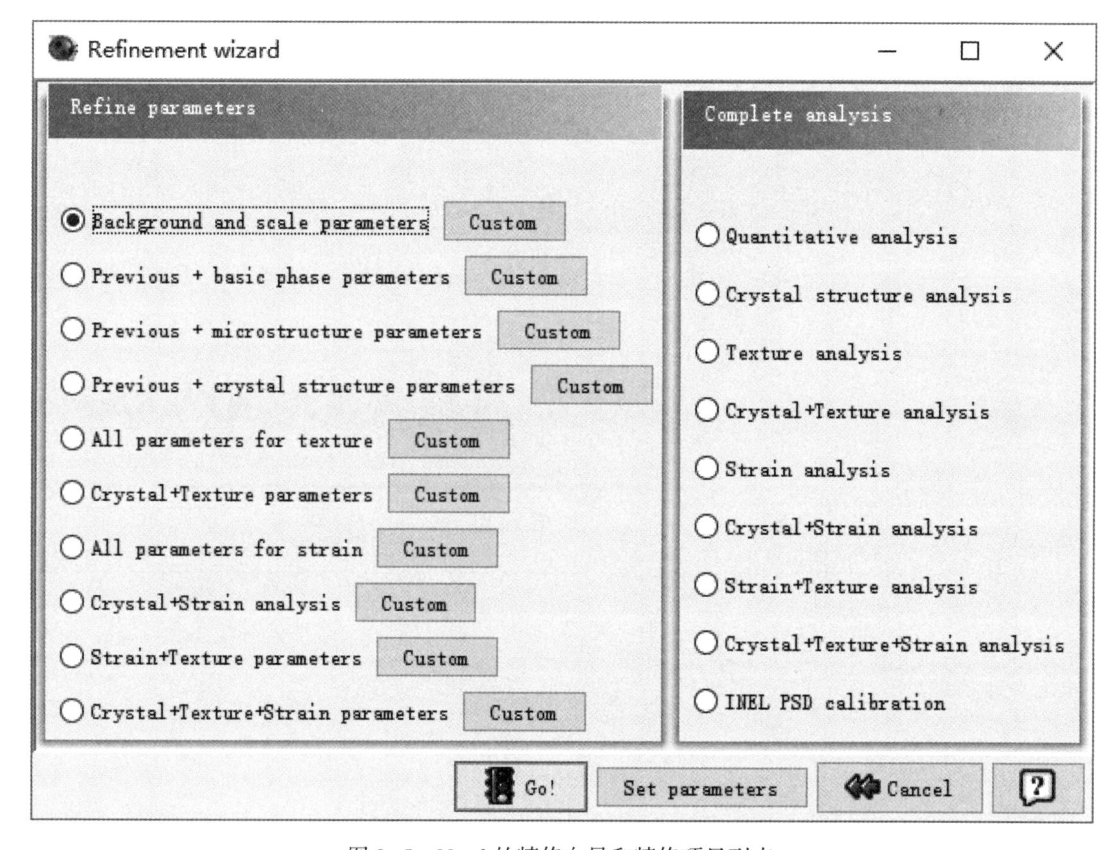


图 9-5　Maud 的精修向导和精修项目列表

“精修向导”窗口有两排按钮，表示精修的对象。先来看左边一列：

Background and scale parameters：背景和标度因子（与强度相关）。

Basic phase parameters：基本物相参数（点阵结构的一些基本参数，与衍射角相关）。

Microstructure parameters：微应变参数（包括晶粒形状、大小、微应变，与峰的宽度相关）。

Crystal structure parameters：晶体结构参数（原子类型、坐标、温度因子，与衍射强度和衍射角相关）。

All parameters for texture：织构（与峰强的匹配性相关）。

……

精修时，一般是从最简单的开始（即从最上面一个开始），然后一个一个地往下做，即背景和标度因子→基本结构参数（晶型与晶胞参数）→微结构→晶体结构参数（原子占位等）→织构……

现在，当选择了最上面一个时，点击“Go!”（开始精修按钮）就开始精修了。

在这里，要注意这样几个参数：

Rw(%)= 8.821957

Rnw(%)= 0.08821957

Rb(%)= 6.2897773

Rexp(%)= 6.3938365

当然，希望的是衍射谱下面那条误差线越平直越光滑越好。

就这样一遍遍地按下那个“精修向导”按钮，一个一个地往下选择精修项目（只做前四项），试着看看“Rw”是不是越来越小。做了几次以后，就可以去看看想要的结果了。

在 Maud 中，不同的结果要通过 Datasets，Phases，Sample 的页面去查看（或者直接查看窗口⑦）。

在 Datasets 中，包含分析的仪器参数、数据文件、精修范围以及背景函数。

在 Phase 页中，显示了样品中包含的物相名称，包含的参数有晶胞参数、晶体结构、微结构参数（晶粒尺寸与微观应变）、残余应力和织构等。

在 Sample 页中，包含样品厚度、粗糙度以及各个物相的质量分数或体积分数等。

这三者的关系为：一个分析中可以包含多个样品（可以同时读入多个数据文件），每个样品中包含一个或多个物相（或者称为结构），每个物相具有多种性质。

这些数据的观察和编辑通过相应的页面来操作，也可以通过窗口⑦来操作。

现在来看看两个相的含量。相是包含在一个样品中的，所以从 Sample 页去查看。先选择 Sample 页，再单击这个页下面的 Alumina TZP；然后，点击“ ”（查看/编辑）按钮，就会看到如图 9-6 所示的结果。

这里显示了刚玉的体积分数和质量分数。单击 Phase 名称的下拉列表，则可以看到另一个相的数据。

下面来观察刚玉的各种参数。

在 Phase 页下面单击 Corundum，并单击工具栏里面的“编辑/查看”按钮（图 9-7）。

如图 9-7 中的（a）所示，最先看到的是这个物相结构的基本性质，即晶胞参数；深色的背景色表示该变量为可精修的变量。

点击“Structure”，显示其晶体结构、原子位置等，如图 9-7 中的（b）所示。

点击“Microstructure”，显示图 9-7 中的（c），显示其“微结构”模型类型为“Popa Rules”。这种模型与一般模型（球形）不同，允许晶粒不同方向的长度不同。

先进的精修软件一般设置三种不同的晶粒形状模型：球形、椭球形和任意形。任意形是设置一个高阶函数表示不同方向的晶粒长度，精修得到一个非球形的晶粒形状。

点击图 9-7 的（c）中的“Size-Strain Model”右边的“Options”按钮，则显示图 9-7 中的（d）。

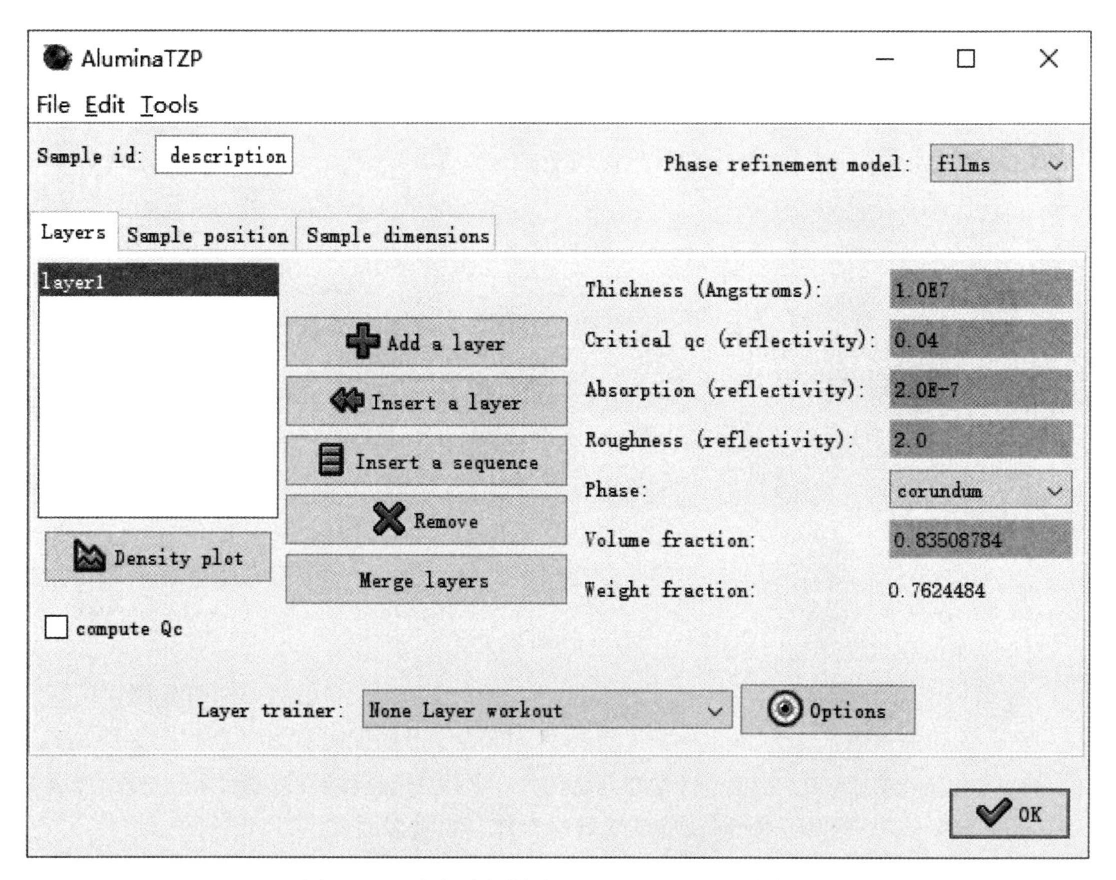


图 9-6　观察与编辑样品（Sample）的相组成窗口

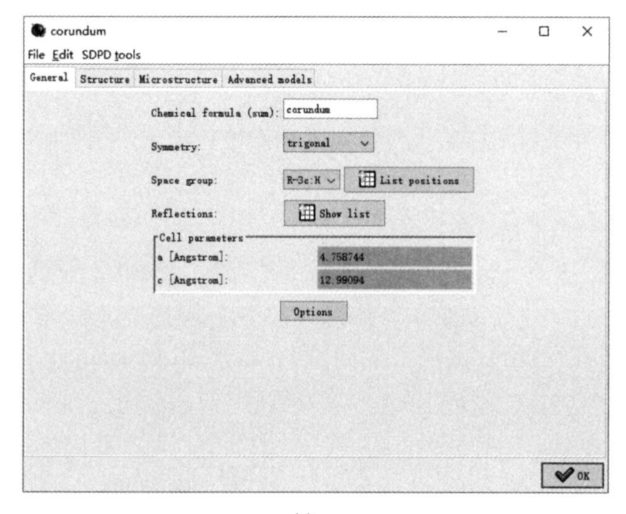


(a)

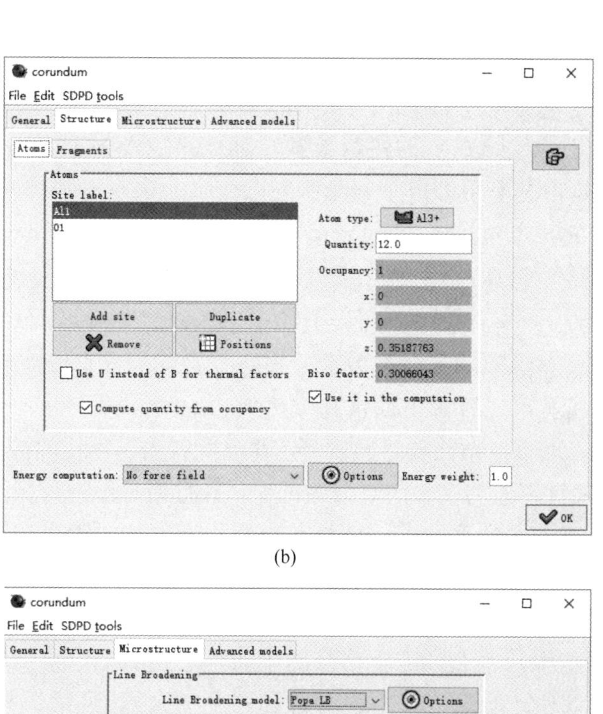


(b)



(c)

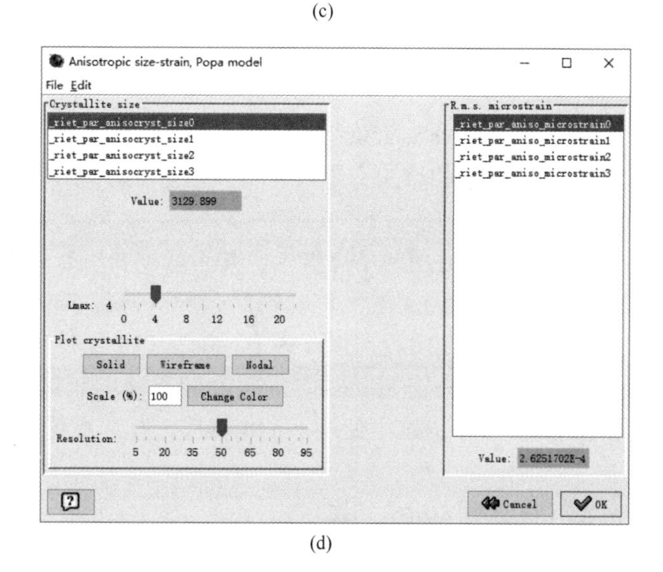


(d)

图 9-7　观察与编辑相（Phase）的变量

还是没有看到具体的一个晶粒尺寸。这是因为，这个物相的晶粒不是球形的，而是一种异形晶粒。它在不同的方向上晶粒尺寸不同，这种异形晶粒用一个模型来表示。现在，看到的是这个模型（一个代数式）的各阶参数。那么，这个模型是一个什么样的模型呢，如果点图 9-7 中（d）中左下角的那个问号，它会告诉，去看一篇参考文献：

The model implemented follows the theory reported by N. C. Popa in J. Appl. Cryst. (1998), 31, 176-180.

此时按“Solid Wireframe Nodal”中的一个按钮，则可以观察到晶粒形状。

在这里，微应变也以类似的函数来表示。当然，看到的也是微应变模型的参数。

通过这个数据分析，可以理解下面这几个概念。

（1）精修是怎么一回事：精修就是通过修正样品的背景、物相的标度因子、物相的微结构以及晶体结构参数使计算谱与实验谱吻合的过程，并且最终得到与测量谱一致的计算谱。

（2）精修需要准备一些什么数据：精修前需要将衍射数据转换成精修软件可识别的数据文件，在 Maud 中，可以将测量数据转换成 X-Y 格式的文本文件；另一个需要的文件是样品中各物相的晶体结构，即 cif 文件，这个文件可以通过晶体结构查找软件 FindIt 来获得。

（3）精修的一般步骤是怎么样的：精修的步骤是按照从主因素到次要因素的顺序进行的。最先修正的是背景和标度因子（基线吻合和强度吻合），然后，按“晶胞参数→微结构参数→晶体结构参数→择优取向参数→应力参数……”的顺序进行精修（图 9-5）。

（4）怎样判断精修是否达到目的（R 参数）：Maud 不像 Jade 那样有自己的 R/E 标准，而是使用标准的精修指标来表示精修的好坏［式（8-2）~式（8-6）］，在图 9-4 的⑤中进行跟踪显示。

（5）通过精修，能得到样品的哪些信息：精修后可以得到样品的全部信息，包括仪器参数、样品参数和相参数以及晶体结构参数。

## 9.3 简单精修步骤

操作视频 40

样品由两种市购分析纯物相组成，一个物相是 $CaCO_3$，另一个物相是 ZnO，按 1∶1 的质量分数进行配比。用日本理学 D/max 2500 型 X 射线衍射仪按步长 0.02°，计数时间 1s 进行扫描，用 Jade 进行物相检索物相结果。下面介绍其精修准备及精修定量过程。

（1）数据准备。

1）测试数据：Muad 作为一款通用的精修软件，并不能读取所有衍射仪产生的二进制格式的文件，但可以读取 X-Y 格式的文本文件。因此，可以通过 Jade 等软件将样品测试数据保存成文本格式文件，这里将原始数据保存为 Data041. TXT 文件。

2）结构数据：样品中包含两种物相，因此，需要准备这两种物相的晶体结构文件（cif 文件）。获取结构的方法有很多，这里使用 FindIt 软件，它并不像 Maud 一样是一个完全免费的软件。

打开 FindIt 以后，会看到图 9-8 所示的窗口。

点击窗口中的 Reference，弹出如图 9-9 所示的窗口；然后在弹出窗口中，输入“41488”

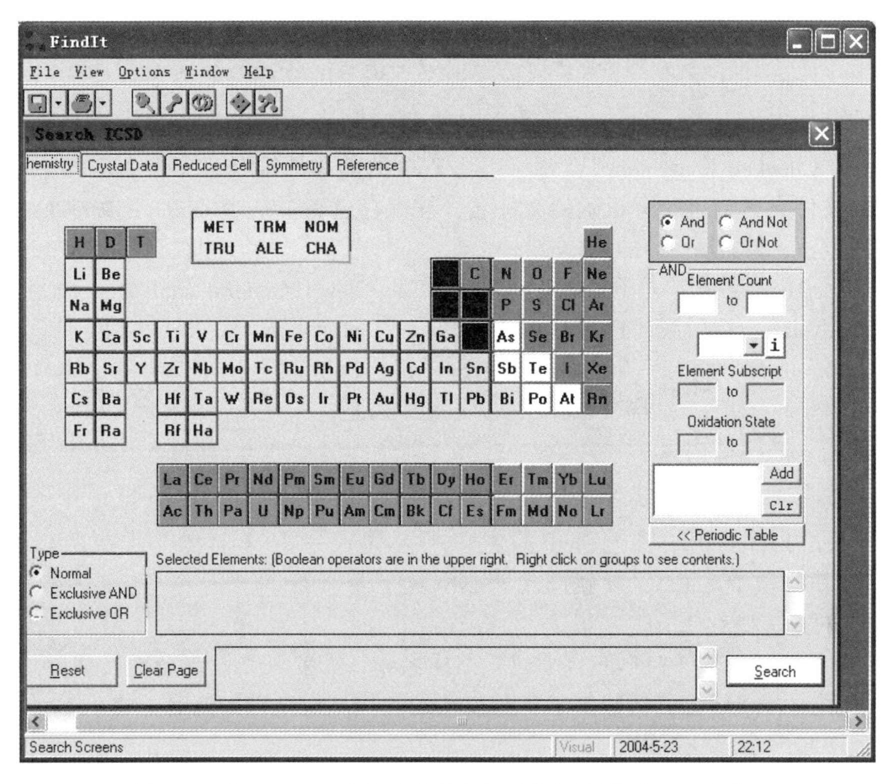


图 9-8　通过 FindIt 软件建立物相的晶体结构模型（cif 文件）

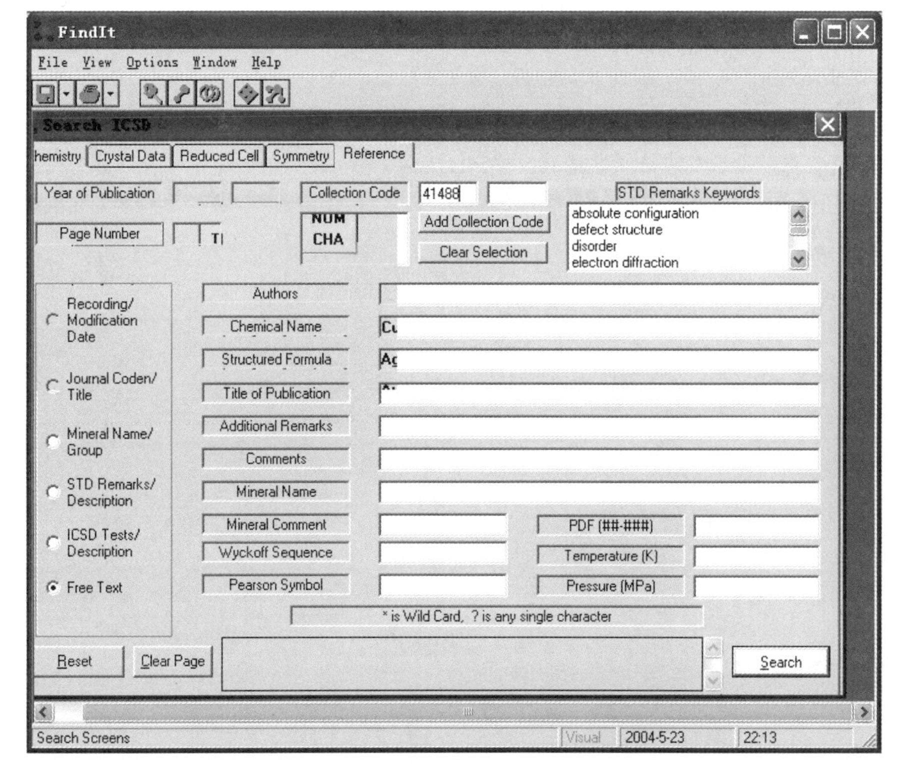


图 9-9　直接输入物相的 ICSD#寻找其晶体结构模型

(ZnO 在 ICSD 数据库中的编号)。

再按下“Search”按钮，就能看到程序搜索到想要的物相的晶体学卡片。

在它的前面加上对号，再按下工具栏中“ ”右边的按钮，显示两种选择，选第一种“Export Checked Long View”，就可以将 ZnO 的晶体结构保存为一个 cif 文件，并选择一个正确的文件夹再输入一个正确的文件名，按保存就有了一个 ZnO. cif 文件了。

同样的方法，建立一个 $CaCO_3$. cif。

(2) 输入 Maud 数据。打开 Maud，选择“File-New | General analysis”命令，建立一个新的“Analysis”。然后用“File-Load Datafile...”命令调入 Data041. TXT。

此时 Datasets 页下面有一个“Data File Set_x”，鼠标双击，在弹出的文本框中输入样品的 ID，再单击“OK”。这样，数据 ID 就不是缺省的了。

接下来输入晶体结构。

单击 Phases 页，然后单击箭头向左的“水桶” 按钮（读入结构），并从文件夹中选择 $CaCO_3$. cif 文件打开。在新弹出的窗口中要先点一下这个文件所在的行，再按下“Choose”按钮，这个 $CaCO_3$. cif 就调入 Phases 页下面来了。

同样的方法调入 ZnO. cif。

读入 cif 文件时，软件并不能自动建立结构名称，需要人工修改结构名称。

(3) 衍射谱背景修正：精修是一步一步来的，先从最基础的修起。也就是说，总是从背景修起，一步一步地往下做。

1) 需要编辑背景函数。鼠标单击 Dataset 页下的名称 $CaCO_3$-ZnO；鼠标单击“查看/编辑”按钮，会看到 Dataset 包含的内容，现在只编辑背景，所以来看最后一个页面(Background function)，如图 9-10 所示。

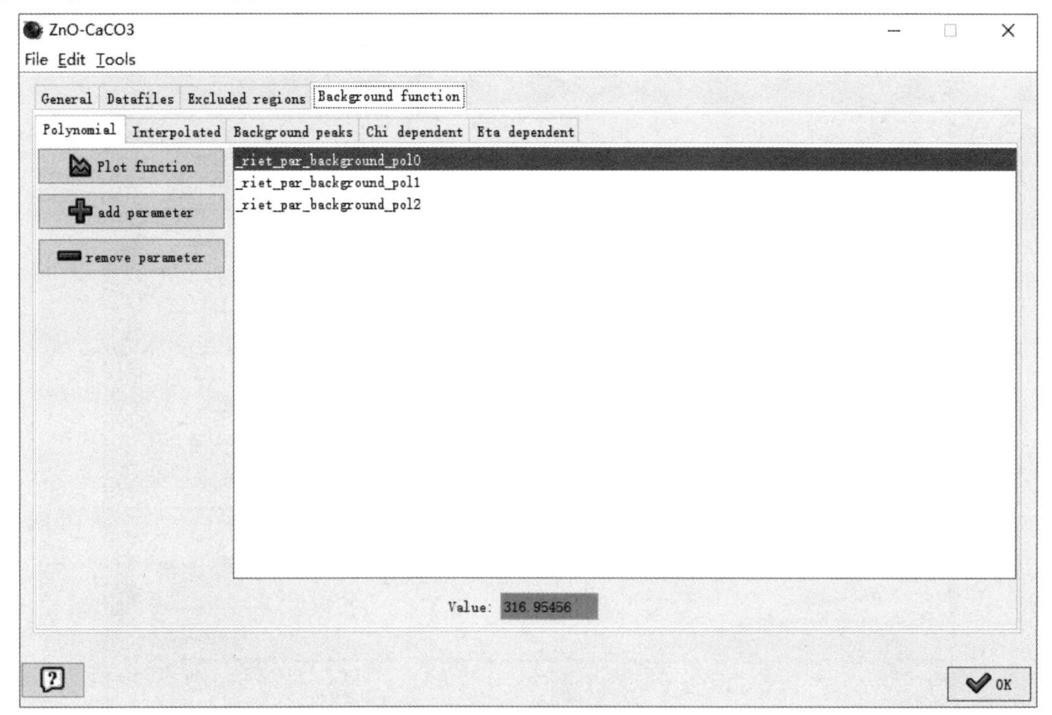


图 9-10　背景函数的设置

一个衍射谱的背景通常用一条若干次幂的高指数函数来表示，比如：

$$y(x) = a_0 + a_1x + a_2x^2 + \cdots$$

这里 $x$ 是指衍射角 $2\theta$，而 $y$ 则是某衍射角 $2\theta$ 处的背景的高度。

背景线通常用抛物线来表示，但是，如果线形复杂而且有挠曲，可能就要用到更高级数的函数了。通常选择 2 次、4 次、6 次，对应的参数个数则是 3 个、5 个和 7 个（一般情况下，最多选 5 个）。

从图 9-10 中右边的窗口中看到的是 3 个参数，即选用了二次抛物线函数。

如果要重设背景线，可以将原来的参数一个个地删除掉（Remove），然后再一个个地添加（Add）。之后鼠标右键单击 Value 那个框，看看是否是 Refine 上打了对号；如果不是，就是在 Fixed 前有对号，要把它改过来。最后点“OK”就可以了。

2）精修背景标度因子。鼠标点击“精修向导”按钮，看到选择项是第一个，再点击“Go”就开始了背景线的精修。

从图 9-11 看到，精修结果还是不错的，拟合线与衍射谱的基线相重合了。如果不重合，则说明需要进一步增加背景线的级数，重复上面的步骤就行了。

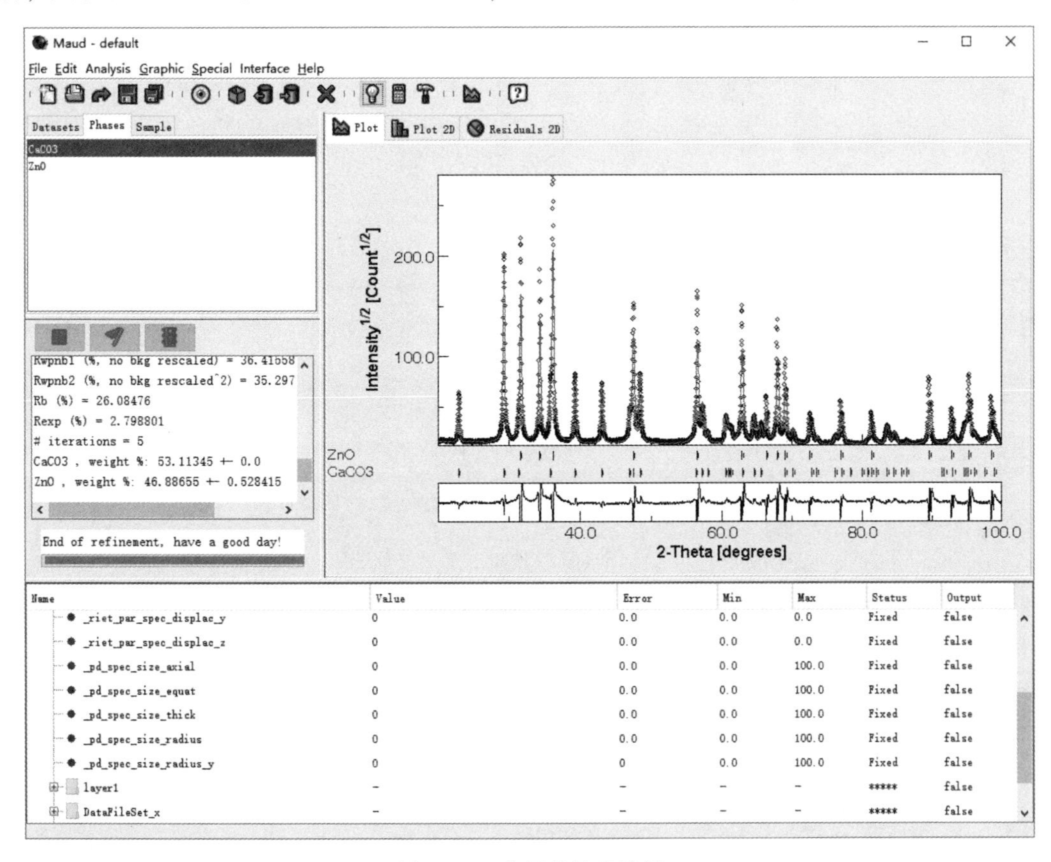


图 9-11　背景的精修效果

再选择 Data Set 的背景线多项式的各个参数，就可以写出它的函数式来了。单击“Plot Function”按钮，可以得到图 9-12 中（a）的背景线拟合的结果图。

（4）相基本参数的精修：选择 ZnO 相，再单击“查看/编辑”按钮，打开“SDPD tools”窗口，如图 9-13 所示。

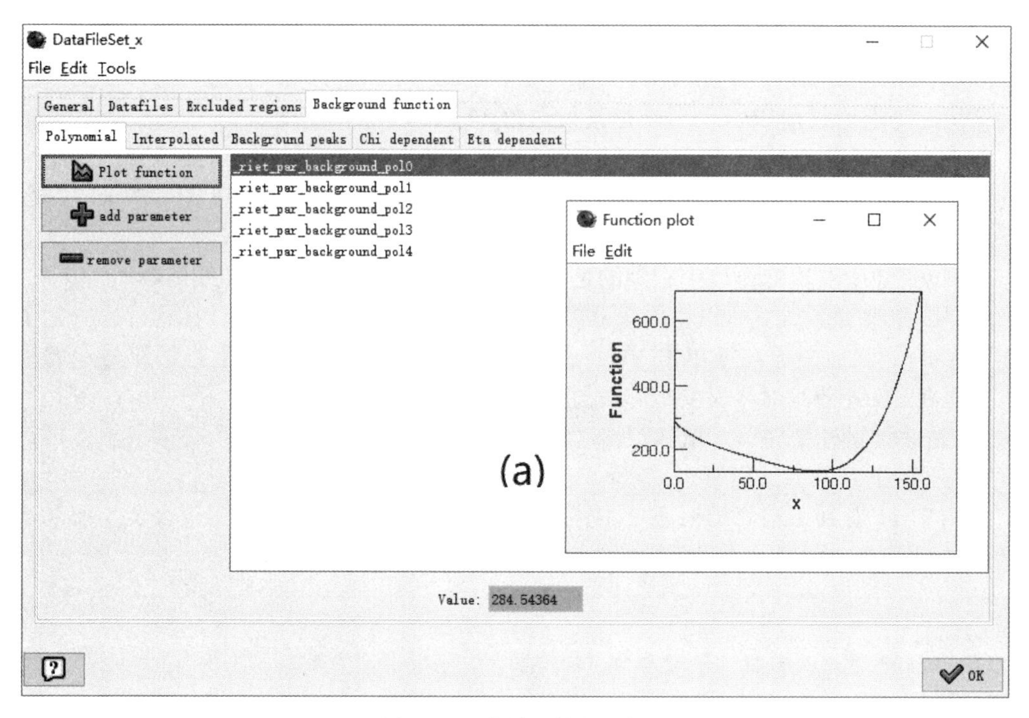


图 9-12 背景函数的形状

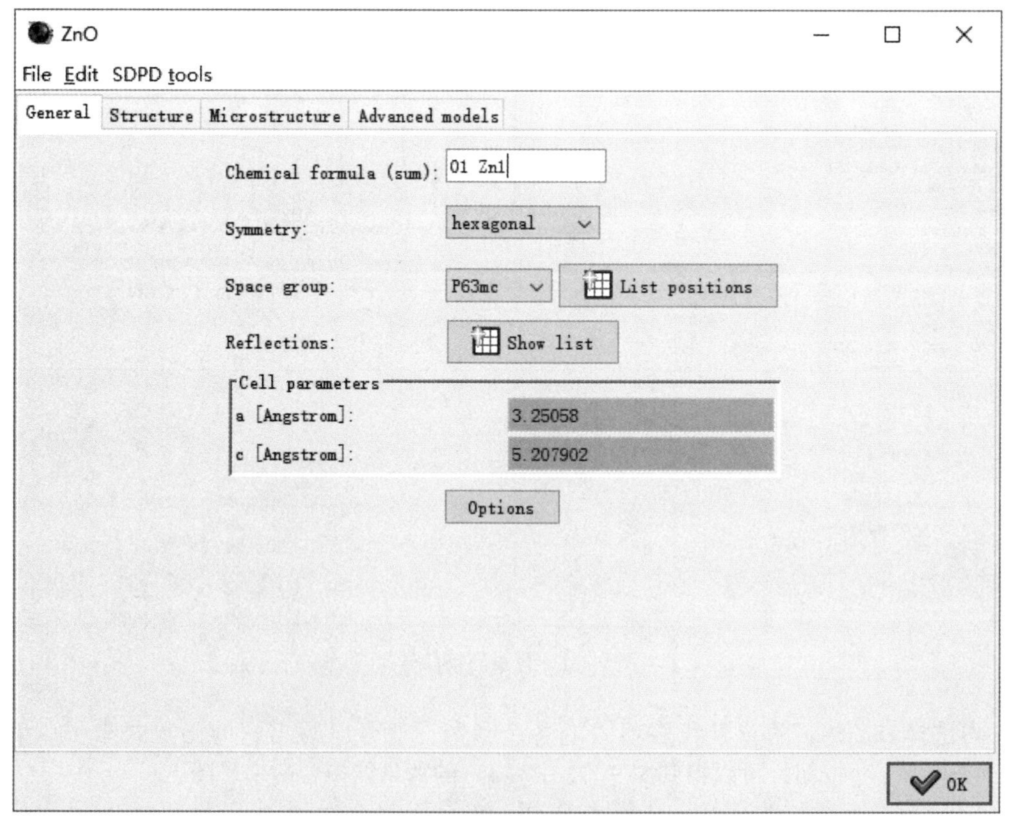


图 9-13 选择晶胞参数为精修变量

用鼠标右键点击图 9-13 中背景为深色的区域，看看它们是否被“Fixed”。如果是，要改过来，改成“Refine”。

同样的，对 $CaCO_3$ 做同样的操作。

点击“精修向导”按钮，对基本结构进行精修，结果如图 9-14 所示。

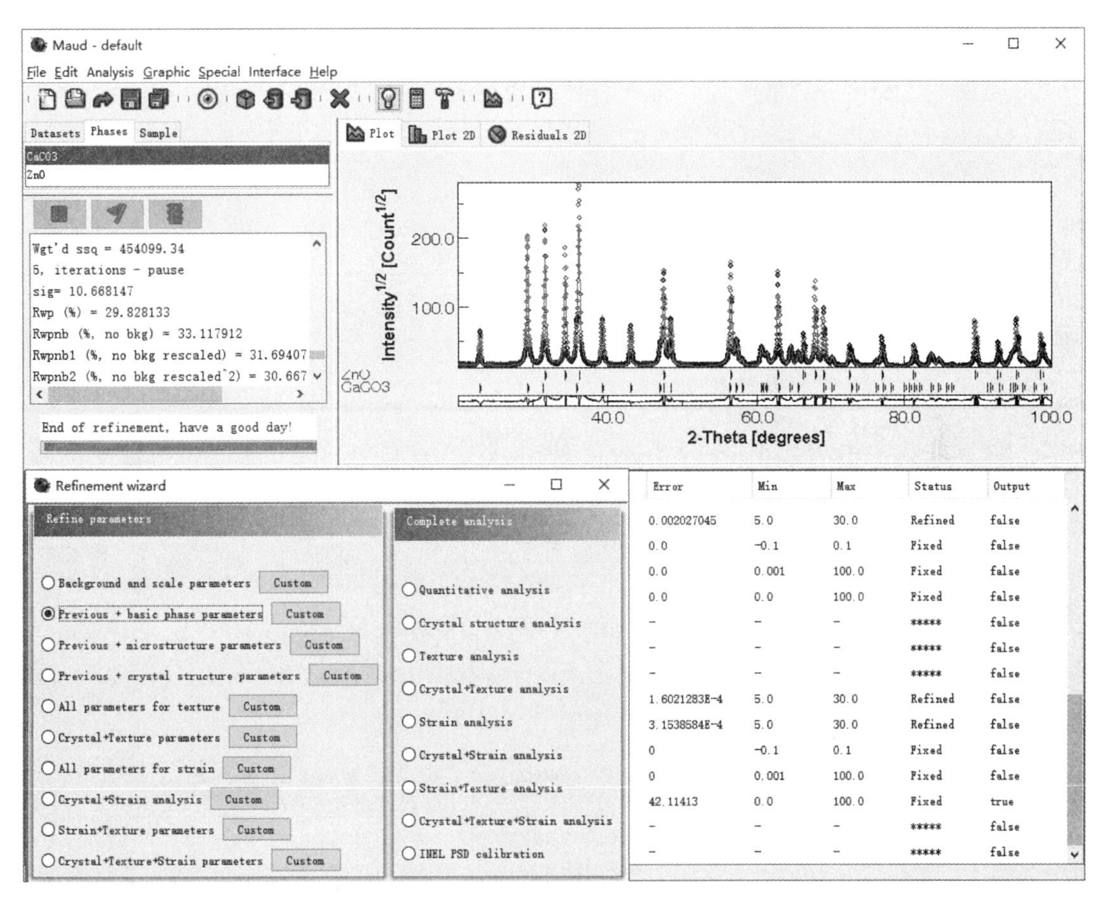


图 9-14　对晶胞参数精修后的效果

由图 9-14 可以看出，$R_w$ 值稍为小了一点。

（5）微结构精修：选择 ZnO，再单点“查看/编辑”按钮，翻到“Microstructure”页。图 9-15 显示了 ZnO 相的微结构模型（选择晶粒/微应变模型为各向同性（Isotropic））。

“Line Broadening model”为“Delf”（缺省），“Size-Strain model”是“Isotropic”（各向同性）。点开 Isotropic 右边的“Options”按钮，看到弹出窗口中有两个数据（图 9-15 中的（b）），可以不修改它们的大小，但要修改它们为“Refined”。

同样的，对 $CaCO_3$ 做相同的操作。

点击“精修向导”按钮，选择精修项为第三项（微结构）进行精修。

微结构精修后，$R_w$ 大大降低了，说明微结构精修效果很好，精修图谱如图 9-16 所示。

图 9-15 中的（b）显示了微结构精修后的晶粒尺寸与微观应变值。

但是，发现有些峰对得很好，而有些峰明显地没有达到实际的高度，下面再试试微应变的各向异性。

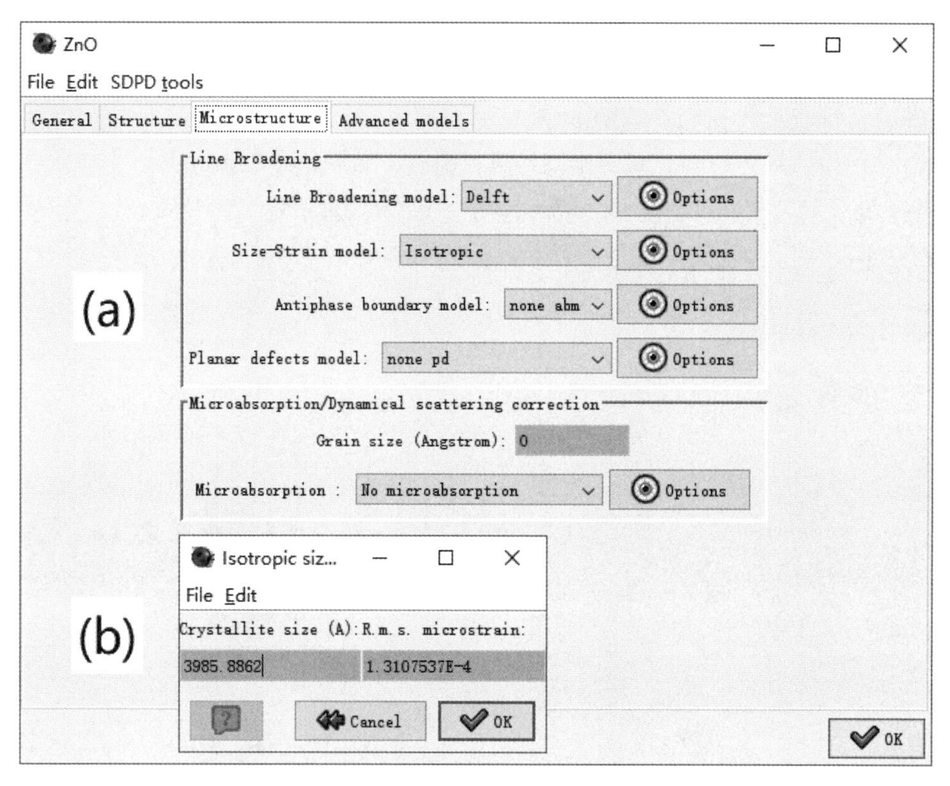


图 9-15 选择微结构为精修变量

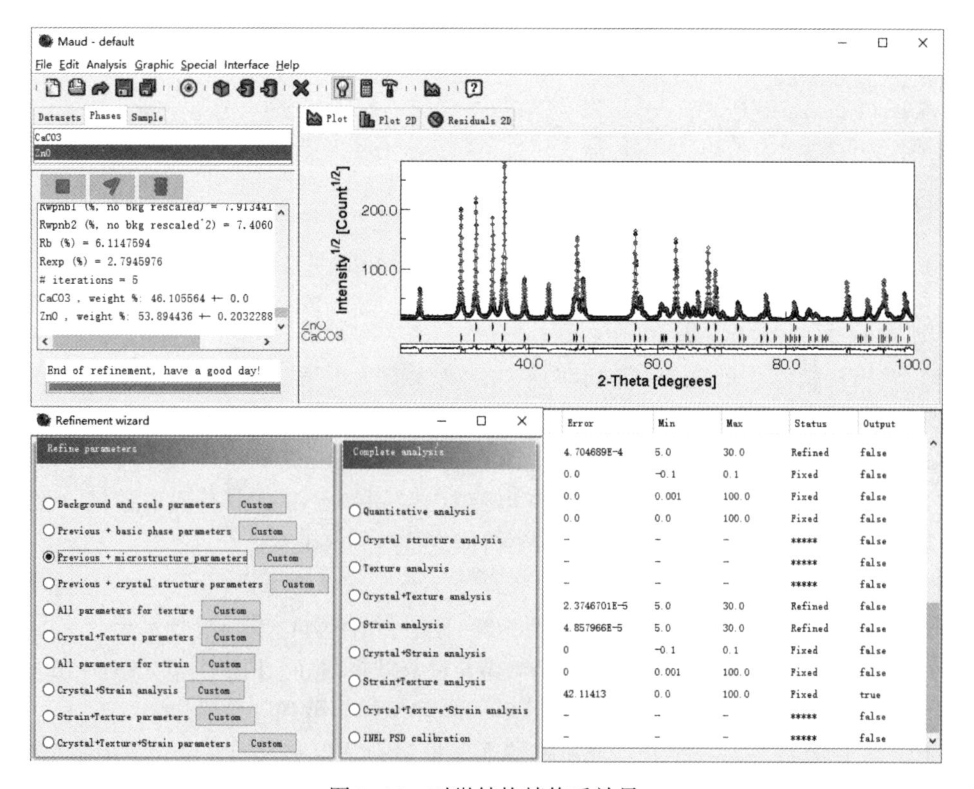


图 9-16 对微结构精修后效果

同样是进入微结构的编辑，但是，要将线宽模型改成 Popa LB，而且将第二行改成 Popa rules，如图 9-17 中的（a）所示。再点击第二行的“精修向导”，就会看到图 9-17 中（b）的窗口出现。

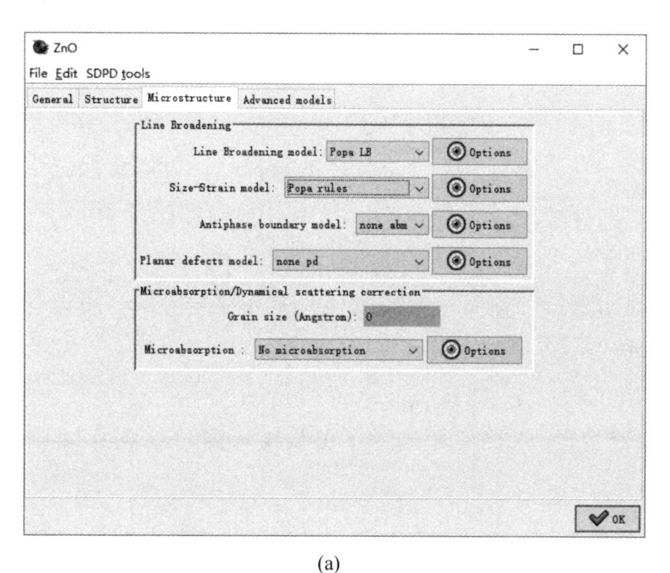


(a)

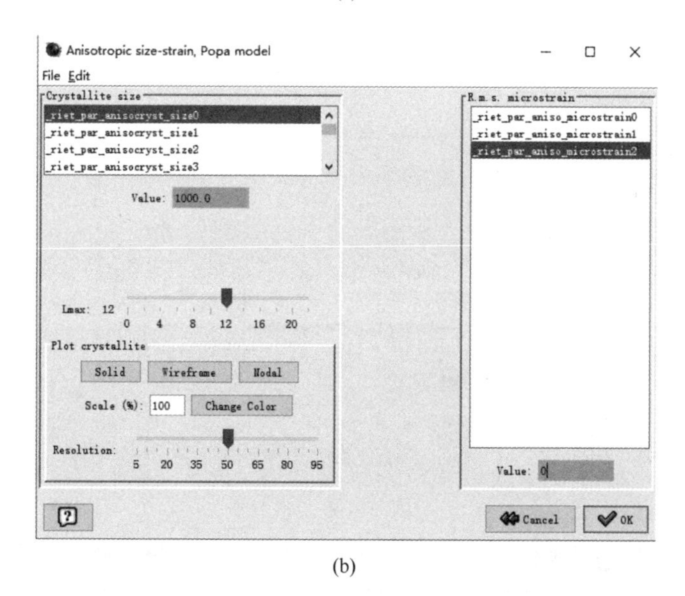


(b)

图 9-17 选择晶粒/微结构模型为“Popa rules”

在图 9-17 的（b）中，拖动 Lmax 滑块到 12（增大晶粒形状模型的多项式级数）。这里，看到两个 Value 的框，可以改变它们的数据，也可以暂时不改变它们，而只是将“Fixed”改成“Refined”。

从精修 *R* 因子来看，并没有得到更低的 *R* 因子，说明不要改成各向异形晶粒来精修，返回去将微结构再改成各向同性，进行精修。

这里只说明在 Maud 中是可以通过改变晶粒形状模型的，在很多时候会要用到这种模型来解决晶粒形状异形的问题。

（6）晶体结构精修：晶体结构精修是精修导向的第四个选项，因为需要精修的参数都改成了“Refined”，所以直接进行精修就行了。

在精修导向中，接下来还有织构（Texture）精修和应力精修（Strain）。但是，在一般情况下不必要做这些工作。当前的分析工作基本上达到了定量分析的要求，可以去查看定量分析的结果了。结果是一个相为 49.5%，另一个相为 50.5%，够可以了。

在精修向导页面的右边，有一个定量分析的选择项，可以直接去点击这个选项进行精修。此时会发现，它同样地做了很多步骤。只不过，将这些步骤一个一个地连起来做了，中间不能编辑或修改任何参数。

在精修指标的显示窗口顶端有一个控制精修循环数的滑块，可以拖动这个滑块来增加或者减小精修的循环次数。

（7）保存与输出：

1）保存输出精修变量。图 9-18 显示了参数编辑窗口（图 9-4 中的窗口⑦）中的部分内容。

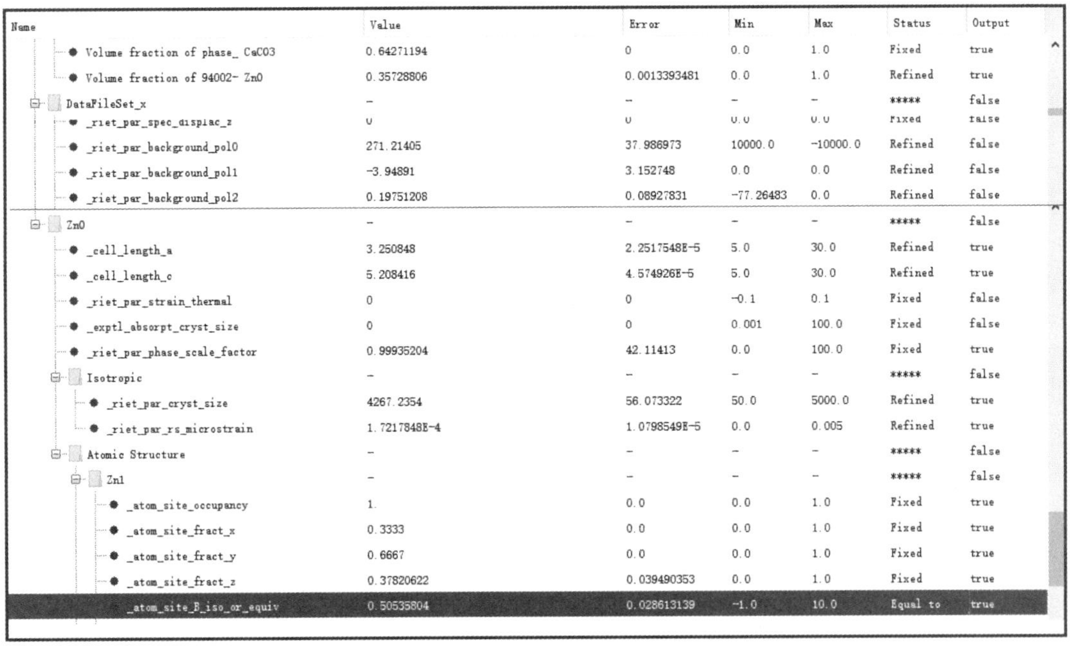

| Name | Value | Error | Min | Max | Status | Output |
|---|---|---|---|---|---|---|
| Volume fraction of phase_ CaCO3 | 0.64271194 | 0 | 0.0 | 1.0 | Fixed | true |
| Volume fraction of 94002- ZnO | 0.35728806 | 0.0013393481 | 0.0 | 1.0 | Refined | true |
| DataFileSet_x | – | – | – | – | ***** | false |
| _riet_par_spec_displac_z | 0 | 0 | 0.0 | 0.0 | Fixed | false |
| _riet_par_background_pol0 | 271.21405 | 37.986973 | 10000.0 | -10000.0 | Refined | false |
| _riet_par_background_pol1 | -3.94891 | 3.152748 | 0.0 | 0.0 | Refined | false |
| _riet_par_background_pol2 | 0.19751208 | 0.08927831 | -77.26483 | 0.0 | Refined | false |
| ZnO | – | – | – | – | ***** | false |
| _cell_length_a | 3.250848 | 2.2517548E-5 | 5.0 | 30.0 | Refined | true |
| _cell_length_c | 5.208416 | 4.574926E-5 | 5.0 | 30.0 | Refined | true |
| _riet_par_strain_thermal | 0 | 0 | -0.1 | 0.1 | Fixed | false |
| _exptl_absorpt_cryst_size | 0 | 0 | 0.001 | 100.0 | Fixed | false |
| _riet_par_phase_scale_factor | 0.99935204 | 42.11413 | 0.0 | 100.0 | Fixed | true |
| Isotropic | – | – | – | – | ***** | false |
| _riet_par_cryst_size | 4267.2354 | 56.073322 | 50.0 | 5000.0 | Refined | true |
| _riet_par_rs_microstrain | 1.7217848E-4 | 1.0798549E-5 | 0.0 | 0.005 | Refined | true |
| Atomic Structure | – | – | – | – | ***** | false |
| Zn1 | – | – | – | – | ***** | false |
| _atom_site_occupancy | 1. | 0.0 | 0.0 | 1.0 | Fixed | true |
| _atom_site_fract_x | 0.3333 | 0.0 | 0.0 | 1.0 | Fixed | true |
| _atom_site_fract_y | 0.6667 | 0.0 | 0.0 | 1.0 | Fixed | true |
| _atom_site_fract_z | 0.37820622 | 0.039490353 | 0.0 | 1.0 | Fixed | true |
| _atom_site_B_iso_or_equiv | 0.50535804 | 0.028613139 | -1.0 | 10.0 | Equal to | true |

图 9-18　参数编辑窗口

这个窗口中以树状关系图列出了分析工作的全部参数，其作用之一是用于编辑、修改或调整各种参数的初始值。另外，随时可以改变变量的精修状态。现在最主要的是用于选择输出的变量。当某个变量的“Output”值为“False”时，表示不被输出，而如果需要输出则必须设置为“Ture”。

图 9-18 中，将需要输出的变量都设置成为“Ture”。于是，使用菜单命令“File→Append results to”，将分析结果输出成一个文本文件。

有意思的是，不管输出的项目有多少，Maud 输出结果时，总是用两行数据来输出结果。其中，第一行为变量名称，第二行为对应的数据。这里将数据保存成“Data041. XLSX”，以便在 EXCEL 软件中查看和转置成一个表格。

2）保存 par 文件。par 文件中可以保存测试数据、结构以及当前分析状态。首先选择菜单命令“Analysis→Options”，打开如图 9-19 的窗口。

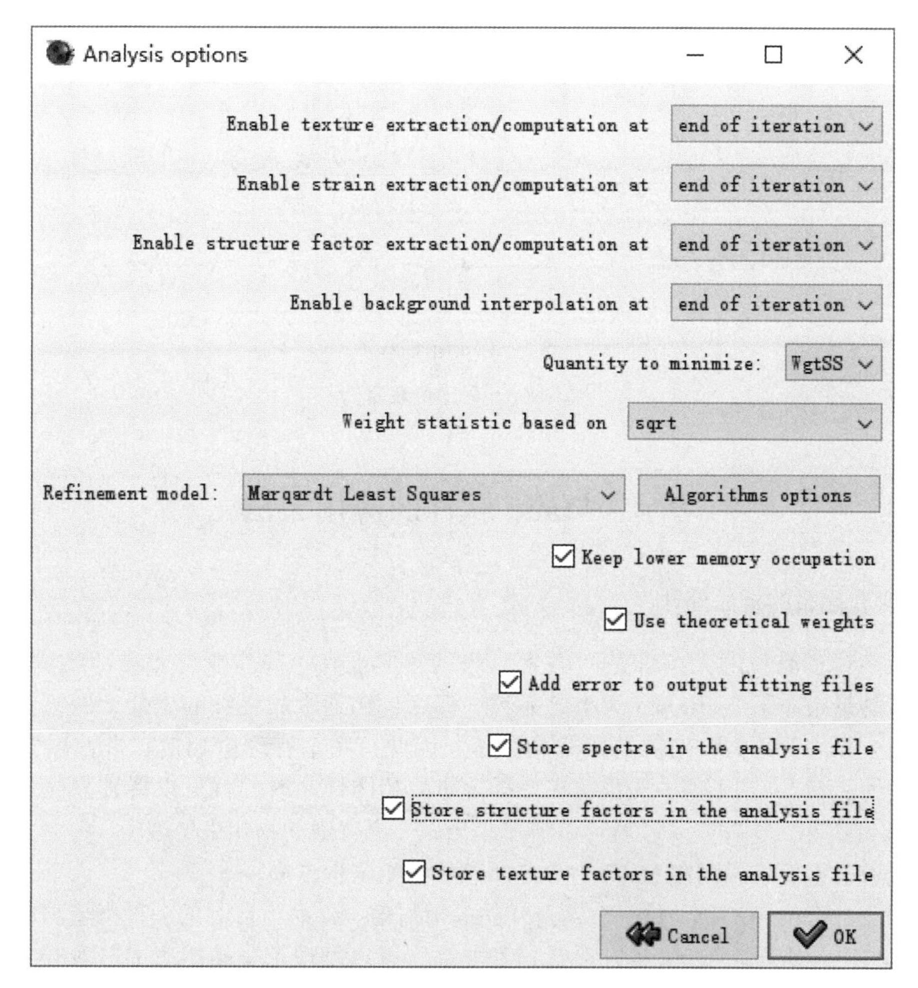


图 9-19　程序参数窗口

图 9-19 中显示了程序参数。在这里勾选“Store Spectra in the analysis file”，然后选择菜单命令“File→Save analysis as...”即可保存当前分析。

3）保存图谱图形。选择菜单命令“Graphic→Plot selected dataset”，可打开图形显示窗口，可以将图形硬拷贝下来，如图 9-20 所示。

4）保存结构。在窗口的 Phase 页面选定一个结构，然后选择菜单命令“Edit→Save Object to database”可以将指定的晶体结构（修正后的）保存到“Structures. mdb”文件（或者单独保存成一个 cif 文件），便于以后调用。

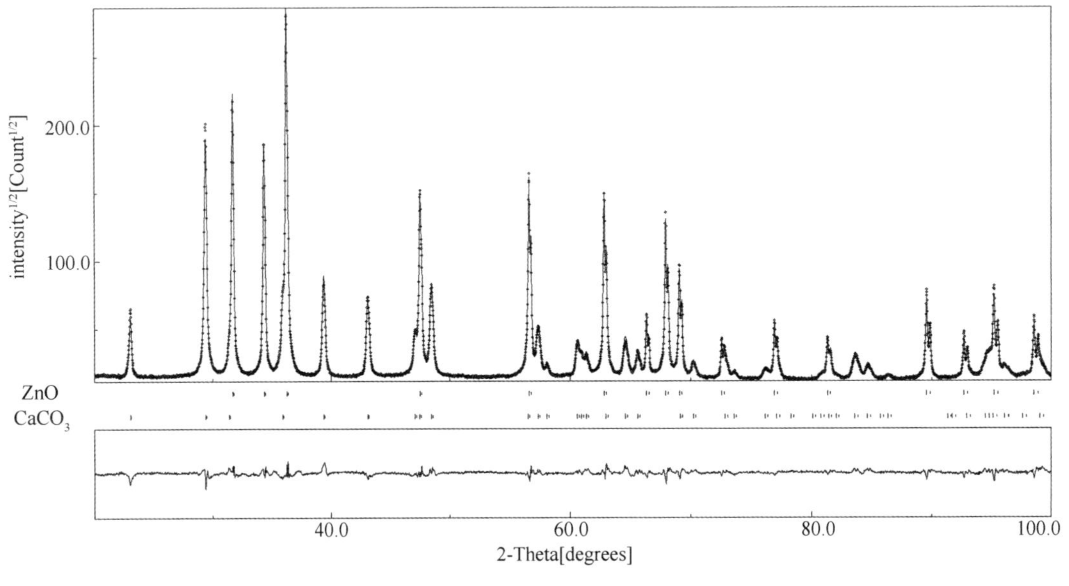


图 9-20　程序参数窗口

## 9.4　Maud 软件的应用方法

操作视频 41

### 9.4.1　含非晶相的样品处理

一般来说，晶粒的大小都是“微米”级的，但也有一些晶粒可能是“纳米”级的。所谓纳米晶是指介于 1～100nm 大小的晶粒。那么，比纳米晶更细的是什么呢？就是短程有序或完全无序的结构，也就是“非晶”了。因此，完全有理由相信“非晶就是比纳米晶粒更细的晶粒”。基于这一假设，在分析含非晶相的样品时，就可以将其晶粒尺寸定义为 1nm 或者更小。这样一来，就可以将非晶当做一个普通的物相来处理了。

下面通过实例来说明在 Maud 中含非晶相的物相定量方法。

数据文件 Data042. TXT 是一个陶瓷样品的衍射谱。样品为自制的一种陶瓷材料，分析结果为 $ZrSiO_4$（锆石）、$ZrO_2$（斜锆石）和非晶。可以发现，非晶相的主散射峰与方石英的主峰位置基本重合，因此这里选择方石英为非晶相的模型（而且化学组成也相近）。

（1）将测量谱转换成 TXT 文件并读入 Maud。

（2）建立并读入这三个相的 cif 文件。

（3）按下菜单“Analysis-compute spectra”命令，得到计算谱和残差图，如图 9-21 所示。

（4）依次完成前两项精修（背景和基本结构参数）。

（5）直接修改非晶的微结构参数：Crystallite Size＝10（Maud 软件使用 Å 作为计量单位）。这里的 10Å＝1nm，如图 9-22 所示。然后做微结构精修。

这样，可以看到非晶峰被拟合好了，并且非晶的峰位也被自动移动到合适的位置。

（6）完成晶体结构精修（第四项）。

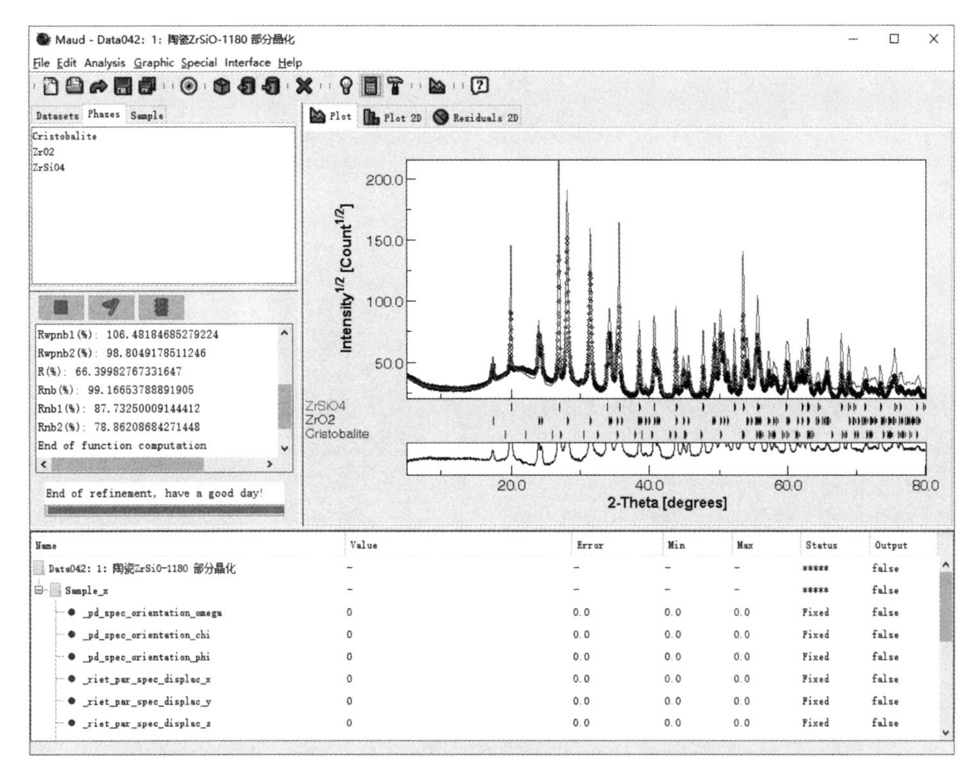


图 9-21　样品衍射谱与各种物相（非晶相引用了方石英的晶体结构模型）

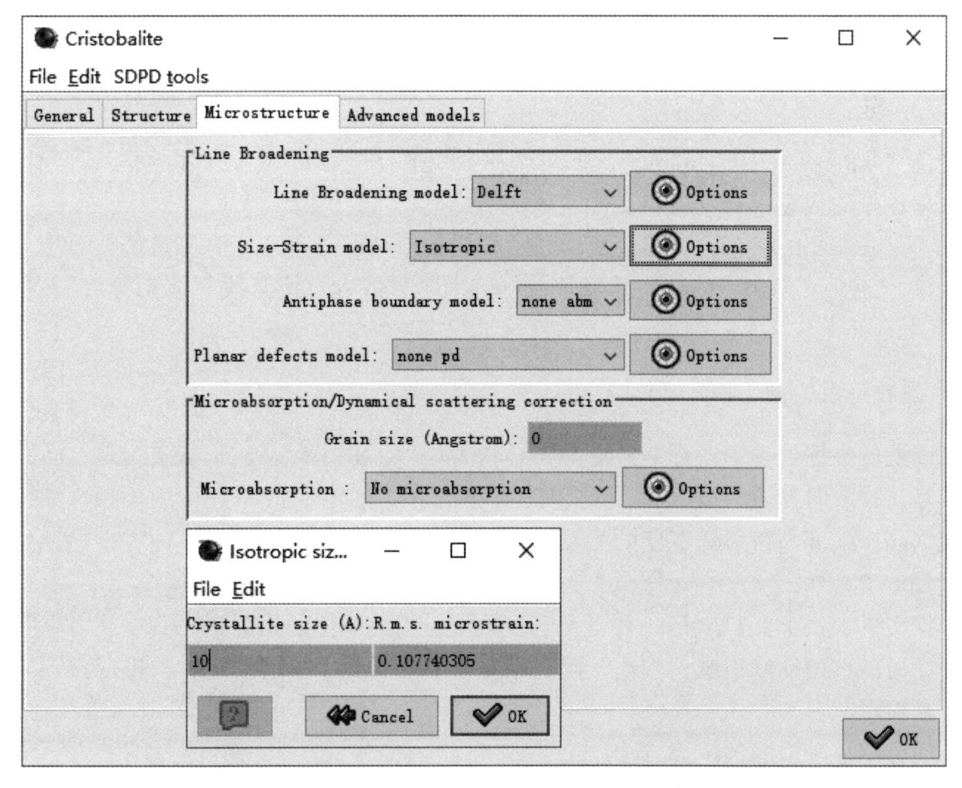


图 9-22　直接修改“非晶相”的晶粒尺寸为 10Å（1nm）

（7）设置低角度背景。从拟合结果可以看出，低角度的背景线吻合不好。选择“Dataset”页，点击“查看/编辑”按钮，弹出“Tools”窗口，选择“Background function”项，单击“Interpolated”，如图 9-23 所示。

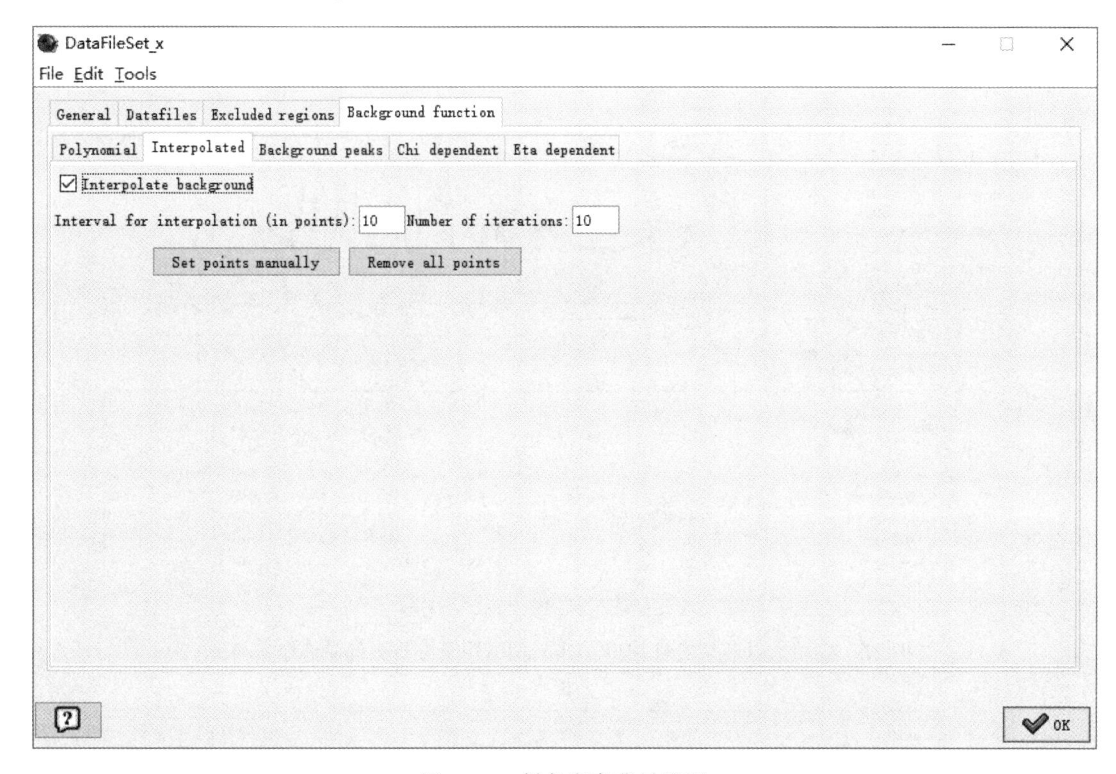


图 9-23　低角度高背景处理

勾选“Interpolate background”，低角度背景线拟合得非常好。最后，可以看到拟合指标参数和各相的含量（图 9-24）。

由于有非晶相的存在，可能会使得某个相的精修高度总是达不到测量值，可能要通过参数窗口（图 9-4 窗口中的⑦）手动修改标度因子，或者直接修改“体积分数”，再反复地精修。

### 9.4.2　晶粒形状模拟

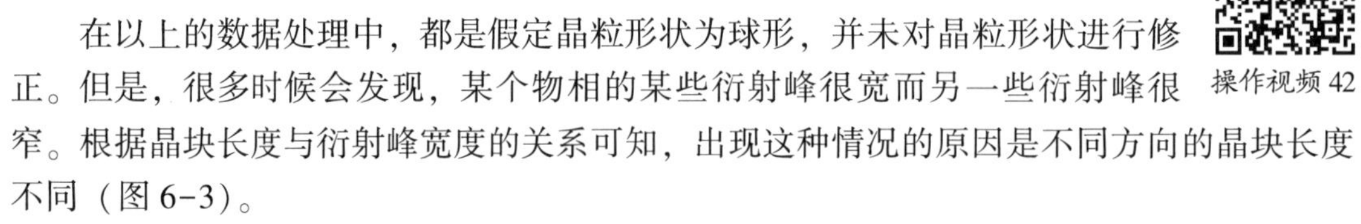

操作视频 42

在以上的数据处理中，都是假定晶粒形状为球形，并未对晶粒形状进行修正。但是，很多时候会发现，某个物相的某些衍射峰很宽而另一些衍射峰很窄。根据晶块长度与衍射峰宽度的关系可知，出现这种情况的原因是不同方向的晶块长度不同（图 6-3）。

数据文件 Data043. TXT 是一种三元电池正极材料前驱体的衍射谱。其中，有些衍射峰很宽，而另一些衍射峰很窄。因此，假定晶粒形状为异形，采用 Maud 提供的多项式函数来拟合晶粒形状。

下面介绍这种样品的精修方法。

新建一个“Analysis”，读入数据文件 Data043. txt，该文件以 X-Y 格式的文本文件保

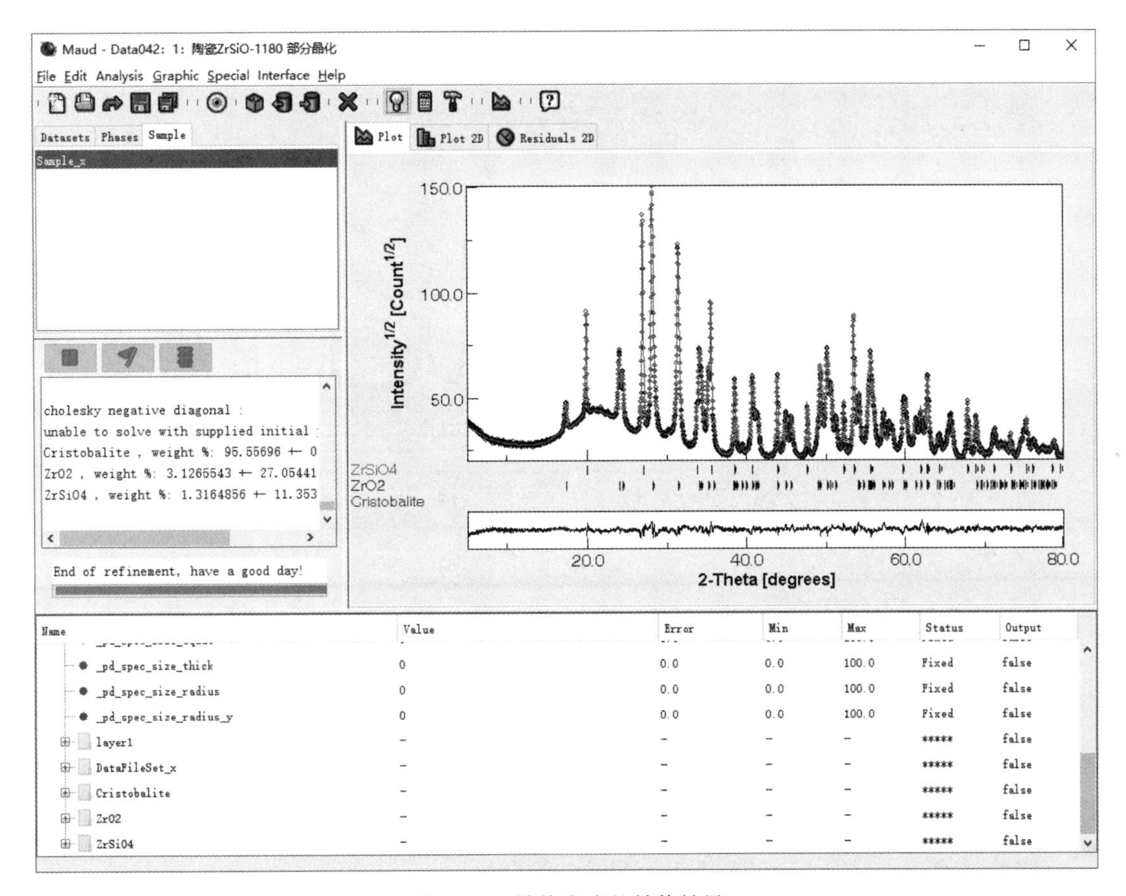


图 9-24　精修完成的精修结果

存。然后，读入样品的结构文件（Ni，Co，Mn）(OH)$_2$.cif。按下 Maud 窗口的“计算器”按钮，得到“计算谱和残差”，如图 9-25 所示。

从图 9-25 不难看出，该衍射谱中，有些衍射峰很宽而另一些则很窄。

首先，进行基本参数精修。按图 9-5 的精修向导按顺序进行一次精修，会发现有些衍射峰强度不能吻合，如图 9-26 所示。

衍射强度不吻合有很多可能性，如晶胞参数不吻合、标度因子太高或太低、择优取向或者衍射宽度不吻合。

这里假定是最后一种情况。选择“Phase”页并选定结构，单击“查看/编辑”按钮，就进入结构的微结构参数观察窗口，如图 9-27 中的（a）所示。

在图 9-27 的（a）中，选择“Size-Strain model”为“Popa rules”，并点击右侧的“Options”按钮，进入图 9-27 中（b）所示的微结构设置窗口。

在图 9-27 的（b）中，拖动“Lmax”滑块到 12，并设置各参数为“Refined”后返回，再从头精修一次。

最后，发现低角度背景线还不吻合，按图 9-23 进行低角度背景曲线设置，最终得到如图 9-28 的精修结果。

从图 9-28 中可以看到 $R_{wp}$ 已经非常满意。此时，返回图 9-27 中的（b），会发现晶粒

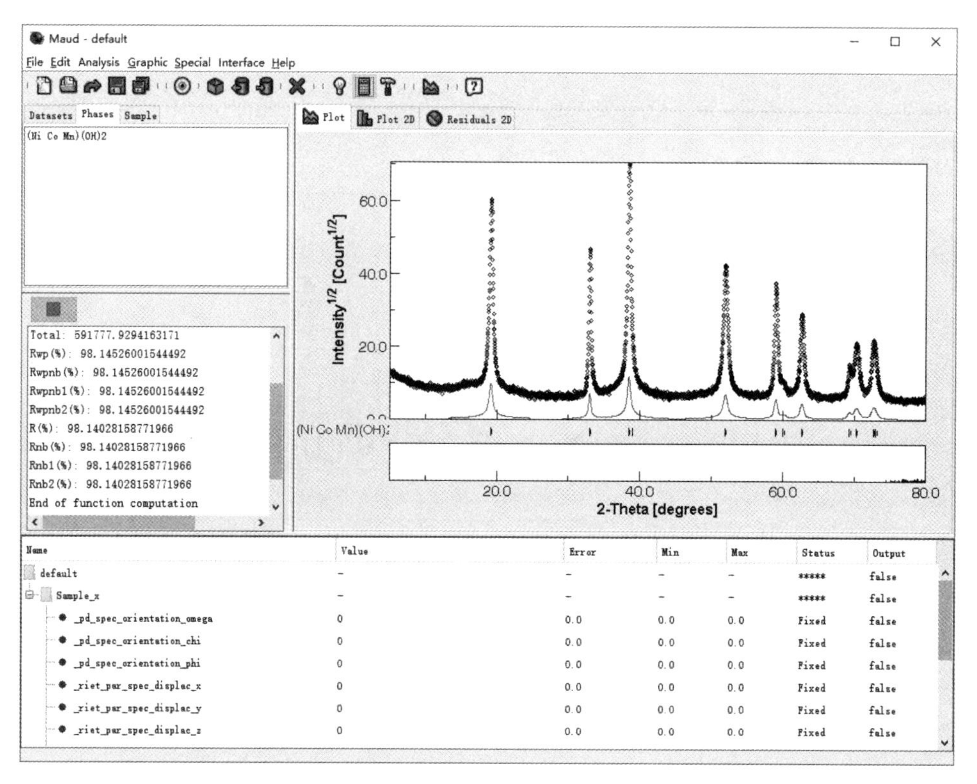


图 9-25 三元正极材料前驱体（Ni，Co，Mn)(OH)$_2$ 图谱

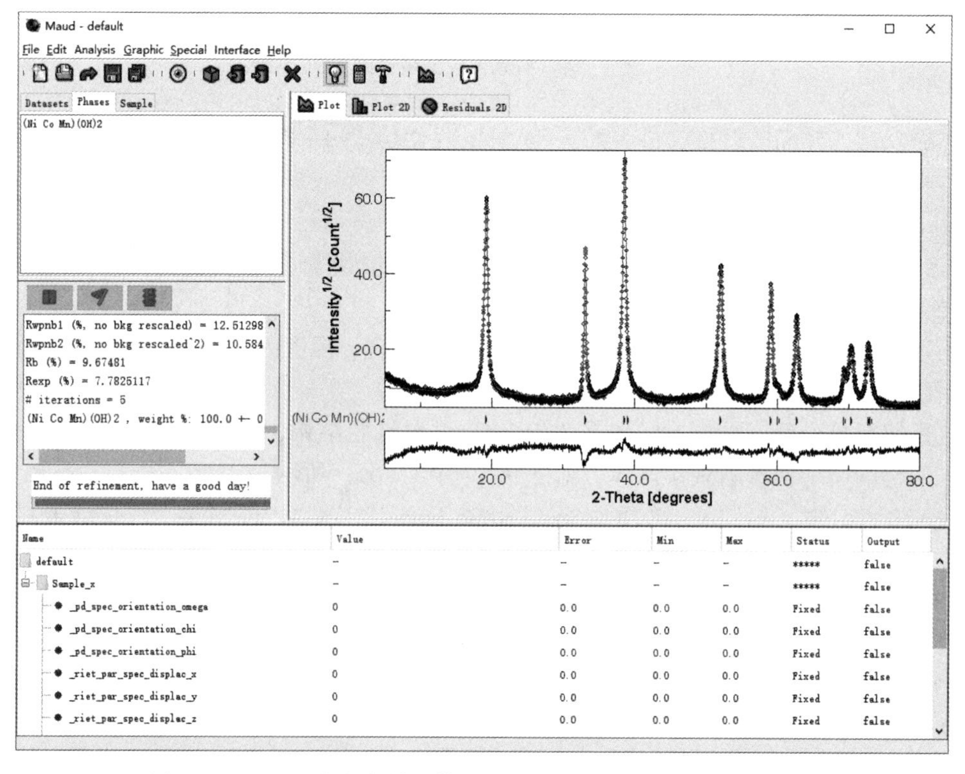


图 9-26 三元正极材料前驱体（Ni，Co，Mn)(OH)$_2$ 的初步精修

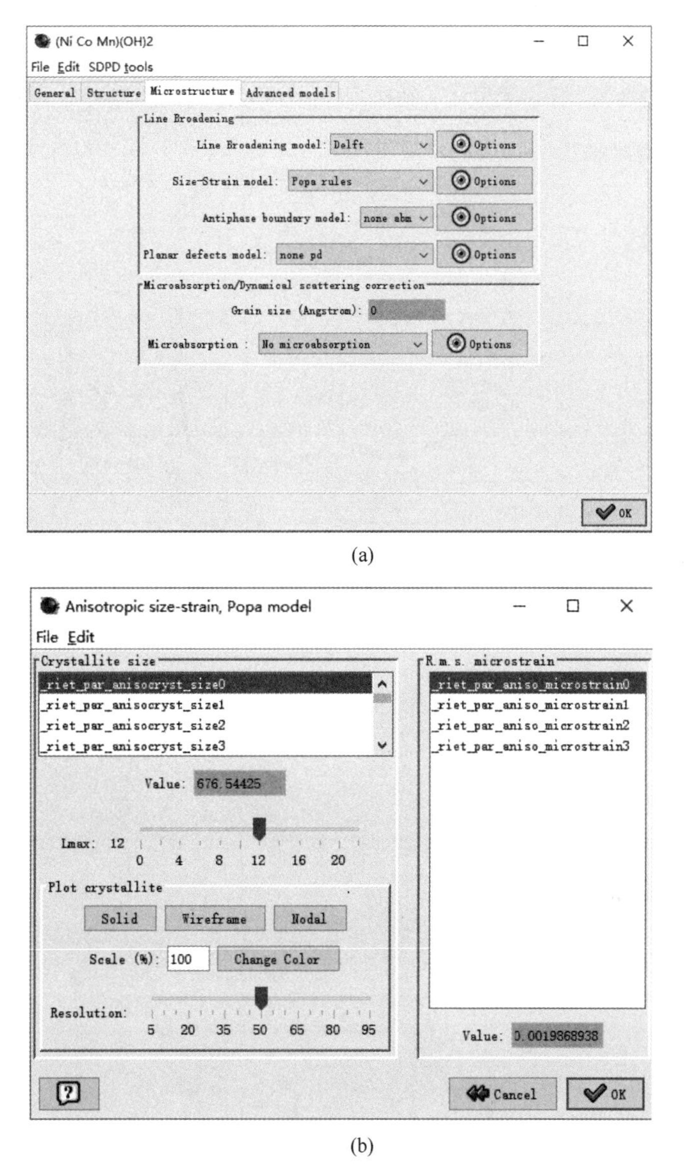

(a)

(b)

图 9-27 三元正极材料前驱体（Ni，Co，Mn）$(OH)_2$ 的微结构参数设置

尺寸参数和微观应变参数都得到了精修，按下“Plot crystallite”的第一个按钮，可以看到图 9-29 所示的晶粒形状。

应当了解的是“Lmax”的设置值不同，得到的晶粒形状会有差异，而且拟合残差值 $R$ 也会不同；不合适的“Lmax”不可能得到合适的精修结果。

### 9.4.3 含织构样品的定量分析

操作视频 43

材料的织构与点群（劳厄群）相关。单晶体 X 射线衍射的一个特征是相干衍射效应具有中心对称性，即使这种晶体不是中心对称的也是这样。所以，如果我们为了测定晶体的对称性而获得一系列 X 射线衍射相，那也不大可能确定晶体是否

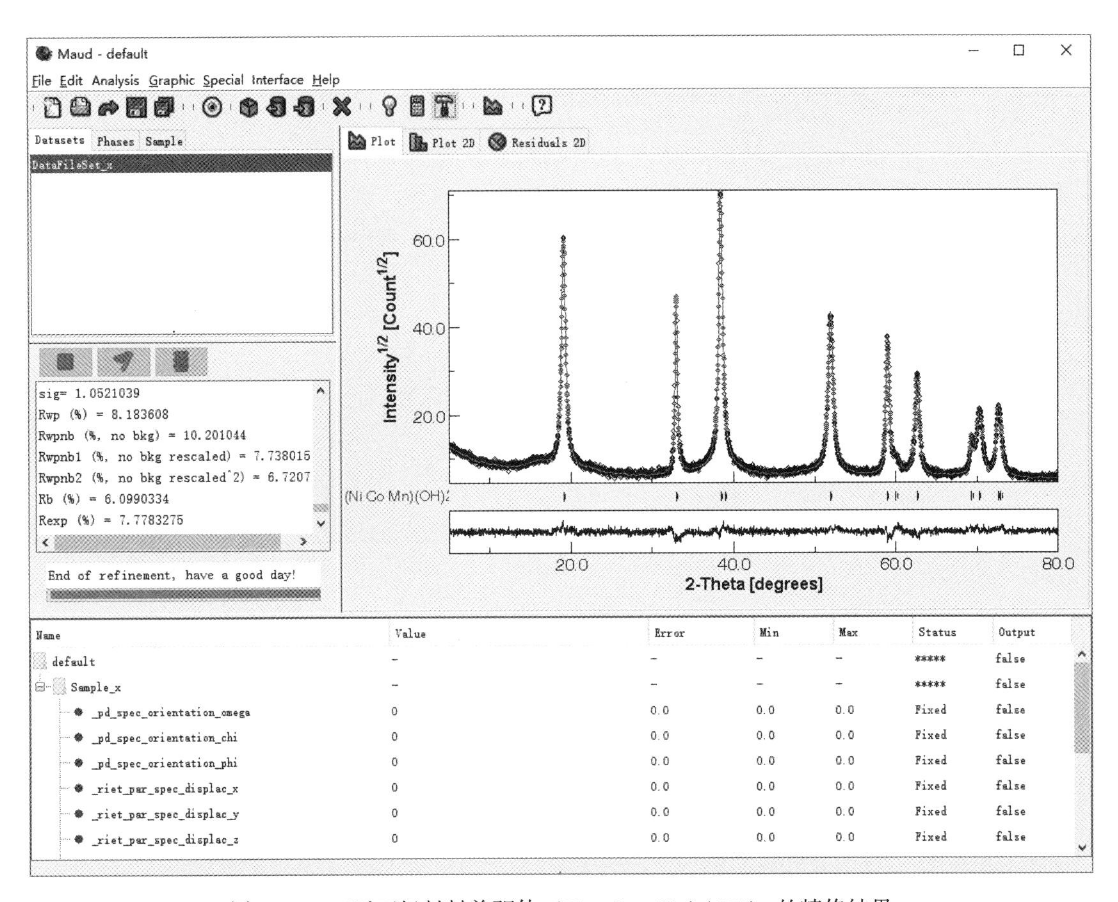


图 9-28　三元正极材料前驱体 $(Ni, Co, Mn)(OH)_2$ 的精修结果

图 9-29　三元正极材料前驱体 $(Ni, Co, Mn)(OH)_2$ 的晶粒形状

是中心对称。通过反常色散和其他方面的研究可以把两种情况区别开来。因此，X 射线衍射具有把反演中心加进晶体点群的效果，这就意味着用 X 射线衍射效应只能直接区分 11 种中心对称点群，这称为 11 种劳厄群或 11 种劳厄对称群。于是，我们可以说，这 32 种点群被合并成了 11 种劳厄群。例如，点群 4 和-4 合并到劳厄群 4/m。也就是说，具有 4 或-4 对称性的晶体，从它们的 X 射线衍射花样看来，似乎它们的对称性都是 4/m。为方便查找，表 9-1 列出了晶系、点群、空间群编号和 11 种劳厄群的对照表。

**表 9-1　晶系、点群、劳厄群和空间群编号的对应关系**

| 晶系 | 点群 | 劳厄群 | 空间群编号 |
|---|---|---|---|
| Triclinic | 1，$\bar{1}$ | $\bar{1}$ | 1~2 |
| Monoclinic | 2，m，2/m | 2/m | 3~15 |
| Orthorhombic | 222，mm2，mmm | mmm | 16~74 |
| Tetragonal | 4，$\bar{4}$，4/m | 4/m | 75~88 |
|  | 422，4mm，$\bar{4}2m$，4/mmm | 4/mmm | 89~142 |
| Trigonal | 3，$\bar{3}$ | $\bar{3}$ | 143~146 |
|  | 32，3m，$\bar{3}m$ | $\bar{3}m$ | 147~167 |
| Hexagonal | 6，$\bar{6}$，6/m | 6/m | 168~176 |
|  | 622，6mm，$\bar{6}m2$，6/mmm | 6/mmm | 177~194 |
| Cubic | 23，m3 | m3 | 195~206 |
|  | 432，$\bar{4}3mm$，m3m | m3m | 207~230 |

数据文件 Data044. txt 是一个 Al-Zn-Mg 合金轧制板材的样品的衍射谱，样品由两相组成，其中 Al 相为基体相，而 $MgZn_2$ 是析出相。由于轧制加工给样品带来强烈的织构，下面通过这个样品的精修过程来介绍 Maud 软件解决织构问题的方法。

首先需要准备测量数据文件和结构文件。将转换成 TXT 格式的数据文件和两个晶体结构文件读入 Maud，并且按照图 9-5 所示的精修导向，从背景和标度因子到晶体结构进行精修。其精修结果如图 9-30 所示。

不难发现，精修不能继续的原因是 Al 的峰强不能匹配。这是因为，样品为一个轧制板材，Al 是板材的基体。一块板材之所以可以在外力作用下由厚变薄，是由于 Al 晶粒在外力作用下按照一定的滑移面和滑移方向滑移和转动；最终导致部分 Al 晶粒按照一定的方向排列，这就是所谓的“择优取向”，具有择优取向称为“织构”。

因此，对于这个样品需要做如下择优取向的修正。

（1）修改物相的择优取向参数。在“Phase”选项卡上，选择“Al”相，点击“查看/编辑”按钮，弹出物相参数设置对话框。

（2）单击“Advanced models”，将“Texture”的选项改为“Harmonic”，如图 9-31 中的（a）所示。

（3）点击“Options”，在弹出的对话框中选择“Sample symmetry”的值为“m3m”（劳厄群），并拖动“Lmax”的滑块到“12”的位置。关闭这个对话框，Al 相的织构参数

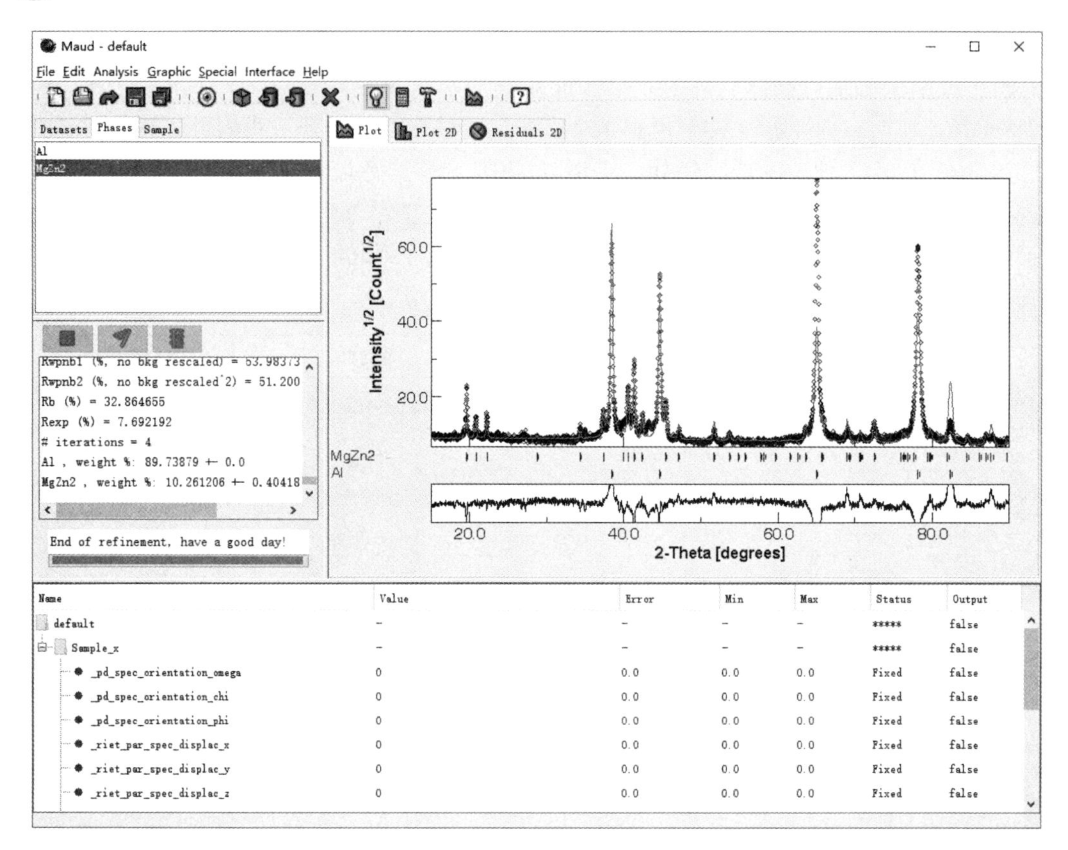


图 9-30 基本参数精修结果

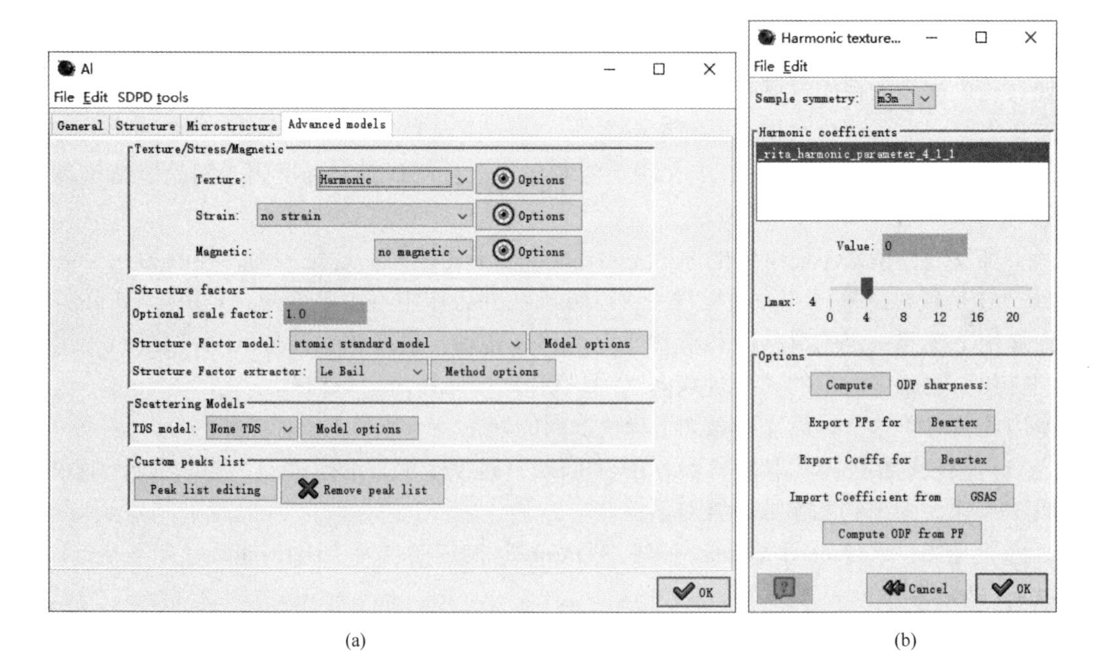


(a) (b)

图 9-31 选择物相的劳厄群

初始值就修改好了。

（4）精修织构。单击 ，并且分别选择 “All Parameters for Texture” 和 “Crystal + Texture Parameters” 选项进行精修，会得到如图 9-32 的结果。

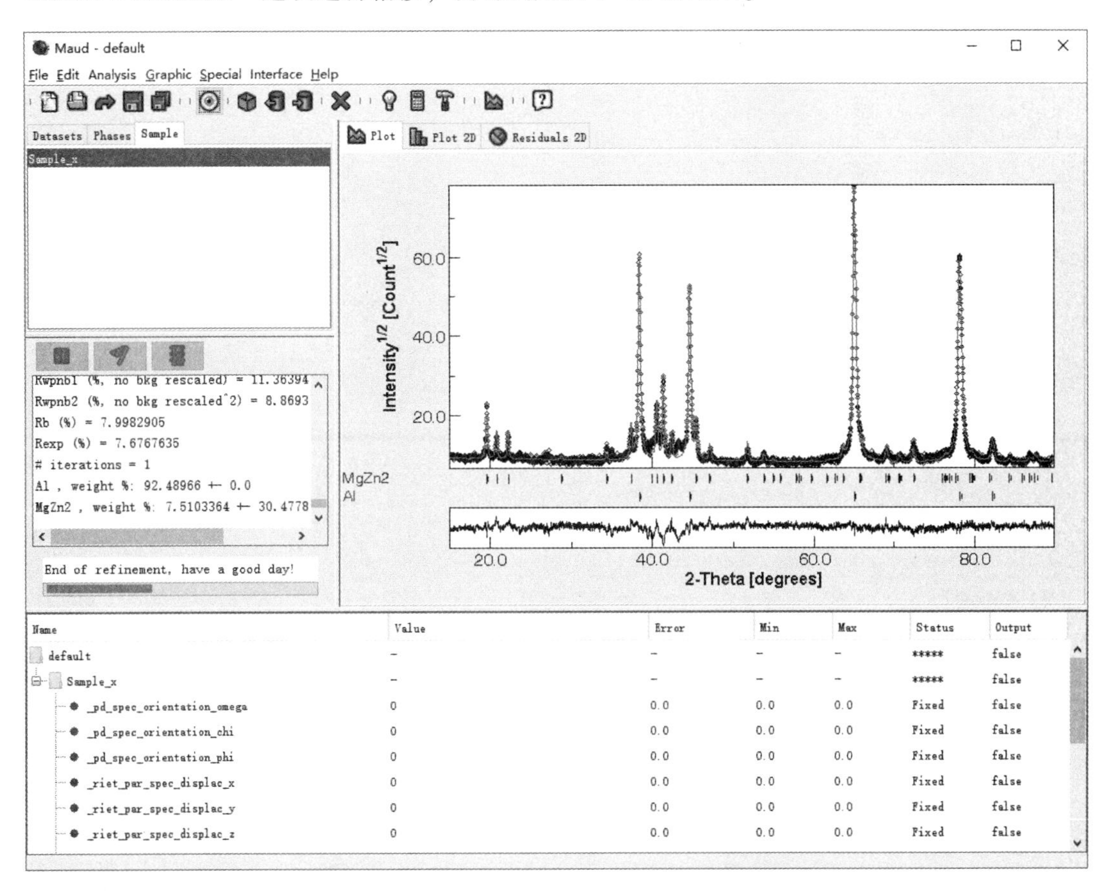


图 9-32　对主要物相的择优取向精修后的结果

从结果可以看出，Al 相的峰强基本上匹配好了，但 $MgZn_2$ 相的峰强还没有匹配好。考虑到 $MgZn_2$ 相的量不是很多，而且该相在轧制过程中的滑移不像 Al 基体那么有规律，有时候不是需要考虑的主要对象。如果希望吻合好，可以类似地按上面的步骤对 $MgZn_2$ 做相同的操作。

现在，可以查看 Al 相的织构。

选择菜单 “Graphic→Texture plot” 命令，弹出图 9-33 所示的 “Texture plotting” 窗口。

如果有多张衍射图谱（按一定的方向倾斜和旋转样品，测量样品的全谱，得到若干张衍射图），则可以通过同时精修这些图谱来绘制出样品的极图和 ODF 图（取向分布函数图）。通过一张衍射谱，只能绘制出样品反极图。

在图 9-33 中选择 “Inverse pole figure” （反极图），然后，单击右下角的 “Plot” 按钮，将绘制出如图 9-34 所示的反极图。

从图 9-34 可以看出，反极图中最大极密度点为（112）和（110）。因此，与样品表

| h | k | l | Active |
|---|---|---|---|
| 1 | 1 | 1 | ☑ |
| 2 | 0 | 0 | ☐ |
| 2 | 2 | 0 | ☐ |
| 3 | 1 | 1 | ☐ |
| 2 | 2 | 2 | ☐ |
| 4 | 0 | 0 | ☐ |
| 1 | 0 | 0 | ☐ |
| 0 | 1 | 0 | ☐ |
| 0 | 0 | 1 | ☐ |
| 1 | 1 | 0 | ☐ |
| 1 | 0 | 1 | ☐ |
| 0 | 1 | 1 | ☐ |
| 1 | 1 | 1 | ☐ |

图 9-33　极图显示参数

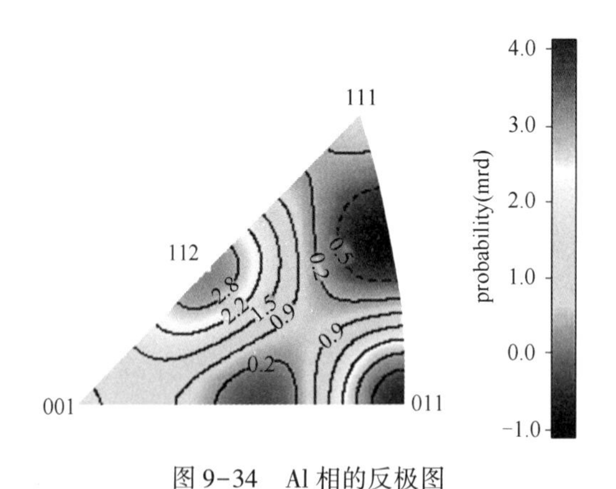


图 9-34　Al 相的反极图

面平行的晶面主要是（112）和（110）晶面。如果同时测量了样品的轧向衍射谱，则可以由两个反极图判断出样品中存在的板织构。

实际上，任何一个多晶体样品都或多或少地存在择优取向。如果择优取向问题不严重，不必考虑它的影响。但是，一旦它成为一个严重的问题，不得不考虑它的影响。为了减少择优取向的影响，在制取粉末样品时就要特别注意制样方法。

Maud 与 Jade 的精修功能相比，其突出特点主要有三点：（1）针对含有织构的样品，可以对织构进行精修，尽管 Jade 使用球谐函数也能解决一些简单织构的问题，但没有 Maud 这么方便快捷和有效；（2）当晶粒形状不是球形时，Jade 往往没有很好的办法来解决，而 Maud 设计了多元函数来拟合晶粒形状，从而对于异形晶粒的晶粒大小和微观应变计算变得简单而有效；（3）用"晶粒尺寸特别小"这一概念，通过晶体结构模型来模拟非晶散射峰是很有特色和有效的一种解决非晶问题的方法。

Maud 在精修微结构时，同样需要仪器参数，可以参考其他教材，在此不做重复介绍。

Maud 软件的功能非常强大，除具有以上一些特点外，可以精修晶体结构，还可以精修材料的残余应力（宏观应力）；不但可以精修 X 射线衍射数据，对中子衍射数据也可以精修。如果有一系列的数据，可以将它们同时读入一起精修。本章仅从实际应用出发简单介绍了一些具体应用问题的解决方案。

结构精修软件很多，在实际应用中可以掌握两三种较好软件。通过不同的软件解决同一问题，并比较它们的结果，是正确解决晶体结构问题常用的方法。

# 参考文献


[1] 李树棠. 晶体X射线衍射学基础［M］. 北京：冶金工业出版社，1990.

[2] 黄继武，李周. X射线衍射理论与实践（Ⅰ，Ⅱ）［M］. 北京：化学工业出版社，2021.

[3] 姜传海，杨传铮. X射线衍射技术及其应用［M］. 上海：华东理工大学出版社，2010.

[4] 晋勇，孙小松，薛屺. X射线衍射分析技术［M］. 北京：国防工业出版社，2008.

[5] 姜传海，杨传铮. 材料射线衍射和散射分析［M］. 北京：高等教育出版社，2010.

[6] 张海军，贾全利，董林. 粉末多晶X射线衍射技术原理及应用［M］. 郑州：郑州大学出版社，2010.

[7] 马世良. 金属X射线衍射学［M］. 西安：西北工业大学出版社，1997.

[8] 株式会社理学. X射线衍射手册［M］. 浙江大学，编译. 杭州：浙江大学测试中心，1987.

[9] Jonkins R, Snyder R I. Introduction to X-ray powder diffractometry［M］. New York: John Wiley & Sons, Inc., 1996.

[10] Pecharsky V K, Zavalij P Y. Fundamentals of powder diffraction and structural characterization of materials［M］. Norwell, USA: Kluwer Academic Publishing, 2003.

[11] 马礼敦. 近代X射线多晶体衍射——实验技术与数据分析［M］. 北京：化学工业出版社，2004.

[12] Lutterotti L, Matthies S, Wenk H R, et al. Texture and structure analysis of deformed limestone from neutron diffraction spectra［J］. J. Appl. Phys., 1997, 81 (2): 594-600.

[13] Chateigner D, Lutterotti L, Hansen T. Quantitative phase and texture analysis of ceramic matrix composites［R］. ILL Annual Report 97, 1998.